高等学校"十一五"规划教材/电子与通信工程系列

光纤测量与传感技术

（第 3 版）

孙圣和　王廷云　徐　影　编著

哈尔滨工业大学出版社

内 容 简 介

　　本书系统地讨论了光纤测量和光纤传感器的基本原理、方法、实现及应用。本书选材合理,基本概念清楚,叙述深入浅出,理论密切结合实际,内容新颖。主要内容包括光纤的基本原理,光纤系统转换器和元件连接,光纤衰减和色散测量,光纤传感器基本原理,光纤传感器应用——机械量传感器、热工量传感器、电磁量传感器、医用传感器和监测大气污染传感器。本书以光纤测量与传感的原理、方法和应用为主线,力求有一定的先进性和实用性,从而开阔读者的眼界,并对光纤测量与传感有一个全面、深入的了解。

　　本书可作为高等院校测量技术及仪器、通信工程、电子科学及技术专业的本科生和研究生的教材,也可供有关科研人员、工程技术人员及教师参考。

图书在版编目(CIP)数据

　　光纤测量与传感技术/孙圣和编著. —3 版. —哈尔滨:
哈尔滨工业大学出版社,2007.9(2019.8 重印)
　　ISBN 978－7－5603－1444－0

　　Ⅰ.①光… Ⅱ.①孙… Ⅲ.①光纤通信-测量-高等
学校-教材 ②光纤器件-光电传感器-高等学校-教材
Ⅳ.①TN929.11 ②TP212.14

　　中国版本图书馆 CIP 数据核字(2007)第 135663 号

策划编辑　王超龙
封面设计　卞秉利
出版发行　哈尔滨工业大学出版社
社　　址　哈尔滨市南岗区复华四道街 10 号　邮编 150006
传　　真　0451－86414749
网　　址　http://hitpress.hit.edu.cn
印　　刷　哈尔滨圣铂印刷有限公司
开　　本　787mm×1092mm　1/16　印张 18　字数 395 千字
版　　次　1999 年 12 月第 1 版　2007 年 9 月第 3 版
　　　　　 2019 年 8 月第 7 次印刷
书　　号　ISBN 978－7－5603－1444－0
定　　价　39.00 元

前　　言

　　光纤技术是正在迅猛发展中的一门新兴技术。光纤是光波导的一种,具有损耗低、频带宽、线径细、重量轻、可挠性好、抗电磁干扰、耐化学腐蚀、原料丰富、制造过程能耗少、节约大量有色金属等突出优点,从而引起了人们的高度重视。光纤的发展与应用是相辅相成的。随着光纤制造工艺的不断完善、发展,随着光纤质量、性能的不断提高,光纤的应用由最初的传像、医疗诊断到通信网络,从长距离光纤通信到光纤传感,遍布了医疗、运输、通信、服务、军事、娱乐、能源、教育等各种领域,为今天信息世界的发展提供了一个有效的媒介。光纤的各种特性直接影响着光纤的各种应用,反过来,光纤的各种应用又对光纤特性的改进提出了许多新要求、新课题。因此,本书将介绍光纤的特性测量和光纤在测量中的应用两部分内容。希望它能为今后从事这方面课题研究与应用的人员起到一个抛砖引玉的作用。

　　本书共分十章。第一章简要地讨论了光纤波导的基本原理;第二章系统地分析了光纤系统的电光转换器件——光源,光电转换器件——光电探测器,光纤连接和光纤耦合的原理与实现;第三、四章详细地分析了光纤衰减和色散测量的原理和方法;第五章从光纤调制角度阐述了光纤传感器的基本原理;第六至第十章系统详细地分析了光纤传感器在机械量、热工量、电磁量、医用及监测大气污染方面的应用,给出了它们的结构、特性和技术指标。

　　本书是结合作者多年的教学和科研经验,在查阅大量的国内外参考资料的基础上编著而成的。它的理论性和系统性强,以光纤为主线,从光纤波导的原理、特性及测量到光纤传感的原理及应用,由浅入深,阐述简洁明了,并以大量图表进行说明、讲解,使本书更显得概念清晰,内容丰富,语言简洁易懂。本书选材合理、内容新颖,抓住了光纤技术快速发展的脉搏,在光纤的特性分析、光纤系统转换器、光纤的连接和耦合、光纤的测量方法、光纤的传感原理和光纤传感器应用方面都反映了所独有的先进性。特别是在实用性方面,本书理论联系实际,在光纤测量原理的基础上给出了光纤测量方法;在光纤传感原理的基础上,给出了光纤传感器的应用领域和实例。本书中用光时域反射计测量光纤衰减,相位压缩原理在光纤传感技术中的应用,光纤电磁量传感器,医用光纤传感器,监测大气污染光纤传感器等方面的内容均取自作者的研究成果及最新国内外资料,这也是本书的独到之处。

　　参加本书编写的人员还有:彭宇、乔立岩、梁军、张义刚、赵玉连、刘兆庆。由于光纤测量与传感技术尚在不断发展中,有些理论还在进一步完善,有些应用还在探索或试验,加上作者的实验和水平有限,难免有不当之处,尚祈读者批评指正。

孙圣和

2002.8

目　　录

第一章　光纤的基本原理

§ 1.1　引　　言

要测量光纤的特性,开发光纤的应用,必须对光纤波导的原理及其重要的光学特性有基本的了解。本章首先介绍光纤波导的基本原理及其分类,然后讨论光纤的各种特性,重点讨论传输特性(即光学特性),包括衰减和色散,最后介绍光纤元件(接头、连接器等)的特点及在系统中应用时的要求。

§ 1.2　光纤波导的原理

光纤是传光的纤维波导或光导纤维的简称。通常,它是由高纯度的石英玻璃为主掺少量杂质锗(Ge)、硼(B)、磷(P)等的材料制成的细长的圆柱形,细如发丝(通常直径为几微米到几百微米)。实用的结构有两个同轴区,内区称为纤芯,外区称为包层。通常,在包层外面还有一层起支撑保护作用的套层。

因为光是电磁波,所以光在光纤中的传输可用麦克斯韦波动方程来分析。当光纤的断面尺寸比光波长大得多时,可用射线的概念来处理。

射线光学的基本关系式是有关其反射和折射的菲涅耳(Fvesnel)定律。

首先,我们来看光在分层介质中的传播,如图 1 – 1 所示。图中介质 1 的折射率为 n_1,介质 2 的折射率为 n_2。当光束以较小的 θ_1 角入射到介质界面上时,部分光进入介质 2 并产生折射,部分光被反射。它们之间的相对强度取决于两种介质的折射率。介质的折射率定义为光在空气中的速度与光在介质中的速度之比。

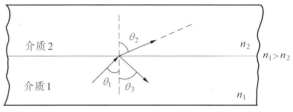

图 1 – 1　当光线从较高折射率介质向较低折射率介质传播时,在界面处的折射和反射

由菲涅耳定律可知

$$\theta_3 = \theta_1 \tag{1-1}$$

$$\frac{\sin\theta_1}{\sin\theta_2} = \frac{n_2}{n_1} \tag{1-2}$$

在 $n_1 > n_2$ 时,逐渐增大 θ_1,进入介质 2 的折射光束进一步趋向界面,直到 θ_2 趋于

90°。此时,进入介质 2 的光强显著减小并趋于零,而反射光强接近入射光强。当 $\theta_2 = 90°$ 极限值时,相应的 θ_1 角定义为临界角 θ_c。由于 $\sin 90° = 1$,所以临界角

$$\theta_c = \arcsin(n_2/n_1) \tag{1-3}$$

当 $\theta_1 \geqslant \theta_c$ 时,入射光线将产生全反射。应当注意,只有当光从折射率大的介质进入折射率小的介质,即 $n_1 > n_2$ 时,在界面上才能产生全反射。

全反射现象是光纤传输的基础。现在,我们来看一根具体的光纤,如图 1-2 所示。纤芯折射率 n_1 大于包层折射率 n_2,n_0 为空气折射率。为分析方便,我们讨论光线为子午

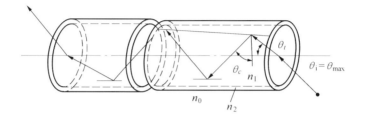

图 1-2 具有包层的纤维

光线的情况。子午光线是指在子午平面上传播的光线。子午平面是与纤轴相交且与纤壁垂直的所有平面。在光纤内传播的子午光线,简称内光线,遇到纤芯与包层的分界面的入射角大于 θ_c 时,才能保证光线在纤芯内产生多次全反射,使光线沿光纤传输。然而,内光线的入射角大小又取决于从空气中入射的光束进入纤芯所产生的折射角 θ_t,因此,空气和纤芯界面上入射光的入射角 θ_i 就限定了光能否在光纤中以全反射形式传输。

与内光线入射角的临界角 θ_c 相对应,光纤入射光的入射角 θ_i 有一个最大值 θ_{max}。当 $\theta_i \leqslant \theta_{max}$ 时,入射光在光纤内将以大于或等于 θ_c 的入射角在纤芯和包层界面上产生多次的全反射。当光线以 $\theta_i > \theta_{max}$ 入射到端面上时,内光线将以小于 θ_c 的入射角投射到纤芯和包层界面上。这样的光线,由于每次射到界面上只是部分反射,故很快就会漏出光纤。因此,θ_{max} 确定了光纤的接收锥半角。下面讨论 θ_{max} 的确定。

由菲涅耳定律,对于内光线,有

$$\sin\theta_c = n_2/n_1 = \sin(90° - \theta_t) \tag{1-4}$$

即

$$n_2/n_1 = \cos\theta_t$$

或

$$n_2/n_1 = (1 - \sin^2\theta_t)^{\frac{1}{2}}$$

对空气和纤芯界面,有

$$\frac{\sin\theta_{max}}{\sin\theta_t} = \frac{n_1}{n_0} \tag{1-5}$$

整理得到

$$\sin\theta_{max} = \frac{1}{n_0}(n_1^2 - n_2^2)^{\frac{1}{2}} \tag{1-6}$$

$n_0 \sin\theta_{max}$ 定义为光纤的数值孔径。它的平方是光纤端面集光能力的量度。在空气中

$n_0 = 1$,因此,对于一根光纤,我们有数值孔径

$$\mathbf{NA} = \left(n_1^2 - n_2^2 \right)^{\frac{1}{2}} \qquad (1-7)$$

NA 是表示光纤波导特性的重要参数,它反映光纤与光源或探测器等元件耦合时的耦合效率。应注意,光纤的数值孔径仅决定于光纤的折射率,而与光纤的几何尺寸无关。

在光纤中传输的光线除上面讨论的子午光线外,还有斜光线。斜光线是指从光纤端面任意方向入射且不在同一平面内传播的光线。斜光线也有其全反射条件,满足条件的斜光线才能在光纤中传输,两者的重要区别是,子午光线是平面曲线(呈锯齿形),斜光线是空间曲线(有时呈螺旋形)。

§1.3   光纤的分类

光纤是一种光波导,因而光波在其中传播也存在模式问题。模式是指传输线横截面和纵截面的电磁场结构图形,即电磁波的分布情况。一般说来,不同的模式有不同的场结构,且每一种传输线都有一个与其对应的基模或主模。基模是截止波长最长的模式。除基模外,截止波长较短的其它模式称为高次模。根据光纤能传输的模式数目,可将其分为单模光纤和多模光纤。

单模光纤只能传输一种模式,但这种模式可以按两种相互正交的偏振状态出现。多模光纤能传输多种模式,甚至几百到几千个模式。

归一化频率 V 是一个与光波频率和光纤结构参数有关的参量,通常用它表示光纤所传导的模式数。其定义式如下

$$V = ka \cdot \mathbf{NA} = ka \cdot \left(n_1^2 - n_2^2 \right)^{\frac{1}{2}} = n_1 ka (2\Delta)^{\frac{1}{2}} \qquad (1-8)$$

式中,k 是平面波在自由空间中的传播常数或波数,定义为 $k = 2\pi/\lambda$,λ 是传导光在自由空间的波长;a 是光纤的半径;NA 是光纤的数值孔径;n_1 是纤芯折射率的最大值;n_2 是包层折射率;Δ 为最大相对折射率差,即

$$\Delta = \frac{n_1^2 - n_2^2}{2 n_1^2} \approx \frac{n_1 - n_2}{n_1} \qquad (1-9)$$

光纤能传导的模式数 N 可用下式计算

$$N = \left[\frac{\alpha}{2(\alpha + 2)} \right] V^2 = (n_1 ka)^2 \cdot \Delta \cdot \left(\frac{\alpha}{\alpha + 2} \right) \qquad (1-10)$$

式中,α 是光纤断面折射率分布指数,它决定光纤折射率沿径向分布的规律。

单模光纤和多模光纤,由于它们能传输的模式数不同,故它们的传输特性有很大区别。主要区别是在衰减和色散(或带宽)上多模光纤更复杂一些。

根据纤芯径向的折射率分布不同,光纤又可分为阶跃折射率光纤和渐变折射率光纤。通常,单模光纤多半是阶跃折射率分布,多模光纤既有阶跃的也有渐变折射率分布。图1-3(a)是典型的阶跃折射率多模光纤,其特点是纤芯的折射率固定不变。由图可见,由于不同模式在纤芯中传播的群速度不同,因而各个模式到达光纤输出端面的群延时不同,结果使传输的光脉冲展宽,这种现象称为模式色散。

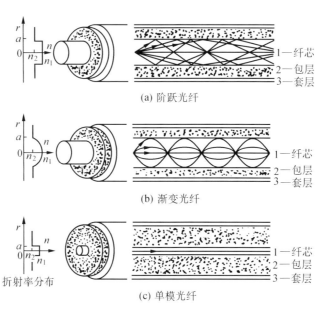

(a) 阶跃光纤

(b) 渐变光纤

(c) 单模光纤

图 1-3 光纤的结构

图 1-3(b)是渐变折射率多模光纤,其特点是纤芯折射率沿径向逐渐减小。由图可见,由于不同模式的群速度相同,故这种光纤可以显著地减小模式色散。折射率沿径向的分布一般可表示为

$$n(r) = \begin{cases} n_1[1 - 2\Delta(r/a)^\alpha]^{\frac{1}{2}}, & 0 \leqslant r \leqslant a \\ n_1(1 - 2\Delta)^{\frac{1}{2}} = n_2, & r > a \end{cases} \qquad (1-11)$$

式中,r 是径向坐标;α 是折射率分布指数,$\alpha = 2$ 和 $\alpha = \infty$ 分别为抛物线分布和阶跃分布。

如果 $\alpha = 2$,这种光纤就能使点光源发射的光线周期性地聚焦。对于传输来说,这种光纤的主要优点是模式色散小。如果仅考虑轴向模(子午光线),几乎所有模的群速度都相同。但是,如果同时考虑斜向模(斜光线)的话,只有在 α 非常接近于 2 时,才能使模式色散减小到令人满意的程度。若渐变折射率光纤的 Δ 等于阶跃折射率光纤的 Δ,则抛物线分布的渐变折射率光纤能传播的模数仅为阶跃折射率光纤的一半。显然,在多模光纤中传输的模式越少,最终其输出端的脉冲展宽也越小,即模式色散越小。

由式(1-8)可知,减小芯径或减小纤芯和包层间的相对折射率之差都可减小光纤的归一化频率。随着归一化频率的减小,传播的模数也逐渐变少。当 $V_c = 2.405\left(1 + \dfrac{2}{\alpha}\right)^{\frac{1}{2}}$ 时,最后一个高次模截止,光纤只能传播主模 HE_{11}。这种光纤称为单模光纤。一般,单模光纤均是纤芯光学尺寸极小(直径仅几微米)的阶跃光纤。因此,有时也称这种光纤为单孔型光纤,如图 1-3(c)所示。

实际设计与使用的光纤,其性能也各不相同。单模光纤频带极宽,而渐变折射率光纤的信息容量较大,且处理简便。当需要从光源处收集尽可能多的光能时,则使用粗芯阶跃折射率多模光纤比较合适。因此,通常在短距离、低数据率通信系统中使用多模阶跃光纤;在长距离、高数据率通信系统中使用单模光纤或渐变折射率多模光纤。在光纤传感应

用中,光强度调制型或传光型光纤传感器绝大多数采用多模(阶跃或渐变折射率)光纤。相位调制型和偏振态调制型光纤传感器采用单模光纤,例如,满足特殊要求的保偏光纤、低双折射光纤、高双折射光纤等。

§ 1.4 光纤的特性

光纤的特性主要包括传输特性(或称光学特性)、物理特性、化学特性和几何特性等。

一、传输特性

光纤的衰减(或损耗)和色散(或带宽)是描述光纤传输特性的两个重要参量。衰减是描述光纤使光能在传输过程中沿着波导逐渐减小或消失的特性。在给定信号和工作条件,即给定发射机输出功率和检测器灵敏度时,光纤的衰减决定信号无失真传输通路的最大距离。色散限制了光纤传输频响的上限。色散引起的脉冲展宽限制了脉冲调制或数据传输系统中给定长度光纤的最高脉冲或数据传输速度。

二、物理特性

光纤的物理特性包括机械性能、热性能和电绝缘性能等。

(一) 机械性能

1. 弯曲性

光纤遵循虎克定律。在弹性范围内,光纤受到外力发生弯曲时,芯轴内部分受到压缩作用,芯轴外部分受到拉伸作用。外力消失后,由于弹性作用,光纤能自动恢复原状。但是,当弯曲半径小于所容许的曲率半径时,光纤将会被折断。

光纤的弯曲性与光纤的机械强度有关。机械强度取决于材料的纯度、分子结构状态及缺陷等。因而,严格的制作工艺是提高机械强度的主要保证。

如果光纤的包层采用低膨胀系数的材料,那么,由于挤压的效果也能增加光纤的机械强度。但是,这样将增加内应力,使光纤双折射加大。

光纤弯曲时所受的应力可用下式表示

$$\sigma = aE/R \qquad (1-12)$$

式中,σ 为应力;E 为杨氏模量;R 为弯曲的曲率半径;a 为纤芯半径。

2. 抗拉强度

光纤的抗拉强度 F 由如下经验公式计算

$$F = \frac{157.2 \times (111.8 + 2a)}{1\,525 + 2a} \qquad (1-13)$$

式中,a 为纤芯半径,单位为 μm;F 的单位为 MPa。

3. 硬度

石英玻璃的硬度通常用克氏硬度来表示。克氏硬度的测试方法是用金刚石四方锤在研磨过的试件表面上压出印痕,根据加压值与四方印痕的对角线长度可得到试件材料的克氏硬度值 HK,即

$$HK = 14.23p/L^2 \qquad (1-14)$$

式中,p 为加压值;L 为印痕的对角线长度。

金刚石的克氏硬度在 5 500～6 950 之间,玻璃的克氏硬度一般在 350～650 之间。

（二）热性能

1. 耐热性

随着光纤波导介质材料的不同,其熔化温度也不同。一般光纤在 500℃以下的温度环境中使用没有问题,而纯石英光纤的耐热温度可高达 1 000℃。

在低温环境下使用,通常取决于包层材料在低温下的可挠性。在一般条件下,光纤使用的温度可低至 −40℃,具体还要看包层材料的低温性能。

光纤耐热性能的好坏直接影响光纤温度传感的品质。同时,对于光纤的其它传感应用也影响很大。

2. 热膨胀系数

光纤的热膨胀系数是一个重要的物理参数,尤其在光纤传感应用中,它关系到光纤对被测物理量的敏感性能的好坏。根据被测参数的不同,对光纤热膨胀系数的要求不同。例如,测量温度时,要求光纤有较高的热膨胀系数,以取得良好的灵敏度。而在测量压力及其它物理量时,则要求光纤具有尽可能好的热稳定性,即有最小的热膨胀系数。这是传感用光纤与其它应用光纤的最大不同之处。

对于玻璃材料,测量热膨胀系数常用压杆式示差热膨胀测量法测量。

（三）电绝缘性能

作为传感应用的光纤,在许多场合要求有良好的电绝缘性能。例如,在测量高压输电线电流强度的法拉第传感器中,光纤必须有良好的电绝缘性。S_iO_i 石英玻璃等介质都是优良的电绝缘材料。石英玻璃的电阻率为 $1×10^8 Ω·cm$,一般玻璃材料的电阻率在 $1×10^{10}～1×10^3 Ω·cm$ 之间。因此,石英光纤能承受几十千伏至几十万伏的高压,特别适合于在高强电磁场区应用。

三、化学特性

一般玻璃的化学性质比较稳定。石英玻璃光纤的化学性能与玻璃的基本相同。

1. 耐水性

光纤有时需要浸泡在水中工作,因而要求有良好的耐水性。对于玻璃材料光纤,由于其表面积较大,容易吸潮,纤维受到侵蚀,造成透光性和机械强度下降。光纤表面的老化情况与包层材料有关。因此,如果需要提高耐水性,则可用硅防水剂加以处理。

2. 耐酸性

玻璃的抗酸能力和抗碱能力都较差,几乎所有的玻璃在氟酸中都会溶解。

四、几何特性

光纤的几何特性是指其结构的几何形状和尺寸。它直接影响着光纤的光学传输特性。光纤几何形状的标准化对得到最小的耦合损耗是非常重要的。标准规定光纤为圆对称结构,因此表征光纤几何特性的参数是纤芯直径、包层直径、纤芯不圆度、包层不圆度和纤芯与包层的同心度误差。此外,光纤横断面的折射率分布和最大理论数值孔径也是决定光纤光学特性的两个重要参数。

以上简述了光纤的基本特性。如何利用光纤这些特有的性能,不同领域从不同角度出发有不同的要求。即是同一领域,具体使用的条件不同,要求也是不同的。在光纤的诸多应用中,开发较早且应用已很广泛的领域还是在通信方面。光纤通信在世界各国普遍受到重视,许多国家已经进入广泛实用阶段。为了统一标准,国际电报电话咨询委员会(CCITT)设立了专业工作组进行研究并确定对光纤的一般技术要求,提出了关于多模光纤的 G.651 和关于单模光纤的 G.652 建议。同时,国际电工委员会(IEC)也进行了专门的研究,制定并公布了与 CCITT 建议相同的 IEC 标准。现将 1984 年 CCITT 和 IEC 规定的光纤一般技术要求列于表 1-1 和表 1-2 中。这些要求是对通信使用的石英系列光纤提出的,当前已成为光纤通信的国际标准。对于光纤应用的其它领域可供参考。

表 1-1(a)　多模光纤类型

类　　别	材　　料	型　　式	α 值范围
A_1	玻璃纤芯/玻璃包层	渐变型	$1 \leqslant \alpha < 3$
$A_{2.1}$	玻璃纤芯/玻璃包层	准阶跃型	$3 \leqslant \alpha < 10$
$A_{2.2}$	玻璃纤芯/玻璃包层	阶　跃　型	$10 \leqslant \alpha < \infty$
A_3	玻璃纤芯/塑料包层	阶　跃　型	$10 \leqslant \alpha < \infty$
A_4	塑料光纤		

表 1-1(b)　单模光纤类型

类　　别	材　　料	型　　式	折射率分布
$B_{1.1}$	1 300nm 附近零色散 $\lambda_c < 1 300nm$	1 300nm 最佳	近似阶跃
$B_{1.2}$	1 300nm 附近零色散 1 300nm $\leqslant \lambda_c < 1 550nm$	1 550nm 最佳	近似阶跃
$B_{2.1}$	波长色散控制	零色散在 1 550nm 附近	各种折射率分布
$B_{2.2}$		宽波长范围低色散	各种折射率分布
B_3	偏振保持光纤		

表 1-2　光纤的特性要求

参　　数	A_1	$B_{1.1}$
纤芯直径/μm	$50 \pm 6\%$	
模场直径/μm		$(9 \sim 10)^* \pm 10\%$
包层直径/μm	$125 \pm 2.4\%$	$125 \pm 2.4\%$
纤芯不圆度	$< 6\%$	
模场不圆度		$< 6\%$
包层不圆度	$< 2\%$	
纤芯/包层同心度误差	$< 6\%$	
模场/包层同心度误差		$* *$
最大理论数值孔径	$(0.18 \sim 0.22) \pm 0.02$	
LP_{11} 模截止波长/nm		$1 100 \sim 1 280^{* * *}$

衰减系数/(dB·km⁻¹)	850 nm	3.0 ~ 4.0		
	1 300 nm	0.8 ~ 3.0		< 1.0
	1 550 nm			< 0.5
带宽/(MHz·km)	850nm	3.0 ~ 4.0		
	1 300nm	200 ~ 1 000		
	1 300nm	200 ~ 1 200		
总色散系数/(ps·km⁻¹·nm⁻¹)	850nm****	≤ 120		
	1 300 nm*****	≤ 6		3.5
	1 550 nm			20

* 9 μm 用于凹陷包层设计;10 μm 用于匹配包层设计。

* * 取决于接续技术,应在 0.5 ~ 3.0 μm 以内。当采用包层表面对准的方法接续时必须有严格的
　　要求(例如 0.5 μm),采用耦合功率校准方法接续时可以放宽要求(例如 3 μm)。

* * * 用短光纤(2m)和基准测试法测量时的规定范围。

* * * * 850 nm 系指 820 ~ 910 nm 范围。

* * * * * 1 300 nm 系指 1 285 ~ 1 330 nm 范围。

　　光纤的最重要特性是光学传输特性,其它特性的影响,最终也都反映在光学传输特性上。因而,下面将重点探讨光纤的光学传输特性——衰减和色散的物理机理。

§ 1.5　光纤的衰减机理

1.5.1　衰减的概念

　　衰减描述光能在传输过程中逐渐减小或消失的现象。

　　光纤的发展和应用过程一直是围绕着降低损耗来进行的。从最初的 100 dB/km(1966年)降到 1970 年的 20 dB/km,再到 0.47 dB/km(1976 年)以至于 0.2 dB/km(1980 年)。即使降得再低,由于光纤的衰减受光纤材料固有因素和制造工艺的影响,损耗是绝对不会消除的。

　　按引起光纤损耗的因素不同,其损耗主要有三种:①吸收损耗;②散射损耗;③微扰损耗。

　　由各种损耗引起的功率衰减通常定义为

$$A(\lambda) = 10\lg(P_i/P_0) \quad (\text{dB}) \tag{1-15}$$

式中,P_i 为输入功率;P_0 为输出功率。衰减的单位为分贝,用 dB 表示。

　　对于一根均匀的光纤可定义单位长度的衰减为衰减系数 $\alpha(\lambda)$,即

$$\alpha(\lambda) = A(\lambda)/L = \frac{1}{L}10\lg(P_i/P_0) \quad (\text{dB/km}) \tag{1-16}$$

式中,L 为光纤长度。

　　衰减和衰减系数都是与波长有关的量,而衰减与长度有关,衰减系数与长度无关。

　　大多数传输线所传输的功率与其传输距离(z)之间的关系为

$$P(z) = P(0)e^{-2\beta z} \tag{1-17}$$

式中,$P(0)$ 为入射端 $z = 0$ 处的输入功率;β 是电场幅度衰减系数。由于功率是电场幅度

的平方,所以传输功率的衰减系数为 2β。对于长为 L 的光纤,由式(1 – 17)有

$$\alpha(\lambda) = \frac{1}{L} 10 \lg e^{2\beta L} = 10(2\beta L) \lg e / L$$

因此

$$\alpha(\lambda) \approx 4.34(2\beta) \tag{1 – 18}$$

式(1 – 18)表示常用对数定义的单位为分贝的功率衰减系数与自然对数定义的单位为分贝的功率衰减系数之间差一个常数 4.34。对于一个均匀的单模光纤,其分贝衰减系数可用式(1 – 18)表示,但对于多模光纤问题便复杂了。多模光纤传输的多个模式的衰减系数各不相同,而且依赖于激发条件。如果光源激发了低损耗模式,则衰减要比激发高损耗模式小。此外,如果各种模式间产生耦合,功率分布也要发生变化,此时式(1 – 18)不再适用。因此,从理论上讲,多模光纤不能用 $\alpha(\lambda)$ 和 β 来表示。

但是,一旦出现模式间的强耦合时,损耗的规律又简化了。因为模式间的强耦合在经过一段传输距离后,功率在各个模式之间的分配达到了一个稳态分布。这时,各模式间功率的相对分布不再依赖于激发条件,在稳态结构下光纤功率的衰减又遵循式(1 – 17)。此时的 2β 可看作稳态功率衰减系数。所有多模光纤只要足够长,都会达到稳态。因此,式(1 – 17)只是对多模短光纤不成立。模式间耦合会增加额外损耗,其值由耦合量和耦合过程决定。这种损耗属于外部因素引起的损耗,不是光纤特性的反映。因此,无论是在实用或测量过程中,都应该对光纤的激发条件仔细进行研究,且激发条件必须标准化。

1.5.2 吸收损耗

吸收损耗是由光纤材料吸收光能并转化为其它形式能量引起的。因此,在吸收损耗中存在着能量的转换。散射损耗是由光纤中存在微小颗粒和气孔等结构不均匀性引起的。这种损耗改变部分功率流的传输方向,使在传输方向上的功率流减小,但没有能量转换。

微扰损耗是指外部扰动因素(如直径均匀性、微弯曲、套层辐射、端面反射)引起的且有可能消除的损耗。这种损耗也不存在能量的转换。它的产生随机性较大,也较容易改善,且各种因素引起的损耗方式也不同,因此统称为微扰损耗。吸收损耗机理与光纤材料的共振有关。共振是指入射的光波使光纤材料中的电子在不同能级之间或原子在不同振动态之间发生量子跃迁的现象。如果光波长满足下式

$$\lambda = \frac{hc}{E_2 - E_1} \tag{1 – 19}$$

式中,E_1 和 E_2 是电子或原子振动能级的初态和终态;h 是普朗克恒量;c 是真空中的光速,则光纤发生吸收现象。由此可见,当波长满足一定条件时,便会发生吸收损耗。因此,这种损耗具有选择性,即对波长的选择性。

吸收损耗可分为两种:固有吸收损耗和非固有吸收损耗。固有吸收损耗是指由光纤的基质材料 SiO_2 和掺杂材料锗(Ge)、硼(B)等引起的损耗,而非固有吸收损耗是由在光纤制造过程中,产生的金属离子 OH 根等无用的杂质引起的吸收损耗。

一、固有吸收损耗

这种损耗存在近红外和紫外两个吸收带。近红外吸收带的范围是 $8 \sim 12 \ \mu m$,紫外吸

收带的范围是 $3\ nm \sim 0.4\ \mu m$。通常,光纤通信的光波长范围为 $0.8 \sim 1.7\ \mu m$。

近红外区的吸收带是由玻璃的基质或晶格中的原子围绕它们的平衡点振动引起的,这种吸收带称为振动吸收带。紫外区的吸收带是由电子跃迁造成的。这种跃迁一般发生在波长较短的区域。这两种损耗的吸收曲线在吸收峰值两端均按指数形式衰减。如图1-4所示。

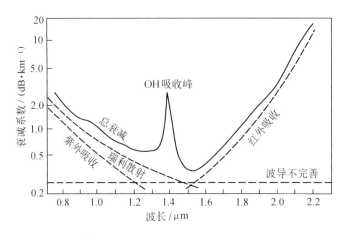

图 1-4 典型的光纤衰减谱曲线

绝对纯净的石英光纤在 $0.8 \sim 1.7\ \mu m$ 范围内是很少有吸收损耗的。但由于近红外吸收带的尾端延伸到 $1.4\ \mu m$,紫外吸收带的尾端延伸到 $1.2\ \mu m$,故在 $0.7 \sim 1.2\ \mu m$ 和 $1.4 \sim 1.7\ \mu m$ 两个范围内光纤存在较低的吸收损耗。紫外吸收带的衰减系数小于 $1\ dB/km$。红外吸收区域远离光纤通信波段,因此,其损耗影响更小。

二、非固有吸收损耗

这种损耗是由光纤制造工艺引起的。在拉制光纤过程中会产生铜、铁、镍、钒、铬和锰等过渡金属离子。由于这些金属离子的跃迁吸收,在可见光到红外区都会带来极大的吸收损失。要使这些离子造成的衰减吸收峰低于 $1dB/km$,相应的离子浓度应低于表 1-3 所给出的值。现代低损耗光纤的制造工艺,如化学气相沉积法(MCVD 法)或气相轴向沉积法(VAD 法)等,已经能将这种损耗降低到一个很低的水平。

表 1-3

离子	吸收峰值波长/μm	浓度/$\times 10^{-9}$
Cu^{++}	0.8	0.45
Fe^{++}	1.1	0.40
Ni^{++}	0.65	0.20
V^{+++}	0.475	0.90
Cr^{+++}	0.675	0.40
Mn^{+++}	0.5	0.90

表 1 – 4

波长/mm	衰减强度/(dB·km^{-1})	谐波次数
1 370	2 900	$2f_0$ 二次谐波
1 230	150	$2f_0 + f_1$
1 030	0.4	$2f_0 + 3f_1$
950	72	$3f_0$ 三次谐波
880	6.6	$3f_0 + f_1$
825	0.8	$3f_0 + 2f_1$
775	0.1	$3f_0 + 3f_1$
725	6.4	$4f_0$ 四次谐波
685	0.9	$4f_0 + f_1$
585	0.5	$5f_0$ 五次谐波

注:f_0 为与 λ_0 对应的基频;f_1 为 SiO_2 吸收峰频率。

在光纤制造中,还存在一种吸收损耗很大的 OH 根,它的吸收线机理与过渡金属离子是大相径庭的。OH 根是以红外波长 $\lambda = 2.8 \mu m$ 为基频振动的谐振子,会出现很多泛音。表 1 – 4 示出 OH 根吸收线在 $\lambda_0 = 0.8 \mu m$ 为基频的二次、三次和四次谐波长上出现。

根据吸收损耗与波长的关系,在通信频带范围内定义了三个光纤窗口。所谓窗口,就是指吸收损耗非常低的中心波长,即 $0.85 \mu m$,$1.300 \mu m$,$1.550 \mu m$,分别称为第一、第二、第三窗口。光纤的发送、接收转换技术均是在第一窗口上发展起来的。第二、第三窗口的应用更有开发前途,因为第二窗口不仅损耗低,而且其材料色散为零,第三窗口的损耗更低。

1.5.3 散射损耗

散射损耗主要是由光纤的非结晶材料在微观空间的颗粒状结构和玻璃中存在的像气泡这种不均匀结构引起的。散射损耗引起光功率分散,使能量在各个方向上均有分布。由于在光的传输方向上存在前向或后向传导模,故造成模耦合损耗。这种损耗与微扰损耗相似,不过在低损耗光纤中它是可以忽略的。其它方向的散射能量可转移到泄漏模或辐射模中,而逐渐损失掉。

散射损耗又可分为两种:线性散射损耗和非线性散射损耗。

一、线性散射损耗

这种损耗是指在散射过程中没有频率的改变,即入射波和散射波的频率相同。主要的线性散射有两种:瑞利散射和曼散射。其中,瑞利散射在所有散射中最为重要,因为它是低损耗窗口的最低固有损耗的决定因素。

瑞利散射是由纤芯材料的微小颗粒或气孔等结构不均匀性引起的。不均匀结构的尺寸远小于入射光波长(一般小于 $\lambda/10$)。折射率的起伏,是由冷却过程中晶格产生密度和组成结构的变化引起的。组成结构的变化可通过改进制造工艺消除,而冷却造成的密度不均匀是不可避免的。瑞利散射存在于光纤中各个方向,其损耗与 $1/\lambda^4$ 成正比。

瑞利散射引起的损耗系数 α_0 可由下式计算

$$\alpha_0 = \frac{8\pi^3}{3\lambda^4} \cdot n^8 \cdot \rho^2 \cdot \beta_c \cdot K \cdot T_F \qquad (1-20)$$

式中, λ 为光波长; n 为折射率; ρ 为光弹系数; K 为玻尔兹曼常数; β_c 为等温压缩率; T_F 为固化温度。

已经证实瑞利散射损耗还与下列因素有关:

(1) 材料成分。瑞利散射对材料成分很敏感。在 SiO_2 中掺入少量的 P_2O_5 ,将大大减小瑞利散射。如果在掺入 P_2O_5 的同时减少 GeO_2 的成分以保持原来的 Δ 值,则瑞利散射损耗将进一步降低。

(2) 光纤相对折射率差 Δ 值。Δ 值越大,瑞利散射损耗越大。

当非均匀散射元的尺寸与传导波长可比拟时发生曼散射。这种散射元包括波导圆柱结构的不均匀性、纤芯 – 包层界面的不规则、宏观上折射率的差异、直径的不均匀性、应变、气泡等。当非均匀的散射元尺寸大于 $\lambda/10$ 时,这种散射强度就会很大。

二、非线性散射损耗

一般情况下,光纤被看作是一种准线性系统,因为其内部存在微小的非线性。处于线性状态下的光纤,其输出功率和输入功率是成正比的,且入射光与出射光的频率相同。此时,入射功率和出射功率不成比例。更主要的特点是入射光频与出射光频不同。当光纤在非线性状态下工作时,散射效应也呈现非线性。

非线性散射有受激喇曼散射和受激布里渊散射两种。受激喇曼散射的特点是入射光频率与散射光频率不同,散射介质的分子能级状态有改变。受激布里渊散射是入射光波电场引起介质电致伸缩,并使光波与介质的弹性波发生耦合造成散射。通常,这种散射是由无规则热运动介质的弹性波引起的。当入射光功率较低时,这种散射光的受激发射作用显著了。这种散射只是在光功率强度很高的单模长光纤中很明显。在光功率值较大时,它们对传输不产生影响。但是,由于光纤很细,电磁场较集中,故在不很高的功率时也可能产生这种散射。因此,限制了长距离通信的传输功率。从另一角度看,这种非线性散射导致了在转移频率上的光增益,从而使在某给定频率下的传输光衰减。由此可见,光纤的非线性效应,对光纤通信可能不利,但对光纤的其它应用,如光纤的光变频放大、光振荡以及光调制等方面都是可以利用的。此外,在光纤传感技术方面也有潜在的应用前景。

在以上讨论的几种散射损耗中,瑞利散射最为重要,也是最基本的散射形式。喇曼散射实际上是一种由表面畸变或结构不均引起的模式转换或模式耦合,对于拉制较好的光纤基本上不存在这种损耗。对于非线性散射,只要对光功率加以限制就可以避免。因此,在研究光纤损耗特性测量时,瑞利散射是主要的研究对象之一。

1.5.4 微扰损耗

微扰损耗是指由光纤的几何不均匀性引起的损耗。其中包括由内部因素和外部干扰引起的不均匀性,如宏观结构上折射率和直径的不均匀性、微弯曲等。

这种不均匀性引起的损耗或以散射形式出现,或以模式耦合的形式出现。模式耦合是指光纤的传导模之间、传导模与辐射模之间的能量交换或能量传递。

几何形状的任何类型的缺陷或沿光纤轴线折射率的固有速率起伏变化都会导致模式

耦合。传导模之间的耦合不会引起传输能量的损耗。但是,光纤中的模式范围并不只限于传导模,还存在着非封闭于纤芯中的模式。例如,在具有无限扩展包层的光纤中存在辐射模;在包层有一定厚度的实际光纤中存在包层模。它们在包层和纤芯中都传输功率。光纤的缺陷使传导模(纤芯模)与包层模以及把能量辐射到光纤周围空间的辐射模发生耦合。与包层模耦合的功率被损失掉,因为这样模式在与有耗光纤套层发生相互作用时会产生很大的吸收损耗。

特别要提及的是微弯曲损耗。尽管由光纤成缆过程中所引起的微弯曲损耗目前已可忽略,但理解引起微弯曲损耗的机理是许多光纤传感器的基础。微弯曲损耗是由模式之间的机械感应耦合引起的。纤芯中的传导模变换成包层模,并从纤芯中消失。当沿光纤的机械微扰的空间周期与光纤内相邻模式的波数差一致时,这种损耗就增加。近似的实验关系式如下

$$微弯曲损耗 \propto \left(\frac{纤芯半径}{光纤半径}\right)^2 \cdot \left(\frac{1}{NA}\right)^4 \qquad (1-21)$$

综上所述,吸收损耗和瑞利散射损耗是构成光纤总衰减的两个基本因素,且瑞利散射决定最终的损耗极限。光纤的衰减直接影响光纤的传输效率。尤其对于通信应用的光纤,低衰减特性非常重要。对于传感应用的光纤,效率问题亦不可忽视,因为它常常会影响测量灵敏度。

§1.6 光纤的色散机理

1.6.1 色散的概念

光纤色散是指输入光脉冲在光纤中传输时由于各波长光波的群速度不同而引起光脉冲展宽的现象。光纤色散的存在使传输的信号脉冲发生畸变,从而限制了光纤的传输带宽。

光纤色散可分为三种:

(1) 材料色散;

(2) 波导色散;

(3) 模间色散。

前两种色散通常均称为模内色散,模内色散都直接与频率有关。除理想的单色光源外,任何实际光源的谱宽都是有限小的,总存在一定的波长范围,即光源谱宽不为零。由于各单一波长分量的光信号到达探测器的群延时有差异,故各信号分量叠加的结果使光脉冲展宽。光源的谱宽越宽,各信号分量的群延时越大,因而光脉冲展宽的程度越严重。激光器的光谱较窄,例如半导体激光器带宽的均方根值 $2\sigma_\lambda$ 约为 2 nm;发光二极管(如典型的 AlGaAs LED)的光谱较宽,其带宽的均方根值 $2\sigma_\lambda$ 约为 33 nm;但是,它们的功率谱均呈高斯形,如图 1-5 所示。用公式表示则为 $P_0\exp\left[-0.5(\lambda-\lambda_0)^2/\sigma_\lambda^2\right]$,$P_0$ 为常数,λ 和 λ_0 为波长和中心波长。此处定义的 $2\sigma_\lambda$ 为功率降低到中心波长 λ_0 处功率的 $1/\sqrt{e}$ 时的双

边带宽。因此,采用半导体激光器的光纤传输系统的光纤色散,比采用发光二极管的系统降低一个数量级以上。

光源带宽越宽,光纤的材料色散和波导色散越严重,而对模间色散影响较小。

对色散有4种表示方法:

1. 单位长度上的群延时差,即在单位长度上模式最先到达终点和最后到达终点的时间差。

2. 用输出与输入脉冲宽度均方根之比表示。

3. 用光纤的冲激响应经傅氏变换得到的频率响应的3dB带宽表示。

4. 用单位长度的单位波长间隔内的平均群延时差来表示。

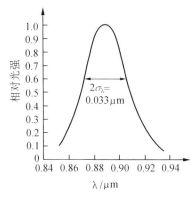

图 1 - 5 典型 AlGaAs LED 输出的光谱分布

这4种表示方法都各有其合理之处,也有其不完善之别。通常多采用第4种表示方法。

在经典光学中色散是用折射率对波长的一阶导数来表示,它反映了折射率随波长变化快慢的程度。对光纤来说,情况比块状光学介质复杂得多,因此不能像均匀介质那样来评定色散程度,只能借助某种带有平均概念的量来表示,即用单位长度单位波长间隔内的平均群延时来表示。

若在波长 λ 下单位长度的群延时为 $\tau(\lambda)$,则色散的程度可用色散系数 σ 来评定。其定义如下

$$\sigma = \frac{\mathrm{d}\tau(\lambda)}{\mathrm{d}\lambda} [\mathrm{ps}/(\mathrm{km} \cdot \mathrm{nm})] \qquad (1-22)$$

严格说,这里已使用一个假设条件:色散程度与光纤长度成正比。目前来看,这个假设还是合理的。因此,只要知道长度和光纤的色散系数,便可算出整个长度光纤的色散值。

1.6.2 色散的机理

产生色散的原因很多,有材料性质,传播模式,折射率剖面分布以及极化等因素。

一、材料色散

材料色散是由光纤材料的折射率受波长的影响所造成的色散,它的机理要用量子力学的观点来分析。

假定介质材料是由简谐振子组成,且可看作是悬挂在恢复力为 k 的弹簧上、质量为 m 而电荷为 e 的带电微粒。当存在电场 $E_0\exp(\mathrm{j}wt)$ 时,可以用微分方程来描述简谐振子的运动

$$m \frac{\mathrm{d}^2 x}{\mathrm{d}t^2} + kx = eE = eE_0\mathrm{e}^{\mathrm{j}wt} \qquad (1-23)$$

振荡电场使带电微粒发生受迫振动,其位移 $x = x_0 e^{jwt}$,振幅 x_0 为

$$x_0 = eE_0/[m(w_0^2 - w^2)] \tag{1-24}$$

式中,w_0 是简谐振子的基频,$w_0^2 = k/m$。简谐振子的偶极矩定义为 ex。含有 N 个完全相同的简谐振子的单位体积材料内感应耦极矩称为极化强度,其表达式为

$$P = Nex = Ne^2 E_0/[m(w_0^2 - w^2)] \tag{1-25}$$

物质的介电常数为

$$\varepsilon_0 E + P = n^2 \varepsilon_0 E \tag{1-26}$$

将式(1-25)代入式(1-26),即可得到一个与折射率相应的色散关系式

$$n^2 - 1 = Ne^2/[\varepsilon_0 m(w_0^2 - w^2)] \tag{1-27}$$

式(1-27)表明折射率 n 对 $\lambda (\lambda = \dfrac{c}{f})$ 的依赖关系。

若考虑许多简谐振子可能发生共振,则有

$$n^2 - 1 = \sum_{j=1}^{m} A_j/(w_j^2 - w^2)] \tag{1-28}$$

式中,A_j 是 j 次简谐振子的谐振常数。把 w 转换成波长,可得到塞尔末耶(sellmeior)公式

$$n^2 - 1 = \sum_{j=1}^{m} B_j \lambda^2/(\lambda^2 - \lambda_j^2)] \tag{1-29}$$

式中,B_j 是与色散材料种类有关的常数。材料色散用光波导的群延时对波长的导数 $dt/d\lambda$ 来表示。群延时定义为群速度 $v_g = dw/d\beta$ 的倒数(群速度表示光能量的传播速度)。假设光纤中光脉冲是平面光波且波导色散可以忽略,则可利用下式表示材料色散产生的群延时

$$\tau_c(w) = d\beta/dw \tag{1-30}$$

其中,β 是平面波的传播常数,w 是光的角频率。由平面波的性质可知 $\beta = wn(w)/c$,其中 $n(w)$ 为在 w 下的折射率,c 为真空光速。按式(1-30)可得

$$\tau_c(w) = \frac{1}{c} \left[n(w) + w \frac{dn(w)}{dw} \right] \tag{1-31}$$

引入 $\lambda = 2\pi c/w$,则

$$\tau_c(\lambda) = \frac{1}{c} \left[n(\lambda) - \lambda \frac{dn(\lambda)}{d\lambda} \right] \tag{1-32}$$

$$\frac{d^2 n}{d\lambda^2} = \frac{1}{n} \sum_{j=1}^{M} \frac{\lambda_j^2 (3\lambda^3 + \lambda_j^2) B_j}{(\lambda^2 - \lambda_j^2)^3} - \frac{1}{n} \left(\frac{dn}{d\lambda} \right)^2$$

应用式(1-22),材料色散可表示为

$$\sigma_c(\lambda) = \frac{d\tau_c(\lambda)}{d\lambda} = -\frac{\lambda}{c} \cdot \frac{d^2 n}{d\lambda^2} \tag{1-33}$$

其单位是 ps/(km·nm),式(1-33)表明 σ_c 由 $n(\lambda)$ 对波长的二阶导数决定。$d^2 n/d\lambda^2$ 可以通过式(1-29)求两次导数得到。

材料色散有两种,即正常色散和反常色散。正常色散是 $\dfrac{\mathrm{d}n}{\mathrm{d}w} > 0$ 的形式,反常色散是 $\dfrac{\mathrm{d}n}{\mathrm{d}w} < 0$ 的形式。

图 1 - 6 是 SiO_2 的折射率与色散和波长的关系。虚线表示熔石英的 $n \sim \lambda$ 关系,实线表示 $\Delta\tau/\Delta\lambda \sim \lambda$ 曲线。图中曲线是由两项的 Sellmeler 展开式计算出来的;色散曲线与水平轴线相交。

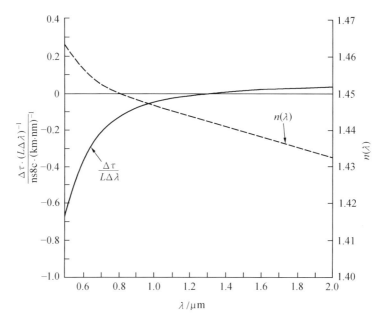

图 1 - 6 SiO_2 的折射率与色散和波长的关系

第一个共振区在紫外区,$\lambda_1 = 0.1\mu m$,$B_1 = 1.095\,5$;第二个共振区在红外区,$\lambda_2 = 9\mu m$,$B_2 = 0.9$。图 1 - 6 表示了熔石英的一个重要性质,即在波长为 $1.27\mu m$ 时色散为零。由于典型的光纤都是用熔石英制造的,故可利用这一特性来设计通信系统,使系统无一阶色散。但是,这并不意味着当 $\Delta\tau/\Delta\lambda = 0$ 时一切色散都消失。当一阶色散消失时,二阶色散成为主要的色散。

在红外波长上一阶色散为零的优点是,在这一波长上可以得到很宽的带宽和小于 1 dB/km 的瑞利散射。上述例子说明,在塞尔末耶公式中至少有两个共振频率,一个在紫外区,另一个在红外区,此时色散曲线才会过零点。如果只有一个共振频率,则色散曲线不会过零点。

制造光纤常用掺杂的熔石英,其色散特性和图 1 - 6 有些不同,但在靠近 $\lambda = 1.3\ \mu m$ 处,色散曲线过零点的特性还存在。掺杂后,色散曲线过零点的波长取决于掺杂的材料与掺杂的数量。

二、波导色散

波导色散是指同一模式的光,其传播常数 β_{mn} 随 λ 变化而引起的色散。

由群延时 $\tau = \dfrac{\mathrm{d}\beta}{\mathrm{d}w}$ 和 $\mathrm{d}w = -\dfrac{2\pi c}{\lambda^2}\mathrm{d}\lambda\left(w = \dfrac{2\pi c}{\lambda}\right)$，则波导色散可表示为

$$\sigma_{\mathrm{B}} = \frac{\mathrm{d}\tau}{\mathrm{d}\lambda} = -\frac{1}{2\pi c}\left(\lambda^2\frac{\mathrm{d}^2\beta}{\mathrm{d}\lambda^2} + 2\lambda\frac{\mathrm{d}\beta}{\mathrm{d}\lambda}\right) \tag{1-34}$$

式(1-34)中 β 的导数必须通过求解适合于所考虑的传导模的本征方程才能得到。然而，得到式(1-34)的显解析表达式是很困难的，甚至近似表达式也很难得到。

对于单模传输(HE_{11}波型)，材料色散一般占主导地位。如果材料色散为零，则只剩下波导色散，且这种色散是很小的。通常情况下，影响单模光纤带宽的色散包括材料色散和波导色散。

三、模间色散

模间色散是指多模传输时同一波长分量的各传导模的群速度不同引起到达终端的光脉冲展宽的现象。

光纤的缺陷使不同类型的各个光纤模式之间发生耦合。传导模之间的耦合可以减小多模光纤的模间色散，因为模间耦合会使速度比平均速度大的模式与较慢的模式发生耦合，所以较快模式的速度减小，而较慢模式的速度增加。如果各模式发生强烈的耦合，那么，所有的模式平均后的群速度都接近其平均值，因而脉冲的展宽大大减小。在多模光纤中存在模式耦合时，脉冲的展宽不是与光纤的长度成正比，而是与长度的平方根成正比，比例因数与耦合强度有关。遗憾的是，在传导的纤芯模与包层模及辐射模不发生耦合的情况下，很难使各传导模之间发生有效的强耦合。因此，模式耦合引起的脉冲展宽的改善是以增加模耦损耗为代价的。此外，模式耦合还会使根据测得的折射率估计脉冲特性变得更困难。

如果考虑式(1-11)中决定折射率分布形状的参数 α，则可找到一个最佳的 α 值，能使各传导模的群速度接近相等。这个最佳值决定于玻璃的成分和波长。在选择最佳 α 值后，最小的单位长度脉冲响应均方根宽度 σ_{m} 为

$$\sigma_{\mathrm{m}} \approx 0.14\Delta^2\,\mu\mathrm{s/km} \tag{1-35}$$

若 $\Delta = 1\%$，则 $\sigma_{\mathrm{m}} \approx 14\ \mathrm{ps/km}$

通常，理想的折射率剖面总是呈现出微小的起伏，因此，实际的 σ_{m} 值比式(1-35)估计的值要大。式(1-35)表明，在最佳 α 下模间色散与相对折射率差的平方成正比，Δ 越大，模间色散越严重。但是，Δ 又不能太小，因为以激励或数值孔径来看，Δ 应该大一些。此外，Δ 小光纤弯曲时辐射损耗大。因此，必须综合各方面的要求来选定 Δ。

1.6.3 单模光纤与多模光纤的色散

光纤具有不同的类型，各种色散对各种光纤的影响也不同。

一、单模光纤的色散

由于单模光纤只传输一种模式，因而它不存在模间色散，只有模内色散，即材料色散和波导色散。它们分别用色散系数 σ_{c} 和 σ_{w} 表示。总色散 $\sigma = \sigma_{\mathrm{c}} + \sigma_{\mathrm{w}}$。通常，材料色散

比波导色散大两个量级。但是,在零色散区,材料色散与波导色散值大致相当,只是两者符号相反。$\lambda_0 = 1.3 \mu m$ 处,材料色散近似为零,因而称 λ_0 为零材料色散波长。

较小的纤芯会产生较大的波导色散,且使零色散波长 λ_0 增大。增大 Δ 而芯径保持不变,也有同样的结果。

减小纤芯尺寸可减小微弯曲损耗的灵敏性,但增大了波导色散,且把 λ_0 推近到 OH 极吸收峰 1.3 μm 处。如果系统波长在 1.3 μm 附近,那么由于 λ_0 移到 1.3 μm,系统带宽将减小。

如果单模光纤以色散最小的波长工作,那么它的带宽可达到几兆赫。此外,如有必要,也可利用波导色散的影响,把单模光纤的零色散波长移到 1.5 μm 附近,以便获得损耗最小的波长。

二、多模光纤的色散

对于多模光纤,模间色散通常占主导地位。如果把模间色散平衡掉,则剩下的是材料色散和波导色散。此时,情况与单模传输类似,不同的是这里的波导色散是多模波导色散。在多模光纤中,波导色散与材料色散相比,常常可以忽略。

材料色散是材料的折射率随频率变化引起的色散,因此材料色散引起的脉冲展宽与光源谱宽成正比。对于多模渐变型光纤,如果采用激光器(LD)作光源,由于其谱宽一般为 $1 \sim 2 \mu m$,故可忽略材料色散,此时,脉冲展宽主要由模间色散决定。但是,当光源为发光二级管(LED)时,由于其谱宽大约为 $30 \sim 50$ nm,故增加了材料色散的影响。这时,材料色散和模间色散相比不可忽略。材料色散 σ_c 与模间色散 σ_m 合成的总色散 σ_t 为

$$\sigma_t \approx \sqrt{\sigma_m^2 + \sigma_c^2} \qquad (1-36)$$

1.6.4 光纤色散与带宽的关系

光纤色散使输入信号的各波长分量到达终端的群延时不同,因此输出信号或脉冲将发生畸变或展宽。脉冲展宽将限制传输容量或决定最大中继距离。因此,光纤的色散是决定光纤传输带宽的重要参数。

基带是指原始信号的固有频带。光纤的传输带宽 B 是根据光纤的基带响应下降到二分之一(-3 dB 光功率)点的频率来定义的。基带响应可以用时域的脉冲响应 $h(t)$ 或频域的频率响应 $H(w)$ 来表达。多模光纤的频率响应是由脉冲响应的傅氏变换得到的。窄脉冲对应着宽频谱,宽脉冲对应着窄频谱。当给定脉冲响应的形状时,光纤的带宽与脉冲响应宽度的均方根值 σ_{rms} 成反比。

光纤的脉冲响应宽度与光纤的色散紧密相关。若光纤色散大,则脉冲响应展宽的程度严重;若色散小,则脉冲响应展宽较小。因而,光纤的色散与光纤的带宽亦成反比。系统设计中经常用到基带带宽,它和色散的关系可用下式近似表示

$$B = 443/(\sigma \cdot \Delta\lambda) \quad (\text{GHz} \cdot \text{km}) \qquad (1-37)$$

式中, B 为光功率 3dB 带宽(6dB 电带宽); σ 为色散系数[ps/(km·nm)]; $\Delta\lambda$ 为光源半功率点的谱线宽度(nm)。

第二章 光纤系统转换器与元件连接

§2.1 引 言

一般的光纤系统如图 2-1 所示。它包括发射机、接收机、光纤传输线。发射机把待传输的电信号转换成光信号。接收机把光信号转换为电信号。光纤传输线把发射机发出的光传送到接收机。

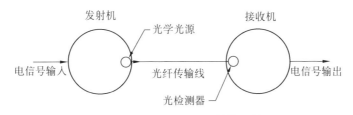

图 2-1 基本光纤系统

发射机部分的光源产生光信号,它是信息的载波。接收机部分的光探测器检测光信号,并将它变换为电信号形式。光纤传输线等效于一对铜导线,其作用是传输载有信息的光信号。

随着光纤技术的研究与开发的不断深入,光纤已从作为通信系统的传输线,发展成作为测量系统的各种传感器。但是,无论是光纤通信系统还是光纤测量系统,光源和光探测器都是不可缺少的部件。

在光纤测量系统中,光源为光纤传感器提供必需的载波。被测物理量通过光纤传感器调制光载波的参数(光强、相位、偏振、频率、波长等),然后由光探测器检测出被调制光波中的有用信号,如图 2-2 所示。

此外,在光纤特性及其参数的测量系统中,光源和光探测器也起着重要的作用。例如,在光纤色散的测量中,光源的谱宽决定材料色散的大小。在光纤衰减测量中,光源的中心波长

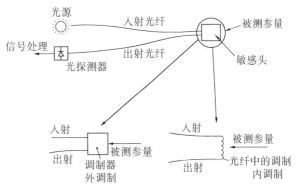

图 2-2 光纤传感器的一般特征

决定光纤衰减量。因此,在光纤特性及其参数测量中,要根据测量的目的来选择不同的光源和光探测器。

通常,光纤通信、光纤传感以及光纤测量中使用的光源和光探测器有很大的区别,主要是光功率的谱宽。本章介绍光纤传感和光纤测量中经常使用的光源和光探测器。重点介绍它们的基本特性、基本原理以及基本类型,作为后续章节的预备知识。

§2.2　电光转换器——光源

2.2.1　光源的特性

光源的特性决定光纤系统能否达到预计的指标。因此,只有了解光源的特性,在系统设计中才能选择合适有效的光源。

一、输出功率特性

对于一个带有光纤输出的光源,要求是从光纤终端射出的光通量应最大。这个量的大小取决于光源的波长和射入光纤的光通量。射入光纤的光通量与光源和光纤的耦合效果以及光源的亮度有关。

发射效率直接与纤芯面积和光纤的输入数值孔径有关。在射线光学极限内,一个线性无像差透镜系统能保持其收光面积与收光立体角之积不变。因此,由光源射入光纤内的光功率取决于该光纤的面积与立体角的乘积以及光源的亮度,即光源单位面积单位辐射立体角内所辐射的功率。对任何光纤系统,高亮度的光源都是很重要的。光源的面积和数值孔径应精确地匹配,因为任何透镜系统都会产生像差,这使其收光面积和立体角之积减小。在实际中,人们常用透镜结构来实现最佳的功率耦合。

不同类型光纤接收同等的功率所需要的光源亮度值相差很多。表 2-1 列出几种典型光纤所需要的光源亮度。

表 2-1　对应于不同光纤的光源亮度

光纤类型	NA	导波面积 $\times 10^{-8} cm^2$	面积×立体角 $\times 10^{-8} sr \cdot cm^2$	每毫瓦光源亮度 $W \cdot (sr \cdot cm^2)^{-1}$
单　　模	0.15	50	0.28	3.6×10^5
多模 PTT	0.2	1 960	19.6	5×10^3
典型的 PCS	0.5	4.9×10^4	3 070	33
250μm 芯径光纤束	0.5	7.8×10^5	5 000	2

二、辐射频谱特性

光源辐射的频谱特性应与光纤波导的传输频响特性匹配。图 1-4 所示的 SiO_2 玻璃光纤的损耗曲线表明,除 OH 根的吸收峰值外,光纤损耗随波长的增加而减小。在波长为 $0.8 \sim 1.6\mu m$ 的区域内,传输损耗较低,能满足不同的系统要求。对各种系统来说,短波长段(0.8μm)的损耗已足够低。在中继站间距离很大的场合,使用波长 1.2 ～ 1.6nm 更适合。由于在吸收峰之外,光纤损耗随波长变化缓慢,故对具有几千纳米频谱宽度的光源来说,损耗可以看作是一个常数。然而,如果光源的频谱宽度较宽,光纤的微分衰减将产生滤波作用。结果,输出端的光谱比输入端的光谱窄。

由于材料的折射率随波长变化,故光源的频谱宽度会影响光纤的材料色散。在渐变折射率光纤中,修正光纤的剖面折射率,可改变其带宽特性,这称为剖面色散。在渐变折射率光纤中模式速度不同产生的模间色散,在谱宽为几千纳米时其影响与材料色散影响的数量级一样。

三、电光转换特性

施加于光源的电偏置对光输出有直接影响。通常,输出功率值随电激励的增加而增加。但是,器件的温度也随电激励的增加而升高。因此,对于大多数电光变换器来说,非恒温的输出光功率比恒温的稍低,且光频将发生变化。对于发光二极管,这可能是由于能带间隙随温度产生微小变化而引起的。对于激光器,这种效应是腔体长度、激光媒质折射率、激光媒质的非线性效应以及影响折射率的电子浓度受热扰动的结果。

因此,输出强度和频率通常都是电偏置的函数。其它效应也会发生,如过剩噪声的影响与偏置密切有关,尤其是在激光器中,表现得更为明显。

四、环境特性

除某些半导体光源外,大多数光源的平均寿命都在几千小时范围内。其输出功率常常随使用时间下降,且与温度密切相关。使用时,通常的环境温度范围为 – 20 ～ + 40℃,较苛刻的环境温度范围为 – 45 ～ + 85℃,更苛刻的环境温度范围为 – 55 ～ + 125℃。这种温度范围,在地球的不同地方都会遇到。在宇宙空间的应用中,也许会遇到更为严酷的环境。

光源的工作状态对温度变化非常灵敏,所以在给定的温度范围内采用散热装置、防热层和冷却等措施来维持光源的正常工作。尤其是半导体光源,在高温时不仅辐射光少,而且寿命也很短。此外,温度的变化还会引起辐射波长漂移。

以上讨论了光源的几个主要特性。当光源应用于特定的系统中时,光源诸参数如亮度、光频谱特性、电光转换特性之间的相互制约关系起主导作用。这就要求光源具有足够大的功率,以保证质量合适的光到达探测器,确保足够大的信噪比。此外,光源的稳定性、可靠性、使用寿命、几何尺寸以及价格等,在选用光源时要综合考虑。对光源的选择,除要求高功率、良好的相干性、特殊的辐射波长及适合外部调制的光束形状等的特殊应用外,通常优先选用半导体光源。

2.2.2　典型光源

光纤测量和光纤传感系统使用的光源种类很多,按照光的相干性可分为相干光源和非相干光源。非相干光源包括白炽光源和发光二极管(LED),相干光源包括各种激光器。激光器按工作物质的不同,可分为气体激光器、液体激光器、固体激光器和半导体激光器。

通常,激光器有较高的空间相干性(即光源输出接近单一时间模式的程度不同),且是高亮度的光源。但是,它也具有程度不同的时间相干性,即光源输出接近单一时间模的程度不同。激光器主要由填充光学增益媒质的光学谐振腔组成。增益具有一个有限的带宽,由可获得的能级差来确定;在此增益带宽范围内,谐振腔通常有许多谐振模。在激光腔内,光频振荡十分复杂,它由许多纵场和横场分布组成。横场分布引起较高次的激光空间相干,从而改变发射波束的方向特性。大部分激光器都被控制在单横模振荡。每个模都对应于不同的时域频率,因而,时间相干性取决于纵模场和横模场,且每种组合的相干性都不相同,如图2-3所示。除了被选择的横模,所有其它横模都去掉,这是个空间滤波问题。显然,这要比滤除对应于每个横模的各个纵模要困难得多。一般说来,各个纵模的相位没有相互锁定,因此,输出是总模谱之和,其空间分布是变化的,这对应于每个模的相对相位。在锁模激光器中,相对相位被锁定,从而产生规则的光功率脉冲。

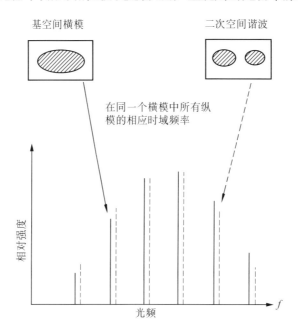

图2-3 对应于两个不同横模的不同纵模谱的解释

激光光源的相干长度取决于它的模式结构和各个模的线宽。相干函数由等双臂干涉仪所产生的干涉条纹的可见度来定义,可见度 V 定义为

$$V = \frac{I_{max} - I_{min}}{I_{max} + I_{min}} \qquad (2-1)$$

式中,I_{max} 是特定光程差干涉条纹图的最大强度;而 I_{min} 是相同光程差(严格说相差半个波长)干涉条纹图的最小强度。不难证明这个可见度函数是激光器输出的自相关函数。

相干函数决定了一个干涉系统可工作的光程差,可以把激光器的输出视为线光谱与线宽函数的卷积,相干函数的形状,按曲线光谱的间隔来决定。如果是等间隔,那么相干函数将在由线宽定义的包络内有规则地重复,如图2-4所示。如果这些谱线的间隔是不规则的,那么相干函数将在一段时间内迅速地衰落,在数量级上此段时间大约为对恒定频差的偏离的倒数。值得注意的是,直到由线宽确定的包络衰落到光源谱中其它噪声电平

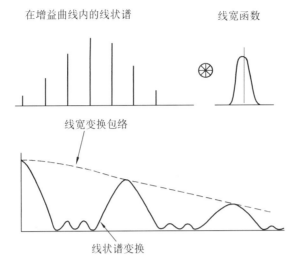

在增益曲线内的线状谱　　　　　　　　线宽函数

线宽变换包络

线状谱变换

图 2 - 4　表示为线状谱与线宽函数卷积的光源线状谱
　　　　　和相应的相干函数,一般情况下,线宽随功率
　　　　　的减小而增加,但一般特性几乎不变

之下为止,相干函数都不会降到零。例如,洛仑兹线形由

$$P(\nu) = \frac{\Delta\nu/2\pi}{(\nu - \nu_0)^2 + (\Delta\nu/2)^2}\qquad(2-2)$$

给出。半最大值对应的全频宽 $\Delta\nu$ 的倒数就给出了相干时间(将其乘以光在媒质中传播的速度就得到相干长度)。然而,对于某个很远的距离来说,干涉效应将超过光源固有的噪声电平。例如,当光源的峰值电平与散粒噪声之比为 100 dB 时,直到相干函数降到噪声电平以下为止,干涉效应仍是重要的噪声源。当洛仑兹线宽函数约为 10^{-8} 时,就出现这种情况。因此,在通常所确定的相干长度的几千倍的距离上可能产生显著的相干效应,而且表现为背景噪声的增量。

非相干光源恰恰相反。这类光源的辐射图无方向性,如果它们是面发射体,则其辐射图是朗伯的。朗伯光源的辐射图由

$$I(\theta) = I_0\cos\theta\qquad(2-3)$$

给出,式中 θ 为所考虑的方向与辐射表面的法线之间的夹角。

可将非相干光源视为光噪声发生器,其输出功率为所产生的噪声波形的方差。非相干光源的恒定输出实际上是有限带宽随机噪声源的包络函数,此噪声源的相干时间约为发射线宽的倒数。

除非光源的电源存在不规则性,否则非相干光源的低频噪声频谱就是散粒噪声频谱,没有光反馈,因而也就不存在腔体谐振对噪声谱的贡献问题。这是相干光源与非相干光源之间的一个重要区别。

下面将介绍几种典型光源。

一、白炽光源

白炽光源属于温度辐射体,具有连续的光谱分布。辐射光是从通有电流的钨丝发出

来的。钨丝的熔点约为 3 600 K。钨丝装在抽成真空的或充有惰性气体的玻璃泡里,工作温度通常在 2 200 ~ 3 000 K。白炽灯发光近于黑体辐射,光源的亮度正比于辐射体热力学温度的 4 次方,辐射光谱的峰值波长与辐射体的温度成反比。白炽灯发光分布于 4π 立体角范围内,而且在发射光谱中,对光纤传感系统有用的可见光和近红外光部分所占比例较小。提高灯丝温度时,光源的亮度增加,但温度升高会降低光源的寿命。在 2 000 K 时,其总辐射功率在 $80W/cm^2$ 范围,等效亮度约 $6W/(sr \cdot cm^2)$。

白炽光源一般适用于和光纤束或粗芯光纤配合使用。

二、气体激光器

气体激光器通常用于要求高度相干的系统中。最常用的气体激光源有:工作波长为 0.633 μm 或 1.15 μm 的氦氖激光器,工作波长为 10.6 μm 的二氧化碳激光器,工作波长为 0.516 μm 的氩离子激光器。

He-Ne 激光器作为廉价、低功率(0.1 ~ 100 mW)高相干光源特别有用。

通常,He-Ne 激光器(其它气体激光器亦如此)的增益带宽由相关原子能级之间非常窄的发射谱线的多普勒展宽来确定。He-Ne 激光器的典型增益带宽约为 1.5G Hz。激光腔体长度决定模式间隔,确定振荡模数比较简单,如图 2 - 5 所示。

He-Ne 激光器容易达到单纵模工作,一种方法是减小激光腔的长度,使得在激光带宽内只发生一个振荡模。这种单模的线宽非常窄,低到 1 kHz 的宽度(相当于空气中 300 km 的相干长度)。比较典型的线宽是几千赫。

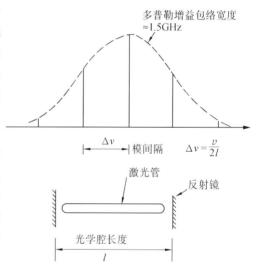

图 2 - 5 模式频率间隔、腔体长度与激光媒质的增益曲线之间的关系

所有气体激光器都用某种形式的放电来激励,即在受激发射之前,激光媒质中原子的较高能级都被填满。这种放电使激光腔中的原子电离,形成等离子体。等离子体会产生等离子体谐振,其振荡频率与等离子体的密度有关。在 He-Ne 激光器中,等离子体密度较低,其谐振频率的典型值低至几兆赫范围。因此,在对应于等离子体谐振的频率上有一个等离子体噪声峰值。其强度随电源电平、老化和温度而变化。在设计系统时,若采用此光源,一般应避开与此有关的频带。

He-Ne 激光器是一种亮度很高的光源。1 mm 直径的源面积出射光功率的典型值为 1 mW,出射光束的发散角约为 1mrad。在单横模情况下,约相当于 10^8 $W/(sr \cdot cm^2)$ 的亮度。因此,高效率地把光功率耦合进单模光纤系统是比较容易的。

氩离子激光器能产生非常高的功率(数瓦),因而具有很高的亮度。但它价格高,效率低,使用不便。然而,对于非线性效应的研究和大面积受相干光照射的全息处理却是有用的。

CO_2 激光器是一种功率可高达数百瓦的光源,但因其工作于远红外波段,故常用于作切割工具和探测大气成分的光雷达等光源。

三、固体激光器

常见的固体激光器有红宝石激光器(Ruby)、钕玻璃激光器(Nd:glass)和掺钕钇铝石榴石激光器(Nd:YAG)。三者各有其特点,以 Nd:YAG 激光器应用最广。特别是用 Nd:YAG 晶体光纤制成的小型激光器更是光纤系统的理想光源。典型情况工作于 $1.064~\mu m$ 波长,偶尔也应用于其它谱线。增益带宽约为 10^{11} Hz,比 He-Ne 激光器高,这是由于激光媒质中晶体结构使能级展宽的影响。

晶体激光器由某种形式的闪光灯来泵浦,对于连续波工作,典型情况是用高输出钨丝灯泡。如果要求高的光谱稳定性,还要加稳定冷却系统。Nd:YAG 激光器的输出功率密度非常高,连续波输出最低为 100 mW,最高可达几十瓦,相应的亮度大于 $10^9 W/(sr\cdot cm^2)$。

四、半导体光源

半导体光源是光纤系统中最常用的也是最重要的光源。其主要优点是体积小、重量轻、可靠性高、使用寿命长、亮度足够、供电电源简单等。它与光纤的特点相容,因此,在光纤传感器和光纤通信中得到广泛应用。

半导体光源又可分为发光二极管(LED)和半导体激光器(LD)。这两种器件结构明显不同,但却包含相同的物理机理。增益带宽高于任何其它媒质,主要由于光子发射是因两个能带间的电子运动所致。半导体激光器的典型增益曲线延宽到 10^{12} Hz。

半导体激光器与其它激光器在几个重要参量方面有所区别。特别是半导体激光器的工作媒质也构成了谐振腔,工作媒质的尽头也就是谐振腔的末端。在其它激光器中,腔体反射镜与工作媒质是分隔开的。半导体激光器的光能密度极高,结果产生一种影响器件特性的严重的非线性效应。

各种半导体激光器件的工作机理是,发光波长由半导体的能隙决定,而增益曲线的宽度则由状态函数密度决定,这种关系可表示为

$$\lambda \approx \frac{hc}{E_g} \qquad (2-4)$$

式中,λ 为发光波长;h 为普朗克常数,$h = 6.625 \times 10^{-34} J\cdot s$;$c$ 为光在真空中的传播速度,$c = 3 \times 10^8 m/s$;E_g 是电子从较高能级 E_i 跃迁至较低能级 E_j 时,其能级间的能量差($E_g = E_i - E_j$)。因此,上式亦可表示为

$$\lambda \approx 1.24 E_g \qquad (2-5)$$

激射带宽峰值比本征带隙能量约低 20~30 mv。对于能量低于带隙能的入射光子而言,半导体实际上是透明的;而对于能量高于带隙能的入射光子,半导体则是不透明的。激活区域处在吸收带的边缘,由于吸收带的一个基本性质是损耗突增,这相应于在同一波段上折射率的迅速变化,因而在激光波长附近半导体是一种高色散媒质。这可能会严重地影响辐射特性。这个特点也表明,任何离开器件激活区域并通过半导体媒质的辐射将会在相邻物质内受到强烈地吸收。因此,半导体光源常常采用异质结构。异质结构就是指器件

内从一层到另一层的物质是不同的。仔细地选择各层材料,以使得晶格常数固定不变,从而保证从一层到下一层的晶面连续,而层与层之间带隙的不同则能满足相邻层在光学性质上有差异的需要。

（一）发光二极管

发光二极管是一种冷光源,是固态 P－N 结器件,加正向电流时发光。它是直接把电能转换成光能的器件,没有热转换的过程,其发光机制是电致发光,辐射波长在可见光或红外光区。发光面积很小,故可视为点光源。在光纤系统中作为光源使用的发光二极管与用作显示的二极管不同,前者要求发射光波长应在光纤低损耗区、亮度高、工作可靠、调制速率高。发出非相干光的发光二极管有同质结或双异质结,有表面发光二极管,也有侧边发光的二极管。在面发光结构中,同质结发光二极管的一般亮度可以达到 15～25 W/(sr·cm²),双异质结发光二极管可以达到 50～200 W/(sr·cm²)。侧边发光二极管的发光面积小,其亮度可以达到 1 000 W/(sr·cm²)。

发光二极管都是采用晶体材料制作,使用最广泛的是砷化镓－铝镓砷材料系。在正向偏置条件下的 P－N 结,能够发射可见光或红外波段的自发辐射光。大部分器件采用异质结构,不同带隙能量宽度的 P 型层和 N 型层联合产生不同的特性,发光光谱在波长为 0.8～0.9 μm 时,是用砷化镓和铝镓砷制作。为了使光纤具有最佳传输特性,使波长范围在 1.0～1.3 μm 的红外区域,则应使用铟镓砷或铟镓磷砷材料制作。为了光纤传感系统使用方便,已经研制成带有尾纤的发生二极管。

表面发光二极管亮度不高,因此,它不适用于单模光纤系统,常用作多模光纤的光源。侧边发光二极管是指发光方向与结方向是平行的。其光束发散角在垂直方向约30°,在水平方向约120°,和表面发光二极管相比,有较高的光耦合效率。对于接收立体角小的光纤来说,此优点尤显突出。其有效亮度比表面发光二极管要高 40～60 倍。因此,侧边发光二极管可以作为单模光纤的非相干光源。

（二）半导体激光器

激光指的是受激辐射光放大的过程。在 LED(半导体激光器)中加上由晶体解理面构成的光学谐振腔,提供足够的光反馈,当电流密度达到阈值以上时,就产生了激光输出。半导体激光器也有同质结、异质结和双异质结的,有脉冲状态工作的,也有能在室温下连续工作的。特别是可以控制激光输出为单纵横的分布反馈半导体激光器(DFB),性能好,稳定性高,是光纤传感器的理想光源。

1. 半导体激光器工作原理

一般,固体激光器和气体激光器的发光是能级之间跃迁产生的,而半导体激光器的发光是能带之间的电子－空穴对复合产生的。

激励过程是使半导体中的载流子从平衡状态激发到非平衡状态的激发态。激励的方式有很多种,典型的是电注入激励方式,这种激光器称为注入式半导体激光器,下面以此为例进行分析。处于非平衡激发态的非平衡载流子回到较低的能量状态或基态而放出光子的过程,就是辐射复合过程。实际上,发光的过程同时有光的吸收,复合产生的光子又可能激发产生新的电子－空穴对,而光子本身又被吸收,这个过程叫做共振吸收。

半导体激光器要产生激光,应满足以下条件:第一,要产生足够的粒子数反转;第二,要有谐振腔,能起到光反馈的作用,形成激光振荡;第三,产生激光还需满足阈值条件,即增益要大于总的损耗。

半导体激光器中,受激原子非常紧密地堆积在一起,能级重叠成能带。受激原子的堆积密度高达 $10^{18}/cm^3$。半导体激光器的增益系数相当高,所以用晶体的解理面之间很短的距离作为谐振腔长,也能达到阈值条件。

受激辐射大于共振吸收时才有可能产生激光。注入区中非平衡载流子的受激复合率 R_u 与本区内导带电子浓度 $N_c f_c$、价带空穴浓度 $N_v(1-f_v)$ 和光强 $I(\nu, z)$ 或辐射能量密度 $\rho(\nu, z)$ 成正比,其表达式为

$$R_u = B_{cv} N_c f_c N_v (1-f_v) \rho(\nu, z) \tag{2-6}$$

式中,N_c、N_v 分别为导带和价带的有效能级密度;f_c、f_v 为费米分布函数;B_{cv} 为爱因斯坦系数,即受激发射系数;ν 为光子频率;z 为位置坐标,光沿 z 方向传播。

注入区共振吸收过程,是再产生电子－空穴对的过程,所以非平衡载流子产生率 Q_u 与价带电子浓度 $N_v f_v$、导带中空穴能级密度 $N_c(1-f_c)$ 及辐射能量密度 $\rho(\nu, z)$ 成正比,即

$$Q_u = B_{vc} N_v f_v N_c (1-f_c) \rho(\nu, z) \tag{2-7}$$

式中,Q_u 为单位时间、单位体积内共振吸收的光子数;B_{vc} 为共振吸收系数。

产生激光的增益条件是 $R_u > Q_u$,即 $f_c > f_v$。用费米分布函数表示,可得

$$(E_{FU}) - (E_{FP}) > E_g \tag{2-8}$$

式中,E_g 为禁带宽度。显然,要实现粒子数反转分布,必须使费米能级之差大于禁带宽度。

为分析阈值条件,可进一步讨论激活区内的增益和损耗。光在谐振腔内往返一次不衰减的条件为

$$gL = \alpha L + \frac{1}{2} \ln \frac{1}{R_1 R_2} \tag{2-9}$$

式中,R_1、R_2 为谐振腔两个反射面的反射率;g 为增益系数;L 为谐振腔长;α 为损耗系数。等式左边表示总增益,等式右边表示总损耗,第一项为内部损耗,第二项为端面损耗。上式表明,增益系数必须大于等值,才能产生激光。g 可表示为

$$g = \alpha + \frac{1}{2L} \ln \frac{1}{R_1 R_2} \tag{2-10}$$

结型激光器靠注入电流来提供增益,增益和电流密度之间的关系可表示为

$$g = \beta J^m \tag{2-11}$$

式中,m 为指数;J 为电流密度;β 为增益因子。将式(2-11)代入式(2-10)有

$$J^m = \frac{1}{\beta} \left(\alpha + \frac{1}{2L} \ln \frac{1}{R_1 R_2} \right) \tag{2-12}$$

同质结激光器的 $m=1$,双异质结激光器的 $m=2.8$。

砷化镓激光器的输出功率与激励电流的关系示于图 2-6,曲线转折点对应电流即为激光器阈值电流。

2. 半导体激光器的主要特性

注入式半导体激光器由于腔内存在光吸收、散射等损耗,因此,常用"量子效率"、"功

率效率"分析能量转换效率。

（1）量子效率

量子效率有内量子效率和外量子效率两种概念。内量子效率 η_i 是指激活区内每秒产生的光子数与每秒注入的电子－空穴对数目之比。由于各种损耗的存在，激光器输出的光子数会减少，因而定义了外量子效率 η_{ex}。外量子效率是指激光器每秒输出的光子数与激活区每秒注入的电子－空穴对数目之比，即

$$\eta_{ex} = \frac{P_{ex}/h\nu}{I/e} \qquad (2-13)$$

由于 $h\nu \approx E_g \approx eU$，因此有

$$\eta_{ex} = P_{ex}/IU \qquad (2-14)$$

式中，P_{ex} 为激光器发射光的功率；I 为正向激励电流；$h\nu$ 为光子能量；U 为结上所加电压；e 为电子电荷。

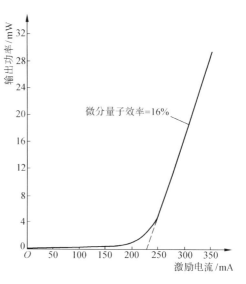

图 2-6　激光器输出功率与激励电流的关系

图 2-7 所示为砷化镓器件正向激励电流与输出功率之间的关系曲线。曲线族说明输出功率与热力学温度有关，温度越低，转换效率越高。但在一确定温度下，只有当正向激励电流 I 大于阈值电流 I_{th} 时，输出光功率才开始上升；当 $I < I_{th}$ 时，输出光功率为零。要确切描述器件的转换效率，实际上用外微分量子效率 η_D 表示，即

$$\eta_D = \frac{(P_{ex}-P_{th})/(h\nu)}{(I-I_{th})/e} \qquad (2-15)$$

式中，P_{ex} 为输出光功率；P_{th} 为阈值电流对应的输出光功率，实际上 $P_{th} \ll P_{ex}$。因此

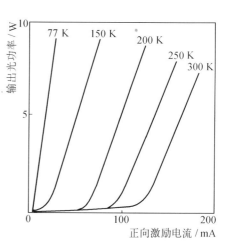

图 2-7　半导体激光器正向激励电流与输出光功率之间的关系曲线

$$\eta_D = \frac{P_{ex}/(h\nu)}{(I-I_{th})/e} = \frac{P_{ex}}{(I-I_{th})\nu} \qquad (2-16)$$

由此可见，η_D 表示阈值以上线性范围关系曲线的斜率，它仅是温度的函数，曲线的斜率与电流无关。

（2）光束的空间分布

激光器以发散角小而区别于其它光源，但半导体激光器的方向性比普通气体或固体激光器要差得多。图 2-8 所示为半导体激光束发散角的分布图。垂直方向发散角的宽度约为 45°，水平方向约为 9°。这些特点是由 P-N 结的结构造成的。垂直于结方向的激

活层厚度狭窄,衍射作用强;与结平行的方向,激活层宽度较大,衍射作用较小,从而形成图中所示的辐射光斑图。

图2-9所示为半导体激光器连续工作时光谱与激励电流的关系,各纵横线宽一般小

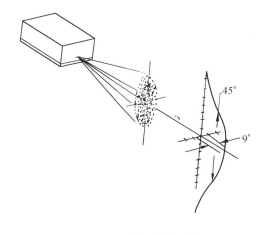

图2-8　激光束发散角分布图

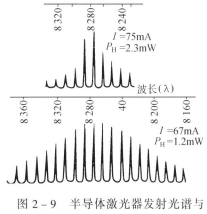

图2-9　半导体激光器发射光谱与激励电流的关系

于1 nm,横间隔约为几十个纳米。由于半导体晶体导带、价带都有一定的宽度,所以复合发光的光子有较宽的能量范围,因而半导体激光器发射光谱比固体激光器和气体激光器要宽。

半导体激光器的发射光谱随温度变化。温度升高时,激光峰值向长波长方向移动,这是由于禁带宽度随温度升高而变小的结果。图2-10表示了激光峰值位置随温度变化的情况,纵坐标分别是禁带宽度的能量值和对应的波长值。

(3) 半导体异质结激光器

由于同质结激光器的阈值电流很高,只能在脉冲状态下工作。为得到在室温下能连续工作的器件,发展了异质结激光器。图2-11所示为同质结、单异质结和双异质结的结构简图。(a)为砷化镓同质结;(b)为砷化镓和镓铝砷组成的单异质结(SH);(c)为砷化镓和镓铝砷组成的双异质结(DH)。

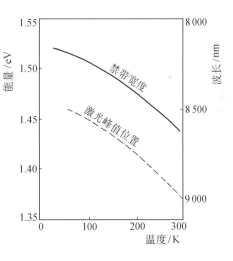

图2-10　激光峰值位置与温度的关系

单异质结激光器一般也是工作在脉冲状态下,适用于要求大功率输出的场合。双异质结激光器可以在室温下连续工作,是光纤传感器的理想光源。单异质结和双异质结的研究都是围绕降低室温下的阈值电流进行的。

双异质结器件具有独特的电学性质和光学性质,能够更完全地把注入的非平衡载流子和复合产生的光子限制在激活区内。注入到激活区的非平衡电子和空穴分别受到异质结势垒的限制,所以浓度很高,同时使增益也极大提高。由于激活区的厚度减少到

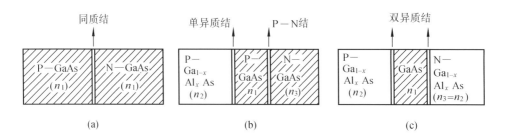

图 2-11 同质结和异质结结构示意图

$0.5\ \mu m$,同时,两个异质结两侧折射率有差别,使光波导效应显著,损耗下降,因而阈值电流显著下降,再加上良好的散热装置,就可以得到低阈值的室温下连续工作的器件。

（4）分布反馈半导体激光器

分布反馈半导体激光器(DFB)能得到单纵模输出,且易于与光纤调制器件耦合,适于作集成光路的光源。

图 2-12(a)所示为双异结分布反馈半导体激光器的结构简图;(b)是剖面简图;(c)是

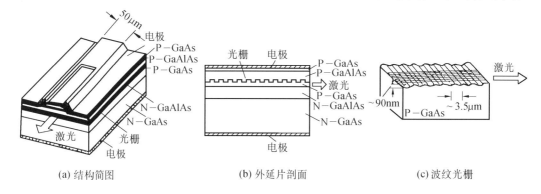

（a）结构简图　　　　　　（b）外延片剖面　　　　　　（c）波纹光栅

图 2-12　分布反馈式双异质结激光器结构简图

波纹光栅结构图。由图可见,分布反馈半导体激光器与普通半导体激光器不同,激光振荡不是由解理面构成的谐振腔来提供反馈,而是用周期性的波纹结构形成的光耦合提供激光振荡。当激活区介质的增益与光栅波纹深度满足一定要求时,就能形成激光输出。

本节讨论了光源的主要工作特性及一些比较典型、常用的光源。通常,在光纤系统设计时,要根据系统的具体要求,在众多光源中选择满足系统要求的光源。

§2.3　光电转换器——光探测器

光探测器是光接收系统的前端,其灵敏度、带宽等特性参数直接影响光纤系统的总体性能。

2.3.1　光探测器的特性参数

在光纤系统设计中,为了正确选择光探测器,应了解反映光电探测器特性的参量。下面介绍光电探测器的几个基本参量。

一、量子效率

光探测器吸收光子产生光电子,光电子形成光电流,光电流与光功率成正比。由光子统计理论可知,光电流 I 与入射光功率 P 的关系为

$$I = \alpha P = \frac{\eta e}{h\nu} \cdot P \tag{2-17}$$

式中,α 为光电转换因子,$\alpha = \frac{\eta e}{h\nu}$;$e$ 为电子电荷;h 为普朗克常数;ν 为入射光频率;η 为量子效率,$P/h\nu$ 为单位时间入射到探测器表面的光子数;I/e 为单位时间内被光子激励的光电子数。

量子效率 η 定义为

$$\eta = \frac{Ih\nu}{eP} \tag{2-18}$$

对于理想的探测器,$\eta = 1$,即一个光子产生一个光电子。实际探测器 $\eta < 1$。显然,η 越接近 1,效率越高。量子效率是一个描述微观过程的参数。

二、响应度

响应度是与量子效率相对应的宏观参数。它包括电压响应度和电流灵敏度。

1. 电压响应度 R_V

电压响应度定义为入射的单位光功率所能产生的信号电压,即

$$R_V = U_s/P \tag{2-19}$$

式中,U_s 为探测器产生的信号电压;P 为入射功率。通常规定 P 和 U_s 均取有效值。

2. 电流灵敏度 S_d

电流灵敏度定义为入射的单位光功率所能产生的信号电流,即

$$S_d = I_s/P \tag{2-20}$$

式中,I_s 为探测器产生的信号电流,通常规定 P 和 I_s 均取有效值。

三、光谱响应

光谱响应是光探测器的响应度随入射光波长变化的特性。换句话说,上述三个参数 η、R_V 和 S_d 都是入射光波长的函数。把响应度随波长变化的规律画成曲线称为光谱响应曲线。有时取响应的相对变化值,并把响应的相对最大值作为 1,这种曲线称为"归一化光谱响应曲线"。响应度最大时所对应的波长称为峰值响应波长,以 λ_m 表示。当光波长偏离 λ_m 时,响应度便下降。当响应度下降到其峰值的 50% 时,所对应的波长 λ_c 称为光谱响应的截止波长。

四、频率响应和响应时间

频率响应是在入射光波长一定的条件下,探测器的响应度随入射光信号的调制频率变化的特性。在光纤传感系统中,常采用强度调制或脉冲调制的光信号。若探测器的响应速度跟不上调制信号的变化,则会使响应速度下降,且输出波形畸变。探测器的频率响应 $R(f)$ 可表示为

$$R(f) = \frac{R(0)}{\sqrt{1 + (2\pi f \tau)^2}} \qquad (2-21)$$

式中,$R(0)$ 为调制频率为零时的响应度;τ 为探测器的时间常数,由探测器的材料、结构及外电路决定。

当调制频率 f 升高时,$R(f)$ 下降,且下降的速度与 τ 值有关。理论上规定 $R(f_c) = R(0)/\sqrt{2}$ 时的调制频率 f_c 为探测器的响应频率,因此 $f_c = 1/(2\pi\tau)$。探测器的时间常数越小,相应的响应频率就越高。

对于矩形脉冲调制的光信号,探测器的响应时间更为重要。该响应时间通常定义为探测器输出端测得的脉冲上升时间 τ_r。理论上 $\tau_r = 2.2 R_e C_e$,这里 R_e 和 C_e 分别为探测器的等效电阻和等效电容。与 τ_r 相应的响应频率 $f_c = 0.35/\tau_r = 1/(2\pi R_e C_e)$,与 $f_c = 1/(2\pi\tau)$ 比较,可得探测器时间常数 $\tau = R_e C_e$,因此,响应频率和响应时间实际上是从不同角度来表征探测器的响应速度。

五、噪声等效功率

当选择光探测器时,通常认为响应度越大越好。但在探测微弱信号时,限制光探测器探测能力的因素不是响应度的大小,而是光探测器的噪声。当无入射光时,输出端仍有电信号输出,这就是噪声的影响。通常引入等效噪声功率(NEP)的概念来表征探测器的最小可探测功率。等效噪声功率定义为探测器输出电压恰好等于输出噪声电压时的入射光功率,即

$$\text{NEP} = U_n/R_V = \frac{P}{U_s/U_n} \quad (\text{W}) \qquad (2-22)$$

或

$$\text{NEP} = I_n/S_d = \frac{P}{I_s/I_n} \quad (\text{W}) \qquad (2-23)$$

式中各量均取有效值。NEP 越小,探测器的探测能力越强。

六、探测度

探测度(D)定义为 NEP 的倒数,即

$$D = 1/\text{NEP} \quad (1/\text{W}) \qquad (2-24)$$

D 表示探测器的探测能力,其值越大越好。在实际应用中,往往需要对各种探测器进行比较,以确定选择何种探测器。实际上,D 值与测量条件,特别是与探测器的面积 A 和测量带宽 Δf 有关。当 A 和 Δf 不同时,仅用 D 值不能反映器件的优劣。由于 $U_n \propto \sqrt{\Delta f}$ 及 $U_n \propto \sqrt{A}$,故同时考虑 Δf 及 A 的影响后,$U_n \propto \sqrt{A \cdot \Delta f}$。因而得到

$$D \propto 1/\sqrt{A \cdot \Delta f} \qquad (2-25)$$

通常,A 及 Δf 因探测器的测量条件不同而异。为了比较同类型的不同探测器,通常把 D 值用因子 $\sqrt{A \cdot \Delta f}$ 归一化,引入归一化探测度 D^*,并定义 $D^* = D \cdot \sqrt{A \cdot \Delta f}$。此时,$D^*$ 值与 A 及 Δf 无关。

如果给定 D^* 及 R_V、S_d 值,则可求得 U_n 及 I_n 值

$$U_n = \frac{R_V}{D} = \frac{R_V \sqrt{A \cdot \Delta f}}{D^*} \qquad\qquad (2-26)$$

$$I_n = \frac{S_d}{D} = \frac{S_d \sqrt{A \cdot \Delta f}}{D^*} \qquad\qquad (2-27)$$

2.3.2 光电探测器的原理

探测器在受光照射后,吸收了光子的能量,并把它转换成另一种能量,因此光探测器是将光能转换为其它能量的换能器。

按照探测机理的不同,光探测器可分为热电探测器和光电探测器。热电探测器的原理是基于光辐射引起探测器温度上升,从而使与温度有关的电物理量产生变化,测量其变化便可测定入射光的能量或功率。因为温度升高是一种热积累过程,且与入射光子的能量大小有关,所以探测器的光谱响应没有选择性,从可见光到红外光波段均有响应。最常用的热电效应有三种:温差电效应、热敏电阻效应和热释电效应。热电探测器的优点是可以在室温下工作和无光谱选择性。温差电探测器和热敏电阻探测器的缺点是,由于有热平衡过程,响应速度慢,只能用于光能量、功率的慢速测量。热释电探测器对温度的变化极灵敏,响应速度快,在中、远红外光探测器中有发展前途。

在光纤传感系统中所用的光探测器多半是光电探测器,所应用的光电效应主要有光电子发射效应、光电导效应、光伏效应及光电磁效应等。

光电探测器是利用内光电效应或外光电效应制成的探测器。在光辐射作用下,内光电效应的电子不逸出材料表面,而外光电效应产生光电子发射。下面简单介绍这几种光电效应。

一、光电子发射效应

根据光的量子理论,每个光子具有能量 $h\nu$。当光照射在某些金属、金属氧化物或半导体表面上时,如果光子能量 $h\nu$ 足够大,则电子吸收光子能量后就逸出材料表面成为光电子。这种效应称为光电子发射或外光电效应,可用爱因斯坦方程来描述,即

$$E_k = h\nu - w \qquad\qquad (2-28)$$

式中,E_k 为光电子的动能,$E_k = \frac{1}{2} mV^2$;m 是光电子质量;V 为光电子离开材料表面时的速度;w 为光电子发射材料的逸出功,表示产生一个光电子所必须给予束缚电子的最小能量。

光电子的动能与照射光的强度无关,仅随入射光的频率增加而增加。在临界情况下,假设电子逸出材料表面后能量全部耗尽,且速度减为零,即 $E_k = 0$,则 $\nu = \frac{w}{h} = \nu_0$,或 $\lambda_0 = \frac{hc}{w}$。就是说,当照射光频率为 ν_0 时,光电子恰好能逸出表面。当 $\nu < \nu_0$(或 $\lambda > \lambda_0$)时,无论光通量多大也不会有光电子产生。ν_0 称为光电效应的低频限,λ_0 称为长波限。这是利用外光电效应的光电探测器的光谱响应有选择性的物理原因。

二、光电导效应

当光照射在某些半导体材料时,若透入内部的光子能量足够大,则某些电子吸收光子

能量,从原来的束缚态变成导电的自由态。这时在外电场作用下流过半导体的电流会增大,即半导体的电导增大,这种现象称为光电导效应。它是一种内光电效应。光敏管及光敏电阻的光电效应属于此类效应。

光电导效应可分为本征型光电导效应和杂质型光电导效应,如图 2 – 13 所示。本征

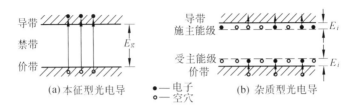

$\bullet$—电子
○—空穴

(a) 本征型光电导　　　　(b) 杂质型光电导

图 2 – 13　光电导原理示意图

型是指能量足够大的光子使电子离开价带跃入导带,价带中由于电子离开产生空穴,在外电场的作用下,电子和空穴参与导电,使电导增加。此时长波限条件由禁带宽度 E_g 决定,即 $\lambda_0 = hc/E_g$。杂质型是能量足够大的光子使施主能级中的电子或受主能级中的空穴跃迁到导带或价带,从而使电导增加。此时长波限由杂质的电离能 E_i 决定,即 $\lambda_0 = hc/E_i$。由于 $E_i \ll E_g$,所以杂质型光电导的长波限比本征型光电导要大得多。

三、光生伏特效应

如图 2 – 14 所示,在无光照射时 PN 结内存在内部电场 E。当光照射在 PN 结及其附近时,若光子的能量足够大,则在结区及其附近产生少数载流子(电子 – 空穴对)。它们在结区外时,靠扩散进入结区,它们在结区内时,则在外电场 E 作用下电子漂移到 N 区,空穴漂移到 P 区。结果,N 区带负电荷,P 区带 E 电荷,产生附加电动势。此电动势称为光生电动势,此效应称为光生伏特效应。对 PN 结加反偏压工作时,则形成光电二极管。

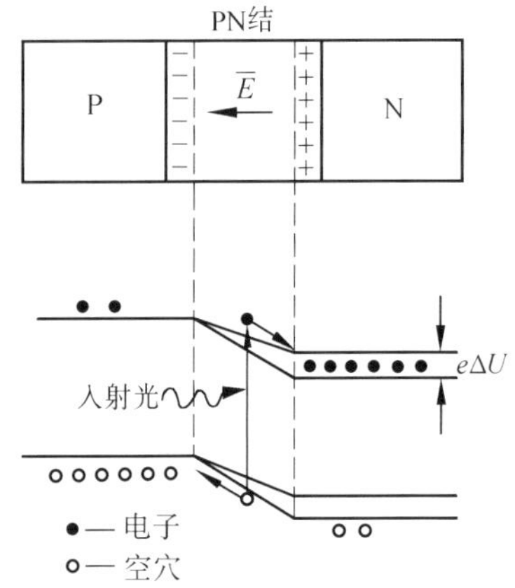

四、光电磁效应

将半导体样品置于强磁场中,用激光辐射线垂直照射其表面。当光子能量足够大时,在表面层内激发出光生载流子 – 电子空穴对,并在样品表面层和体内形成载流子浓度梯度,于是光生载流子向体内扩散。在扩散过程中,由于磁场产生的洛仑兹力的作用,电子和空穴偏向样品两端,产生电荷积累,这就是光电磁效应。

图 2 – 14　PN 结光生伏特效应原理示意图

2.3.3　半导体光电探测器

在光纤传感系统中所用探测器,多数是半导体光电探测器。主要有四种,即 PIN 光电二极管、雪崩或光电二极管(APD)、PIN – FET 混合微型组件和光导体。这些器件的探测过程基本相同,即由入射光子产生电子 – 空穴对,因而光探测器的响应波长主要由半导体

物质的带隙能决定。表 2 - 2 给出了一些常用半导体的带隙能。

表 2 - 2　光探测器所用半导体特性

半导体物质	带 隙 能 eV	截止波长 λ_c μm
硅	1.11	1.0
锗	0.67	1.8
砷化镓	1.43	0.85
$Ga_{0.16}In_{0.53}As$	1.15	1.10
$Ga_{0.47}In_{0.52}As$	0.75	1.6
In As	0.33	3.8
InGaAsP	$1.34 \sim 0.78$	$0.92 \sim 1.6$

半导体二极管是内光电效应探测器,具有量子效率高、噪声低、响应快、线性工作范围大、耗电少、体积小、寿命长和使用方便等特点。其中以硅光电二极管应用最为广泛。

一、PIN 光电二极管

硅 PIN 光电二极管(P 型、本征型、N 型)是常用的光电探测器,其典型结构如图 2 - 15
所示。在 S_iO_2 层表面的透光区镀以增透膜,其余区为金属接触区。透光区中光线先经 P^+ 层,再进入 I 区(本征区),最后到 N^+ 基片。一般 I 区约有 10 μm 厚。

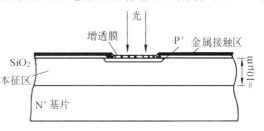

图 2 - 15　PIN 光电二极管结构图

设计本征区宽度的原则是,要使二极管在使用波长上对入射光的实际吸收量最大。在本征区内被吸收的大部分光将产生电子 - 空穴对。当 PN 结为反向偏置以至本征区为完全耗尽区时,这些电子 - 空穴对将被耗尽层中的电场驱至金属接触区。只有在接触区内光子产生的电子 - 空穴对才对探测电流有作用。在此区外,尽管也产生电子 - 空穴对,但对探测电流没有明显的贡献,它们不受电场的驱赶,于是产生复合。

图 2 - 16 示出在 0.5 ~ 1.0 μm 波长范围内计算得到的硅的吸收系数。在频带边缘附近的波长范围内,半导体吸收系数随波长变化迅速。本征区合适的宽度为 10 ~ 30 μm,由此可推知,硅光电二极管在 0.8 ~ 0.9 μm 波段的光电转换效率最高,而这波段与砷化镓激光二极管及 LED 的工作波段几乎完全一致。在较短波段上,因 P 接触区的光吸收作用而使光电转换效率下降;若此接触区的厚度为 1 μm,则 0.7 μm 波长的入射光约有 15% 被吸收,而在较长的波段上,随着光吸收的迅速减少,光透过本征区增多,如对于 1.06 μm 波长

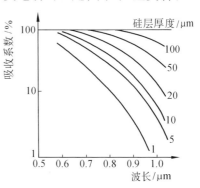

图 2 - 16　硅吸收系数与硅层厚度、光
波长的关系

的光,可用长本征区的 PIN 二极管。一般的硅 PIN 二极管用于 0.8 ~ 0.9 μm 波长最佳。

当工作反偏电压为 10 ~ 50V 时,本征区的宽度约为 10 μm。这种器件性能好,价廉且使用简便。如需探测较长波长的光信号,可以用锗二极管或 III - V 族三元或四元复合物铟镓磷砷二极管。

对于 PIN 二极管,总的电信号功率与噪声功率之比为

$$\mathrm{SNR} = \frac{(P_s \eta e / h\nu)^2}{(2eP_0 \eta e / h\nu + 8\pi \, KTBCF)B} \tag{2-29}$$

式中,η 为量子效率;P_s 为入射光功率;P_0 为总的光感生功率;T 为温度;B 为带宽,C 为探测器电容;F 为输入前置放大器的噪声因子。

上式表明,PIN 光电探测器的热噪声性能受探测器电容和该二极管附近的不可减小的杂散电容的限制。PIN 光电探测器通常工作在散粒噪声极限区域,由此得出光子噪声极限探测条件为

$$P_0 \gg 3CB \tag{2-30}$$

一个简单的廉价光电二极管的杂散电容可能为 10 pF。因而,对于要求带宽为 10 kHz 的传感器,光子噪声极限为几 μm。此时,$\mathrm{SNR} \approx (10^{19} P_s^2 / P_0) B$。假设信号带宽内功率等于总光功率,则 SNR 约为 90 dB。当光信号正好等于热噪声信号时,最小可探测功率电平要求入射光功率 P_s 约为 1 μW。

对于一些传感系统,光功率一般超过几微瓦,而带宽小于 1 MHz。这样,在使用 PIN 二极管时,若 R_L 形成的时间常数适当,一般都会得到满意的性能。

二、雪崩式光电二极管(APD)

在理想的光电二极管中,每个入射光子产生一个光电子,入射光波长在 1 μm 的响应度约为 0.8A/W。此时,最灵敏的接收器可以接收的光功率约为 0.01 μW,相应的光电子流为几纳安或更小些。这样微小的电流用一般电子学方法处理,又不产生过大的放大器噪声是很困难的。因此,通常使用雪崩增益这一机理,即在放大器之前就增大光电二极管的输出电流。

图 2 - 17 示出雪崩式光电二极管的原理,在二极管加上很高的反向偏置电压后,当载流子通过耗尽区中强电场部分时,由于碰撞电离会产生新的载流子。这些新载流子通过碰撞电离又产生新的载流子。因此,最初的电子 - 空穴对可产生几十、几百甚至更多的二次电子 - 空穴对。结果,光电二极管的输出电流大大增加。这种现象就是普通的反向偏置二极管的雪崩击穿。这种原理与理想的电子倍增机理相比有一些缺点,即倍增数是随机的,二次电子 - 空穴对的数目不确定,在一个平均倍增数上涨落。这种随机性限制了光接收机的灵敏度。设计这种光电二极管时应尽量减小这种随机性。研究表明,应尽量选择十分均匀的材料。

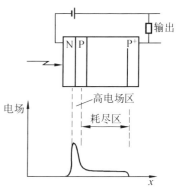

图 2 - 17 雪崩式光电二极管

对雪崩式光电二极管,除了要有良好的增益统计值外,响应速率也是很重要的。与

PIN 二极管类似,大多数一次电子－空穴对在具有高漂移率电场区内产生,且载流子能尽快地到达高电场区(倍增区)。在倍增过程中,载流子在高电场区内来回运动多次。实际使用的二极管兼顾增益与带宽(响应速度)两方面的要求,这种器件的增益与带宽的乘积约为 100 GHz。

目前使用的多数雪崩式探测器都是用硅材料制成的。质量高的产品,其增益可达几百。如果在它们表面镀上增透膜,量子效率可接近 100%。在实际使用中,要注意雪崩式光电二极管的温度特性。在工作温度范围内,增益应保持稳定。然而,决定增益特性的电离系数却是温度的函数。因此,APD 的偏置电路要求有一定的热漂移补偿。这种器件要求跨过耗尽区的电位差要大,以把电场提高到能产生倍增作用所需要的水平。一般,总的电压应在 200 V 左右。

三、PIN－FET 微型组件

这是一个小面积、低电容光电二极管与一个高输入阻抗 FET 前置放大器组合在一起的微型组件。其中所有引线长度和杂散电容应降至最小。由于电容小,输入阻抗高,因而可使热噪声效应减至最小。这种微型组件具有如下优点:供电电压低,在一定温度范围内和电偏压条件下较稳定。对于 PIN－FET 和 APD,在 P_s 值相同时能得到可相比拟的信噪比。在硅光探测器不适用的长波段上,这些优点变得更为重要。

四、光电导探测器

光电导探测器也属于半导体光电探测器,它是一个入射光子激励一个电子从价带能级进入到受主杂质能级,或激励 N 型半导体中的一个电子从施主能级进入到导带能级。激励后,所产生的迁移载流子将使半导体在载流子寿命期间的导电性增加。若载流子的寿命为 τ_0,入射光功率为 P_s,则光感生载流子的平均数 $N_0 = \dfrac{nP_s}{h\nu} \cdot \tau_0$,通过光电导体的电流取决于载流子的数目和外加电场。此电场使载流子漂移,渡越厚度为 d 的晶体所需时间 $\tau_d = d/v$。因此,所产生的光电流为

$$i_0 = \frac{nP_s}{h\nu} \cdot \frac{\tau_0}{\tau_d} \cdot e \tag{2-31}$$

硫化镉是用于可见光波段的典型的光电导探测器。虽然廉价,但体积大,稳定性差。因此,应用受到局限。

五、电荷耦合器件阵列探测器(CCD)

线阵和面阵器件在光纤传感系统中得到广泛的应用。CCD 阵列的基本特征是:入射到 P 移位寄存器的总光功率的电荷累积起来,然后在适当的时钟控制下,按顺序读出。图 2－18 为 CCD 的示意图。CCD 阵列的应用同光谱仪的阅读和空间光子数据分析一样,光信息的移位寄存器的输出把空间信息变换为适合于数字处理的脉冲串。在得到最终分解出的待测参量以前,从一个传感系统中来的多端光输出需要进行复杂的处理时,CCD 阵列具有突出的优点。

2.3.4 光电倍增管

光电倍增管是典型的光电子发射型探测器,其主要特点是:灵敏度高,稳定性好,响应

速度快以及噪声小;但结构复杂,工作电压高和体积大。它是电流放大器件,具有很高的电流增益,特别适用于微弱光信号的探测。

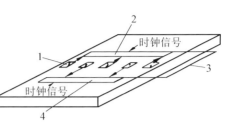

图 2－18　电荷耦合器件阵列探测器示意图
1—光敏面的衬垫;2—CCD 移位寄存器;3—移位寄存器的合成输出端;4—CCD 移位寄存器

一、工作原理

光电倍增管(PMT)一般由光电阴极、倍增极、阳极和真空管壳组成,如图 2－19 所示。图中 K 为光阴极,D 是倍增级,A 是阳极,U 是极间电压,称为分级电压。分级电压为百伏量级,分级电压之和为总电压,总电压为千伏量级。从阴极到阳极,各级间形成逐级递增的加速电场。阴极在光照下发射光电子,光电子被极间电场加速聚焦,从而以足够高的速度轰击倍增级。倍增级在高速电子轰击下产生二次电子发射,使电子数目增加若干倍。如此逐级倍增,使电子数目大量增加。最后,电子被阳极收集形成阳极电流。当光信号变化时,阴极发射的光电子数目相应变化,由于各倍增级的倍增因子基本不变,所以阳极电流随光信号变化。

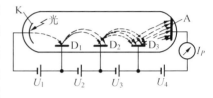

图 2－19　光电倍增管示意图

各倍增级材料可以是金属、金属氧化物及半导体,如锑化铯、银镁合金、氧化铍、镓磷铯、砷化镓－氧化铯等。光电倍增管利用各倍增级的二次电子发射效应可获得很高的电流增益。总电流增益为

$$G = I_p/I_k = f(g \cdot \sigma)^n \qquad (2-32)$$

式中,I_p 为阳极电流;I_k 为阴极电流;f 为第一倍增级对阴极光电子的收集效率;g 为各倍增极之间的电子传递效率;n 为倍增级的级数;σ 为每个入射电子所产生的二次电子的数目,称为二次电子发射系数。

良好的电子光学设计结果,其 f,g 值均接近 1。σ 主要取决于倍增级材料和极间电压。对于银镁合金的倍增极材料,$G = \sigma^{10} = (U/40)^{10}$,取决于工作电压 U。所以,工作电压的微小变化将使 G 值有明显的波动,致使光电倍增管工作不稳定。当然,也可用调整外加电压的办法来调整总的电流增益 G 的大小,从而使光电倍增管工作在最佳状态。为此,要求光电倍增管的电源必须是可调的电子稳压电源。

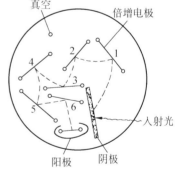

图 2－20　光电倍增管图解说明

图 2－20 是光电倍增管图解说明。倍增极级数越多,二次电子发射系数 σ 也越大,G 值也越高。级数过多也不好,一般 σ 值为 3～6,级数 n 取 9～14。一些新型半导体倍增级材料的 σ 值可高达 20～25,这可使级数 n 大为减小,从而获得良好的频率特性。

二、基本工作电路

光电倍增管探测器最基本的工作电路如图 2-21 所示。它适用于探测高速光脉冲或强度调制的激光信号。若探测平稳的连续信号,则图中 C_1、C_2、C_3 电容可不用。总电压

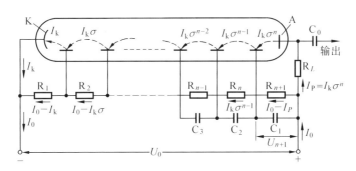

图 2-21　光电倍增管的工作电路

U_0 通过分压网络 $R_1 \sim R_{n+1}$ 加到各相应电极。C_0 为隔直输出耦合电容。R_L 为负载电阻,提供输出电压。C_1、C_2、C_3 为稳压电容。光电倍增管工作电路必须保证输出电流 I_p 对入射光通量的线性关系。为此,电源电压必须有较高的稳定性。若要求输出电压的线性优于 1%,则电源电压的稳定性必须优于 0.1%。在要求较高的场合,可采用分别供电方式,即前级用小容量的高压电源,后级采用低压大容量电源。

三、光电倍增管的使用

阳极电流 I_p 随入射光功率 P_s 的变化规律是,开始阶段是线性增长,当 P_s 大到一定值时,I_p 增加缓慢,出现饱和现象。这是由于光阳极受强光照射后发射电子的速率过高,阴极内部来不及重新补充电子,致使灵敏度下降(出现疲劳效应)。在轻度疲劳时,若停止工作一段时间,可以恢复正常工作能力。但是太强的光照射会使光电倍增管损坏。所以,在使用时切忌过强的光照射。

实际应用中,还应注意外磁场对光电流的影响。通常,应对光电倍增管进行良好的电磁屏蔽。

光电倍增管的噪声主要是散粒噪声和负载电阻产生的热噪声。从降低过剩噪声出发,把第一倍增极的工作电压取得高一些有利。背景噪声可采用滤光片加以限制,故在实际应用时应设法减小暗电流。如果长时间使用,应考虑降温措施以控制暗电流的增长。

此外,工作电压升高会使光电倍增管的灵敏度增大,但暗电流也增加。因此,选择工作电压时,应对灵敏度和暗电流折衷考虑,以选取最佳工作电压。在具有 9~12 级倍增极的光电倍增管中,选取 500~800 V 工作电压较为适宜。

以上讨论了几种常用的光电探测器性能及应用范围。光电探测器的选择取决于入射光信号功率、光背景电平和所要求的信噪比。对于大部分光纤传感器,选用 PIN 光电二极管是较合适的。由于光电倍增管可达到非常高的增益,暗电流小,故宜做灵敏度高、低噪声的探测器。

PIN 光电二极管具有很小的温度系数。在 APD 和 PMT 中,增益是偏压和温度的函数,特别是 APD 受温度影响很大。对于要求高的场合,要采用稳定偏压和温度补偿措施。光电导探测器一般用于中红外和远红外的探测。为减少噪声,光电导器件要采用冷却系统。

§2.4　光纤连接器和固定接头

目前,光纤的光功率损耗已降到 0.2 dB/km,且单模通信光纤已能再降低一个数量级,达到 0.02 dB/km。光纤本身的衰减降低后,光无源器件与光纤、光纤与光纤、光源与光纤以及光探测器与光纤互连引起的衰减显得更加重要。即使光纤衰减降得再低,但系统仍需要若干个互连处,且每个连接产生零点几分贝损耗,因此,总的系统就不能应用于较长距离的传输。对光纤传感器来说,它们所用光纤长度比通信系统要短得多,每只传感器通常仅用数百米或更短的光纤。在这种情况下,即使不选用低损耗光纤互连引起的插入损耗也可能要占光纤传感器总损耗的大部分。因此,互连问题不容忽视。

在制造光纤传感器时互连的用途包括:将光源和光探测器与光纤连接,把一个光源的输出分给若干个传感器,在干涉仪中的光分路与合路以及光纤与光纤的互连等。为了把插入损耗减至最小,所有的互连设计均应考虑反射及其引起的插入损耗。

互连可分成三类:①连接器——用于光纤之间或光纤与某个元器件之间的互连;②固定接头——用于两根光纤之间或光纤与某个元器件之间的熔接或永久性连接;③耦合器——用于在两根或多根光纤之间重新分配能量的连接。本节将讨论连接器和固定接头。

2.4.1　光纤连接损耗

在光纤连接器和固定接头中,功率损耗可分成两类:固有损耗和附加损耗。固有损耗是由光纤制造过程中出现的偏差和缺陷引起的,不能用机械或外加工方法加以修正。附加损耗是在光纤制造过程结束之后对接出现的损耗,并且可以用机械的或外部加工方法加以修正,如光纤端面抛光不正确或光纤机械连接不正确等均属这一类。如图 2-22 所示为引起上述损耗的一些典型情况,且图中只画出了纤芯。从图中可以看到影响固有损耗的几个因素。如果发射光纤和接收光纤的纤芯面积不相等,那么,这种失配就可能产生功率损耗。两根光纤数值孔径(NA)的不同也可能产生损耗。对渐变折射率光纤而言,折射率分布的失配也可能产生固有损耗。只有当光从一根大纤芯或大数值孔径的光纤射向一根小纤芯或小数值孔径的光纤时,才发生损耗。在这两种情况下,发射光纤纤芯发出的光不能被全部截留在接收光纤的纤芯内。反之,光从小纤芯或小数值孔径的光纤射向大纤芯或大数值孔径的光纤时,就不会出现由于这种失配产生的损耗。

图 2-22 还表示了引起附加损耗的几种情况。如果接收光纤的输入光或发射光纤的输出光以 15° 到 20° 的圆锥角接收或发散,则纤芯之间的间隙可能使发射光纤纤芯发射的

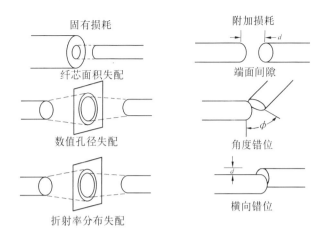

图 2 - 22　光纤互连时固有功率损耗和附加功率损耗的一些原因

一部分光偏离接收光纤的纤芯。两根光纤角度偏差可能使一部分光不能进入接收光纤。两根光纤之间的横向错位也会引起附加损耗。横向错位的原因是:两根光纤没有对准(或包层外表面没有对准)使得纤芯不同心。通常,光纤之间连接靠它们的外表面进行对准。光纤端面可能不平滑,这会导致散射损耗。为了保证固有损耗和附加损耗减到最小,在光纤、连接器和固定接头的制造与测试过程中要特别小心。玻璃与空气折射率不同引起的两根光纤端面反射的影响是易于修正的。对 S_iO_2 来说,这种反射产生 0.32 dB 的损耗。为了降低反射损耗,只需在两根对接光纤的端面之间采用折射率匹配液或灌封材料。

两根光纤纤芯面积失配及光纤数值孔径失配对损耗的影响如图 2 - 23 所示。该曲线实际上适用于阶跃折射率光纤,但其呈现的总趋势也适用于渐变折射率光纤。芯径由大到小或数值孔径由大到小时,10% 的失配会产生 0.5 dB 左右的损耗。对粗的多模光纤而言,要使两根光纤或同一根光纤的直径精度保持在 10% 以内,通常应使芯径误差保持在 ±5 μm 以内。但对芯径为 5 μm 或更小的单模光纤,芯径误差应保持在 ±5 μm 以内。数值孔径的偏差可以精确地控制,折射率偏差通常控制在只有百分之几的范围内。因而,固有损耗的主要问题是多根光纤之间及同一根光纤芯径的偏差。

阶跃折射率光纤的端面间隙将引起附加损耗,如图 2 - 24 所示。图中示出耦合损耗与 S/D 的关系。D 表示光纤的芯径,S 表示光纤端面间隙。端面间隙对耦合损耗的影响也与数值孔径有关。数值孔径越大,未入射到接收光纤纤芯中的光所占的百分比越大。在该图中示出了 NA 从 0.15 变化到 0.5 时的结果。对光纤传感器使用的光纤,NA 大多接近于 0.15。由图可见,10% 的纤芯直径偏差只产生 0.2 dB 的损耗。实际上,在 NA = 0.15 的情况下,$D/2$ 的端面间隙将产生 0.7 dB 左右的耦合损耗。如果是固定接头,则不存在这种损耗。

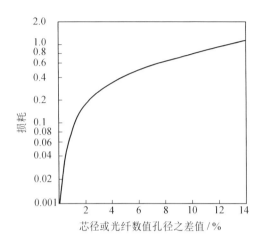

图 2-23 由大到小的两根光纤对接时因芯径差或数值孔径差引起的近似损耗值

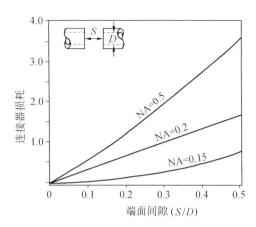

图 2-24 在几个数值孔径(NA)下,连接器功率损耗随两根阶跃折射率光纤 S/D 的变化

相同芯径光纤之间纤轴错位的影响示于图 2-25。图中 D 表示芯径,d 表示横向错位。由图可见,10% 的横向错位可能产生 0.5 dB 的损耗。购买光纤时,仔细地规定光纤尺寸是非常重要的。对于 80 μm 直径的光纤,1% 的直径偏差就是 0.8 μm。它可能引起 0.4 μm 的横向错位。对 5 μm 的纤芯来说,这个错位数值对应 $d/D = 0.08$,引起的相应损耗约为 0.4 dB。

另一个外部附加的影响是轴向的角度错位,如图 2-26 所示。当光纤轴向对接不准或光纤端面与纤芯轴不垂直时,可能出现角度错位。该影响与 NA 有关,随 NA 的增加而增加。在两根 NA 均为 0.15 的光纤互连过程中,5° 的角度错位会产生 0.4 dB 左右的损耗。

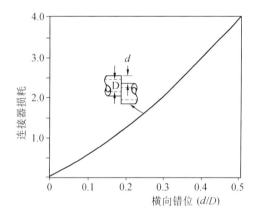

图 2-25 两根阶跃折射率光纤对接端面的纤芯横向错位引起的连接器功率损耗

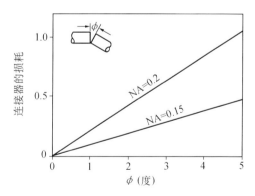

图 2-26 两根阶跃折射率光纤对接端面的纤芯轴向角错位引起的连接器功能损耗

一个简单的紧配合连接器如图 2-27 所示。该连接器中有一个小孔,以便在把光纤

终端插入时可以挤出折射率匹配液。它不是一种容易拆卸的连接器。如果在折射率匹配液占有的空间中使用折射率匹配环氧树脂,可以形成相当好的固定接头。使用这些活动

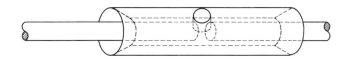

图 2-27　具有折射率匹配液小孔的简单紧配连接器

连接器的困难是,为了多次拔插必须使径向间隙至少要保持在几个微米。这种方法对单模光纤是不适用的,因为在单模光纤中为了避免过大的功率损耗,只允许横向错位小于 $0.5~\mu m$。

2.4.2　光纤活动连接器

目前,活动连接器已有了很大进步,在通信和光纤传感中常用的有两种形式,即精密套管对接式和透镜扩束式。前一种是利用连接器高精度的几何设计来确保光纤准确对接,如图 2-28(a)、(b)所示;后一种则是利用透镜的准直与聚焦作用来连接两根光纤,如图 2-28(c)所示。然而,具体的光纤活动连接器几乎每个厂家都有一套标准,各厂家的活动连接器不能通用,不过许多国际组织及国家正在致力于制定这方面的标准。

下面介绍对接式光纤活动连接器的几种典型结构。

(1) ST(直插)型　这种连接器是由 AT & T 公司 1985 年初推出的,它用了和同轴电缆连接器类似的结构,插针插座均呈轴对称,易于加工,是一种最简单的设计。ST 型连接器中最精密的零件是固定光纤的金属插针,连接器转接插座里的与插针相配合的精密套管可确保插入其中的两根光纤对准。这种结构还利用带键的卡口式锁紧机构来防止光纤在多次连接过程中的转动,以确保连接器在多次插拔中具有较稳定的插入损耗。

(2) BC(双锥)型　这种连接器也是由 AT & T 公司发明的,它采用最新的精密模塑技术,将光纤封装在端部有一个精密锥体的插针内,连接器转接插座内装有精密的双锥形套管,当两根光纤插针压入双锥形套管之中时,即可实

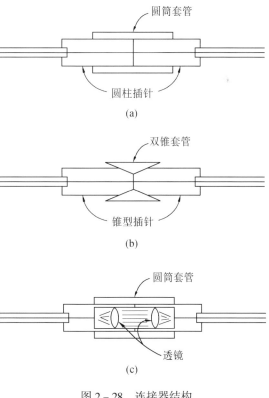

圆筒套管

圆柱插针

(a)

双锥套管

锥型插针

(b)

圆筒套管

透镜

(c)

图 2-28　连接器结构

现光纤精密对接。

（3）PC（物理接触）型 这种连接器由 AMP 公司提出，它利用光纤端面物理接触来提高连接器的性能，其光纤抛光端面设计成圆弧状，光纤纤芯端面接触间隙小于 $\lambda/4$，使得斯耐尔反射损耗大为降低。这样就使得连接器的回波损耗由非接触型的 15 dB 提高到 40 dB。因此，这种连接器大大减小了反向传输光对系统的不良影响。

（4）FC（面接触）型 由日本 NTT 公司开发的连接器，其插针端部贴有中间开孔的薄片，可使插接的两光纤"面接触"而又不造成光纤端面磨损。光纤端面可镀制抗反膜以消除斯耐尔反射。

（5）SC（直联）型 也是日本 NTT 公司开发的一种最新的结构。这是一种模塑连接器，采用矩形横截面，连结设计成锥拉式，而不需要像上述连接器那样用螺纹锁定，因而体积减小，适合于多芯光缆安装。

以上几种活动连接器插入损耗也可降低至 0.1～0.5 dB（不计端面折射率不匹配引起的反射损耗 0.32 dB），经 1 000 次插拔试验，连接器损耗变化不大于 0.1 dB，因此，有较好的插拔重复性。

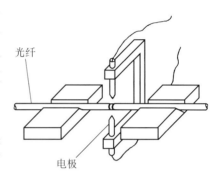

图 2－29 光纤焊接机构

2.4.3 光纤固定接头

光纤固定接头是一种永久性的连接，其基本要求是：以最短的时间与最低的成本获得最低的稳定插入损耗。光纤熔焊固定接头技术是所有光纤接头中性能最稳定，应用最普遍的一种。在光纤熔焊中，一般首先剥除光纤的保护涂层，然后利用刻痕拉断法处理光纤端面，再调节光纤使其相互对准，最后用电弧、等离子焊枪或氢氧焊枪对准光纤接合部位加热，并使两根光纤熔接。光纤电弧熔焊机原理结构如图 2－29 所示。利用熔焊技术可以得到损耗很低的光纤接头。对于芯径 50 μm 的多模光纤一般平均连接损耗在 0.02 dB 左右；对于单模光纤连接损耗也

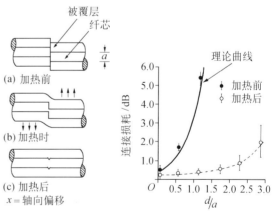

图 2－30 两根单模光纤的熔接

可降至 0.05 dB。当然，焊接质量也与操作者的个人技术及模向错位有关。如有一个熔焊固定接头如图 2－30 所示，将两根光纤的端面靠在一起，而不必消除横向错位。加热之后，光纤就熔融，然后，表面张力使光纤对准。图中曲线表示，加热前和加热后固定接头损耗与横向错位的关系。熔接前的结果是一条与理论曲线重叠的试验曲线。由图可见，由于采用熔焊拼接，损耗有了明显的降低，并且错位越大损耗越大。

§2.5 光纤定向耦合器

光耦合器是一种用于传送和分配光信号的无源器件。通常,光信号由耦合器的一个端口输入,而从另一个端口或几个端口输出。因此,光耦合器可以用来减少系统中的光纤用量以及光源和光纤活动接头的数量,也可用作节点互连与信号混合。在光时域反射仪中,光耦合器起着输入耦合与输出分离的双重作用。在光纤传感器的干涉仪中,光耦合器起着分束与混合光信号的双重作用,使光干涉得以实现。在光纤放大器中,光耦合器则用来将泵浦光耦合到增量光纤中或将放大的光信号耦合到光纤干线中。在光纤通信的局域网或用户网中也需要用到大量的光耦合器。

广义讲,在光纤系统中应用的光无源器件,如各种分束器、波分复用器、隔离器和环行器以及光开关等等,都可称之为光耦合器,本节将要讨论的光纤定向耦合器(以下简称耦合器),则是一种全光纤型耦合器,其主要特点是:(1)器件的主体是光纤,不含其它光学元件;(2)通过光纤中传输模式的耦合作用来实现光的耦合功能;(3)光信号的传送方向是固定的。本节首先简述耦合器的分类,然后简要说明其工作原理,最后介绍耦合的性能参数和制造方法。

2.5.1 耦合器的分类

耦合器的基本功能就是要把一个光纤信号通道(信道)的光信号传送到另一个信道。因此,依据耦合器传送信号的方式可将其分为如下几种。

1. 透射型 $M \times N$ 耦合器

如图 2-31 所示,由输入一侧 M 个端口中任何一个端口进入的光信号都将按一定比例分配至输出一侧 N 个端口输出,输入一侧的各端口之间则是相互隔离的。显然,这种耦合器是可逆的,即输入侧与输出侧可以相互交换而不影响器件特性。

2. 反射型 $I \times N$ 耦合器

如图 2-31(b)所示,由 N 个端口中任何一个端口输入的光信号都将按一定比例分配至其它所有端口输出。

3. 透反型 $M \times N$ 耦合器

如图 2-31(c)所示,它实际上兼有透射型和反射型两种耦合器的功能,即当由 N 个端口中的某个端口输入时,将从所有其它端口输出(反射型);当由 M 个端口中的某个端口输入时,将只从另一侧 N 个端口输出,而

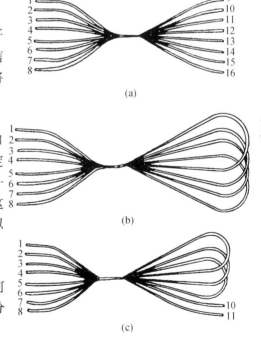

图 2-31 耦合器类型
(a) 8×8 透射型耦合器;(b) 1×8 反射型耦合器;(c) 2×8 透反型耦合器

同侧端口之间相互隔离(透射型)。

上述三种耦合器的光纤结构参数都是相同的,由一根光纤输入的光信号总是均匀地(或按比例)分配给多根光纤输出,且具有双向对称性,故又称之为对称耦合器。有时在光纤系统中需要将多个端口的输入信号耦合到一个端口输出(信号混合),这就需要用到非对称耦合器。非对称耦合器中的各端口光纤的结构参数是不相同的,而且一般讲,需要各输入光纤中的光信号具有不同的传播特性,才能实现信号混合。非对称耦合器可用作波分复用系统中的复用器。

2.5.2　耦合器的基本工作原理

耦合器的工作原理可由模式耦合理论来说明(单模光纤),也可由光纤的弯曲损耗理论来分析(多模光纤)。下面就两根光纤之间的耦合予以分别讨论。

1. 两平行光纤之间的耦合

为简化讨论,只讨论基模的耦合。如图 2 – 32 所示,两平行直光纤相互靠近时,在其中传输的基模场分布就会相互渗透和交叠。这样,在 1 号光纤中传播的导模场将引起 2 号光纤中的介质极化,从而在 2 号光纤中激励起传导模。设两光纤纤芯折射率分别为 n_{co1} 和 n_{co2},包层折射率为 n_{c1};其模传播常数为 β_1 和 β_2,场分布为 $e_1(r)$ 和 $e_2(r)$,则两个光纤的模式耦合参数 K_{12} 和 K_{21} 可以定义为下式

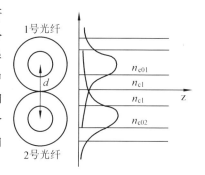

图 2 – 32　两平行光纤的耦合

$$K_{12} = K_{21}^* = -jK = -j\frac{k_0^2}{2\beta}\iint_{-\infty}^{+\infty}\delta n^2 e_2^* e_1 \,\mathrm{d}x\mathrm{d}y$$

$$(2 – 33)$$

式中,$\beta = (\beta_2 + \beta_1)/2$;$\delta n^2$ 是横向折射率分布变化(微扰);k_0 为真空中的光波波数。

因此,如果在 $z = 0$ 处由 1 号光纤输入光信号,则经 L 长波的传输之后,耦合到 2 号光纤中的光信号功率为

$$P_{21} = (KL)^2\left[\frac{\sin\sqrt{(KL)^2 + (\delta L)^2}}{\sqrt{(KL)^2 + (\delta L)^2}}\right]^2 \qquad (2 – 34)$$

式中,$\delta = (\beta_2 - \beta_1)/2$。

而仍在 1 号光纤中传输的光信号功率为

$$P_{11} = \cos^2\sqrt{(KL)^2 + (\delta L)^2} + \frac{(\delta L)^2}{(KL)^2 + (\delta L)^2}\sin^2\sqrt{(KL)^2 + (\delta L)^2} \quad (2 – 35)$$

显然,如果输入信号功率归一化,则由 1 号光纤到 2 号光纤的耦合效率 η 就等于

$$\eta = (KL)^2\left[\frac{\sin\sqrt{(KL)^2 + (\delta L)^2}}{\sqrt{(KL)^2 + (\delta L)^2}}\right]^2 \qquad (2 – 36)$$

上式决定了耦合器的分光比。对于两相同光纤,$\beta_1 = \beta_2$,$\delta = 0$,有

$$\eta_s = \sin^2(KL) \qquad (2 – 37)$$

它只与光纤的耦合长度及耦合系数 K 有关。对弱导阶跃光纤(即光纤的纤芯折射率 n_1 与包层折射率 n_2 相差甚小$(n_1 \approx n_2 \approx n)$,近似下耦合系数为

$$K = \frac{\lambda_0}{2\pi n} \cdot \frac{U^2}{a^2 V^2} \cdot \frac{K_0(Wd/a)}{K_1^2(W)} \tag{2-38}$$

式中,λ_0 是真空中光波波长;a 是光纤芯半径;K_0 和 K_1 分别是零阶和一阶变态汉克尔函数;V 是光纤的归一化频率,U 和 W 是场的归一化横向传播常数,它们的具体表达式及相互关系如下

$$V = (2\pi/\lambda_0) a \sqrt{n_1^2 - n_2^2} = k_0 a \sqrt{n_1^2 - n_2^2} \tag{2-39}$$

$$U = \sqrt{n_1^2 k_0^2 - \beta^2} \cdot a \tag{2-40}$$

$$W = \sqrt{\beta^2 - n_2^2 k_0^2} \cdot a \tag{2-41}$$

$$V^2 = U^2 + W^2 \tag{2-42}$$

V 值表示光纤的传导模数,V 值越大,允许存在的导模(即 $n_2 k_0 < \beta < n_1 k_0$)数就越多,$U$ 值反映了导模在芯区中的驻波场的横向振荡频率;W 值则反映了导模在包层中的消逝场的衰减速度,W 越大衰减越快。

当功率 100% 耦合时有最小光纤长度

$$L_{\min} = (\pi/2K) \tag{2-43}$$

称 $L_{\min}$ 为耦合长度,它与耦合系数成反比。为此,可以通过控制平行光纤的长度以及两光纤间距来控制耦合比。

当两光纤参数不同时,耦合比将不但与耦合长度有关,而且还和信号波长有关。因为

$$\delta = (1/2)(\beta_2 - \beta_1) = (1/2)k_0[n_2(\lambda) - n_1(\lambda)] \tag{2-44}$$

n_2 和 n_1 可在 λ_0 附近展开,故 δ 可表示为

$$\delta = \frac{\pi}{\lambda_0} \left[\frac{dn_2(\lambda)}{d\lambda} - \frac{dn_1(\lambda)}{d\lambda} \right|_{\lambda_0} (\lambda - \lambda_0) \tag{2-45}$$

定义

$$\sigma = \left[\frac{dn_2(\lambda)}{d\lambda} - \frac{dn_1(\lambda)}{d\lambda} \right|_{\lambda_0} \tag{2-46}$$

则得

$$\delta = \pi\sigma(\lambda - \lambda_0)/\lambda_0 \tag{2-47}$$

利用上式可将(2-36)化为

$$\eta = (KL)^2 \left[\frac{\sin\sqrt{(KL)^2 + (\pi\sigma L/\lambda_0)^2(\lambda - \lambda_0)^2}}{(KL)^2 + (\pi\sigma L/\lambda_0)^2(\lambda - \lambda_0)^2} \right] \tag{2-48}$$

因此,耦合效率 η 是波长 λ 的系数,使得 $\eta = 1$ 和 $\eta = 0$ 的波长 λ_1 和 λ_2 应分别满足下述条件

$$\left(\frac{\lambda_1 - \lambda_0}{\lambda_0} \right)^2 = \left(\frac{1}{\pi\sigma L} \right)^2 \left[\frac{\pi^2}{4}(2m+1)^2 - (KL)^2 \right] \tag{2-49}$$

$$\left(\frac{\lambda_2 - \lambda_0}{\lambda_0} \right)^2 = \left(\frac{1}{\pi\sigma L} \right)^2 \left[(m\pi)^2 - (KL)^2 \right] \tag{2-50}$$

$$(m = ,1,2,3,\cdots)$$

显然,非对称耦合器可用来将两种波长 λ_1 和 λ_2 的光信号耦合进同一根光纤中传输。

2. 两弯曲光纤之间的耦合

如图2-33所示,两根弯曲光纤相互靠近,最小间距为 d_0,弯曲半径为 R。这时,由于光纤间距 d 随着耦合作用长度而变化,就使得耦合系数 K 成为 z 的函数。但是,当光纤弯曲半径 R 较大(> 25 cm)时,可将这种弯曲的光纤看成是直光纤的一种微扰,因而上式(2-34)和式(2-35)依然成立,只不过式中的 K 是一个随 z 变化的量,在 $z = 0$(耦合区中心处)处,有

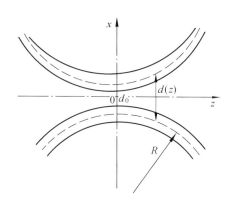

图2-33 两弯曲光纤的耦合

$$K(0) = \frac{\lambda_0}{2\pi n} \cdot \frac{U^2}{a^2 V^2} \cdot \frac{K_0(W d_0 / a)}{K_1^2(W)}$$

$$(2 - 51)$$

在其它区域,由图2-33所示的几何关系,易知

$$d(z) = \sqrt{(d_0 + z^2/R)^2 + y^2} \tag{2-52}$$

这里 y 是垂直于图面的位移,则耦合系数为:

$$K(z) = \frac{\lambda_0}{2\pi n} \cdot \frac{U^2}{a^2 V^2} \cdot \frac{K_0[W d(z) / a]}{K_1^2(W)} \tag{2-53}$$

显然,耦合长度也和 z 有关。当 $y = 0$ 时,若考虑到 $z \ll d_0 R$,则有效作用长度 L_e 可简写为下式

$$L_e \approx \left(\frac{\pi R a}{W}\right)^{1/2} \tag{2-54}$$

因此,耦合器的有效作用长度 L_e 与光纤弯曲半径 R 有关。

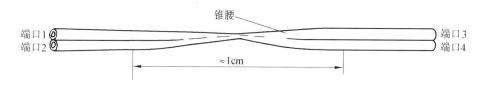

图2-34 两锥形光纤之间的耦合

3. 两熔光纤之间的耦合

图2-34示出由两根拉成锥形的光纤综合熔制成的耦合器,这种耦合器的工作原理与前两种有所不同。这里,输入的光信号导模功率在拉锥区域随着芯径变细而逐渐转化为辐射模或包层模(即 $0 < \beta < [n_2^2 k_0^2 - (l^2 - 1/4)/a^2]^{1/2}, l^2 = 0, 1, 2)$,所泄漏的功率被输出一侧的两根光纤俘获,然后随着芯径变粗而又转化为导模功率。输出光纤的分光比只与拉锥区的狭度有关,锥区越窄,分光比越接近于 $1:1$。

熔锥形光纤耦合器的理论分析要比前两种耦合器复杂得多,因为在拉锥区由于芯径的变化导致了导模场的变化。K.Okamoto 提出一种阶跃近似的方法来分析锥区内导模的耦合。耦合器锥形区光纤的外边界被分成很小的台阶,首先利用等效折射率法将耦合器

的两维结构等效为一维结构,然后利用有限元法求出每一台阶区奇数模与偶数模的等效折射率和等效传播常数,依次计算每相邻两个台阶的耦合系数,即可获得总的耦合系数。

这种耦合器与前述两种耦合器不同,其对称形式(两光纤具有相同参数)耦合效果与波长有关,而非对称形式(两光纤参数不同)耦合器在适当工艺条件下,其耦合效果在相当大的波长范围内与波长无关。

2.5.3 耦合器的性能参数及制备方法

耦合器的性能可从以下几方面来描述。

(1) 耦合比:表示由输入信道 i 耦合到指定输出信道 j 的功率大小,定义为输出信道功率 P_j 与输入功率 P_i 之比

$$T_{ij} = P_j/P_i \tag{2-55}$$

(2) 附加损耗:表示由耦合器带来的总损耗,定义为输出信道功率之和与输入功率之比

$$\gamma = -10\lg\left[\left(\sum_{j=1}^{N} P_j\right)/P_i\right] \quad (\text{dB}) \tag{2-56}$$

(3) 信道插入损耗:表示由输入信道 i 至指定信道 j 的损耗,定义为

$$\gamma_{ij} = -10\lg(P_j/P_i) = -10\lg(T_{ij}) \quad (\text{dB}) \tag{2-57}$$

(4) 隔离比:表示透射式耦合器中同侧端口之间的隔离程度,定义为由非指定输出信道 k 测得的功率 P_k 与输入信道 i 功率 P_i 之比,以分贝表示为

$$\gamma_{ik} = -10\lg(P_k/P_i) \quad (\text{dB}) \tag{2-58}$$

(5) 回波损耗:表示由输入信道返回功率的大小,定义为信道返回功率 P'_i 与输入功率 P_i 之比

$$\gamma'_{ii} = -10\lg(P'_i/P_i) \quad (\text{dB}) \tag{2-59}$$

此外,耦合器的均匀性(等比例耦合器)以及工作波长窗口通常也是很重要的性能。均匀性定义为两个指定输出端口信道插入损耗之差;工作波长窗口通带是表征信道耦合比与波长关系的参数。

耦合器的制备方法主要有三种:
(1) 浸蚀法;(2) 磨削法;(3) 熔锥法。

浸蚀法是一种最早使用的方法。将一根剥掉一段套层的光纤浸入装有腐蚀液的瓶中,使光纤包层材料逐渐被腐蚀直至接近纤芯与包层交界面。然后在瓶中换入折射率匹配液(折射率接近但小于纤芯折射率),并将两光纤绞合使光纤的基模场重叠产生耦合,控制光纤绞合的次数与张力以及选择适当的折射率匹配液可以控制耦合比。制备工序如图 2-35 所示。利

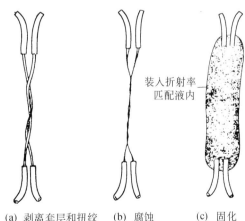

装入折射率
匹配液内

(a) 剥离套层和扭绞　(b) 腐蚀　(c) 固化

图 2-35　浸蚀光纤耦合器的制备工序

用这种技术制作的 10×10 耦合器信道插入损耗小于 1 dB,耦合均匀性在 1~2 dB 之内。

磨削法是将光纤嵌入石英玻璃块上事先刻好的弧线内,并用环氧固定。然后进行磨削加工,使光纤的包层被磨掉一部分直至接近纤芯;将这样两块磨削抛光的石英块贴在一起(中间加折射率匹配液),即构成耦合器。制备工序如图 2-36 所示。这种耦合器的一

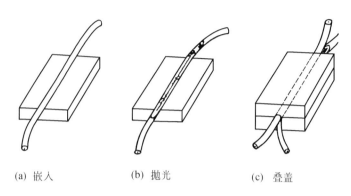

(a) 嵌入   (b) 抛光   (c) 叠盖

图 2-36 磨削光纤耦合器的制备工序

个最大优点是可以通过精密微调两石英玻璃块相对位置,来改变耦合比。

熔锥法是近几年发展起来的一种制备方法,首先根据耦合器所要求的端数,按一定的耦合矩阵将光纤合在一起,形成耦合器的雏形;然后以火焰均匀加热耦合区,并同时拉伸光纤使耦合区成双锥形;在拉伸过程中从耦合器的一端输入光功率,在另一端进行动态监测,控制耦合区的长度和双锥体的腰径,以达到预定要求。利用这种方法已制成了 100×100 的耦合器。

第三章 光纤衰减测量

§3.1 引言

　　衰减是光纤传输特性的重要参量,它的测量是光纤传输特性测量的重要内容之一。衰减直接影响光纤的传输效率。对通信应用的光纤,低衰减特性尤为重要。对传感应用的光纤,效率问题同样不可忽视,因为在许多情况下它会影响测量灵敏度。为了降低衰减,要针对不同类型的衰减采取不同的措施,所以必须通过测量了解衰减的类型及其大小。

　　根据测量衰减目的不同可将衰减测量分成两类:一类是技术性测量,目的是改进光纤的生产工艺及制造过程。在这类测量中,关键的问题是测定固有损耗,并区分吸收损耗和散射损耗。另一类是传输性测量,目的是提供设计和维护光纤系统所需要的数据。这类测量主要是测定总衰减。总衰减的一部分是固有损耗,另一部分是光纤扰动损耗。测量一定距离的总衰减中的这两部分,可把测得的结果外推到任何距离。

　　对于技术性测量,除测量特定波长的衰减外,还应利用中心波长可变的光源确定损耗的光谱特性。所确定的损耗谱应不受扰动及模式衰减的影响。通常,满足上述要求的专门用于这种测量的光源是:有机染料激光器或置于单色仪前面的宽谱灯泡。当较小的激励功率能满足要求时,可用后一种光源。当需要用较大的激励功率时,可用前一种光源。

　　对于传输性测量,主要任务之一是确定稳态衰减系数。它对于设计中继距离很长的传输系统是非常重要的。当选定传输波长后小心地控制达到稳态的过程,便可测量该波长处的衰减。利用紧靠激励端的一小段光纤中的外加应变,可以缩短达到稳态的距离。另一任务是确定对特殊类型成缆光纤有影响的扰动的幅度,并确定扰动损耗。

　　通常,光纤由纤芯的包层构成。为了防止污染和增加其机械强度,包层外还要加上护套。这样,可用于测量的只是它的两个端面。此时,最直接的传输性测量就是测量插入损耗。如果必须考虑严格达到稳态条件的损耗问题,或者想了解光纤沿长度方向的衰减变化情况,应采用剪断法。此法,在测量过程中必须把光纤剪断若干次,因此往往用于技术性测量。在对现场铺设的光纤进行传输性测量时,剪断法不适用,常采用非破坏性方法。其中,光时域反射法(OTDR)是目前最通用的方法。这种方法基于测量光纤输入端背向散射功率的衰减。

　　本章将介绍 CCITT(国际电报电话咨询委员会)建议的测量光纤衰减的几种方法,根据测量衰减的原理不同可将衰减测量方法分成三种:截断法、插入损耗法和背向散射法。重点讨论各种方法的原理、测量系统的组成、测量准确度及适用范围。在讨论各方法前,先介绍衰减测量的光激励。

§3.2 衰减测量的光激励

单模光纤中损耗的功率可用损耗系数 $2\alpha'$ 来描述,它表示单位长度光纤的损耗功率。如果沿长度方向的损耗是均匀的,那么在知道输入功率 $P(0)$ 后,沿光纤长度方向上任一点 z 处的功率 $P(z)$ 便可用损耗系数表示

$$P(z) = P(0)\mathrm{e}^{-2\alpha' z} \tag{3-1}$$

对多模光纤,按单位长度计算的均匀损耗这一概念不成立。当模式间无耦合时,可以给多模光纤的每个模式规定一个损耗系数 α_i,但所有模式携带的总功率不再按式(3-1)衰减。此时,不可能给多模光纤规定一个惟一的损耗系数,只能给光纤的材料规定一个损耗系数。通常,低次模的损耗系数几乎与纤芯材料的损耗系数相同。此时,若不存在模耦合,则可用纤芯材料的损耗系数表征多模光纤的特征。

如果光纤存在各种不均匀性或几何扰动,则在光纤始端的激励光的模式将在光纤中产生模耦合。假若注入光在光纤始端激励起某一个传导模,则这个传导模在传输中因不均匀性使部分功率转换成其它的传导模,另一部分功率转换成辐射模。由于不同的模式具有不同的衰减和不同的群速度,因此,在多模传输的条件下衰减测量与光激励有关,同时也与环境条件(如应力、弯曲、微弯)有关。

实验表明,光激励通过一定的长度(耦合长度)后,由于传输中的模耦合经过多次变换与反变换以及相邻模间能量转移的结果,模式功率分布不再随激励条件和光纤长度变化,即达到所谓的稳态模功率分布。在达到稳态模功率分布后,光纤的衰减和带宽都呈现出确定值。

耦合长度是达到稳态模功率分布时,所必需的长度。它取决于模耦合强度,即与光纤的质量、类型及其存在的状态有关。通常,如果光纤质量较好且处于平直状态,耦合长度需要若干公里。

为了缩短光纤的耦合长度,可以通过下列的任一种方式提供近似的稳态模功率分布。

1. 稳态模功率分布模拟装置。

2. 适当的光学系统。

3. 具有足够长度的注入光纤系统。

本节只讨论第一种方式。

稳态模功率分布模拟装置是根据模耦合的机理,通过强烈的几何扰动促使光纤中模式耦合尽快达到稳态分布的方法构成的。因而,这种装置需要具有扰模、滤模和包层模剥除三种功能。

扰模器是一种用强烈的几何扰动实现模式强耦合的部件。通过这种部件能提供一个与光源特性无关的模式分布。图3-1示出几种扰模器。图中所给尺寸数据均是典型值,实际使用时要通过实验来确定。

滤模器是一种用来选择,并抑制或衰减某些模式以便建立所需要的稳态模式分布的部件。滤模器可以是绕棒式的,即把光纤用较小的张力绕在一根 20 mm 长的棒上。绕棒

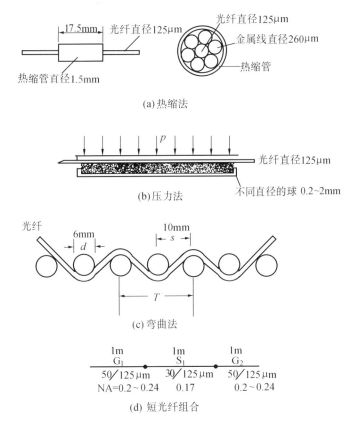

(a) 热缩法

(b) 压力法

(c) 弯曲法

(d) 短光纤组合

图 3-1　几种测量多模光纤衰减用的扰模器

的直径和所绕的圈数要通过实验来确定(如使用 1.2cm 的直径,约绕 5 圈)。也可采用 S 形滤模器,如图 3-2 所示。将光纤嵌入 S 型槽内,其中充满折射率匹配液的消除包层模。

包层模剥除器是一种使包层模转换成辐射模的部件。它可以将包层模从光纤中除掉。由于光具有向高折射率介质折射的性质,故在光纤涂敷层折射率比包层折射率低的情况下,为了将包层模剥除,应将滤模器中那一段光纤的涂敷层去掉,并浸在折射率等于或稍大于包层折射率的匹配液中。

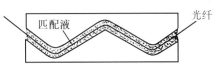

图 3-2　S 形滤模器

匹配液可以采用丙三醇(甘油)、四氯化碳和液态石腊等。如果光纤涂敷层的折射率较高,则无需去掉涂敷层而直接将光纤浸入匹配液,便可达到剥除包层模的目的。

为了叙述方便,上面分别介绍了扰模器、滤模器和包层模剥除器。实际的稳态模功率分布模拟装置不一定均由这三种截然分开的部件组成。例如,在图 3-1(d)所示的短光纤组合 $G_1-S_1-G_2$ 中,G_1-S_1 构成扰模器,G_2 是滤模器。包层模剥除器需要与否决定于是否需要去掉涂敷层和浸匹配液。采用绕棒法,适当地选择绕棒直径和圈数,也可实现上述的三种功能。总之,凡具有扰模、滤模和包层模剥除功能,并可获得稳态模功率分布激励条件的装置均可认为是稳态模功率分布模拟装置。

图 3-3 表示用于光纤衰减和色散测量的典型光束激励装置。通常,光源是激光器或发光二极管。对多模光纤,光源通常是高亮度的氙弧光灯或卤钨灯。当然,这种非相干光源通过选择波长也可激励单模光纤。

光源射出的光线聚焦在针孔上,空间滤波的非相干光通过波长滤波器,以选择特定波长的光。它可以是干涉滤光片或单色仪。单色仪可以对波长连续地进行扫描。干涉滤光片只能选择单一波长。但将多个干涉滤光片装在转盘上,则可以快速地选择若干个不连续的波长。

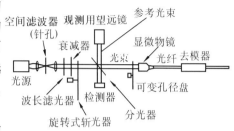

图 3-3 典型的光束激励装置图

在波长滤光器后,光线通过一个可变衰减器。通过调节衰减器,可使光纤存在和不存在时,输出光功率检测器处的光强不变,以便利用校准的可变衰减器测量光纤的衰减。

为了能在某一适当的频率上对输出光功率进行交流测量,图中的斩光器是必需的。通常,它的斩光速率约为 1 kHz。在利用辅助光源和检测器(图中未画出)时,还可由斩光器得到需要的参考信号,以供锁定放大器使用。

图中的分光器有两个用途。它可以使大部分光线通过并到达光纤,同时使小部分光线分路出去并射到检测器上,以监测光源的稳定性。利用测得的光源变化可对插入光纤后测得的光功率进行修正。少量光线由光纤端面反射回来,经分光器到达望远镜(显微镜),利用它可观测光纤端面上激励光束的位置。光线通过可变孔径盘上的若干孔中的某一个孔。可变孔径盘的用途是调节激励光束的数值孔径使其与光纤的数值孔径匹配。显微物镜的作用是使激励光束聚焦到纤芯上。

注意,应当利用安装在 x、y、z 三维微调架上的真空夹头或其它夹具固定光纤端面。此时应避免过大的压力并不使光纤发生弯曲。

光激励装置还包括扰模器、滤模器和包层模剥除器,以使激励光达到稳态模功率分布。

光检测器虽然不是激励装置的主要组成部分,但它是光纤测量系统中不可缺少的部件。现对其作简要说明。硅二极管检测器通常用于 1.1 μm 以下的波长。对于红外区的检测,可使用锗和硫化铅二极管。由于检测器材料与光纤材料的折射率的失配,在检测器中不可避免地产生光的反射。若把光纤末端浸在匹配液中,并在光纤端面与检测器的表面之间留一空隙,则可以减少反射。由于射出的光线迅速地传播到检测器上,因此减小了由于背向散射而进入光纤中的光线。检测器的灵敏度可能是不均匀的,因此,对于需要高准确度和重复性的测量来说,必须利用检测器表面上的同一个部位。

在光纤的末端,也往往需要使用包层模去除器,以消除这段光纤上可能累积起来的包层模。对于包有折射率比包层折射率高的有耗塑料套层的光纤,其两端均不需要去包层模剥防器。

适当的光耦合系统与扰模器、滤模器及包层模剥除器一起构成"注入系统",通过注入系统的光功率应达到稳态分布。判断是否达到稳态分布有两种方法,其一是看光纤输出功率与扰模程度的变化关系:刚开始扰模时由于高阶模的包层模损耗很大,输出功率下降很快;当模式趋于稳态分布时,输出功率的变化就很缓慢。其二是看光纤输出近场和远场分布。下面首先讨论输出近场和远场分布图的概念。

输出近场分布图:光纤输出端面光功率沿光纤半径 r 的分布 $P_0(r)$ 称为光纤输出近场分布图,如果光纤中各导模的损耗相同,又无模式耦合,则 $P_0(r)$ 与光纤输入端面光功率分布相同。那么,光纤的输出近场分布可以用数学式表示为

$$P_0(r) = P_0(0)[1 - (r/a)^g] \tag{3-2}$$

式中,$P_0(0)$ 是 $r = 0$,即光纤轴处的输出功率;g 称为折射率分布参数,当 $g = \infty$ 时为阶跃分布光纤,当 $g = 2$ 时为平方律或抛物线分布光纤,当 $g = 1$ 时为三角分布光纤。

输出远场分布图:在距光纤输出端面足够远处,光纤的输出光功率沿孔径度 ϕ 的分布 $P_0(\phi)$ 为光纤的输出远场分布图。在光纤的输出端面上,每一个面积元发出的光落在一圆锥之内,锥角 ϕ 由 $NA(r) = \sin\phi$ 决定。对于 $\phi = 0$ 的方向,光纤输出端面上每一个面积元对其功率分布均有相同的贡献;对于 $\phi = 0$ 的方向只有满足 $NA(r) \leqslant \sin\phi$ 的各面积元才对功率分布有贡献。那么输出远场分布可表示为

$$P_0(\phi) = P_0(0)[1 - (\frac{\sin\phi}{NA})^2]^{2/g} \tag{3-3}$$

式中,$P_0(0)$ 表示输出远场在 $\phi = 0$ 时的场分布。

按照目前 CCITT 的规定,对于最大理论数值孔径 NA = 0.2,纤芯/包层直径为 $50/125\mu m$ 的典型多模渐变型光纤,稳态激励条件是:在使用注入系统后,若波长为 850 nm 的注入光在此类光纤中传输 2 m 距离后测量其近场和远场的功率分布,则应获得如图 3-4 所示的特征,即近场光功率分布的光斑半幅值(-3 dB)全宽为(26±2) μm;远场光功率分布的半幅值孔径角 $\phi_{1/2}$ 的数值孔径为 0.11 ± 0.02。

在达到稳态激励条件后,模场功率分布不再受光源特性影响,且光纤输出端和输入端的远场半辐射角相同,近场光斑尺寸相同。就是说,模场功率分布与光源特性和光纤长度无关,衰减具有长度相加性。

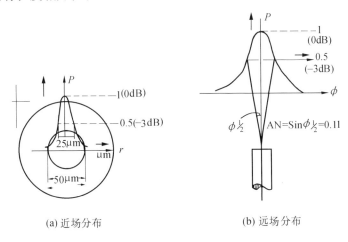

(a) 近场分布　　　　　　　(b) 远场分布

图 3-4　典型光纤的稳态注入条件

在测量单模光纤的衰减时,由于光纤只传导一个模式,没有稳态模功率分布问题,所以注入系统不需要扰模器,只需要保证激励基模。常用的注入方法有,用一段光纤来接续或用适当的光学系统来注入。这些方法的具体要求应根据实验来确定,目前尚无明确的规定。下列条件只供参考:激励光束在光纤注入端应以光斑的形式出现,且近场光功率分布的半幅值全宽不小于 20 μm,远场光功率分布的半幅值孔径角的数值孔径 NA 不小于 0.2。

§3.3 剪 断 法

3.3.1 剪断法原理

剪断法是一种按衰减定义进行测量的方法。这种方法要求稳态注入条件。首先,测量整根光纤的输出光功率 $P_2(\lambda)$。然后,保持注入条件不变,在离注入端约 2m 处切断光纤,并测量该短光纤的输出光功率 $P_1(\lambda)$。由于测量是在稳态条件下进行的,且约 2m 光纤的衰减可忽略不计,故可将 $P_1(\lambda)$ 看作是被测光纤的始端注入功率。按照定义式(1 – 15)和(1 – 16)可以计算出被测光纤的衰减和衰减系数

$$A(\lambda) = 10 \lg \frac{P_1(\lambda)}{P_2(\lambda)} \quad (\text{dB}) \qquad (3 – 4)$$

$$\alpha(\lambda) = \frac{A(\lambda)}{L} = \frac{1}{L} \cdot 10 \lg \frac{P_1(\lambda)}{P_2(\lambda)} \qquad (3 – 5)$$

其中,L 为光纤长度。

尽管剪断法在测量中需要剪断光纤,是一种具有破坏性的测量方法,但由于这种方法测量准确度高(误差小于 0.1 dB),所以它是一种光纤衰减测量的标准方法。图 3 – 5 表示利用剪断法的单一波长衰减测量装置。

因为注入光纤中的实际光功率与所有调节部件密切相关,所以在整个测量过程中要保持光激励系统状态不变。为此,应利用图 3 – 3 所示的分光器——检测器装置监测光源的稳定性。当观测到光源波动时,应调整光源的输出功率,或对 $P_2(\lambda)$ 和 $P_1(\lambda)$ 的读数作出相应的修正。

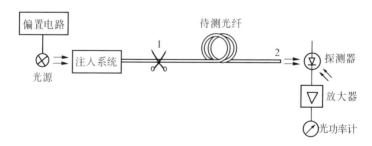

图 3 – 5　单一波长衰减测试装置

在测量衰减时,通常的剪断法要求两次测量,且在光纤始端和终端使用同一个光源和探测器。当被测光纤的始端和终端相距数公里时,这种测量是不方便的。此时,可采用改进的剪断法。这种方法在光纤始端和终端分别使用一对光源和探测器,因而不受距离限

制,但需要进行四次测量。图 3-6 示出这一方法的原理。测量的第一步是,首先将光纤 1 端与光源 1 耦合,在 2 端用探测器 2 测量输出光功率 P_{12}。其值依赖于光源输出的光功率 S_1 和激励器参数 K_1 以及探测器参数 D_2,即

$$P_{12} = S_1 K_1 D_2 A' \qquad (3-6)$$

式中,A' 是与 $P_2(\lambda)/P_1(\lambda)$ 相应的光纤衰减。然后,在光源 1 后面约 2 m 处,把光纤剪断,使其成为短光纤,并用探测器 1 测量由光源 1 注入的光功率 P_{11},其值为

$$P_{11} = S_1 K_1 D_1 \qquad (3-7)$$

式中,D_1 为探测器 1 的参数。由于剪断后留下的短光纤的衰减可以忽略,故式(3-7)中没有衰减出现。

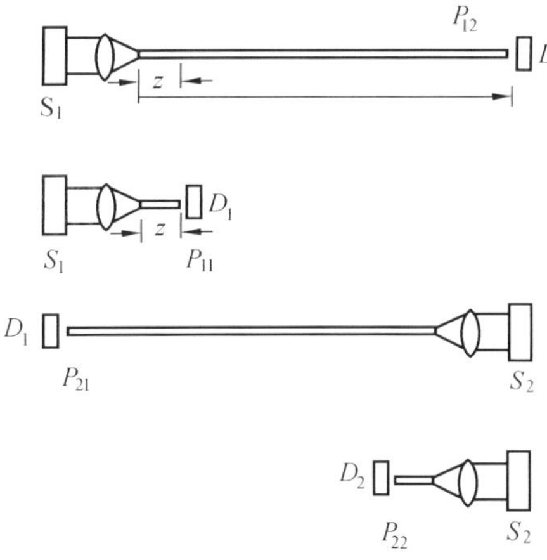

在第二步测量中,首先使光源 2 与光纤 2 端耦合,在光纤 1 端用探测器 1 测量光功率 P_{21},其值为

$$P_{21} = S_2 K_3 D_1 A' \qquad (3-8)$$

此时,光源 2 的激励器参数 K_2 代替了式(3-6)中的 K_1。然后,在靠近 2 端的地方把光纤剪断,并用探测器 2 测量由光源 2 注入的光功率 P_{22},即

$$P_{22} = S_2 K_2 D_2 \qquad (3-9)$$

由式(3-6)至式(3-9),可以得到光纤的衰减为

$$A' = (P_{12} P_{21} / P_{11} P_{22})^{1/2} \qquad (3-10)$$

由式(3-10)可见,这种方法测得的衰减与所有的光源和探测器参数均无关。然而,应该注意,上式的推导中已经假定:在两个方向上光纤的传输衰减是相同的。由于多模光纤的衰减主要取决于激励条件,故实际上不能保证使用不同光源的光纤两端所注入的光功率分布完全相同。因此,这种方法测得的衰减应看作是光纤沿两个方向传输光信号时实际产生的衰减的平均值。

图 3-6 用改进的剪断法测量光纤的损耗。这一方法需要使用两个光源和两个检测器

3.3.2 衰减谱测量

在测量光纤的衰减谱时,图 3-5 所示的单一波长衰减测量装置不适用,因为利用这种装量时每测一个波长点都需要更换光源,并将光纤剪断一次。

一种代替的方法是利用图 3-3 所示的可选光源波长的典型激励装置。检测器监测参考光束,在记下光源功率的同时,应记下在光纤远端处测得的所有波长点的功率 $P_2(\lambda)$。测得光纤远端处全部波长点的光功率数据后,在靠近光纤输入端约 2m 处把光纤剪断。然后,在该处重新测量所有待测波长点的输出光功率 $P_1(\lambda)$ 和参考光束的相应光功率。在利用参考光束观测的光源波动对 $P_1(\lambda)$ 和 $P_2(\lambda)$ 进行修正后,可以由式(3-5)计算每个波长处的衰减。显然,在测量 $P_1(\lambda)$ 和 $P_2(\lambda)$ 时,光源激励条件应保持相同。这

一条件对光激励装置的稳定性与重复性提出了严格的要求。特别是,当选择各个特定波长时必须以完全相同的激励方式把光线注入光纤中。由于在测量 $P_2(\lambda)$ 和 $P_1(\lambda)$ 的时间内光源的波长可能会发生变化,故在返回同一波长读数时激励装置应能再现同样模式的激励。利用滤光片轮有助于在可重复的激励条件下选择波长,但使用单色仪却难以得到完全相同模式的激励条件。测量衰减谱的典型测量装置如图 3 – 7 所示。

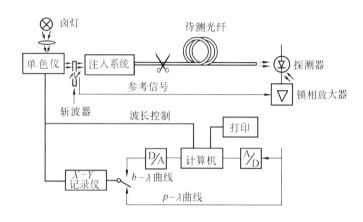

图 3 – 7　衰减谱测试装置

图 3 – 7 中,为了测量衰减谱,测量装置的光源,应使用宽谱灯(如卤灯),并使用滤光片轮或单色仪选择波长。单一波长的衰减测量可使用窄谱的发光二极管或激光器光源,且谱线宽度应不超出规定的值。通常,标称值为 850 nm 的工作波长,其范围是 820 ~ 910 nm,1 300 nm 的工作波长,其范围是 1 280 ~ 1 330 nm。

为了改善信噪比,应抑制背景光的影响。通常使滤波后的光束通过斩波器产生调制光。此时,信号处理系统应与光源调制频率同步,整个接收系统应有较好的线性。

光探测器应能截取出射光锥的全部光,为此,应采用大面积的探测器。探测器光谱响应与光源特性一致。光敏面的灵敏度应是均匀的。在波长低于 1.1 μm 时,通常使用硅光电二极管(Si – PIN)。在波长高于 1.8 μm 时,应使用锗光电二极管(Ge – PIN)或硫化铅(P_bS)探测器。此时,要考虑致冷措施以减小噪声。

利用这种方法测量多模或单模光纤时,装置基本上是相同的。不同的是注入条件。此外,单模光纤芯径尺寸小,只有几微米,所以端面处理和耦合要特别小心。

3.3.3　误差分析

由式(3 – 5)可将剪断法中光纤始端 $z = z_0$ 与终端 $z = L$ 间的功率衰减 A 写成

$$A = \alpha(L - z_0) = 10 \lg \frac{P(z_0)}{P(L)} \quad (\text{dB}) \qquad (3 – 11)$$

式中,α 表示每公里光纤的衰减,对式(3 – 11)进行微分,得到

$$\frac{\Delta A}{A} = \frac{4.34}{A} = \left[\frac{\Delta P(z_0)}{P(z_0)} - \frac{\Delta P(L)}{P(L)} \right] \qquad (3 – 12)$$

上式表明,算得的衰减 A 的不确定度与测得的 $P(z_0)$ 和 $P(L)$ 的不确定度有关。显然,当

A 的数值较大时,不确定度有所减小。换句话说,在给定衰减系数 α 时,增加距离 $(L - z_0)$,可得到更高的准确度。$P(z_0)$ 和 $P(L)$ 的不确定度主要是由下列因素引起的:① 光源的漂移;② 制造的端面质量差;③ 电压表读数的不确定度。这里没有考虑在确定 A 时的所有系统误差,例如在 $z = z_0$ 处存在的辐射功率。此外,对光探测器有效面积的响应度不均匀性来说,虽然可能存在约百分之几的起伏,但利用适当的光学装置容易减小其影响。

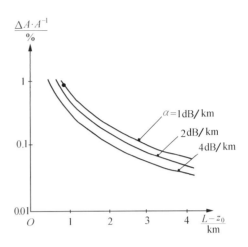

图 3 - 8 两点剪断法的最大不确定度

如果光源具有充分的稳定性,且通过切断得到的光纤端面具有良好的重复性,那么相应的功率测量不确定度将和电压表读数的不确定度一样小。通常,电压测量的不确定度 $\Delta V(z_0)/V(z_0)$ 和 $\Delta V(L)/V(L)$ 约为 0.1%。图 3 - 8 给出了当参数 α 具有不同数值时,最大不确定度 $\Delta A/A$ 与 $(L - z_0)$ 的关系。例如,当 $\alpha = 1$ dB/km 时,为了使 $\Delta A/A \leqslant 1\%$,光纤的长度应大于 0.9 km。

为了得到 α 的最大不确定度,应把确定距离 $(L - z_0)$ 时的不确定度加到 $\Delta A/A$ 中。通常,光纤的长度可以非常准确地予以测量,因此有

$$\Delta \alpha / \alpha \approx \Delta A / A \qquad (3 - 13)$$

α 测量装置的最终灵敏度是

$$\Delta \alpha \approx \frac{\Delta A}{A} \cdot \alpha = \frac{4.34}{L - z_0} \cdot \left[\frac{\Delta P(z_0)}{P(z_0)} - \frac{\Delta P(L)}{P(L)} \right] (\text{dB/km}) \qquad (3 - 14)$$

若 $\Delta P(z_0)/P(z_0) = -\Delta P(L)/P(L) = 10^{-3}$,则有

$$\Delta \alpha \approx \frac{8.7}{L - z_0} \times 10^{-3} (\text{dB/km}) \qquad (3 - 15)$$

在测量低损耗光纤时,灵敏度应优于 0.1 dB/km,因此 L 应大于或等于 0.1 km。

剪断法的最大动态范围可以用 A 的最大容许值直接表示。假定光探测器能够测量低到皮瓦的光功率(利用斩光器和锁定放大器易达到这一量级),且这一数值可能相当于 $\Delta P(L)/P(L) = 100\%$。事实上,由于 A 的数值很大,即使 $\Delta P(L)/P(L)$ 极大,所得到的衰减不确定度 $\Delta A/A$ 也是小得可以接受的。这样,最大动态范围 A_m 可以用激励光功率 $P(0)$ 的函数表示,即

$$A_m = 90 + P(0) \mid_{\text{dBm}} \qquad (\text{dB}) \qquad (3 - 16)$$

其中 $P(0)$ 的典型值为 1 mW,因此 $A_m = 90$ dB。然而,当光电二极管的后面跟有放大器时,若放大器的线性动态范围比上述的 A_m 小,那么放大器的线性动态范围决定了整个测量系统的动态范围。

如果考虑一般的 N 点剪断法,则利用最小二乘法,用对数座标上的一条直线对实验数据 $(z_i, P_i)(i = 1, 2, \cdots, N)$ 进行拟合,可得到被测光纤的衰减系数。

$$\alpha = 10 \cdot \frac{\sum_{i=1}^{N} \lg(\frac{P_i}{P_0})}{\sum_{i=1}^{N} z_i - N \sum_{i=1}^{N} z_i^2 / \sum_{i=1}^{N} z_i} - \frac{N \sum_{i=1}^{N} z_i \lg(\frac{P_i}{P_0}) / \sum_{i=1}^{N} z_i}{\sum_{i=1}^{N} z_i - N \sum_{i=1}^{N} z_i^2 / \sum_{i=1}^{N} z_i} \quad (\text{dB/km}) \quad (3-17)$$

式中, P_0 是参考功率(例如,1 mW),它不引起测量误差。采用均匀加权,并假定单次测量的不确定度实际上与 z 无关。由于 α 的误差带有随机性,故 N 点测量结果的总不确定度按单点测量的不确定度的 $1/\sqrt{N}$ 规律减小。通过增加测量点的数目,可以得到更高的准确度。

此外,当被测光纤的中继距离很长时,利用改进的剪断法进行多点剪断测量可以大大提高测量的准确度。

§3.4 插入损耗法

剪断法具有破坏性,因此很难用于现场测量且很费时间。在现场测量时,待测的光纤是已铺设的成缆光纤,且多半铺设在管道中,很难或不允许剪断。此时,通常采用插入损耗法替代剪断法。目前,对于多模光纤的测量,插入损耗法能实现的测量准确度和重复性已在允许的范围内。因此,插入损耗法已作为光纤衰减测量时可选用的方法。

插入损耗法的测量原理如图 3 – 9(a)、(b)所示。

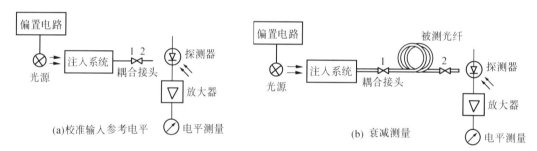

图 3 – 9 插入损耗法测量原理

首先对输入参考电平 $P_1(\lambda)$ 进行校准,见图 3 – 9(a)。通常,将其校到零电平。然后将待测光纤插入,见图 3 – 9(b)。调整耦合接头以达到最佳耦合,此时输出电平应为最大值,记下此值为 $P_2(\lambda)$。于是,测得的衰减值等于输入电平与输出电平之差,即

$$A'(\lambda) = P_1(\lambda) - P_2(\lambda) \quad (\text{dB}) \quad (3-18)$$

其中, $A'(\lambda)$ 包括光纤衰减 $A(\lambda)$ 和连接器或固定接头损耗 A_i。因此,被测光纤的衰减为

$$\left.\begin{array}{l} A(\lambda) = A'(\lambda) - A_i \quad (\text{dB}) \\ \alpha(\lambda) = A(\lambda)/L \quad (\text{dB/km}) \end{array}\right\} \quad (3-19)$$

式中, A_i 是一个插入接头的损耗。尽管待测光纤插入时始端和终端都有接头,但其中有一个接头的损耗已包括在输入参考电平中。

可见,插入损耗法的测量准确度和重复性受耦合元件准确度和重复性影响。此外,插入前、后不能获得完全相同的稳态功率分布。因此,这种方法不如剪断法的准确度高。这

种方法的优点是其属于非破坏性测量,测量简单方便,很适于工程和维护现场使用。

目前按此方法做成的光纤衰减测量仪是一种便携式仪器,包括发送和接收两个单元,其原理框图如图 3-10(a)、(b)所示。

发送、接收两个单元可以独立地在两地操作。发送单元中包含用于自校的接收部件。这种便携式衰减测试仪,稳态注入条件是靠注入系统得到的。就是说,使用一根足够长的注入光纤,将它以合适的半径缠绕起来,作为获得近似稳态模式功率分布的注入系统。注入光纤所需要的实际长度和缠绕半径,应根据选用的光纤类型和质量通过实验来确定。这种注入系统以损耗一部分功率为代价,对于采用大功率光源的衰减测试这是容许的。但由于其传输时延对被测光纤带宽测量所产生的影响不容忽视,所以,此注入系统不适于色散测量。

作为单模光纤衰减的现场测量方法,插入损耗法的主要问题是,在现场时单模光纤与光源耦合引起损耗的不确定性。因为单模光纤芯径只有几微米,在现场情况下,由于切割质量的影响或存在少量的灰尘,即使利用准确的对准设备,要得到高质量的、重复性很好的耦合也是很困难的。

如果使用一种具有精确对准设备的熔接装置,则采用功率监测的熔接法可以得到较好的耦合质量。

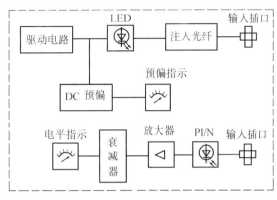

(a)发送单元方框图

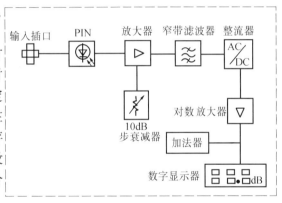

(b)接收单元方框图

图 3-10 便携式衰减测量仪

熔接的方法是:

1. 使用具有精确对准设备的熔接装置对准两根熔接的光纤,并记下相对功率电平 P_{bs}。

2. 使两根光纤熔接,然后进行测量,并记下相对功率电平 P_{as}。

3. 如果 $P_{as} > P_{bs}$,则熔接接头是合格的,否则必须重做接头。

这样做的结果,平均的接头损耗可达 0.17 dB。插入损耗测量值在剪断法测量值 ± 0.15 dB范围内的概率为 90%。因此,只要能够减少由于单模光纤与光源耦合引起的损耗不确定性,插入损耗法作为单模光纤衰减的现场测量方法是可以接受的。

§3.5 背向散射法

由第一章中光纤散射机理的讨论可知,光纤中的散射是无法消除的,尤其是瑞利散射。散射在整个空间都有功率分布。当然也存在沿光纤轴向向前或向后的散射,通常称沿轴向向后的散射为背向散射。

背向散射法是将大功率的窄脉冲光注入待测光纤,然后在同一端检测沿光纤轴向向后返回的散射光功率。由于主要的散射是瑞利散射,且瑞利散射光的波长与入射光的波长相同,其光功率与散射点的入射光功率成正比,因此测量沿光纤轴向返回的背向瑞利散射光功率就可以获得光沿光纤传输损耗的信息,从而可以测得光纤的衰减。当光纤存在故障点时,亦可采用此方法检测。

背向散射法与剪断法,以及插入损耗法相比,突出的优点是:

1. 它是一种非破坏性的测量方法。

2. 它是一种单端口测量法,即测量只需在光纤的一端进行。这便于现场测量数公里至数百公里的光缆。

3. 它可以提供光纤损耗与长度关系的详细信息。因此,可检测光纤的物理缺陷或断裂点位置,测量接头损耗和位置,以及测量光纤长度等。

基于上述优点,背向散射法在实验研究、光纤制造、工程现场和维护测试等方面都是十分有用的。利用这种方法做成的仪器,称为光时域反射计(OTDR)。

3.5.1 背向散射法的工作原理

背向散射法的测量原理如图 3 – 11 所示。光脉冲通过方向耦合器,经耦合部件注入待测光纤。沿光纤各点产生的背向瑞利散射光返回到光纤的注入端,再经耦合部件,由方向耦合器反射到探测器,经信号处理输出,便可观察和记录所测的结果。

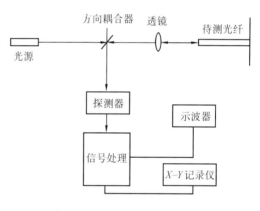

图 3 – 11　背向散射法测量原理框图

图 3 – 12 是背向散射测量的典型记录曲线,其各段分别反映如下特性:

a——由于耦合部件和光纤前端面引起的菲涅耳反射脉冲。

b—— 光脉冲沿具有均匀损耗的光纤段传播时的背向瑞利散射曲线。

c——由于接头或耦合不完善引起的损耗,或由于光纤存在某些缺陷引起的高损耗区。

d——光纤断裂处,此处损耗峰的大小反映出损坏的程度。

e——光纤末端引起的菲涅耳反射脉冲。

当被测光纤存在接头或缺陷时,由于各段的背向散射系数不同,背向散射法测得的衰减是不准确的,可能有很大的偏差。但对均匀、连续、无接头和缺陷的光纤,这种方法测量衰减的结果是足够准确的。此时,根据图中的均匀段,即曲线斜率为常数的 *b* 段,可以计

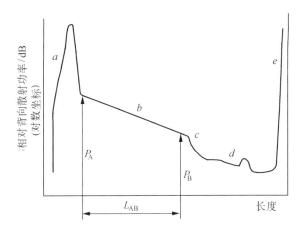

图 3 – 12　背向散射测量的典型记录曲线

算出衰减系数。由于信号经过对数放大器处理,故该曲线的相对背向散射功率用对数坐标表示,即纵坐标读数是电平值,且是经过正向和反向两次的衰减值。因而 b 段光纤的衰减和衰减系数为

$$\left.\begin{array}{l} A(\lambda)_{AB} = \dfrac{1}{2}(P_A - P_B) \quad (dB) \\[2mm] \alpha(\lambda) = A(\lambda)/L_{AB} \quad (dB/km) \end{array}\right\} \tag{3-20}$$

如果不采用对数放大器,则测得的均匀、连续光纤的衰减曲线是按指数规律下降的。这时,纵坐标标度不是电平值,而是从示波器标度上读出的电压值。由于探测器输出的电流(或电压)正比于光功率,故不采用对数放大器时光纤的衰减和衰减系数可按下式计算

$$\left.\begin{array}{l} A(\lambda)_{AB} = \dfrac{1}{2}\left[10 \lg \dfrac{P_A}{P_B}\right] = \dfrac{1}{2}\left[10 \lg \dfrac{U_A}{U_B}\right] \quad (dB) \\[2mm] \alpha(\lambda) = A(\lambda)/L_{AB} \quad (dB/km) \end{array}\right\} \tag{3-21}$$

衰减曲线横坐标的长度标尺是通过时标换算出来的,即根据光在光纤中的传播速度和传播时间换算成长度。

背向散射法除可测量光纤衰减外,还可用于诊断故障点。探测故障点的分辨率与光脉冲的宽度有关。图 3 – 13 所示的矩形光脉冲是由相继的两个弧立的散射体(故障点)反射回来的脉冲。在图 3 – 13(a)中,大的输入脉冲刚好在第一个散射体处发生了反射。图中虚线示出的小的反射脉冲向左方向行进。在图 3 – 13(b)中,输入脉冲恰好通过第二个散射体,故此时存在两个反射脉冲。这两个反射脉冲之间的间隔是

$$L = 2B - D \tag{3-22}$$

式中,B 表示两个散射体之间的距离,而 D 是脉冲的宽度。如果把空间分辨率的极限定义为 $L = 0$,则可得到恰好能分辨的两个散射体之间的最小距离是

$$B_{\min} = \dfrac{1}{2}D \tag{3-23}$$

脉冲的空间宽度 D 等于脉冲的速度 v(它近似为 $v = c/n$,c 是光速,n 是纤芯折射率的最大值)与其时间宽度 T 的乘积,即

$$D = vT = (c/n)T \qquad (3-24)$$

观测背向散射脉冲的到达时间,可以测得相应的故障点位置。如果背向散射脉冲在时刻 t(由输入脉冲出发时刻算起)到达,则故障点的位置在

$$F = (c/2n) \cdot t \qquad (3-25)$$

处。故障点定位的准确度由式(3-23)给出。

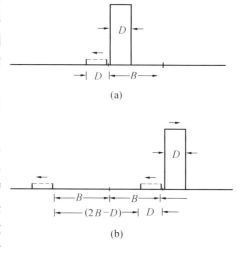

图 3-13 在确定光时域反射计的空间分辨率与光脉冲宽度 D 的关系时使用的图形

综上所述,背向散射法是一种对特性均匀、连续、无接头的光纤进行衰减测量的有效方法。它也能测定物理缺陷和接头的位置。使用这种仪器测量衰减时,对仪器显示的数值应小心处理,因为背向散射系数可能不同。此外,要注意接头损耗只有按两个方向测得的结果取平均才能准确地确定。

背向散射法同样适用于单模光纤的衰减特性测量。此外,对于研究两种光传输的互相串扰或光纤陀螺仪的灵敏度,它也是很有用的。

3.5.2 注入条件

在背向散射法中,光源常常是一个窄的单脉冲调制的激光器。通常检测的背向散射功率比入射功率低几十分贝。因此,为了提高散射信号的功率,必须采用高功率光源。常用的光源有 AlGsAs 脉冲激光器或 Q 开关钕钇铝石榴石激光器。

在被检测的返回信号中,来自光纤端面的反射信号比由于内部缺陷或折射率的随机起伏产生的散射信号要强得多,如图 3-12 中的 a 段和 e 段所示。通常,反射功率均是散射功率的 10^4 倍。无疑输入功率过强会使探测器饱和。为了解决这个问题,在待测光纤前要加上一种消除反射影响的耦合装置——定向耦合器。

定向耦合器即光分路耦合器把一束光分成两路光,并沿不同方向耦合。

背向散射法在光纤的一端进行测量,这是借助定向耦合器来实现的。定向耦合器不仅能把光分路耦合,而且还能消除或减小前端面的菲涅耳反射。常用的定向耦合器有以下几种。

1. 组合式定向耦合器

它由一块半反射镜(或称半反片)和折射率匹配液盒组成,如图 3-14 所示。入射光(实线)一路透过半反片注入光纤,另一路经半反片反射,用作入射光功率的监测。背向瑞利散射光(虚线),一路透过半反片到光源,另一种经半反片反射耦合到探测器。这样,入射光和背向散射光被分开,光源和探测器均在光纤的同一端。因此,测量能在一端进行。

从光纤前端面来的反射光以及从光学元件、支架等来的杂散光,其光路和背向散射光相同,也将为探测器接收。这些比瑞利散射光功率强得多的反射光功率,可能使探测器过载导致增益下降,因而降低了背向散射光的检测灵敏度。此外,深饱和的探测器恢复缓

慢,出现拖尾现象,使背向散射脉冲展宽,因而扩大了探测瑞利散射脉冲的盲区,降低了距离分辨能力。为了减弱从光纤前端面来的反射光和杂散光的影响,把光纤前端面和半反片置于装满区配液的盒中,如图3-14所示。所谓匹配是指折射率匹配。匹配液可以采用丙三醇(甘油)、四氯化碳或液态石腊,其折射率应等于光纤的折射率。这种定向耦合器的缺点是光路调整困难,且使用匹配液盒,不适于现场应用。

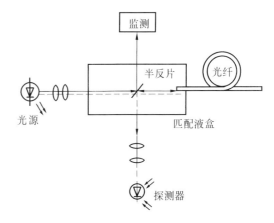

图 3 – 14   组合式方向耦合器

2. Y 分路器

目前比较广泛使用的是整体的定向耦合器——Y 分路器,如图3-15所示。其三端通过尾纤分别与光源 A,待测光纤 B 和探测器 C 直接耦合。由于分路是直接耦合的,所以杂散光和前端面的反射光按直接耦合的完善程度被消除或减弱。

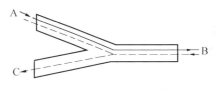

图 3 – 15   Y 分路器

Y 分路器由一段大芯径光纤和两段小芯径光纤在一端熔接而成。例如,大芯径光纤采用85/125 μm 阶跃型光纤,小芯径采用 50/125 μm 的渐变型光纤。这种整体的定向耦合器,插入损耗比组合式耦合器要小,且稳定可靠,调节方便。此外,还具有体积小、重量轻、价廉等优点。

3. 晶体定向耦合器

晶体定向耦合器也属于整体的定向耦合器,是利用晶体的双折射性设计的。图3-16是用格兰 – 汤姆生棱镜做成的晶体定向耦合器。

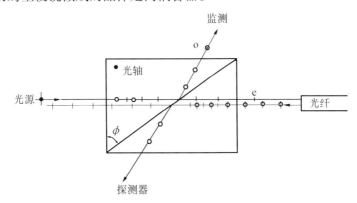

图 3 – 16   格兰 – 汤姆生棱镜定向耦合器

格兰 – 汤姆生棱镜是用三方晶系的冰洲石制成的。从冰洲石晶体上切一块平行六面体,然后沿对角线剖为两半,再用加拿大树胶或亚麻油使它们胶合。在平行六面体中,冰洲石光轴既和棱镜上下两端光面平行,又和树胶层平行,即和图面垂直。自然光进入晶体时会分裂为寻常光(o 光)和非常光(e 光)。o 光遵守菲涅耳折射定律,e 光不遵守菲涅耳定律。o 光和 e 光都是线偏振光。

当具有两个互相垂直偏振方向的激光入射到晶体棱镜时,如图 3-16 所示,由于入射光与光轴垂直,故被分成 o 光与 e 光。然而,两者均不发生折射,都沿入射方向行进,且各在互相垂直的平面内振动。

o 光与 e 光在树胶层上形成入射角(即 ϕ 角)。由于入射角 ϕ 大于临界角,因此 o 光发生全反射,而 e 光全透过树胶层。如图所示,注入光纤的入射光是线偏振的 e 光。由于多模光纤不具有保持偏振的特性,故经光纤传输回来的背向散射光变成部分偏振光。背向散射光进入棱镜,同样分成 o 光与 e 光。e 光透过树胶层,o 光被全反射进入探测器。

对于光纤前端面的菲涅耳反射光,由于端面的入射光是线偏振的 e 光,且端面反射光仍是 e 光,故反射光沿原光路透过树胶层到达激光器而不能被探测器接收。于是,采用晶体定向耦合器完全消除了前端面强烈的菲涅耳反射光。

晶体定向耦合器也可用其它棱镜或其它单轴晶体制作。晶体定向耦合器常用于 OT-DR 中。其缺点是加工困难,价格昂贵。

3.5.3 测量信号的接收

接收端一般由光电二极管探测器和放大电路组成。此处探测器可选用雪崩光敏二极管 APD 和场效应管 FET。

接收端的主要问题是噪声。测量噪声的来源主要有三种:

1. 光源的随机噪声$\langle i_{os}^2 \rangle$。它是由高功率的光源脉冲进行调制时,灯丝发射电流的随机性引起的。

2. 探测器的散粒噪声$\langle i_{sh}^2 \rangle$。对于 APD 来说,噪声电流的均方值为

$$\langle i_{sh}^2 \rangle = 2e\langle M \rangle F(\langle M \rangle) \cdot \langle i_s \rangle \cdot B_N \qquad (3-26)$$

式中,e 为电子电荷;$\langle M \rangle$ 是平均雪崩增益;$F(\langle M \rangle)$ 是雪崩检测过程中相应的过剩噪声系数;$\langle i_s \rangle$ 是取样积分器对有用信号电流多次重复取样的总平均值;B_N 为接收电路的等效噪声带宽。

3. 接收电路的热噪声$\langle i_c^2 \rangle$。它主要来自前置放大电路。热噪声电流的均方值为

$$\langle i_c^2 \rangle = aB_N + bB_N^3 \qquad (3-27)$$

式中,a、b 是正常数,与电路参数有关。可见,接收电路的噪声与其带宽有密切的联系,带宽越宽,噪声越大。为了减小噪声,希望带宽 B_N 越小越好。但从信号不失真的角度看,希望 B_N 越大越好。在接收电路设计时,应尽可能选择宽带宽、噪声小的元件,并折衷处理噪声与失真的矛盾。

3.5.4 信号处理过程

背向散射法测得的信号很弱,比入射光功率低几十分贝。要从噪声中把所需的信号检测出来,必须采用一种降低噪声的信号处理方法。为此,采用取样积分器利用平均法消

除噪声。

这种方法的原理是对 n 次取样值积分,由于噪声的统计平均值趋于零,且信号是周期的,可以不断积累,因此信噪比可以提高。传统的取样积分电路如图 3—17 所示。这是一种非实时取样电路。T_s 是慢斜波发生器产生的线性电压的周期(几十秒或几分钟),它决定扫描一个信号波形的时间。若对信号波形的每一点进行 n 次取样平均,则平均后的信噪比为

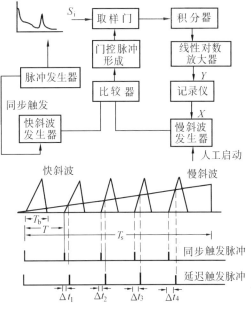

$$\mathrm{SNR'} = \frac{P_{\mathrm{so}}}{P_{\mathrm{No}}} = \frac{nP_{\mathrm{si}}}{\sqrt{n}P_{\mathrm{Ni}}} = \sqrt{n}\,\mathrm{SNR} \quad (3-28)$$

式中,P_{so} 和 P_{si} 分别为平均器输出和输入信号功率;P_{No} 和 P_{Ni} 分别为平均器输出和输入端噪声功率;n 为平均次数。SNR 表示未平均的信噪比。

由式(3—28)可见,平均后的信噪比较平均前的信噪比增加 $\sqrt{n}$ 倍。但信噪比的改善是以时间为代价的,测量速度降低了。

图 3—17 取样积分器扫描原理图

3.5.5 信噪比、响应分辨率及动态范围

用单脉冲测量时,存在着信噪比、分辨率及动态范围之间的矛盾。

信噪比定义为

$$\mathrm{SNR} = \frac{\text{有用信号功率}}{\text{噪声功率}}$$

在没经过平均处理时信噪比为

$$\mathrm{SNR} = \frac{\langle i_{\mathrm{s}}^2 \rangle}{\langle i_{\mathrm{os}}^2 \rangle + \langle i_{\mathrm{sh}}^2 \rangle + \langle i_{\mathrm{c}}^2 \rangle} \quad (3-29)$$

经 n 次平均后的信噪比为

$$\mathrm{SNR'} = \frac{\langle i_{\mathrm{s}}^2 \rangle}{\langle i_{\mathrm{os}}^2 \rangle + \dfrac{1}{n}\left[\langle i_{\mathrm{sh}}^2 \rangle + \langle i_{\mathrm{c}}^2 \rangle \right]} \quad (3-30)$$

动态范围定义为允许输入信号的最高功率电平和最低功率电平之差;在背向散射测量中被定义为增大的散射功率电平与噪声功率电平之差。

显然,信噪比和动态范围都有赖于散射功率电平的提高或平均次数的增加。

利用单脉冲测量时,散射回来的信号在积分器中取样,实际上是一种能量累积过程。积分器输出信号的能量不仅取决于入射光脉冲的幅度,也取决于脉冲宽度。脉冲越宽,散射回来的信号总能量越大,则达到所要求的信噪比的时间就越短。

另一方面,响应的分辨率,即可分辨的两个故障点的最小距离为

$$L_{\min} = \frac{1}{2} \frac{c}{n} \cdot \Delta\tau \tag{3-31}$$

式中,$\Delta\tau$ 为脉冲宽度。可见,$\Delta\tau$ 越小,$L_{\min}$ 越小,即分辨率高。显然,分辨率高与提高信噪比、增大动态范围、缩短测量时间的要求是矛盾的。

3.5.6 测量准确度的改进方法——两点法

由式(3 - 30)可见,用平均法改善信噪比时无法减小光源的噪声,这导致测量的不确定性。为了消除这种影响,可采用两点法。

这种方法如图3 - 18所示。在电路中使用一个延时发生器,两个取样保持电路及两

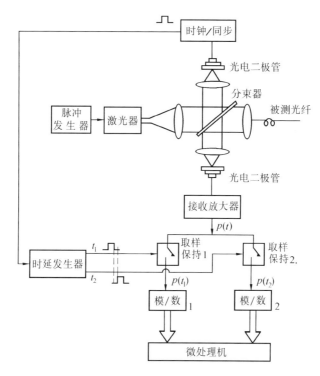

图 3 - 18 两点取样技术原理图

个 A/D 转换器。延时发生器在同一信号周期内产生两个不同延迟的触发脉冲,它们在 t_1 和 t_2 时刻分别使取样保持器 SH$_1$ 和 SH$_2$ 对信号波形取样。得到的模拟信号 $P(t_1)$ 和 $P(t_2)$ 分别经两个 A/D 转换器变换为数字信号,并由计算机处理。由多次测量的平均值 $\langle P(t_1)\rangle$ 和 $\langle P(t_2)\rangle$ 可以计算出长度为 $\frac{c}{n}(t_2 - t_1)$ 的一段光纤的平均衰减系数

$$\alpha(\lambda) = \frac{1}{2} 10 \lg[\langle P(t_1)\rangle / \langle P(t_2)\rangle]/[c/n(t_2 - t_1)] \tag{3-32}$$

两点取样在测量时间上和克服光源不稳定影响上都比单点取样优越。两点取样技术的进一步改进,是利用高速 SH 电路和高速 A/D 转换器对同一周期的信号进行同步等间隔多点取样,多路数字转换与存储,并由微机进行平均处理。然后,经 D/A 转换器转换成

模拟信号输出。这种处理方式也称为数字平均技术。由于在信号的每一周期内实现多点同时取样,故分析一个完整的信号波形所需的时间会大大缩短。因此,效率得到很大提高。

现在讨论一下两点法测量的误差。设测得的衰减为

$$A = \frac{1}{2}\left[10\lg\frac{P(z_1)}{P(z_2)}\right] \quad (\text{dB}) \tag{3-33}$$

衰减系数为

$$\alpha = \frac{1}{2(z_2 - z_1)} \cdot 10\lg\left[\frac{P(z_1)}{P(z_2)}\right] \quad (\text{dB/km}) \tag{3-34}$$

式中,z_1、z_2 分别为 t_1、t_2 时刻对应的取样位置,$(z_2 - z_1) = \frac{c}{n}(t_2 - t_1)$。对式(3-33)微分可得到测量的不确定度。

$$\frac{\Delta A}{A} = \frac{1}{2} \cdot \frac{4.34}{A} \cdot \left[\frac{\Delta P(z_1)}{P(z_1)} - \frac{\Delta P(z_2)}{P(z_2)}\right] \tag{3-35}$$

这里,$\Delta P(z_1)$和$\Delta P(z_2)$是测量功率的误差,它主要取决于接收电路的噪声,这个误差可以用取样平均的办法减小。由于输出电压正比于测量功率,所以电压测量的不确定度 $\Delta V(z)/V(z)$ 等于功率不确定度 $\Delta P(z)/P(z)$。

用两点法测量的动态范围与 z_1 点的选择有关,希望 z_1 越小越好。但要注意,z_1 减小意味着 z_1 点的光功率分布越难满足稳态模激励的要求。

3.5.7 结论

背向散射法的测量误差,来源于系统的噪声,光纤本身参数的不均匀性以及前、后散射功率分布的不均匀性等。通常,最大误差可减小到 0.1 dB。

背向散射法测量衰减时存在的主要问题是:

1. 由于背向散射系数非常小,因此注入端需要非常大的光功率。

2. 由于散射体密度或数值孔径的影响,脉冲宽度 D 值呈现不均匀性,从而产生某些测量的不确定性。

3. 无法监视注入条件的变化。

4. 测量的分辨率、信噪比和动态范围之间存在矛盾。若提高故障检测的分辨率,则脉冲的能量要降低,因而信噪比和动态范围均下降。

由于背向散射法存在上述缺点,故不能作为衰减测量的基准方法。如怀疑其测量结果时,应以切断法的测量结果为标准。

下一节将介绍一种既不降低分辨率,又能提高信噪比的方法——光时域反射计方法。

§3.6 光时域反射计(OTDR)

OTDR 是利用背向散射法所做成的仪器。如前所述,用单脉冲做探测信号的传统的 OTOR 存在着分辨率和信噪比、动态范围、测量时间之间的矛盾。为了解决这个矛盾,我们的原则是:在保证分辨率的前提下,尽可能提高信噪比和动态范围,并减少测量时间。

根据上节的讨论可知,测量的分辨率取决于信号的脉冲宽度($L_{\min} = \frac{1}{2} \frac{c}{n} \cdot \Delta \tau$)。对单脉冲来说,其能量取决于脉宽,故瑞利散射回来的信号能量也取决于脉宽。因而,提高分辨率势必降低信噪比。那么,怎样才能在不加宽单脉冲宽度的基础上提高脉冲的能量呢?

采用编码信号代替单脉冲可以解决上述的矛盾。此时,响应的分辨率取决于编码序列的码元宽度,不取决于编码序列的总长度。然而,信号的能量取决于编码序列的相关长度,其相关长度越长越好。

这里讨论两种数字编码制式:一种是纠错编码序列,一种是伪随机序列。纠错编码序列原本是数字通信系统中的一种具有检测错误能力的编码序列,其长度由信息位和检测位组成。然而,此处不是利用它的纠错能力,而是利用它的相关特性来提高其信噪比。伪随机序列又称伪噪声序列,其本身的自相关特性具有抑制噪声的作用。

下面以美国 HP 公司的 8145A 型 OTDR 为例介绍相关技术在 OTDR 中的应用及其开发价值。

3.6.1　HP8145A 型 OTDR 的工作特性

HP8145A 型 OTDR 的测量速度极快,动态范围极大。它是一种性能优良的、带 HP – IB 接口的可编程光时域反射计。

OTDR 使用数字相关技术,对单模光纤在 1 300 nm 时能产生 28 dB 的动态测量范围。它比传统的 OTDR 测量速度快 150 倍,功率分辨率达 0.01 dB,距离分辨率为 1 m,最大测量距离为 200 km。OTDR 内部有一个 32 位微处理器,用以自动计算连接损耗。它可提供宽度为 125 ns、250 ns、500 ns、1 μs、2 μs、4 μs、8 μs 几种探测脉冲。光源波长可选择 1 300 nm 和 1 540 nm 两种低损耗波长。连接损耗测量的重复性误差以 95% 的概率优于 0.015 dB,衰减系数的测量误差以 95% 的概率小于 0.015dB/km。它的工作温度范围为 – 10 ℃ ~ +55 ℃。

由于背向散射信号远小于接收器的噪声,因此要进行多次重复性测量,并对测量结果进行平均处理。平均处理的时间越长,测量的动态范围就越大,如图 3 – 19 所示。

OTDR 的动态范围定义为系统的最大输入光功率 $P_{\max}$ 和最小光功率 $P_{\min}$ 比的对数值。$P_{\max}$ 可以是检测的最大背向散射功率,或者是光耦合器前或被测光纤前端的最大入射光功率。$P_{\min}$ 可以是噪声功率 P_n,或者是其它原因引起的误差超过原设定功率电平。此处定义 OTDR 的动态范围为

$$D = s \lg \frac{P_b(0)}{P_n} \quad \text{(dB)} \quad (3 - 36)$$

式中,系数 s 是考虑单程损耗的结果;$P_b(0)$ 是最大的背向散射信号功率;P_n 是平均后的噪声功率。

平均法对信噪比的改善程度是 HP8145A 与传统的 OTDR 相比进行改进的。在传统的 OTDR 中,若设衰减系数为

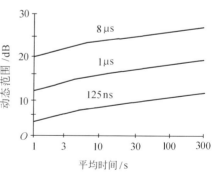

图 3 – 19　不同脉冲带宽时平均时间和动态范围关系

$$\alpha = -\frac{1}{2z} \cdot 10 \lg \frac{P_b(z)}{P_b(0)} \quad (\text{dB/km}) \quad (3-37)$$

信噪比为

$$\text{SNR} = 10 \lg \frac{P_b(0)}{P_n} \quad (\text{dB}) \quad (3-38)$$

则进行 2 次平均时,信噪比改善为原来的 $\sqrt{2}$ 倍,即 1.5 dB;而 N 次平均则信噪比改善为原来的 $\sqrt{N}$ 倍,即 $10\lg\sqrt{N} = 5\frac{\log_2 N}{\log_2 10}$ dB。因此传统的 OTDR 信噪比可用下式代替。

$$\text{SNR} = P_{\text{init}} - 2\alpha z - \text{NEP} + 1.5N \text{ oct} \quad (3-39)$$

式中,$P_{\text{init}} = 10 \lg P_b(0)$ 是最大的背向散射功率电平。$2\alpha z = 10 \lg P_b(0) - 10 \lg P_b(z)$ 是损耗;NEP $= 10 \lg P_n$(是未平均时的噪声电平);$1.5N$ oct $= 1.5 \log_2 N$,是 N 次平均后的改善分贝数。可见要获得 15 dB 的 SNR 改善,需 2^{10} 次测量,时间太长。

获得高 SNR 的另一个办法是提高 P_{init}。这需要增加信号的能量,即意味着脉冲宽度的增加,但这又会降低距离分辨率。例如,当脉冲宽度 $\Delta\tau = 1\mu s$ 时,传统的 OTDR 其距离分辨率将低于 100 m。因此,信噪比、测量时间和分辨率的矛盾成了最突出的问题。

3.6.2 HP8145A 型 DTDR 的工作原理

HP 8145 A OTDR 采用格林(Golay)相关互补码实现高速、高信噪比和高分辨率的测量。格林码是一种纠错编码脉冲。它的自相关函数的特点是主瓣(时域)近似于一个 $\delta(t)$ 函数,而旁瓣很小(实际可达峰值的 10%)。因此,采用格林码作为输入光的调制信号。

设 $p(t)$ 是探测信号,$f(t)$ 是光纤的背向散射脉冲响应,$r(t)$ 是接收器的脉冲响应,则测得的背向散射信号

$$s(t) = p(t) * f(t) * r(t) \quad (3-40)$$

式中 $*$ 为卷积运算符。

如果将 $s(t)$ 和 $p(t)$ 进行相关运算,则有

$$\begin{aligned}
s(t) * p(t) &= [p(t) * f(t) * r(t)] * p(t) = \\
&[p(t) * p(t)] * f(t) * r(t) = \\
&s(t) * f(t) * r(t) = \\
&f(t) * r(t)
\end{aligned} \quad (3-41)$$

式中符号 $*$ 表示相交运算。

可见,如果给定接收器的脉冲响应 $r(t)$,则相关法可准确反映光纤的性能。此时,分辨率不取决于探测信号自身的长度,而且取决于它的自相关函数持续时间。然而,信号的能量是由信号的长度,编码序列的长度决定的。因此,决定信噪比和测量时间的信号能量与距离分辨率的矛盾得到合理的解决。

格林码的自相关函数带有旁瓣,尽管很小也有影响。为了消除旁瓣,采用互补技术,即取 A 码和与其互补的 B 码,则 A 码和 B 码各自的自相关函数主瓣相同,旁瓣相反。将两个自相关函数求和,便可消除旁瓣,如图 3－20 所示。

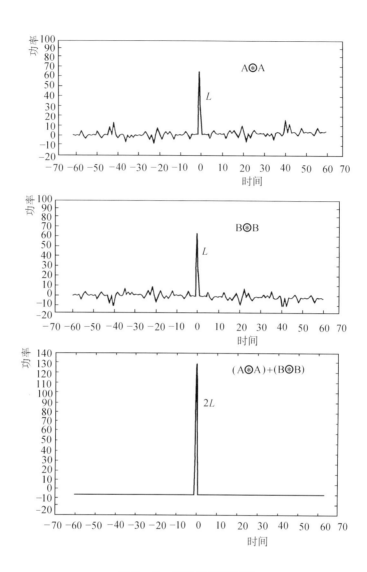

图 3 - 20 消除旁瓣原理图

设 A、B 是一对互补的 L 位格林码,则

$$(A * A) + (B * B) = 2L\delta(t) \qquad (3-42)$$

当然,要产生严格互补的 A、B 码探测信号是很难的,因此,实际上不可能完全获得理想的零旁瓣。图 3 - 21 是 HP8145A 的原理框图。光纤背向散射在原理图中部分单元后的信号处理波形如图 3 - 22 所示。让我们通过图 3 - 21 和图 3 - 22 说明其工作原理。一个编码发生器产生互补码 A 和 B,并把它们送入偏置开关和相关器。偏置开关用"1"和"0"方式驱动激光器,产生脉冲式的光功率调节。被调制的光通过 3 dB 耦合器进入被测光纤,因为有许多码脉冲作用,这样就产生冲激响应叠加。反射光和背向散射光通过接收器变为电信号并被放大,然后通过 A/D 转换器变为数字信号。

格林相关互补码 A、B 被设计成 4 个发射信号 P_{A+}、P_{A-}、P_{B+} 和 P_{B-},而相应的反回信号是 S_{A+}、S_{A-}、S_{B+} 和 S_{B-}。光纤脉冲响应的互补特性如图 3 - 22(a)、(b)所示,它们分

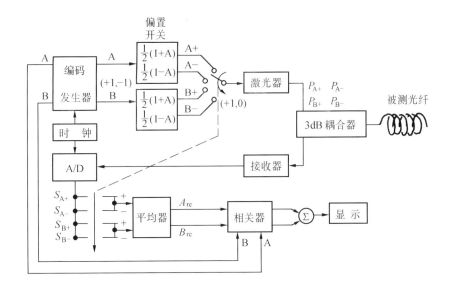

图 3 - 21　HP8145A 原理框图

别是发射信号 P_{A+} 和 P_{A-} 产生的响应 S_{A+} 和 A_{A-}。这些响应信号在平均器进行减法运算,产生信号 A_{re}。相同的道理,互补响应信号被处理,产生了 B_{re} 信号。它们的波形如图 3 - 22(c)、(d)所示。

下一步是相关性处理。信号 A_{re}、B_{re} 与码 A、B 进行相关处理,它们产生的波形如图 3 - 22(e)、(f)所示。从图中看出,在背向散射的开始端,相关输出信号的旁瓣是互补的。OTDR 作为距离函数的线性测量结果如图 3 - 22(g)所示,作为对数坐标的测量结果如图 3 - 22(h)所示。这种 OTDR 进行一次测量需要发射 4 组探测信号,获得的相关函数序列长度为 2 L。相关增强对有用信号和噪声同时存在。但噪声提高 $2\sqrt{L}$ 倍,而有用信号增强 2 L 倍。因此,在每发射 4 组码后,SNR 改善了 $\sqrt{L}$ 倍。对于单脉冲法,每发射 4 次,信噪比只改善 2 倍。

HP8145A OTDR 的信噪比为

$$SNR = P_{init} - 2\alpha z - NEP + 1.5(N_{oct} + L_{oct}) \qquad (3 - 43)$$

式中,$L_{oct} = \log_2 L$,比较式(3 - 39)与式(3 - 43),可见相关型 HP8145A OTDR 的信噪比相对传统的 OTDR 提高了 $1.5L_{oct}$dB,即 $\sqrt{L}$ 倍。L 越长 SNR 越大。

但是,探测信号的码长是不能无限扩大的,主要有两方面的原因:

1. L 越长意味着功率(能量)越强,这将在被测光纤端面引起强反射,结果使 A/D 转换器饱和闭锁。

2. 由于产生 A、B 码的仪器和激光源的性能所限,A、B 码不可能是理想的相关互补码。通常,主瓣/旁瓣 = 35 dB,且旁瓣分布在主瓣两侧 $L/2$ 区域内,从而影响散射信号的检测。

3.6.3　改进方案

为了获得理想的旁瓣,可以采用伪随机序列代替格林码。伪随机序列中有两种相关长度极长且旁瓣极小的编码序列,即 m 序列和 M 序列。

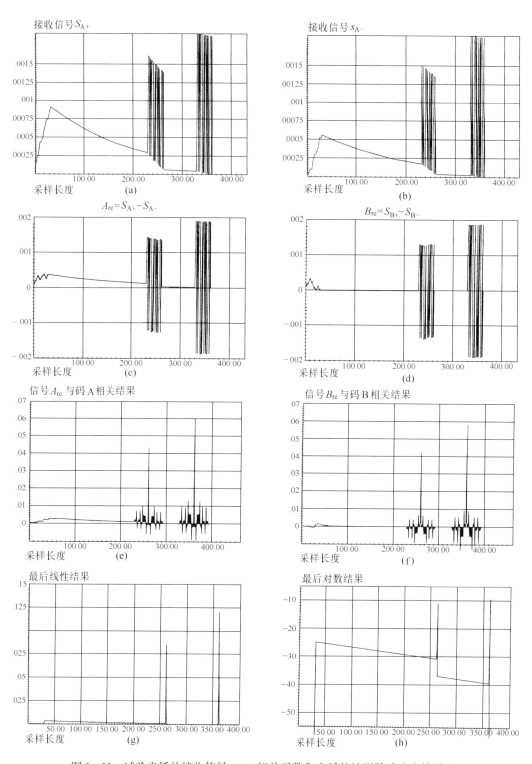

图 3-22 试验光纤的接收信号，A、B 相关函数和光纤的被测脉冲响应结果图

m 序列是一种线性伪随机序列,M 序列是一种非线性伪随机序列。这里 m 序列的相关特性最佳,全部是平直的"1"电平。

除上面介绍的相关型 OTDR 外,还有一些其它类型的光时域反射计。如偏振光时域反射计、相干或光时域反射计等。

通常,为了实现偏振传输,必须沿光纤长度检测被严重干扰的偏振状态的异常特征或现象,以便识别引起异常现象的原因,并着手校正。在传感技术中常常利用偏振型单模光纤测量几种物理场的空间分布。要完成上述任务,一般利用偏振光时域反射计。

相干式光时域反射计是光外差技术在光测量仪器中的应用。它可以实现高灵敏度和大动态范围的测量。不仅在光通信测量中具有重要价值,而且可能为偏振型单模光纤的偏振特性研究和传感技术中物理场空间分布的测量提供新的手段。因此,它是 OTDR 研究的新方向。

§3.7　光频域反射计(OFDR)

光频域反射计是背向散射法在频域中的应用。它是用扫频正弦调制信号激励光纤。测得基带频响用幅频和相频特征来表示,它的傅里叶变换是背向散射体的冲激响应。当忽略光纤输入端和输出端的反射时,若单位长度光纤的功率密度为

$$P(z) = P_0\exp(-2\alpha'z) \qquad (3-44)$$

则基带响应为

$$\overline{R}(f) = \frac{1}{1 + j(\frac{\pi f}{\alpha'\langle V_g\rangle})} \qquad (3-45)$$

式中,j 为单位虚数;f 为调制频率;$\langle V_g\rangle$ 为平均群速度。

取 $\overline{R}(f)$ 的模,可得到

$$|\overline{R}(f)|^2 = \frac{1}{1 + (\frac{\pi f}{\alpha'\langle V_g\rangle})^2} \qquad (3-46)$$

由此可见,若知道平均群速度 $\langle V_g\rangle$,则由测得的幅度响应可以得到衰减系数 α',这里 α' 与 α 关系为 $2\alpha' = \alpha/4.34$。光纤输出端的反射不可忽略时,幅度响应不是随频率单调减小,而表现出振荡特性。可以证明,振荡的周期与光纤的长度有关,因此有可能通过测量振荡周期而估计光纤长度。

在 OFDR 中调制频率通常在 0 到几百千赫的范围内。因此,可以使用锁定放大器,以提高灵敏度。与经典的光时域反射法相比,光频域反射法具有以下优点。

1.OFDR 的距离分辨率与接收机的带宽成正比,而 OTDR 的分辨率与带宽成反比。就是说,若要求 OFDR 的分辨距离越小,则接收机的带宽应该越窄,而 OTDR 却相反。

2.由于噪声接收机带宽成正比,故 OFDR 的信噪比可以做得非常高。

3.OFDR 的发射信号是离散频谱信号。光纤中的背向散射是散射体对连续波信号产

生的非相干反射,而某些离散点引起的反射是相干性的。这种相干性使离散点的反射远高于背向散射,很容易检测出来。因此,OFDR适用于需要高分辨率检测离散反射点的场合。

另一方面,OFDR与OTDR相比也有不足之处。OTDR利用背向散射可以对光纤中的故障点准确定位,而OFDR不能对故障进行定位。此外,OTDR利用频谱丰富的单脉冲进行测试,因此,测量速度快,而OFDR是扫频测试,因此测量速度相对较慢。

第四章　光纤色散测量

§4.1　引　言

光纤色散使传输的光脉冲随传输距离的增加而展宽。脉冲展宽将限制传输容量或最大中继距离。因此,光纤色散是表征光纤传输特性的又一重要参数,色散测量是光纤传输特性测量的又一重要内容。

如§1.6所述,色散包括模间色散和模内色散,模内色散又可分为材料色散和波导色散。各种色散在不同的情况下对传输的光脉冲的影响程度不同。对多模光纤中的多模传输,影响最大的是模间色散,其次是材料色散,而波导色散一般可以忽略。对单模光纤中的单模传输,影响最大的是模内色散,材料色散通常占主导地位,波导色散要比前者约小两个数量级。

色散的测量方法可分为两类:

1. 时域法。这种方法是以确定沿光纤长度方向传输的光脉冲展宽量为基础的。通常用窄脉冲调制光源作为光纤的测试信号源,故又称为脉冲法。

2. 频域法。这种方法是根据被测光纤基带频响的幅频特性确定其带宽,然后确定色散系数。此方法采用频率连续可调的正弦波调制光源作为测试信号源,故也称为正弦波法或相移法。

上述的两种方法既可用来确定色散的总效应,也可确定单一色散的影响,由所用的装置而定。

如第一章所述,光纤的基带响应带宽与色散系数的关系为

$$B \approx 443/(\sigma \cdot \Delta\lambda) \quad (GHz \cdot km) \tag{4-1}$$

式中,B 为光纤基带响应的 3 dB 功率带宽(6 dB 电压带宽);σ 为色散系数,ps/(km·nm);$\Delta\lambda$ 为光源半功率点的谱线宽度,nm。

对于多模光纤,无论是直接测量色散还是直接测量基带响应带宽,要获得好的结果,注入(激励)条件是十分重要的。因为在模式功率没有达到稳态或平衡分布时,激励条件的微小变化都会使接收端功率分布产生较大的影响,因而色散或带宽测量的结果会有很大差别。

对于衰减测量 CCITT 所规定的稳态注入条件,实际上是限制模式的注入。这种注入对衰减测量结果的一致性是有利的。因为衰减测量需要避免高阶模的注入。否则,光纤长度变化会产生衰减测量误差。然而,获得严格的限制模式的稳态注入是不可能的。为了可靠地应用限制模式的注入方式,在衰减测量中研究了一种近似稳态的限制模式注入

条件。

色散或基带响应带宽测量与衰减测量不同,它们不是测量输入和输出的光功率电平,而是测量沿全光纤长度传输的光脉冲时间展宽量。若按衰减测量所规定的注入条件激励光纤,则注入条件比色散测量时的实际稳态限制更严格。因此,功率分布将会产生较大的变化,结果导致色散测量的准确度和重复性降低。

实现接收端稳态模功率分布条件,最好采用满注入方法。所谓满注入就是要激励所有的传导模式,因此这种注入又称为全注入或全激励。满注入条件是具有均匀空间分布的入射光束近场光斑直径大于被测光纤的纤芯直径,远场辐射角的数值孔径大于被测光纤的数值孔径。

具体地说对 $50/125~\mu m$,$NA_{max} < 0.25$ 的渐变型多模光纤,满注入条件是:入射光束必须以光斑形式入射到光纤端面中心区,近场光斑 – 3 dB 直径不小于 70 μm,远场 – 3 dB 半辐射角正弦值不小于 0.3。

为了使接收端的稳态功率分布符合满注入条件,应使用扰模器、滤模器和包层模剥除器来实现。扰模器可由三段短光纤 S – G – S(即阶跃型 – 渐变型 – 阶跃型)组成,最后一段光纤必须是阶跃光纤。滤模器可采用把光纤绕在圆棒上若干圈的方法实现。包层模剥除器,对于低折射率涂覆的光纤,只要把涂覆层去掉并浸在匹配液中,便可使包层中传导的模式耦合出去。

滤模器和包层模剥除器应在距离待测光纤始端约 1 m 处使用。经过扰模、滤模和包层模剥除后,离注入端约 2 m 处待测光纤的理想近场和远场分布图应与长光纤或接续光纤终端的近场和远场分布图相似。就是说,光纤的输入和输出端近场光斑匹配,远场辐射角匹配。因此,沿光纤的稳态模式功率分布与长度无关。

对于技术性测量,通常,应采用线性的功率和波长稳定的光源。中心波长的标称范围如表 4 – 1 所示,其误差为 ± 20 nm,谱线宽度($\Delta\lambda$)不超过表中对应的值。

表 4 – 1　中心波长的标称范围及谱线宽度

λ/nm	$\Delta\lambda/nm$
800 ~ 900	5
1 200 ~ 1 350	10

对于传输性测量可利用普通传输系统中所使用的光源和探测器。通常,使用激光二极管或发光二极管光源及 PIN 管或雪崩光电二极管探测器。这些器件的优点是尺寸小,所需的电路简单。

时域法和频域法是根据光源的调制信号不同,测量光纤色散或基带响应带宽的两种方法。下面分别对两种方法进行讨论。

§4.2　时域法

时域法的原理是利用窄脉冲调制的光源激励光纤,并检测光纤输出脉冲的展宽量。

4.2.1　模内色散测量

模内色散是对给定的模式,由于波长不同群速度不同而引起的光脉冲展宽。通常它是单模光纤脉冲展宽的主要原因。模内色散包括材料色散和波导色散。但在实际测量中,这两者是密切相关的,因此只能观察总的效应。

光纤系统的光源谱宽度一般都远远超过调制脉冲的频谱宽度,因此可用下式描写模内色散。

$$M(\lambda) = \frac{1}{L} \frac{\mathrm{d}\tau}{\mathrm{d}\lambda} \tag{4-2}$$

式中,L 是光纤的长度;$\mathrm{d}\tau/\mathrm{d}\lambda$ 是脉冲延迟时间对波长的导数;$M(\lambda)$可解释为单位长度的光纤,由于光源单位谱宽度所引起的脉冲展宽,它的单位是 ps/nm·km。如 $M(\lambda)$已知,则脉冲延迟的改变量为

$$\Delta\tau = M(\lambda) \cdot L \cdot \Delta\lambda \tag{4-3}$$

$M(\lambda)$是单模光纤的模内色散,它是波长的函数。从原理上讲,测量 $M(\lambda)$时,只要观察脉冲到达的时间和波长的关系,即可由式(4-2)计算出 $M(\lambda)$。进行时域测量,需要一系列可以使用的单色光源或一个波长连续可调的光源,还需要一个能测量时间延迟的装置。

图 4-1 为模内色散的测量装置,从光源发出的窄脉冲经待测光纤传输到检波器输出,由取样示波器显示。输入的光信号分出一部分作为参考光信号,它通过延迟线触发示波器扫描装置。使用数字延迟线能提高测试准确度。调节延迟线延迟时间,使输出脉冲显示在示波器某一点上,然后改变光源波长,再测得脉冲位置的移动。$\Delta\tau$ 的测量可由脉冲在示波器上移动的位置测得,或可改变延迟线的延迟时间,使在示波器上脉冲处于同一位置,从而在延迟线上测得 $\Delta\tau$。

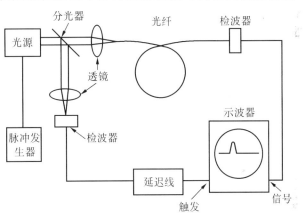

图 4-1 时域脉冲延迟测量装置

D. Gloge 等人用可调谐的氪离子激光器进行测量,并使用了锁模技术,使激光器工作在规则的脉冲模式。对腔长 1.5m 的激光器,布喇格声光偏转器的频率为 50 MHz。系统用硅二极管探测器,其上升时间为 100 ps,取样示波器的上升时间为 25 ps。也可以使用具有不同铝含量的砷铝镓激光二极管做光源,激光器谱宽为 2.5 nm,由脉冲发生器驱动,产生半功率点为 350 ps 的光脉冲。用四个不同的激光器,再利用温度调谐方法,覆盖的波长范围为 0.18~0.9 μm。用铟镓砷磷激光器可以测量 1.3 μm 或 1.5 μm 的波长范围。为了测量 1.0~1.6 μm 的波长,最好使用喇曼激光器作为可调谐光源。连续可调光源是测量中的关键设备之一,因此下面介绍一下喇曼激光器。

当高强度的光通过液体或固体时,会产生非线性现象,这样就可观察到喇曼效应。此时,在射出的波束中,除了原来入射波束外,还有新产生的波长成分。其中波长较长的部分称为斯托克斯线,强度较强,对光纤测量特别有用;而波长较短的部分则称为反斯托克斯线。从量子力学的观点出发,入射光(泵源)首先被物质吸收,然后再发射出来。如果分

子吸收了光子后,光子的一部分能量被用来激励分子跃迁到更高的振动状态,那么分子再发射的光子能量就比以前吸收光子的能量要小,所以发射波长较长,这就是斯托克斯辐射。如果在发射光子前,分子恰好处于被激励的高能量状态,在光子被发射后,分子又回到较低的振动状态,那就产生反斯托克斯效应。

苯具有特别强的喇曼效应,但光纤产生的喇曼光对光纤测试更为有用。尽管玻璃中的喇曼效应并不强,但光纤芯子中光的强度大,作用距离又长,所以可以产生相当明显的非线性现象。图4-2是使用单模光纤产生的喇曼光来测量光纤脉冲时延与波长关系的方框图。喇曼激光是由锁模工作的并有Q调制的钕钇铝石榴石激光器激励单模光纤后产生的。泵工作波长为1.06 μm。Q开关推迟了泵源启动以后激光产生的时间,使激光器高能级中的粒子反转数累积到较大的数值,从而使激光腔在Q值满足振荡条件时,得到较大的脉冲功率。钕钇铝石榴石激光器可以输出1 kW左右的光功率。实验中采用176 m长的低损耗单模光纤,光纤芯径为6 μm,芯和包层间折射率差 $\Delta n = 0.004$。

当钕钇铝石榴石激光器峰值功率达到70 W时,可观察到在1.12 μm波长时的第一条喇曼谱线。当达到满功率(1 kW)时,可以看到五条以上喇曼谱线,每一条以波长更短的邻近喇曼线为泵源。图4-3表示,经过分辨率

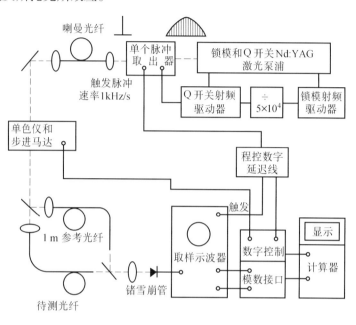

图4-2 使用单模光纤产生的喇曼光来测量光纤的色散原理图

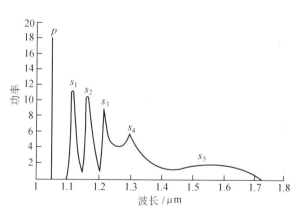

图4-3 用二氧化硅材料制造的单模光纤在1.06 μm泵源激励下产生的喇曼激光光谱

为1.5 nm的单色仪,光纤喇曼激光器输出的光谱。由图可见输出谱线的峰值在1.12 μm、1.18 μm、1.24 μm、1.31 μm、1.44 μm 和 1.51 μm 处,使用单色仪可以区分不同波长的激光。

喇曼激光器可用于单模及多模光纤的色散测量。图4-4给出不同波长的斯托克斯线所测得的相对延迟时间和波长的关系,延迟测量是对于波长为1.06 μm泵源脉冲的延

迟进行的。由图可见，所有的曲线在 1.3 μm 附近延迟值变化最小，在此点附近光纤色散为零。用图 4-4 的曲线所表示的函数对波长求导数，可得图 4-5 的色散曲线。这是对几条不同的多模光纤测量的结果，它们对应于不同的掺杂材料和掺杂浓度。B-3 光纤是含有三氧化二硼的梯度光纤，GB-4 到 GB-6 是含有少量三氧化二硼而含有较多的二氧化锗的梯度光纤，杂质含量从 GB-4 到 GB-6 逐步增加。谐振喇曼激光器的优点是可以连续改变工作波长，测量的准确度高。

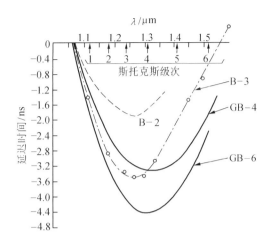

图 4-4 相对于 1.064 μm 波长的光纤传输延迟和波长的关系

4.2.2 模间色散测量

模间色散是在多模光纤中，由于不同模式具有不同的群速度而引起的脉冲展宽。通常它是多模光纤脉冲展宽的主要原因。通过观察脉冲展宽可以测定多模光纤的模间色散，由此可得冲激响应的均方根宽度或光纤的带宽。多模光纤的带宽与注入条件有关，一般希望在稳态模式分布的状态下测量，如 §4.1 所述，这样的结果可以外推到光纤较长的场合。

目前，能制造的光调制器都是调制光的输出功率，而不是调制光的幅度。所用探测器输出也是和光功率成正比。有人证明了对多模光纤，下面的两个式子近似成立

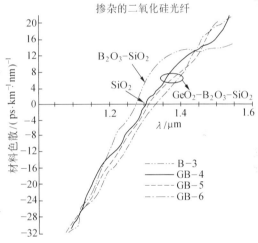

图 4-5 多模光纤材料色散和波长的关系

$$P_0(t) = \int_{-\infty}^{+\infty} P_i(t-\tau)h(\tau)\,d\tau$$

$$(4-4)$$

$$P_0(w) = P_i(w) \cdot H(w) \qquad (4-5)$$

式中，$P_i(t)$ 和 $P_0(t)$ 分别是光纤的输入光功率和输出光功率；$P_i(\omega)$ 和 $P_0(\omega)$ 分别是 $P_i(t)$ 和 $P_0(t)$ 的傅里叶变换；$h(\tau)$ 是光纤的冲激响应；$H(\omega)$ 是光纤的频率传递函数。

多模光纤冲激响应的傅里叶变换就是光纤的频率传递函数，由它可引出另一参数，即光纤的带宽。它是光纤的频率传递函数下降到峰值数值一半的基带频率。多模光纤模间色散测量就是要测出这些参数。

若光纤的冲激响应为 $h(\tau)$，则冲激响应的均方根宽度为

$$\sigma_h^2 = \int_{-\infty}^{+\infty} (\tau - \overline{\tau})^2 h(\tau) \, \mathrm{d}\tau \qquad (4-6)$$

其中,$\overline{\tau}$ 为脉冲的平均到达时间

$$\overline{\tau} = \int_{-\infty}^{+\infty} \tau h(\tau) \, \mathrm{d}\tau \qquad (4-7)$$

假定冲激响应已归一化,则有

$$\int_{-\infty}^{+\infty} h(\tau) \, \mathrm{d}\tau = 1 \qquad (4-8)$$

考虑到实际情况,输入脉冲是有一定宽度的。设输入脉冲为 $P_i(t)$,输出脉冲为 $P_0(t)$,并已用式(4-8)的类似方式归一化。这时输出脉冲的均方根宽度为

$$\sigma_0^2 = \int_{-\infty}^{\infty} (t - \tau)^2 P_0(t) \, \mathrm{d}t =$$
$$\int_{-\infty}^{\infty} t^2 P_0(t) \, \mathrm{d}t - \left[\int_{-\infty}^{+\infty} t P_0(t) \, \mathrm{d}t\right]^2 \qquad (4-9)$$

将式(4-4)代入式(4-9)可得

$$\sigma_0^2 = \iint_{-\infty}^{\infty} t^2 P_i(t-\tau) h(\tau) \, \mathrm{d}\tau \mathrm{d}t -$$
$$\left[\iint_{-\infty}^{\infty} t P_i(t-\tau) h(\tau) \, \mathrm{d}\tau \mathrm{d}t\right]^2 \qquad (4-10)$$

作变量代换

$$\tau = x, \qquad t - \tau = y \qquad (4-11)$$

则

$$t = x + y, \qquad t^2 = x^2 + y^2 + 2xy \qquad (4-12)$$

将式(4-10)中的积分变量变换为 x 和 y,并将式(4-12)代入,利用式(4-8),将某些因子化为 1。再把输出脉冲的均方根宽度定义式(4-9)应用于 $P_i(t)$ 和 h(t),可得到

$$\sigma_h^2 = \sigma_0^2 - \sigma_i^2 \qquad (4-13)$$

上式非常重要,在输入脉冲不是很窄时,可根据上式算出光纤冲激响应函数的均方根宽度。

由式(4-5)可见,冲激响应函数 h(t) 的傅里叶变换可写成

$$H(w) = \frac{P_0(w)}{P_i(w)} \qquad (4-14)$$

因此,说明输出脉冲是输入脉冲的冲激响应的卷积,也可说冲激响应是输出脉冲和输入脉冲的反卷积。

模间色散的测量装置框图与模内色散测量装置框图 4-1 相同,只是光源部分不要求连续可调。

当多模光纤有模间耦合效应时,光通过任意长度的光纤传输后,光脉冲的展宽不能由给定长度的光纤测得的脉冲展宽数据通过线性外推而得到。此外,为了准确测量,要求激励脉冲宽度和检测器的冲激响应宽度均应小于预期的被测光纤的冲激响应宽度。对于低色散光纤,脉冲宽度实际上小于 100 ps。为了降低对取样示波器的要求以及通过对给定

长度光纤的测量得到任意长度光纤的脉冲展宽数据,人们对传统的时域测量方法进行了某些改进,提出了往复脉冲测量法和循环脉冲测量法。

往复脉冲测量法是以光纤的两个端面往返反射为基础的。待测光纤的两端装有半透明的反射装置。让光脉冲在两个反射装置之间来回反射,这样待测光纤的有效长度可以增加若干倍。往复脉冲法的实验装置及反射装置如图4-6。其中反射装置用了一块金属块,其端面经过精加工,并与金属块中的孔成直角,而涂电介质的反射镜贴在此金属块端面上,金属块的孔内放入一个针管,针管可在孔内滑动。把针管中的光纤向前推,直到它与反射镜接触为止。匹配液可以防止由于光纤端面可能存在的缺陷而产生的不希望有的散射光。反射镜的正面是涂在平

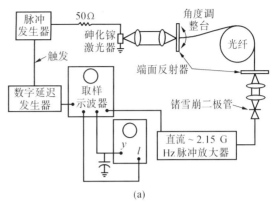

(a)

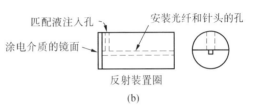

(b)

图4-6　(a)使用砷化镓激光器($\lambda = 0.908~\mu m$)做往复脉冲法的实验装置;(b)终端反射器简图

直的石英玻璃衬底上的多层电介质涂层。其背面是防反射涂层,目的在于把光耦合到光纤中去和从光纤中把光引出过程中光脉冲通过反射镜时防止背面反射。

一定要根据被观测脉冲的往返次数来选择反射镜的功率透射系数 T 及其反射率 $R = 1 - T$ 的最佳值。输入功率 P_i 必然通过透射系数为 T_1 的第一面反射镜,然后通过长度为 L 的光纤,在光纤中它产生的损耗是 $\exp(-2\alpha L)$。小部分光脉冲通过透射系数为 T_2 的末端反射镜,而大部分光线都被反射回光纤中,在光纤中光脉冲不停地来回运动,在往返几次后输出的光脉冲的功率 P_n 由下式给出

$$P_n = P_i T_1 T_2 \exp(-2\alpha L)[(1 - T_1)(1 - T_2)\exp(-4\alpha' L)]^n \qquad (4-15)$$

式中,L 为光纤实际长度;α 为光纤的损耗系数。输出脉冲的功率 P_n 所达到的最大值与 $T_1 T_2$ 有关。使导数 $\mathrm{d}P_n/\mathrm{d}T_1$ 等于零,可以求得这个最大值,其结果是

$$T_1 = T_2 = 1/(n + 1) \qquad (4-16)$$

因此,反射镜的最佳反射率取决于我们需要观测的往返次数。与式(4-15)相应的输出脉冲功率的最大值是

$$P_n = P_i \cdot \frac{\exp(-2\alpha' L)}{(n + 1)^2} \cdot \left[\frac{n}{n + 1} \cdot \exp(-2\alpha' L)\right]^{2n} \qquad (4-17)$$

利用反射镜能够观测到的往返总次数取决于光纤的损耗和测量装置的动态范围 D。往复脉冲装置的动态范围 D 定义为输入光功率 P_i 与刚好能够检测到的输出功率 P_n 的比值,即

$$D = 10\lg(P_i/P_n) = 4.34 \cdot \left\{2\alpha' L(2n + 1) + 2\ln\left[(n + 1)\left(\frac{n + 1}{n}\right)^n\right]\right\}$$

$$(4-18)$$

其单位是 dB。已知 α 和 L,可求得往返次数 n。

光脉冲经过的等效长度与往返次数 n 有关

$$L_e = (2n - 1)L \tag{4-19}$$

图 4 - 7(a)是长度 $L = 106$ m 的光纤中的 5 个连续的脉冲。图 4 - 7(b)分别对应于单程通

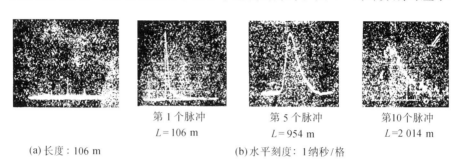

| 第 1 个脉冲 | 第 5 个脉冲 | 第 10 个脉冲 |
| $L = 106$ m | $L = 954$ m | $L = 2\,014$ m |

(a)长度:106 m   (b)水平刻度:1 纳秒/格

图 4 - 7   用往复脉冲法测试光纤的结果

过光纤 1 次,往复 5 次和往复 10 次的输出波形,即表示了光脉冲分别传输 106 米、954 米、2 014 米之后的波形,因此,通过实验可测得脉冲传播不同距离后的脉冲展宽现象。由式(4 - 13)可计算脉冲响应的均方根宽度。也可取输出脉冲和输入脉冲的反卷积,得到光纤冲激响应的形状、它的傅里叶频谱和带宽。

在往复脉冲中,由于反射镜上的反射引起光泄漏,损耗会增加。为克服这一弱点,有人又提出了循环脉冲测量法。

循环脉冲法主要是利用脉冲式布喇格声光偏转器来注入和引出光脉冲。图 4 - 8 是

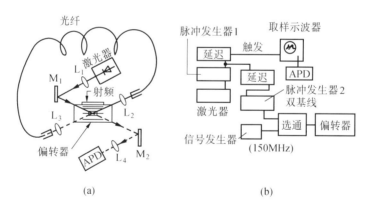

(a)   (b)

图 4 - 8   循环脉冲测量装置图

循环脉冲测量装置图。激光二极管输出的脉冲通过不存在声波的布喇格偏转器匣。当接通布喇格偏转器时,起着体衍射光栅作用的声波使光束偏转,并使它入射于光纤的输入端。待脉冲在光纤中传输时,偏转器就关停,因而脉冲能够通过偏转器,并重新开始它的循环。在脉冲通过光纤所需要的次数以后,布喇格偏转器再次接通,使光束偏转射到雪崩光电二极管上进行检测。

当光在光纤的两个端面之间传输时,不可避免地会发生某种程度的损耗。在把光注入光纤和由光纤中引出时,也会损失一些功率。光纤两个端面之间的距离应尽可能地小,

以避免由于光束的扩展而损失功率。

用于驱动偏转器的脉冲发生器输出两个脉冲:第一个脉冲用来把光注入光纤,而第二个脉冲用来取出光。由于偏转器晶体中的声速是光速的 $1/10^5$,因此必须考虑由此而产生的开关延迟。光纤必须具有足够的长度,以使声脉冲能够在第一次通过光纤后的光脉冲返回以前通过偏转器。使用的声音(载波)频率是 150 MHz。可以利用氦氖激光器输出的光对这个仪器进行调节。

循环脉冲法略好于往复脉冲法。当动态范围为 50 dB 时,循环脉冲装置能够检测到在光纤中往返了 12 次的光脉冲,而类似的往复脉冲装置则只能检测到往返了 9 次的光脉冲。

4.2.3 误差分析

根据测量色散的时域法中所使用的一些基本部件,分析其不确定度的主要因素有:

1. 光源的噪声。

2. 光电二极管的散粒噪声。

3. 接收机电路的热噪声。

4. 取样示波器的噪声。

当为了得到光纤的冲激响应或基带响应而需要进行信号处理时,还须增加以下两个因素:

5. A/D 转换器的量化误差。

6. 数字反卷积和 FFT 的计算误差。

上述因素都影响短期测量的重复性。所谓短期测量是指在打开光源的情况下连续进行几小时的测量。对在关闭和打开光源的几天时间内进行的长期测量,其重复性不仅受上述因素影响,还受激励条件的不确定性影响。如前所述,利用适当的扰模器,可以减小激励条件的不确定度。

光源的噪声是由光源灯丝随机发射特性产生的,这种特性是脉冲调制的高峰值功率激光二极管光源的特点。它直接影响光源输出功率的稳定性。因为取样示波器能处理多个脉冲,因此激励脉冲幅度和波形的漂移会导致显著的误差。

光源噪声引起测量不确定度的另一个重要原因是相对脉冲发生器的脉冲而言光脉冲的抖动。这种抖动是由产生光脉冲过程的随机特性引起的。如果取样示波器的触发信号是对图 4-1 所示的参考光脉冲检测得到的,那么可大大减小光脉冲抖动引起的不确定度。

散粒噪声和热噪声是由检测器和接收机电路产生的。为了得到检测系统可能的最大带宽,通常把光电二极管与负载电阻 R_L 直接连接,而不需要进行任何放大。当使用雪崩光电二极管时,通常考虑散粒噪声电流的均方值,即单位电阻消耗的噪声功率,其值为

$$\langle i_{sh}^2 \rangle = 2e\langle M \rangle F(\langle M \rangle)\langle i_s \rangle B_N \tag{4-20}$$

式中,e 是电子电荷;$\langle M \rangle$ 是平均雪崩增益;$\langle i_s \rangle$ 是有用信号电流的平均值;$F(\langle M \rangle)$ 是雪崩检测过程的过量噪声因子;B_N 是接收机电路噪声的等效带宽。对于雪崩光电二极管和 PIN 光电二极管,其电路的热噪声电流的均方值可简化为

$$\langle i_c^2 \rangle = \frac{4KT}{R_L} \cdot B_N \qquad (4-21)$$

式中，K 是玻尔兹曼常数；T 是绝对温度；B_N 由下式给出，即

$$B_N = \frac{1}{2\pi R_L C_t} \qquad (4-22)$$

式中，C_t 表示光电二极管的负载总电容，它包括光电二极管的 P–N 结电容和仪器探头的输入电容。

在未进行平均处理时，信噪比为

$$SNR = \frac{\langle i_s^2 \rangle}{\langle i_{os}^2 \rangle + \langle i_{sh}^2 \rangle + \langle i_c^2 \rangle} \qquad (4-23)$$

式中，$\langle i_{os}^2 \rangle$ 是光源的噪声，当取样示波器对 N 个脉冲进行平均处理时，平均后的信噪比为

$$SNR = \frac{\langle i_s^2 \rangle}{\langle i_{os}^2 \rangle + \frac{1}{N}[\langle i_{sh}^2 \rangle + \langle i_c^2 \rangle] + \langle i_0^2 \rangle} \qquad (4-24)$$

式中，$\langle i_0^2 \rangle$ 是取样示波器的噪声，例如，设 $R_L = 10\Omega$，$C_t = 3pF$，则 $B_N \approx 5GHz$，因此由式 (4–22) 在常温下 $\langle i_c^2 \rangle \approx 8 \times 10^{-14} A^2$，与此相应的等效入射光功率约为 $0.6~\mu W$。如果只考虑数值小的 $\langle i_s \rangle$，那么 $\langle i_{sh}^2 \rangle$ 通常可以忽略。$\langle i_0^2 \rangle]$ 与仪器的类型有关，但它与 $\langle i_c^2 \rangle$ 可能属于同一个数量级。为了把被测脉冲显示出来所需的时间与 N 成正比，适当调节示波器的水平扫描，可以改变这一时间。这相当于在仪器的输出端加上一个带宽为 B_N/N 的低通滤波器。

当增加 N 时，不可能使 $\langle i_{os}^2 \rangle$ 减小，因为光源噪声引起的光脉冲抖动不能通过信号幅度平均减小。但利用由阶跃恢复二极管调制激光二极管的光源，可以减小由于激励光脉冲抖动引起的色散时间不确定分量。图 4–9 是利用两个阶跃恢复二极管驱动激光二极管的电路原理图。

模拟信号数字化将产生量化误差。量化误差可表示成

$$\Delta V = \frac{V(t)}{2^{n+1}} \qquad (4-25)$$

式中，$V(n)$ 是模拟信号的取样值；ΔV 是量化间隔，即量化引起的最大误差；在选择 A/D 转换器的位数 n 时，应兼顾精度和存储容量的需要。

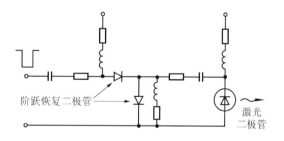

图 4–9　利用阶跃恢复二极管的激光器驱动器原理图

为了讨论计算误差，考虑以下述方程为基础的 FFT

$$R(kw_0) = \sum_{m=0}^{M-1} p(mT)\cos mkw_0 \quad (k = 1,2,\cdots) \qquad (4-26)$$

$$I(kw_0) = \sum_{m=0}^{M-1} p(mT)\sin mkw_0 \quad (k = 1,2,\cdots) \qquad (4-27)$$

式中，$R(kw_0)$ 和 $I(kw_0)$ 分别表示它的实数和虚数部分；$\omega_0 = 2\pi/MT$ 是调制信号的角频

率;T 是采样间隔;$p(t)$ 是待变换的脉冲信号;M 是在信号周期 T 中采得的样值数。用下标 i 和 o 分别表示输入和输出,则得到以幅度和相角表示的基带频率响应

$$\left| \overline{H}(kw_0, z) \right| = \sqrt{\frac{R_o^2(kw_0) + I_o^2(kw_0)}{R_i^2(kw_0) + I_i^2(kw_0)}} \tag{4-28}$$

$$\arg\left[\overline{H}(kw_0, z) \right] = tg^{-1}\left[\frac{I_o(kw_0)}{R_o(kw_0)} \right] - tg^{-1}\left[\frac{I_i(kw_0)}{R_i(kw_0)} \right] \tag{4-29}$$

模拟信号的噪声及其量化误差是数字信号 $P_i(mT)$ 和 $P_o(mT)$ 的主要误差,设其最大误差为 $\Delta P_i(mT)$ 和 $\Delta P_o(mT)$,则对式(4-28)和式(4-29)微分可分别求得幅频和相频响应的误差。误差 $\Delta P_i(mT)$ 和 $\Delta P_o(mT)$ 与取样时刻的信号瞬时值有关。如果引起不确定度的主要因素是光电二极管和电路的噪声,那么 $\Delta P_o(mT)/P_o(mT)$ 比 $\Delta P_i(mT)/P_i(mT)$ 大得多。因此,输出脉冲的测量误差是主要分量。然而,要对测量的总误差和灵敏度进行全面分析是相当复杂的。因此,通常采用实验方法估计结果的准确度,即对一组重复的测量结果进行统计分析。

4.2.4 利用锁定放大器改善信噪比

在测得的脉冲频谱上叠加的噪声功率密度是不均匀的。可以证明,在触发频率(即脉冲重复频率)整数倍的频率处,频谱的噪声功率密度具有最小值。这就提供了一种改善 SNR 的方法。这个方法是以图 4-10 所示的实验装置为基础的。频率为脉冲重复频率的 2 倍的触发频率导致对取样示波器输出端的信号进行幅度调制。新信号的频谱由频率为触发频率的整数倍的谐波组成。

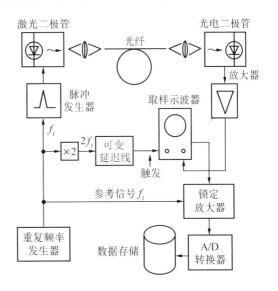

图 4-10 利用锁定放大器改善信噪比的时域测量装置

把取样示波器的输出加到锁定放大器的输入端可以重建脉冲波形,从而减小了噪声的影响。如果 T_c 是锁定放大器的时间常数,那么可以得到 $B_N = 1/\pi T_c$,并且在考虑这个噪声等效带宽时,必须以等于触发频率的整数倍的那些频率为基础。

与时间常数 T_c 的倒数相比,示波器的水平扫描速度必须足够小。T_c 的典型值约为 1 s,因而示波器重新产生脉冲所需时间至少为 30 s。反之,对脉冲重复频率则不存在限制。总之,此处所述方法可以大大减小 $\langle i_{sh}^2 \rangle$ 和 $\langle i_c^2 \rangle$,也可减小 $\langle i_0^2 \rangle$,因此引起不确定度的主要原因仍然是光源的噪声 $\langle i_{os}^2 \rangle$。

4.2.5 利用拾波法减小总误差

通常对光纤输入和输出的基带脉冲进行取样的频率要大于香农定理所要求的频率。

这样就有可能把拾波法(也称为抽选法)用于这些数据,并有可能计算出不同的脉冲波形或由同一个脉冲列计算出不同的傅里叶变换。例如,如果所要测试的调制频率的上限是5 GH$_z$,香农定理要求所选的取样时间至少应为 100 ps。而取样示波器则是每隔 10 ps 或更短的时间对每个脉冲列的波形取一次样。因此,有可能进行 10 次或更多次的计算,这些计算可被看作是彼此独立的。把这个方法应用于输入和输出脉冲,易于得到光纤的100 个冲激响应或基带响应。

如果能够把影响测量的所有误差看作随机变量,就得到 100 个适合于统计处理的独立结果。测得的色散可以给出所有不确定度的一个估计。利用适当的平均方法,可以减小这个色散。由于很难对影响这种测量的不确定度的所有起因作出严格的分析,因此,这个方法似乎是能够深入了解整个测量的可靠性的惟一方法。

考虑用这种方式算得的光纤的基带响应,并比较所得到的与每个调制频率相应的幅度和幅角,就能够确定不确定度与调制频率 f 的关系。不确定度随 f 的增加而增加。

基带响应幅角的不确定度特别大,但可以利用希尔伯特变换,改由受到不确定度影响较小的幅度数据来得到它。但是,要注意到数值希尔伯特变换会使总精度变坏,引入计算误差。

近似地确定某一卷积或变换中计算误差的实际方法是:进行卷积和反卷积或变换和逆变换的运算,然后比较最初和最终的数据。此外,通过比较不同的逆变换(在频率上限f_M 处,就可以得到其中的每个逆变换),有可能选择针对数值傅里叶变换考虑的调制频率范围的最佳上限 f_{M0}。当 $f_M < f_{M0}$ 时,由于不存在较高的频谱分量,脉冲的波形非常平滑。当 $f_M > f_{M0}$ 时,由于存在着对较高的频谱分量有影响的噪声,脉冲波形出现很深的锯齿形。

§4.3　频域法

频域法是用正弦波调制光波来测量光纤色散的方法。

4.3.1　模内色散测量

模内色散测量常采用相移法。相移法是通过测量不同波长下同一正弦调制信号的相移得出群延时与波长的关系,进而算出色散系数的一种方法。由于它要求的测试设备较简单,且正弦信号可采用窄带滤波放大,有利于提高信噪比,测量准确度高,因此已被广泛应用。相移法可采用一组发光二极管作光源,也可采用一组激光器作光源。前者设备简单、便宜,但动态范围较小;后者设备价格昂贵,但动态范围大。此外,这种方法还可利用光参量振荡器作为可变光源,但其设备较复杂。

相移法的原理是通过比较光纤基带调制信号在不同波长下的相位来确定色散特性。假设光源的调制频率为 f(它应小于光纤的基带带宽),经长度为 L 的光纤后,波长为 λ 的光相对于波长为 λ_0 的光传播延时差为 Δt,那么从光纤出射端接收到的两种光的调制波形相位差 $\Delta\phi(\lambda)$ 满足下式

$$\Delta\phi(\lambda) = 2\pi f\Delta t \qquad (4-30)$$

即

$$\Delta t = \Delta\phi(\lambda)/2\pi f \tag{4-31}$$

每公里的平均延时差 $\tau = \Delta t/L$ 可由下式给出

$$\tau = \frac{\Delta\phi(\lambda)}{2\pi f} \cdot t(\mathrm{ps/km}) \tag{4-32}$$

显然,对相同的 $\Delta\phi(\lambda)$ 提高 f 可降低 τ 的最小可测值,有利于提高测量准确度。但 f 的提高要受发光二极管最高调制速率的限制,故通常可取 $f \leqslant 100\ \mathrm{MH_z}$。

只要测出不同波长 λ_i 下的 $\Delta\phi_i(\lambda_i)$,计算出 $\tau_i(\lambda_i)$,再利用下式

$$\tau = A + B\lambda^{-4} + C\lambda^{-2} + D\lambda^2 + E\lambda^4 \tag{4-33}$$

拟合这些数据点得出 $\tau(\lambda)$ 曲线。其中 A、B、C、D、E 为待定常数,由拟合计算确定。由 $\sigma(\lambda) = \dfrac{\mathrm{d}\tau}{\mathrm{d}\lambda}$ 可导出色散系数曲线 $\sigma(\lambda)$

$$\sigma(\lambda) = -4B\lambda^{-5} - 2C\lambda^{-3} + 2D\lambda + 4E\lambda^3 [\mathrm{ps/(km \cdot nm)}] \tag{4-34}$$

其中波长单位是 nm,时间单位是 ps。

具体测量系统因采用不同类型的光源而稍有差别,可分为发光二极管(LED)型和激光器(LD)型。

1. 发光二极管型

图 4-11 是采用一组发光二极管作光源的测量系统。LED 的数目和波长范围根据需

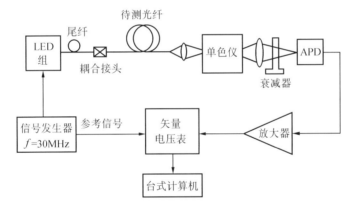

图 4-11 采用发光二极管相移法测试装置图

要选取。通常感兴趣的波长范围是 $1.2 \sim 1.6\ \mu m$,这里选用了两个 In Ga As P/In P 发光二极管,其峰值波长分别为 $1.33\ \mu m$ 和 $1.47\ \mu m$,谱线半宽 $\Delta\lambda$ 均为 $0.1\ \mu m$ 左右。这样,只用两个发光二极管就可覆盖 $1.27 \sim 1.37\ \mu m$,$1.4 \sim 1.57\ \mu m$ 的波长范围,满足了 $1.3\ \mu m$ 和 $1.55\ \mu m$ 两个最感兴趣的波长范围。调制频率为 30 MHz。如果采用侧面发光二极管,正弦调制信号频率 f 可达 $90 \sim 100$ MHz,则更有利于提高分辨率。温度变化可能引起发光二极管调制信号的相位变化,因此,要将发光二极管放在恒温槽中。

为了降低单色仪光栅散光引起的耦合损耗,可采用短焦矩(74 mm)的单色仪。单色仪的出光缝不必得太窄,约 6 nm 的分辨率即可。这样既照顾到波长分辨力,又能保证接收到较大的光功率,提高测试的可靠性。单色仪也可用一系列 $\Delta\lambda \leqslant 10$ nm 的不同中心波长的干涉滤光片代替,同样可得到一系列的波长。

探测器(APD)的波长响应要同光源相匹配,这里选用 Ge-APD。为了防止不同光功率在探测器中引起的相移,利用可变衰减器使各波长下探测器接收到的光功率大致相等。如果采用 PIN-FET 组件作探测器,则更有利于提高系统的动态范围和准确度。

矢量电压表的分辨率一般为 ±0.1°,由它测出不同波长下正弦信号的相对相位差。由式(4-31)可知,当调制频率 f 为 30 MHz 时,该系统的分辨率约为 9 ps;当 f 为 100 MHz 时,约为 3 ps。具体测量过程如下。

发光二极管由频率 $f=30$ MHz 的正弦信号进行调制。宽光谱的调制光直接经尾纤耦合进待测单模光纤(也可经透镜耦合)。出射光由单色仪分出 $\Delta\lambda \approx 6$ nm,中心波长为 λ_i 的单色光再经透镜会聚到探测器的光敏面。探测器将接收到的光信号转换为电信号,经放大器放大后送到矢量电压表。参考信号取自信号发生器,矢量电压表测得的 $\phi_i(\lambda_i)$ 数据送入计算机。利用式(4-33)拟合这些数据得出 $\tau(\lambda)$ 曲线。由式(4-34)可得到 $\sigma(\lambda)$ 曲线。通过色散系数 $\sigma(\lambda)$ 曲线可确定零色散波长。

图 4-12 是 1 360 m 长的单模光纤所测得的相对延时与波长关系的拟合曲线。图 4-13 是相应的色散系数与波长的关系曲线。从图中可看到,零色散波长 $\lambda_0 = 1.31$ μm,$d\lambda = 1.25 \sim 1.35$ μm 范围内色散系数 $< \pm 5$ ps/(km·nm)。

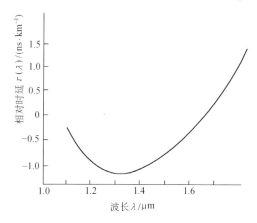

图 4-12　相对时延与波长的关系

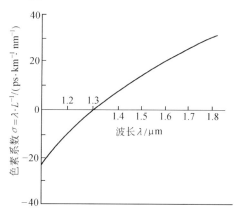

图 4-13　相应于图 4-12 的色散系数曲线

2. 激光器型

激光器型装置的特点是用一组半导体激光器作为光源。激光器的谱宽 $\Delta\lambda$ 很小,一般小于 6 nm。因此,不需要单色仪选取波长。其测量原理和数据处理方法完全与发光二极管型相同。

图 4-14 为激光器型相移法测试系统。图中光发送机由驱动信号源(信号发生器)和 4 个激光器组成。激光器中心波长分布于 $1.2 \sim 1.33$ μm。用 3 个光开关进行组合,可根据需要由控制单元发出指令,选取任一激光器作光源。

该系统的另一特点是信号源频率可变,在色散极小的波段可提高频率,使分辨率增加,从而保证在零色散波长处也能达到极高的延时测量准确度。同时在检测端采用了变

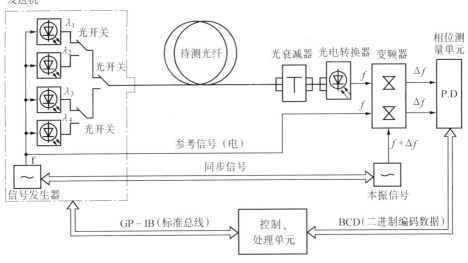

图 4 – 14　激光器型相移法测量系统图

频器,将不同的信号频率变成同一较低的信号频率送到相位测量单元(如矢量电压表、网络分析仪等),可避免不同频率带来的影响,更有利于准确测量相位差。

具体测量步骤及数据处理方法如下。

首先测得 4 个波长 $(\lambda_1, \lambda_2, \lambda_3, \lambda_4)$ 相对于电参考信号的相位差 $\phi(\lambda_i)$,然后按下式计算出相对相位差

$$\Delta\phi_{ij} = \phi(\lambda_i) - \phi(\lambda_j) \qquad j = i + 1 \qquad (4-35)$$

代入式(4 – 32)有

$$\Delta\tau_{ij} = \frac{\Delta\phi_{ij}}{2\pi f} \cdot \frac{1}{L} \qquad (4-36)$$

若 $\lambda = \lambda_4$ 时,测得的延时为 $\tau_4 = \phi(\lambda_4)/(2\pi f \cdot L)$,则对应于 λ_3、λ_2、λ_1 的延时 τ 为

$$\tau_3 = \tau_4 + \Delta\tau_{34}$$
$$\tau_2 = \tau_3 + \Delta\tau_{23} \qquad (4-37)$$
$$\tau_1 = \tau_2 + \Delta\tau_{12}$$

其示意图如图 4 – 15。

用式(4 – 33)来拟合 τ_i 数据点,然后再由式(4 – 34)得到 $\sigma(\lambda)$ 曲线。

计算机控制整个系统并进行数据处理。此系统动态范围可达 25 dB,测量延时准确度为 ±0.5 ps。

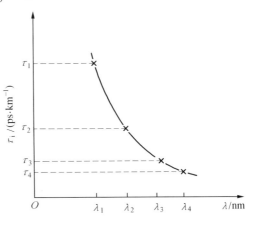

图 4 – 15　时延 τ_i 的计算

4.3.2 模间色散测量

频域法测模间色散能直接给出光纤的基带频率响应,且基带响应通常只用幅频响应表示。通过连续改变调制信号的频率并测定光纤输入和输出的基带信号,可以得到光纤的基带响应。对光电探测器输出的电信号进行测量时,通常使用频谱分析仪或矢量电压表。频谱分析仪可测量光纤基带响应的幅频特性$|H(\omega)|$。矢量电压表可同时测量光纤基带响应的幅频和相频特性。

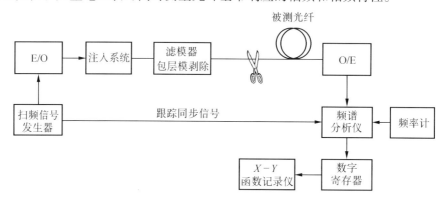

图 4-16　切断法光纤带宽扫频测试系统

采用频谱分析仪的测试系统如图 4-16 所示。该测试系统的基本原理是,利用频谱分析仪分别测量光纤输入和输出光波包络信号的频域函数 $P_i(\omega)$ 和 $P_o(\omega)$,然后求得基带响应的幅频函数 $|H(\omega)|=P_o(\omega)/P_i(\omega)$,并确定被测光纤的带宽 B。根据带宽 B 与基带响应脉冲的均方根宽度 σ_h 的关系,即可得到由光纤色散引起的脉冲展宽量。

测量的具体步骤是:第一,用一段短光纤连接 E/O 与 O/E 转换器,以便调节发射功率使接收设备工作在线性范围内。第二,接入被测光纤并进行同步扫频测量。扫频范围应超过被测光纤的带宽。频谱仪测量的结果以分贝数存储在寄存器中。第三,保持注入条件不变,在距注入端约 2 m 处截断光纤,并对此短光纤进行同样的扫频测量。频谱分析的结果送入寄存

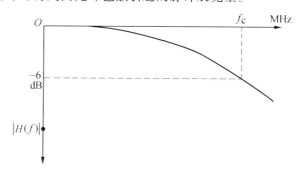

图 4-17　基带频响幅频曲线

器,并与第二步的长光纤扫频测量结果相减。其差值由寄存器输出,并由 $X-Y$ 函数记录仪绘出基带频响的幅频曲线,如图 4-17 所示。幅频曲线的 -6 dB(电带宽)点对应的频率为测得的光纤带宽 BF 值。频率计用来校准扫频频率,并对记录仪扫频曲线的 X 轴进行定标。

测量光纤带宽的切断法是一种破坏性的测量方法。由于它的测量结果精确可靠,故 CCITT 建议将它作为一种基准测试方法。实际上,常常使用非破坏性的插入法,在频域测

量光纤的基带频响,如图 4 – 18 所示。

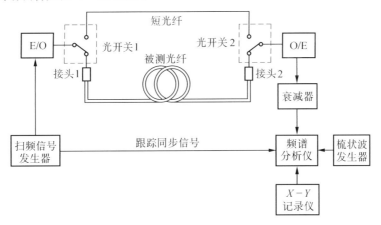

图 4 – 18　插入法光纤带宽扫频测试系统

优质的光开关切换插入被测光纤与短光纤(约 2m)。高精度的标准衰减器用来校准扫频曲线的相对衰减变化量,并对记录曲线的 Y 轴定标。梳状波发生器输出的梳状频标信号用来校准扫频频率,并对记录曲线的 X 轴定标。实测的记录曲线如图 4 – 19 所示。

使用这种方法测光纤带宽时,必须保证短光纤的结构参数与被测光纤一致,而且必须保证良好的接头质量,才能使测量结果可靠。

基带频响为 $H(\omega) = |H(\omega)|e^{j\phi(\omega)}$,而上述采用频谱分析仪的测量方法只能测出 $|H(\omega)|$,通常可利用希尔伯特变换,由 $|H(\omega)|$ 计算出相位响应 $\phi(\omega)$。但要注意只有可以把光纤看作是最小相位的线性二端网络时,这个方法才是正确的。

图 4 – 20 是使用矢量电压表的测量装置框图。该装置的基本原理是,利用矢量电压表分别测量光纤输入和输出光波的正弦包络的幅度和相位,改变正弦调制频率,则可得光纤的基带频响。

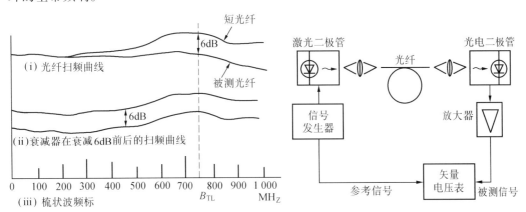

图 4 – 19　插入法实测扫频曲线　　　图 4 – 20　利用矢量电压表的频域测量装置

4.3.3　误差分析

首先讨论与测量幅度响应有关的不确定度。引起这种不确定度的主要原因是:

1．光电二极管的散粒噪声。

2．接收机的热噪声。

3．测量设备的噪声。

对于散粒噪声$\langle i_{sh}^2 \rangle$和热噪声$\langle i_c^2 \rangle$来说，可以重复对时域测量的结果进行考虑。因此，在矢量电压衰减频谱分析仪前的信噪比 SNR 为

$$SNR = \frac{\langle i_s^2 \rangle}{\langle i_{sh}^2 \rangle + \langle i_c^2 \rangle} \qquad (4-38)$$

式中$\langle i_s^2 \rangle$表示有用信号。

由于前置放大器具有低阻抗的前端输入，因此为了获得足够大的带宽，可以认为$\langle i_c^2 \rangle$与接收机的噪声等效带宽 B_N 成正比。由于矢量电压表和频谱分析仪都具有可调谐的接收电路，因此有效噪声等效带宽 B'_N 通常比 B_N 小得多。于是，当同时考虑到测量仪器时，信噪比可以写做

$$SNR' = \frac{\langle i_s^2 \rangle}{(\langle i_{sh}^2 \rangle + \langle i_c^2 \rangle) B'_N / B_N + \langle i_0^2 \rangle} \qquad (4-39)$$

式中，$\langle i_0^2 \rangle$是仪器的噪声电流。

对于频谱分析仪来说，B'_N 的典型最小值为 10 Hz;而对于矢量电压表来说，B'_N 为 1 kH$_z$。如果接收机是以放大电路为基础的，那么可以忽略$\langle i_0^2 \rangle$，因此可以写出

$$SNR' \approx \frac{B_N}{B'_N} \cdot SNR \qquad (4-40)$$

在这种情况下，显然还是使用频谱分析仪较好。反之，如果接收机不带有放大电路，即光电二极管的输出是直接接到仪器上的，那么$\langle i_0^2 \rangle$可能起重要的作用。

确定了 SNR′，就可以给出测量的最大动态范围。以 P_t 表示在光纤输入端注入光纤的光功率，P_r 表示在光纤输出端检测到的光功率，则光电二极管产生的电流可以写做

$$I = RP_r = R \cdot \frac{P_t}{A} \qquad (4-41)$$

式中，A 为光纤的功率损耗，R 是光电二极管的响应度。在负载电阻 R_L 上电流 I 产生的电功率是

$$P_e = R_L I^2 = R_L R^2 \frac{P_t^2}{A^2} \qquad (4-42)$$

因此，如果给调制频率变化时幅度响应的减小规定一个约 20 dB 界限，那么有

$$A = \frac{\sqrt{R_L}}{10^2 \sqrt{P_{em}}} \cdot R \cdot P_t \qquad (4-43)$$

式中，P_{em}为信号的最小可测电平。这里举一个计算 A 的例子:未使用放大器时，$\langle i_0^2 \rangle$是限制最大动态范围的主要原因。当 $R_L = 50\Omega$ 时，通常矢量电压表的 $P_{em} = 10^{-13} W$，而频谱分析仪能够达到的最小电平可小到 $P_{em} = 10^{-16} W$。为了简单起见，考虑 PIN 光电二极管，假定 $R = 0.5 A/W$，激励功率 $P_t = 1$ mW。因此，对于矢量电压表，$L_A = 10 \lg A \approx 20$ dB，而对于频谱分析仪，$L_A = 35$ dB。

因此，至少对于低损耗光纤来说，能够检测的光纤长度似乎为 5 ~ 10 km。虽然如此，

长距离范围内的准确度是差的,特别是当为避免发射机和接收机的有限带宽的影响而需要应用两点测量法时效果更差。对于实际情况而言,大于几公里距离的检测是可能的。

现在来讨论频域测量的总误差。

当所有的调制频率都远低于发射机–接收机系统的 3 dB 带宽时,可以认为频域测量实际上是不受系统误差影响的。在这种情况下,只需进行一次测量。当存在着超过发射机–接收机系统的 3 dB 带宽的调制频率时,必须在存在和不存在光纤的情况下进行两次测量。此外,为了避免具体的激励条件的影响,在离光源几米处把光纤剪断的两点法往往是可取的。对于时域测量来说,当激励脉冲的宽度不比光纤冲激响应的宽度小很多时,存在着类似的情况。

尤其是当光源存在着明显的空间相对发射延迟时,会导致显著的系统误差。这也会影响时域测量。但在频域测量中,可以更直接地确定由此引起的不确定度。假定 $\Delta t_0(f, f')$ 是在两个被测频率 f 和 f' 处发射的总时间宽度之间的差,对于发光二极管光源,通常有 $\Delta t_0 = 100$ ps。而对于激光器光源,$\Delta t_0 = 10$ ps。因此,仅当 f 相当大时,相位的最大不确定度 $2\pi f \Delta t_0$ 以及随之产生的幅度不确定度才会大到不可忽略的程度(特别是当使用激光二极管时)。在这样的调制频率时,由于发射机–接收机系统的有限带宽引起的不确定度通常是主要的。最后,往往需要进行两次测量,但只有需要时才把光纤剪断。

如果以 $\overline{H}_{\mathrm{f}}(\omega, z)$ 表示光纤的基带响应,以 $\overline{H}_{\mathrm{c}}(\omega, z)$ 表示发射机–接收机系统的基带响应,则第一次测得的整个基带响应是

$$\overline{H}_{\mathrm{m}}(\omega, z) = \overline{H}_{\mathrm{c}}(\omega, z) \cdot \overline{H}_{\mathrm{f}}(\omega, z) \tag{4 – 44}$$

在撤去或剪断光纤后,可得到 $\overline{H}_{\mathrm{m}}(\omega, z)$,因而可以利用上述关系确定 $\overline{H}_{\mathrm{f}}(\omega, z)$

$$|\overline{H}_{\mathrm{f}}(\omega, z)| = \frac{|\overline{H}_{\mathrm{m}}(\omega, z)|}{|\overline{H}_{\mathrm{c}}(\omega, z)|} \tag{4 – 45}$$

$$\arg[\overline{H}_{\mathrm{f}}(\omega, z)] = \arg[\overline{H}_{\mathrm{m}}(\omega, z)] - \arg[\overline{H}_{\mathrm{c}}(\omega, z)] \tag{4 – 46}$$

现在,像时域测量一样,可以利用以下两种方法得到 $\overline{H}_{\mathrm{m}}(\omega, z)$ 和 $\overline{H}_{\mathrm{c}}(\omega, z)$

1. 利用位于光纤输入端前方的光束分裂器得到参考信号,然后采用性能相同的两个光探测器,同时进行两次测量。

2. 在对整个光纤段进行第一次测量后,剪下一小段光纤,在不改变激励条件的情况下重复进行测量。

第一种方法能避免激励功率电平可能发生的漂移。第二种方法可以确保测量 $\overline{H}_{\mathrm{c}}(\omega, z)$ 时存在的光功率的频谱分量和空间分量与测量 $\overline{H}_{\mathrm{c}}(\omega, z)$ 时光功率的频谱分量和空间分量相同。由于对光源进行正弦调制,激励功率电平通常不存在明显的漂移,因此,甚至是第二种方法也能得到重复性很好的结果。根据以上的考虑,频域法似乎比时域法更可靠。

最后,通过对式(4 – 45)进行微分,可以得到影响幅度响应测量的总的最大不确定度,即

$$\frac{\Delta \mid \overline{H}_f(\omega,z) \mid}{\mid \overline{H}_f(\omega,z) \mid} = \frac{\Delta \mid \overline{H}_m(\omega,z) \mid}{\mid \overline{H}_m(\omega,z) \mid} + \frac{\Delta \mid \overline{H}_c(\omega,z) \mid}{\mid \overline{H}_c(\omega,z) \mid} \qquad (4-47)$$

影响相位响应测量(利用直接测量的方法之一)的总的最大不确定度可能是相当大的,因为它是利用差值确定的。确切地说,对式(4-46)进行微分,就得到

$$\frac{\Delta \arg[\overline{H}_f(\omega,z)]}{\arg[\overline{H}_f(\omega,z)]} = \frac{\arg[\overline{H}_m(\omega,z)]}{\arg[\overline{H}_m(\omega,z)] - \arg[\overline{H}_c(\omega,z)]} \cdot \frac{\Delta \arg[\overline{H}_m(\omega,z)]}{\arg[\overline{H}_m(\omega,z)]}$$
$$+ \frac{\arg[\overline{H}_c(\omega,z)]}{\arg[\overline{H}_m(\omega,z)] - \arg[\overline{H}_c(\omega,z)]} \cdot \frac{\Delta \arg[\overline{H}_c(\omega,z)]}{\arg[\overline{H}_c(\omega,z)]} \qquad (4-48)$$

§4.4 时域法和频域法的比较

时域法测光纤色散是观察经脉冲调制的光信号通过光纤后的时间延迟或脉冲展宽。频域法是使用不同频率的正弦波调制光信号,测得光纤的基带响应。

时域法要求产生和探测极窄的脉冲,而频域法需要一个从低频到高频(GHz)的可调信号源,用以驱动激光器或发光管,并要有相应的探测装置。在实验中究竟采用哪种方法,往往取决于个人的经验及已有的设备。

在测量准确度方面,频域法优于时域法。在实际测量中,由于输入脉冲本身或光输出探测器等原因,检测到的脉冲不可能很窄。因此,如用频域法来测量,只要根据 $H(\omega) = P_0(\omega)/P_i(\omega)$,测量在光纤输入端和输出端的频率响应,并求它们的商,就可以得到光纤的基带响应的幅值。而用时域法测量时,要涉及输入脉冲和输出脉冲的反卷积,计算比较复杂,准确度较差。另外,如果由时域法测量提供光纤的基带响应,还需附加一台计算机。

第五章 光纤传感器基本原理

§5.1 引言

光纤传感技术是伴随着光通信技术的发展而逐步形成的。在光通信系统中,光纤被用作远距离传输光波信号的媒质。显然,在这类应用中,光纤传输的光信号受外界干扰越小越好。但是,在实际的光传输过程中,光纤易受外界环境因素影响,如温度、压力、电磁场等外界条件的变化将引起光纤光波参数如光强、相位、频率、偏振、波长等的变化。因此,人们发现如果能测出光波参数的变化,就可以知道导致光波参数变化的各种物理量的大小,于是产生了光纤传感技术。

光纤传感器与传统的各类传感器相比有一系列独特的优点,如灵敏度高,抗电磁干扰、耐腐蚀、电绝缘性好,防爆,光路有可挠曲性,便于与计算机联接,结构简单,体积小,重量轻,耗电少等。

光纤传感器按传感原理可分为功能型和非功能型。功能型光纤传感器是利用光纤本身的特性把光纤作为敏感元件,所以也称传感型光纤传感器,或全光纤传感器。非功能型光纤传感器是利用其它敏感元件感受被测量的变化,光纤仅作为传输介质,传输来自远外或难以接近场所的光信号,所以也称为传光型传感器,或混合型传感器。

光纤传感器按被调制的光波参数不同又可分为强度调制光纤传感器、相位调制光纤传感器、频率调制光纤传感器、偏振调制光纤传感器和波长(颜色)调制光纤传感器。

在光纤中传输的光波可用如下形式的方程描述

$$E = E_0\cos(\omega t + \phi) \tag{5-1}$$

式中,E_0 为光波的振幅;ω 为频率;ϕ 为初相角。式(5-1)包含五个参数,即强度 E_0^2、频率 ω、波长 $\lambda_0 = 2\pi c/\omega$、相位$(\omega t + \phi)$和偏振态,被测量在敏感头内与光发生相互作用,如果作用的结果是改变了光的强度,就叫强度调制光纤传感器,其它依次类推。因此,就得到了五种调制类型的光纤传感器。

光纤传感器按被测对象的不同,又可分为光纤温度传感器、光纤位移传感器、光纤浓度传感器、光纤电流传感器、光纤流速传感器等。

光纤传感器可以探测的物理量很多,已实现的光纤传感器物理量测量达 70 余种。然而,无论是探测哪种物理量,其工作原理无非都是用被测量的变化调制传输光光波的某一参数,使其随之变化,然后对已调制的光信号进行检测,从而得到被测量。因此,光调制技术是光纤传感器的核心技术。本章主要介绍光纤传感器中常用的各种光调制技术,侧重于基本原理。对于这些技术的具体应用,将在以后各章讨论各类光纤传感器时作进一步的介绍。

§5.2 强度调制机理

强度调制光纤传感器的基本原理是待测物理量引起光纤中的传输光光强变化,通过检测光强的变化实现对待测量的测量,其原理如图 5-1 所示。一恒定光源发出的强度为

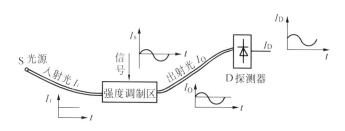

图 5-1 强度调制原理图

P_i 的光注入传感头,在传感头内,光在被测信号的作用下其强度发生变化,即受到了外场的调制,使得输出光强 P_o 的包络线与被测信号的形状一样,光电探测器测出的输出电流 I_o 也作同样的调制,信号处理电路再检测出调制信号,就得到了被测信号。强度调制的特点是简单、可靠、经济。强度调制方式很多,大致可分为以下几种:反射式强度调制、透射式强度调制、光模式强度调制以及折射率和吸收系数强度调制等等。一般透射式、反射式和折射率强度调制称为外调制式,光模式称为内调制式。

5.2.1 反射式强度调制

这是一种非功能型光纤传感器,光纤本身只起传光作用。这里光纤分为两部分,即输入光纤和输出光纤,亦可称为发送光纤和接收光纤。这种传感器的调制机理是输入光纤将光源的光射向被测物体表面,再从被测面反射到另一根输出光纤中,其光强的大小随被测表面与光纤间的距离而变化。如图 5-2 所示。图 5-2(a)中,在距光纤端面 d 的位置放有反光物体——平面反射镜,它垂直于输入和输出光纤轴移动,故在平面反射镜之后相距 d 处形成一个输入光纤的虚像。因此,确定调制器的响应等效于计算虚光纤与输出光纤之间

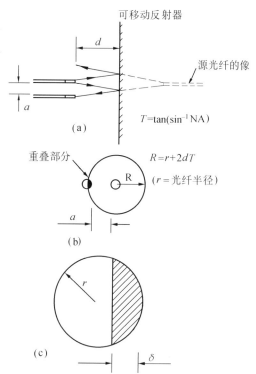

图 5-2　(a) 移动反射器式传感器中两根光纤间的光耦合图

　　　(b) 输入光纤的出射光与输出光纤纤芯的重叠部分确定了耦合光功率

　　　(c) 耦合过程的简化"直边"模型

的耦合。设输出光纤与输入光纤其间的间距为 a，且都具有阶跃型折射率分布，芯径为 $2r$，数值孔径为 NA。当 $d < a/2T$，即 $a > 2dT$（dT 为发射光锥的底面积半径，且 $T = \text{tg}(\sin^{-1}\text{NA})$）时，耦合进输出光纤的光功率为零；当 $d > (a + 2r)/2T$ 时，输出光纤与输入光纤的像发出的光锥底端相交，其相交的截面积恒为 πr^2，此光锥的底面积为 $\pi(2dT)^2$，故在此范围内间隙的传光系数为 $(r/2dT)^2$。在 $a/2T \leqslant d \leqslant (a + 2r)/2T$ 时，耦合到输出光纤的光通量由输入光纤的像发出的光锥底面与输出光纤相重叠部分的面积所决定，重叠部分如图 5-2(b) 所示。利用伽玛函数可精确地计算出重叠部分的面积，或利用线性近似法来进行计算，即光锥底面与出射光纤端面相交的边缘用直线来进行近似。如果 δ 是光锥边缘与输出光纤重叠的距离，如图 5-2(c) 所示，在这种近似的前提下，简单的几何分析即可给出输出光纤端面受光锥照射的表面所占的百分比为

$$\alpha = \frac{1}{\pi}\left\{\arccos\left(1 - \frac{\delta}{r}\right) - \left(1 - \frac{\delta}{r}\right)\sin\left[\arccos\left(1 - \frac{\delta}{r}\right)\right]\right\} \qquad (5-2)$$

式(5-2)是一个很有用的函数，其曲线示于图5-3。由图 5-2 的几何关系可计算出 δ/r 的值

$$\frac{\delta}{r} = \frac{2dT - a}{r} \qquad (5-3)$$

因此，被输出光纤接收的入射光功率百分数为

$$\frac{P_0}{P_i} = F = \alpha\left(\frac{\delta}{r}\right) \cdot \left(\frac{r}{2dT}\right)^2 \qquad (5-4)$$

式中，F 被称为耦合效率。

上述关系式可用于这种强度调制形式传感器的设计与分析信息。例如，图5-4表示一对阶跃型光纤的耦合效率 F 与反射位置 d 的关系曲线。已知光纤芯直径为 $2r = 200\ \mu m$，数据孔径 NA $= 0.5$，光纤间距 $a = 100\ \mu m$。若取函数的最大斜率处（图中 A 点，距离 d 为 200 μm）确定为该系统的灵敏度，则耦合功率随 d 变化速率近似为 $0.005\% / \mu m$。当 $d = 320\ \mu m$ 时，最大耦合系数 $F_{max} = 7.2\%$。假设采用 LED 做光源，探测器在 10 kHz 带宽范围内能获得的总功率为 10 μW，并设探测器的负载电阻为 10 kΩ，在主要考虑热噪声影响的情况下，分辨率可达到 10^{-7} 数量级，那么，可求出该传感器的固有分辨率，它将优于 1 nm。

上述分析是以一些简化为代价的。假设光纤具有阶跃型折射率分布，并设整个模谱都受到均匀激励，这个假设意味着在光纤射出的光锥内光功率密度分布是均匀的，

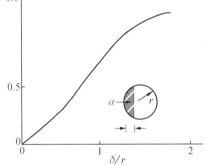

图 5-3 "直边"模型的理论曲线，反映被覆盖的纤芯部分的面积与边缘位置的函数关系

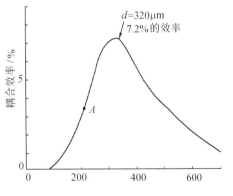

图 5-4 传感器的耦合效率与反射位置之间的关系计算曲线

实际上不同的折射率分布或非均匀模式激励都将改变上述计算结果。同时,还假设反射镜垂直于光纤轴移动,并具有 100% 的反射率,实际上,反射镜取向的较小倾斜尽管对灵敏度产生微小的影响,但将明显改变相应于最大灵敏度的距离 d,反射损耗使灵敏度相应地减小。

反射式强度调制,除图 5-2 所示的结构外,还有很多形式,如图 5-5 所示。

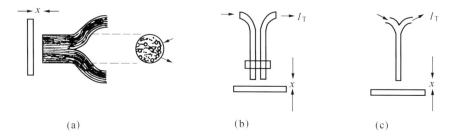

图 5-5 其它形式反射式强度调制原理图
(a) 传光束型;(b) 双光纤型;(c) 单光纤型

5.2.2 透射式强度调制

光强度调制除反射式之外,还可以采用图 5-6 所示的遮光式。发射光纤与接收光纤

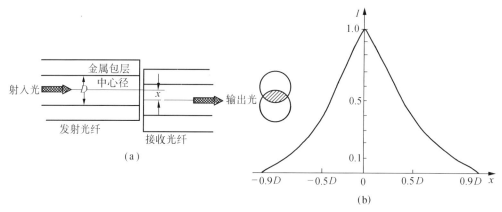

图 5-6 透射式光强调制原理

对准,光强调制信号加在移动的遮光板上,或直接移动接收光纤,使接收光纤只能收到发射光纤发出的部分光,从而实现光强调制。图 5-6(a) 所示为动光纤式光强调制模型,用来测量位移、压力、温度等物理量。这些物理量的变化使接收光纤的轴线相对于发射光纤错开一段距离 x。光强按图 5-6(b) 所示的曲线减弱。图中 D 是纤芯直径。由图中曲线可知光强度调制器的线性度和灵敏度都很好。

另外,用遮光屏截断光路的方法也可以实现透射式光强调制,图 5-7(a) 就是这种透射式传感器的示意图。采用双透镜系统使入射光纤在出射光纤上聚焦成像,遮光屏在垂直于两透镜之间的光传播方向上下移动。这种传感器光耦合计算方法与反射式传感器是一样的。在上述的简化分析限定范围内,比值 δ/r 与可移动遮光屏及两透镜间半径为 r 的光柱相交叠面积的百分比 α,如式(5-2)的关系曲线,也可以用图 5-3 的曲线表示。用这种结构形式制作的传感器灵敏度可达到 δ/r 变化范围的 1%。

不同透镜的两光纤直接耦合系统，见图 5-7(b)。这种结构虽然简单，但也能很好地工作。只是接收光纤端面只占发射光纤发出的光锥底面的一部分，使光耦合系数减小，灵敏度也降低一个数量级 $(r/dT)^2$。例如，用芯径为 200 μm，数值孔径为 0.5 的光纤，两光纤间隔为 1 mm，系数 $(r/dT)^2 = 1/3$，给出的分辨率为光纤半径的 0.1%，即 0.1 μm，而且可测位移的动态范围小，仅为光纤芯径 200 μm。

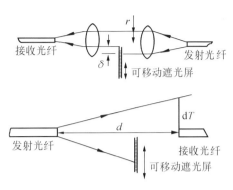

图 5-7　带有遮光屏的透射式光强调制结构
(a) 带透镜结构；(b) 不带透镜结构

在简单的遮光屏透射式光强调制基础上，还可以改进以提高测量的灵敏度。利用两个周期结构的遮光屏传感器，就是改进后的结果，它的原理如图 5-8 所示。遮光屏是由等宽度、交替地排列着的透明区和不透明区的光栅组成，其中一支为固定光栅，另一支为可移动光栅。于是，通过这一对光栅遮光屏的透射率，在此遮光屏的空间周期内，光的透射率从 50%（当两个屏完全重叠时）变到零（当一个

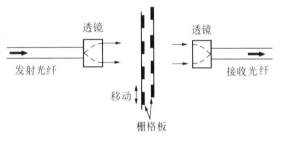

图 5-8　光栅遮光屏透射式强度调制原理

屏的不透明条完全覆盖住另一个屏的透明部分）。在此周期性结构范围内，光的输出强度是周期性的。而且它的分辨率在光栅条纹间距的 10^{-6} 数量级以内。这是能够构成很灵敏、很简单、高可靠的位移传感器的基础。

5.2.3　光模式强度调制

当光纤之间状态发生变化时，会引起光纤中的模式耦合，其中有些导波模变成了辐射模，从而引起损耗，这就是微弯损耗，可以精确地把它与引起微弯的器件的位置及压力等物理量联系起来构成各种功能的传感器。图 5-9 为光模式微弯损耗强度调制原理图。微弯变形器是由夹在两块具有周期性波纹微弯板之间的多模光纤构成的。选波纹的周期间隔为 Λ（对应空间频率为 f），使它与光纤中适当选择的两个模之间的传播常数相匹配。若给定了引起耦合的两个模的传播常数分别为 β 和 β'，则 Λ 必须满足

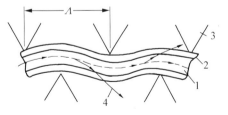

图 5-9　光模式微弯损耗强度调制原理
1—纤芯；2—包层；3—变形器；
4—泄漏到包层的光波

$$\Delta\beta = |\beta - \beta'| = 22/\Lambda \qquad (5-5)$$

此时相位失配为零,模间耦合达到最佳。因此,波纹的最佳周期间隔决定于光纤的模式性能。变形器的位移改变了弯曲处的模振幅,从而产生强度调制。调制系数可写成

$$Q = \frac{\mathrm{d}T}{\mathrm{d}x} \cdot \frac{\mathrm{d}x}{\mathrm{d}p} \tag{5-6}$$

式中,T 为光纤的传输系数;x 为波纹板的位移;p 为外物压力。

调制系数决定于两个参数:一是由光纤性能确定的 $\mathrm{d}T/\mathrm{d}x$,它是一个精确的光学参数;二是 $\mathrm{d}x/\mathrm{d}p$,它是由微弯传感器的机械设计确定。为使光纤传感器最佳化,必须使光学设计和机械设计最佳化,并把两者统一起来。如前所述,当产生光纤畸变的波纹周期 Λ 满足式(5-5)时,即可获得最佳耦合,并以此决定微弯传感器的最佳机械设计。对于光学参数 $\mathrm{d}T/\mathrm{d}x$,它决定于光纤的性能,而光纤的光学性能主要决定于光纤的折射率分布。若光纤芯的折射率分布形式为

$$n^2(r) = n^2(0)[1 - 2\Delta(r/a)^g] \tag{5-7}$$

式中,$\Delta = [n^2(0) - n^2(a)]/2n^2(0)$ 称为相对折射率差;$n(0)$、$n(a)$ 和 $n(r)$ 分别表示距离光纤轴为 0、a 和 r 处的折射率;a 为纤芯半径;g 为折射率分布参数,则相邻两模式的传播常数差 $\Delta\beta$ 由下式给定

$$\Delta\beta = \beta_{m+1} - \beta_m = \left(\frac{g}{g+2}\right)^{1/2} \cdot \frac{2\sqrt{\Delta}}{a}\left(\frac{m}{M}\right)^{(2-g)/(2+g)} \tag{5-8}$$

式中,m 是模序数;M 是模总数。对于抛物线(或平方律或梯度)折射率分布的光纤,$g = 2$,则

$$\Delta\beta = \frac{(2\Delta)^k}{a} \tag{5-9}$$

式(5-9)表明,在抛物线折射率分布光纤中 $\Delta\beta$ 与模序数 m 无关,在 β 空间中所有的模间隔都相等。既然所有传输模的传播常数差是等间隔的,那么当一个导模被泄漏到另一导模时,所有的导模都能被泄漏入邻近的模。从而达到模式间的最佳耦合。对于抛物线分布中相邻模间的最佳耦合情况,可由式(5-5)式(5-9)求得一个变形器的临界空间周期为

$$\Lambda_c = \frac{2\pi a}{\sqrt{2\Delta}} \tag{5-10}$$

对于阶跃光纤,$g = \infty$,式(5-8)变为

$$\beta_{m+1} - \beta_m = \frac{2\sqrt{\Delta}}{a}\left(\frac{m}{M}\right) \tag{5-11}$$

由式(5-5)和式(5-9)可算出相邻模耦合所需的空间周期间隔

$$\Lambda = \frac{a\pi}{\sqrt{\Delta}} \tag{5-12}$$

图5-10所示的曲线定性地表示式(5-12)中诸量间的关系,由曲线可看出,高阶模(m 大)与小的 Λ 配合,而低阶模(m 小)与大的 Λ 配合。因此,当微弯转换发生在芯模与辐射模的情况下,只有在最高阶芯模(Λ 小)与辐射模耦合的周期上,才能获得高的灵敏度。该周期由式(5-12)在 $m = M$ 的情况下近似求得,即

$$\Lambda_c = \frac{a\pi}{\sqrt{\Delta}}$$ (5-13)

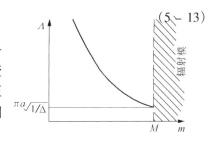

图 5-10 阶跃多模光纤中相邻芯模耦合时,模序数与周期的关系曲线

光纤由变形器引起微弯变形时,纤芯中的光有一部分逸出到包层。若采取适当的方式探测光强的变化,则可知道位移变化量,据此可以制作出温度、压力、振动、位移、应变等光纤传感器。微变光纤硬度调制传感器的优点是灵敏度高、结构简单、响应速度快。

另外,光纤传播模式的改变,还可以改变光纤模斑图,依据模斑图形的变化也可进行光模式强度调制。多模光纤出射的远场光斑就像一个切开的"西瓜","亮"、"黑"无规则地相间变化,其图形如图 5-11 的示。当光纤受到外界各种因素(如压力等)影响时,多模光纤内部众多模式之间的耦合不断发生变化,引起亮区与黑区不断变化;如果仅接受模斑中部分亮区并测出其强度的变化,那么就能测出外界物理量的大小。根据模斑的图形,一般有下列几种调制方法:一是测量局部光斑的强度变化;二是二次暴光法,即分别测量前、后两次模斑图形,然后进行比较、计算,就能获得外界被测信息;三是双模光纤(即光纤中的 $\angle P_{01}$ 和 $\angle P_{11}$)的两个模式光束之间存在受外界条件影响的延时差时,就导致干涉斑图强度的变化。

5.2.4 折射率强度调制

许多物理量(如温度、压力、应变等)可以引起物质折射率的变化实现光强调制。这种调制方式有很多种,但归纳起来有下列三种情况:(1) 利用光纤折射率的变化引起传输波损耗变化的光强调制;(2) 利用折射率的变化引起渐逝波耦合度变化的光强调制;(3) 利用折射率的变化引起光纤光强反射系数改变的透射光强调制。

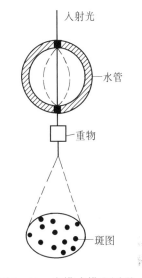

图 5-11 光模式模斑图强度调制原理

一、光纤折射率变化型

一般光纤的纤芯和包层的折射率温度系数不同。在温度恒定时,包层折射率 n_2 与纤芯折射率 n_1 之间的差值是恒定的。当温度变化时,n_2、n_1 之间的差发生变化,从而改变传输损耗。因此,以某一温度时接收到的光强为基准。根据传输功率的变化可确定温度的变化。

利用这一原理可以构成温度报警装置。选择具有不同折射率温度系数的材料做纤芯和包层,如图5-12所示。当 $T < T_1$ 时,$n_1 > n_2$,光在光纤中传输;当 $T > T_1$ 时,$n_1 < n_2$,光传输条件被破坏,于是产生报警信号。这类传感器具有电绝缘性好、防爆性强、抗电磁干扰等特点。因此,它适用于大型电机、液化天然气罐及火警等报警系统。

二、渐逝波耦合型

我们知道渐逝场出现在全内反射的情况下,当光波由光密媒质入射到光疏媒质,且入射光波以大于临界角的方向入射到两媒质的界面上时,入射光就能全部返回到光密介质中。理论分析表明,虽然必定存在透射光波,但是平均来看,它不能把能量带出边界。因为临近存在的透射波,其振幅随透入光疏媒质的深度按指数衰减。通常,渐逝波在光疏媒质中深入距离有几个波长时,能量就可以忽略不计了。如果采用一种办法使渐逝场能以较大的振幅穿过光疏媒质,并伸

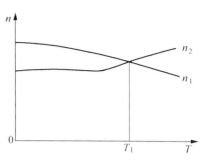

图 5 – 12　光纤材料的折射率随温度变化的关系

展到附近的折射率高的光密媒质材料中,能量就能穿过间隙,这一过程称为受抑全反射。

利用受抑全反射原理,当两根光纤的芯相互靠近到一定距离时,光将能从一根光纤耦合进入到另一根光纤中去,这就构成了渐逝波耦合型传感器的基本原理,其结构如图5 – 13所示。图中 L 表示一对单模式多模光纤的相互作用长度,d 表示纤芯之间的距离。光纤包层被减薄或完全剥去,以便纤芯之间

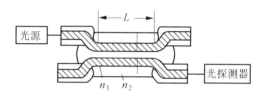

图 5 – 13　渐逝场光强度调制光纤传感器

的距离减小到在两根光纤相当小的相互作用长度 L 之间足以产生渐逝场耦合。只要两根光纤是相同的,它们之间的间隔变化就能改变相互之间的耦合功率。若把两纤芯的相互作用段封闭在折射率为 n_2(与包层折射率相同)的液体媒质或可塑弹性体中,则耦合就能增强。d、L 或 n_2 稍有变化,光探测器的接收光强就有明显变化,从而实现光强调制,这一原理已应用于水听器。

下面分析另一类利用受抑全反射原理建立的渐逝场耦合传感器,原理如图5 – 14所示,它由两根光纤组成,其抛光端面与光纤轴所成角度 θ 应保证光纤中传播的光所有模都产生全内反射。我们知道全反射界面还存在渐逝场,由于两光纤端面充分靠近,渐逝场还是能

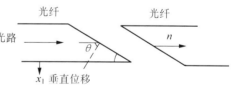

图 5 – 14　渐逝场耦合波光纤传感器

耦合到另一光纤中去,但这种耦合机理与图5 – 7(b)的波导光直接耦合是完全不同的。如果一根光纤固定,另一根光纤受力产生垂直位移,那么光纤间渐逝场耦合的光功率因位移而变化,于是输出光纤的接收光受到强度调制。这是另一类水听器的设计基础。

三、反射系数型

图5 – 15表示反射系数型强度调制光纤传感器的原理图。其工作原理就是利用光纤光强反射系数的改变来实现透射光强的调制。由图5 – 15(a)可知,在光纤左端射入纤芯的光,一部分沿这段光纤反射回来,然后由光分束器 M 偏转到光探测器。图5 – 15(b)为光纤右端的放大剖视图。在光纤端部直接抛光出来的 M_1、M_2 小反射镜面是互相搭接的。

M_2 反射镜面要镀敷得能全反射。仔细控制 M_1 反射镜面的角度,使得纤芯中的光束能以大于背界角的角度入射。光波在入射界面上的光强分配由菲涅尔公式描述,界面强度反射系数由菲涅尔反射公式给出

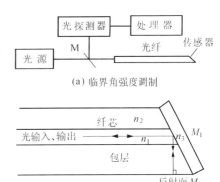

(a) 临界角强度调制

(b) 临界角强度型光纤传感器

$$\left.\begin{array}{l} R_{11} = \left\{ \dfrac{n^2\cos\theta - (n^2 - \sin^2\theta)^{1/2}}{n^2\cos\theta + (n^2 - \sin^2\theta)^{1/2}} \right\}^2 \\[4mm] R_{\perp} = \left\{ \dfrac{\cos\theta - (n^2 - \sin^2\theta)^{1/2}}{\cos\theta + (n^2 - \sin^2\theta)^{1/2}} \right\}^2 \end{array}\right\} \qquad (5-14)$$

式中,R_{11} 为平行偏振方向的强度反射系数;$R_{\perp}$ 为垂直偏振方向的强度反射系数;$n = n_3/n_1$;θ 为入射光波在界面上的入射角。

图 5-15 反射系数型强度调制光纤传感器原理图

由反射系数的菲涅尔公式知道,当光波以大于临界面($\theta_c = \sin^{-1} n$)的 θ 角入射到 n_1、n_3 介质的界面上时,若 n_3 介质由于压力或温度的变化引起 n_3 的微小改变,相应会引起反射系数的变化,从而导致反射光强的改变,利用这一原理可以设计出压力或温度传感器。

5.2.5 光吸收系数强度调制

一、利用光纤的吸收特性进行强度调制

X 射线、γ 射线等辐射线会使光纤材料的吸收损耗增加,使光纤的输出功率降低,从而构成强度调制辐射量传感器,其原理如图 5-16(a) 所示。改变光纤材料成分可对不同的射线进行测量。如选用铅玻璃制成光纤,它对 X 射线、γ 射线、中子射线最敏感,图 5-16(b) 是这种材料的吸收特性与射线剂量的关系曲线,用这种方法做成的传感器既可用于卫星外层空间剂量的监测,也可用于核电站、放射性物质堆放处辐射量的大面积监测。

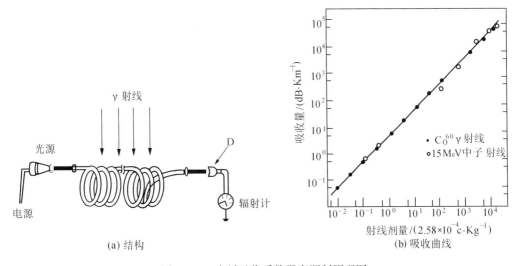

(a) 结构

(b) 吸收曲线

图 5-16 光纤吸收系数强度调制原理图

二、利用半导体的吸收特性进行强度调制

大多数半导体的禁带宽度 E_g 都随着温度 T 的升高而几乎线性地减小。因此，它们的光吸收边的波长 $\lambda_g(T)$ 将随着 T 的升高而变化。如果选用辐射谱与 $\lambda_g(T)$ 相适应的发光二极管，那么通过半导体的光强将随着 T 的升高而下降，测量透过的光强，即可确定温度。详细请看后面章节的光纤温度传感器。

如上所述，能够实现光强调制的技术很多，其中有的新技术正在进一步研究与开发中。通过以上讨论可看出，大多数强度调制机理都对位移敏感。此外，由于光强参数在传输过程中易于受到噪声影响，故强度参考通道往往是非常有用的，它可以补偿光强的漂移、元器件的老化等因素影响。

§5.3　相位调制机理

利用光相位调制来实现一些物理量的测量可以获得极高的灵敏度。其开发应用已有一百多年的历史，广泛应用于高分辨率实验室测量装置。但是，以自由空间作干涉光路的一般干涉仪，由于其体积大，空气易受环境温度、声波及振动的影响，使干涉测量不稳定、准确度低，同时调整也较困难，故限制了它在一般场合下的实用性。用光纤代替自由空间作干涉光路的光纤干涉仪有两个突出的优点：一是减少了干涉仪的长臂安装和校准的固有困难，并可使干涉仪小型化；二是可以用加长光纤的方法使干涉光路对环境参数的响应灵敏度增加。这样，传统的光学干涉仪从实验室中走了出来，并成为高机械强度和精密灵活的生产现场使用的仪表。

相位调制光纤传感器的基本传感原理是：通过被测能量场的作用，使光纤内传播的光波相位发生变化，再用干涉测量技术把相位变化转换为光强变化，从而检测出待测的物理量。光纤中光的相位由光纤波导的物理长波、折射率及其分布、波导横向几何尺寸所决定，可以表示为 $k_0 nL$，其中 k_0 为光在真空中的波数，n 为传播路径上的折射率，L 为传播路径的长度。一般说，应力、应变、温度等外界物理量能直接改变上述三个波导参数，产生相位变化，实现光纤的相位调制。但是，如前所述，目前的各类光探测器都不能敏感光的相位变化，必须采用干涉测量技术，才能实现对外界物理量的检测。

与其它调制方式相比，相位调制技术由于采用干涉技术而具有很高的检测灵敏度，对温度为 106rad/m·℃，对压力为 10^{-9}rad/m·Pa，对应变（轴向）为 $11.4\text{rad/m·}\mu m$。如果信号检测系统可以检测 μrad（一般是这个数量级）的相位移，那么，每米光纤的检测灵敏度对温度为 10^{-8}℃，对压力为 10^{-7}Pa，对应变为 10^{-7}。动态测量范围大，可达 10^{10}，且探头形式灵活多样，适用于不同的测试环境，同时响应速度也快。

5.3.1　相位调制

利用光纤作为干涉仪的光路，从而可以制造出不同形式，不同长度的光纤干涉仪。相位调制是通过干涉仪进行的，在光纤干涉仪中，以敏感光纤作为相位调制元件。敏感光纤置于被测能量场中，由于被测场与敏感光纤的相互作用，导致光纤中光相位的调制。下面具体讨论引起敏感光纤中光相位调制的几种物理效应。

一、应力应变效应

当光纤受到纵向(轴向)的机械应力作用时,光纤的长度、芯径纤芯折射率都将发生变化,这些变化将导致光波的相位变化。

光波通过长度为 L 的光纤后,出射光波的相位延迟为

$$\phi = \frac{2\pi}{\lambda}L = \beta L \tag{5-15}$$

式中,$\beta = 2\pi/\lambda$ 为光波在光纤中的传播常数,$\lambda = \lambda_0/n$ 是光波在光纤中的传播波长,λ_0 是光波在真空中的传播波长。那么,光波在外界因素的作用下,相位的变化可以写成如下形式

$$\Delta\phi = \beta\Delta L + L\Delta\beta = \beta L\frac{\Delta L}{L} + L\frac{\partial\beta}{\partial n}\Delta n + L\frac{\partial\beta}{\partial a}\Delta a \tag{5-16}$$

式中,a 为光纤芯的半径;第一项表示由光纤长度变化引起的相位延迟(应变效应);第二项表示感应折射率变化引起的相位延迟(光隙效应);第三项则表示光纤的半径改变所产生的相位延迟(泊松效应)。

根据弹性力学原理,对各向同性材料,其折射率的变化与对应的应变 ε_i 有如下关系式

$$\begin{bmatrix} \Delta B_1 \\ \Delta B_2 \\ \Delta B_3 \\ \Delta B_4 \\ \Delta B_5 \\ \Delta B_6 \end{bmatrix} = \begin{bmatrix} p_{11} & p_{12} & p_{12} & 0 & 0 & 0 \\ p_{12} & p_{11} & p_{12} & 0 & 0 & 0 \\ p_{12} & p_{12} & p_{11} & 0 & 0 & 0 \\ 0 & 0 & 0 & p_{44} & 0 & 0 \\ 0 & 0 & 0 & 0 & p_{44} & 0 \\ 0 & 0 & 0 & 0 & 0 & p_{44} \end{bmatrix} \begin{bmatrix} \varepsilon_1 \\ \varepsilon_2 \\ \varepsilon_3 \\ 0 \\ 0 \\ 0 \end{bmatrix} \tag{5-17}$$

式中,p_{11}, p_{12}, p_{44} 是光纤的光弹系数,其中 $p_{44} = (p_{11} - p_{12})/2$;$\varepsilon_1$ 和 ε_3 是光纤的横向应变;ε_3 为光纤的纵向应变。
因为

$$B_i = \left(\frac{1}{n_i}\right)^2 \qquad (i = 1,2,3) \tag{5-18}$$

所以

$$\Delta n_i = -\frac{1}{2}n_i^3\Delta B_i \qquad (i = 1,2,3) \tag{5-19}$$

假设光纤芯为各向同性材料,有 $\varepsilon_1 = \varepsilon_2$,且 $n_1 = n_2 = n_3 = n$,则有

$$\Delta n_1 = -\frac{1}{2}n^3[(p_{11} + p_{12})\varepsilon_1 + p_{12}\varepsilon_3] \tag{5-20}$$

$$\Delta n_2 = -\frac{1}{2}n^3[(p_{11} + p_{12})\varepsilon_1 + p_{12}\varepsilon_3] \tag{5-21}$$

$$\Delta n_3 = -\frac{1}{2}[2p_{12}\varepsilon_1 + p_{11}\varepsilon_3] \tag{5-22}$$

1. 纵向应变引起的相位变化

在式(5-16)中，此时第三项比前两项小的多，可以忽略。且设 $\beta = nk_0, \partial \beta = \partial n = k_0 = 2\pi/\lambda_0, \varepsilon_3 = \Delta L/L$，则

$$\Delta\phi = k_0 n L \varepsilon_3 + k_0 L \Delta n \tag{5-23}$$

只有纵向应变时，$\varepsilon_1 = \varepsilon_2 = 0$，由于光纤中光的传播是沿横向偏振的，仅考虑折射率的径向变化，将式(5-20)代入式(5-23)得

$$\Delta\phi = \frac{1}{2} n k_0 L (2 - n^2 p_{12}) \cdot \varepsilon_3 \tag{5-24}$$

2. 径向应变引起的相位变化

此时 $\varepsilon_3 = 0$，对于轴向对称的径向应变 $\varepsilon_1 = \varepsilon_2 = \dfrac{\Delta a}{a}$，考虑泊松效应时，由式(5-23)得相位变化

$$\Delta\phi = n k_0 L \left[\frac{a}{n k_0} \left(\frac{\mathrm{d}\beta}{\mathrm{d}a} \right) - \frac{1}{2} n^2 (p_{11} + p_{12}) \right] \varepsilon_1 \tag{5-25}$$

式中，$\mathrm{d}\beta/\mathrm{d}a$ 为传播常数的应变因子。

不考虑泊松效应时有

$$\Delta\phi = -\frac{1}{2} k_0 L n^3 (p_{11} + p_{12}) \varepsilon_1 \tag{5-26}$$

3. 光弹效应引起的相位变化

此时纵、横向效应同时存在，将式(5-20)代入式(5-23)得相位变化为

$$\Delta\phi = n k_0 L \left[\varepsilon_3 - \frac{1}{2} n^2 (p_{11} + p_{12}) \varepsilon_1 - \frac{1}{2} n^2 p_{12} \varepsilon_3 \right] \tag{5-27}$$

4. 一般形式的相位变化

当纵向应变为伸长时，横向应变为缩短；纵向应变缩短时，横向应变为伸长，两者符号相反，符合虎克定律

$$\left| \frac{\varepsilon_1}{\varepsilon_3} \right| = \nu \tag{5-28}$$

式中，ν 为常数，称为泊松比，且 $\varepsilon_1 = \varepsilon_2$。
则式(5-16)成为

$$\Delta\phi = n k_0 L \left[1 - \frac{1}{2} n^2 \left[(1 - \nu) p_{12} - \nu p_{11} \right] \right] \varepsilon_3 - L a \nu \frac{\partial \beta}{\partial a} \varepsilon_3 \tag{5-29}$$

下面推导光纤中传播常数应变因子的表达式。光纤的纵截面如图5-17所示。

设光在界面上能产生反射，且光纤的波导模数为 m，那么模数与光纤波导直径的关系可表示为

$$2a\cos\theta = \frac{1}{2} m\lambda \tag{5-30}$$

传播波导的波长为

$$\lambda_g = \frac{\lambda}{\sin\theta} \tag{5-31}$$

此时光纤直径的变化将改变光纤波导的波长，把式(5-31)代入 $\partial\beta/\partial a$ 式得

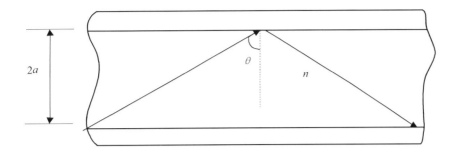

图 5 – 17　光纤波导的纵截面图

$$\frac{\partial \beta}{\partial a} = -\frac{2\pi}{\lambda_g^2}\frac{\partial \lambda_g}{\partial a} = -\frac{2\pi}{\lambda_g^2}\frac{\partial \lambda_g}{\partial \theta}\frac{\partial \theta}{\partial a} =$$

$$\frac{2\pi}{\lambda}\left(\frac{m\lambda}{4a}\right)^2\frac{1}{[1 - (m\lambda/(4a))^2]^{1/2}}\frac{1}{2a} \tag{5 – 32}$$

把式(5 – 32)代入式(5 – 29),可得一般形式

$$\Delta\phi = nk_0L\Big\{1 - \frac{1}{2}n^2[(1 - \nu)p_{12} - \nu p_{11}] -$$

$$\nu\left(\frac{m\lambda}{4a}\right)^2\frac{1}{[1 - (\frac{m\lambda}{4a})^2]^{1/2}} \cdot \frac{1}{2a}\Big\} \cdot \varepsilon_3 \tag{5 – 33}$$

对单模光纤,$m = 1$,则有

$$\Delta\phi = nk_0L\Big\{1 - \frac{1}{2}n^2[(1 - \nu)p_{12} - \nu p_{11}] -$$

$$\nu\left(\frac{\lambda}{4a}\right)^2\frac{1}{[1 - (\frac{\lambda}{4a})^2]^{1/2}} - \frac{1}{2a}\Big\} \cdot \varepsilon_3 \tag{5 – 34}$$

对硅光纤,$\nu = 0.17$,$p_{11} = 0.126$,$p_{12} = 0.274$,$a = 4.5\ \mu m$,$n = 1.458$,且采用波长 $\lambda_0 = 1.3$ μm 的激光器,把这些数据代入式(5 – 34)得

$$\Delta\phi = nk_0(0.781\ 0 - 2.087\ 6 \times 10^{-4})\Delta L = 5.499 \times 10^6 \Delta L(\text{rad}) \tag{5 – 35}$$

由式(5 – 35)可看出,由泊松效应引起的相位变化仅为总量的 0.026%,即在单模光纤中该项可忽略,式(5 – 34)变为

$$\Delta\phi = nk_0L\Big\{1 - \frac{1}{2}n^2[(1 - \nu)p_{12} - \nu p_{11}]\Big\}\varepsilon_3 = \frac{2\pi n\xi\Delta L}{\lambda_0} \tag{5 – 36}$$

$$\xi = 1 - \frac{1}{2}n^2[(1 - \nu)p_{12} - \nu p_{11}] \tag{5 – 37}$$

式中,ξ 称为光纤应变系数,式(5 – 36)就是单模光纤常用的应变公式。对于多模光纤,泊松效应占较大的比例,则必须用式(5 – 33)。

实现纵向、径向应变最简便的方法是,采用一个空心的压电陶瓷圆柱筒(PZT),在这个圆柱筒上缠绕一圈或多圈光纤,并在其径向或轴向施加驱动信号,由于 PZT 筒的直径随驱动信号变化,故缠绕在其上的光纤也随之伸缩。光纤承受到应力,光波相位将随之变化。在驱动信号电压约 30 V、频率为千赫范围、PZT 筒直径为 2.54 cm 时,可获得每圈几 rad

（弧度）的相位延迟。若在径向驱动时，频率范围为 $0 \sim 200\ \text{kHz}$，延迟可加大到每圈约 $1.5\ \text{rad/V}$。光纤相位干涉仪若采用这样的 PZT 相位调制器，可以探测到小至 0.1rad 的相位变化。PZT 相位调制器的结构如图 5 - 18 所示。

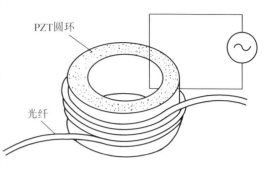

图 5 - 18　PZT 相位调制器结构示意图

对于光弹效应，为了加强其效应，通常采用大费尔德常数材料作光纤包层，并把光纤绕在 PZT 圆筒上。利用光纤的光弹效应可构成相位调制的干涉型光纤水听器及压力、振动等光纤传感器。

二、温度应变效应

温度应变效应与应力应变效应相似。若光纤放置在变化的温度场中，并把温度场变化等效为作用力 F 时，那么作用力 F 将同时影响光纤折射率 n 和长度 L 的变化。由 F 引起光纤中光波相位延迟为

$$\frac{\mathrm{d}\phi}{\mathrm{d}F} = k_0 L\left(\frac{\mathrm{d}n}{\mathrm{d}F}\right) + k_0 L\left(\frac{\mathrm{d}L}{\mathrm{d}F}\right) = k_0 L\left(\frac{\mathrm{d}n}{\mathrm{d}F} + \frac{n}{L}\frac{\mathrm{d}L}{\mathrm{d}F}\right) \qquad (5 - 38)$$

式(5 - 38)中第一项表示折射率变化引起的相位变化；第二项表示光纤几何长度变化引起的相位变化，式中没有考虑光纤直径变化对相位变化的影响。若式(5 - 38)用温度变化 ΔT 和相位变化描述，则有

$$\frac{\Delta\phi}{\Delta T} = k_0\left[L\left(\frac{\mathrm{d}n}{\mathrm{d}T} + n\left(\frac{\mathrm{d}L}{\mathrm{d}T}\right)\right)\right] \qquad (5 - 39)$$

由于光纤中光的传播是沿横向偏振，仅考虑径向折射率变化时，其相位随温度变化为

$$\frac{\Delta\phi}{\phi\Delta T} = \frac{1}{n}\frac{\mathrm{d}n}{\mathrm{d}T} + n\frac{1}{L}\frac{\mathrm{d}L}{\mathrm{d}T} =$$
$$\frac{1}{n}\frac{\partial n}{\partial T} + \frac{1}{\Delta T}\left\{\varepsilon_3 - \frac{1}{2}n^2\left[(p_{11} + p_{12})\varepsilon_1 + p_{12}\varepsilon_3\right]\right\} \qquad (5 - 40)$$

式中，ε_1 和 ε_3 与应力应变的物理意义相同，且应变 ε_1、ε_3 与光纤材料性质有关。

5.3.2　光纤干涉仪

光纤相位传感器要求有相应的干涉仪来完成相位检测过程。对于一个相位调制干涉型光纤传感器，敏感光纤和干涉仪缺一不可。敏感光纤完成相位调制任务，干涉仪完成相位 - 光强的转换任务。

在光波的干涉测量中，传播的光波可能是两束或多束相干光。例如，设有光振幅分别为 A_1 和 A_2 的两个相干光束，如果其中一束光的相位由于某种因素的影响受到调制，则在干涉域中产生干涉。干涉场中各点的光强可表示为

$$A^2 = A_1^2 + A_2^2 + 2A_1 A_2 \cos(\Delta\varphi) \qquad (5 - 41)$$

式中，$\Delta\varphi$ 是相位调制引起的两相干光之间的相位差。如果检测出干涉光强的变化，则可确定两光束间相位的变化，从而得到待测物理量的大小。

下面将介绍几种常用的光纤相位干涉仪。

一、迈克尔逊(Michlson)光纤干涉仪

图 5－19 是普通光学迈克尔逊干涉仪的原理图。激光器输出的单色光由分束器分成光强相等的两束光。其中一束射向固定反射镜，然后反射回到分束器，被分束器透射的那一部分光由光探测器接收，被分束器反射的那部分返回到激光器。激光器输出的经分束器透射的另一束光入射到可移动反射镜上，然后反射回分束器上，经分束器反射的一部分光传至光探测器上，而另一部分经由分束器透射，返回到激光器。当两反射镜到分束器间的光程差小于

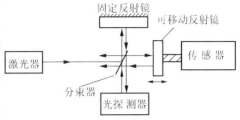

图 5－19　迈克尔逊干涉仪原理图

激光器的相干长度时，射到光探测器上的两相干光束便产生干涉，干涉光强由式(5－41)确定。两相干光的相位差为

$$\Delta\varphi = 2k_0\Delta l \quad (5-42)$$

式中，k_0 是光在空气中的传播常数；$2\Delta l$ 是两相干光的光程差。由式(5－41)和式(5－42)可知，可动反射镜每移动 $\Delta l = \lambda/2$ 长度，光探测器的输出就从最大值变到最小值，再变到

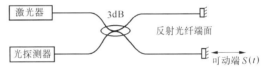

图 5－20　光纤迈克尔逊干涉仪

最大值，即变化一个周期。如果使用 He－Ne 激光器，这种技术能检测 $10^{-7}\ \mu m$ 级的位移。

为了克服空气受环境条件影响所导致的空气光程的变化，可考虑用全光纤干涉仪结构。图 5－20 表示迈克尔逊全光纤干涉仪的结构。图中以一个 3 dB 耦合器取代了分束器，光纤光程取代了空气光程，而且以敏感光纤作为相位调制元件。这种全光纤结构不仅避免了非待测场的干扰影响，而且免除了每次测量要调光路准直等繁琐的工作，使其更适于现场测量，更接近实用化。

二、马赫－泽德(Mach－Zehnder)光纤干涉仪

图 5－21 是马赫－泽德干涉仪的原理图。它与迈克尔逊干涉仪有一些相同之处。同样，从激光器输出的光束先分后合。两束光由可动反射镜的位移引起相位差，并在光探测器上产生干涉。这种干涉仪也能探测小至 $10^{-13}m$ 的位移。这种干涉仪具有与迈克尔逊干涉仪不同的独特优点，它没有或很少有光返回到激光器。返回到激光器的光会造成激光器的不稳定噪声，对干涉测量不利。此外，由图 5－21 可以看到，从分束器 2 向上还有另外两束光，一束是上面水平光束的反射部分，另一束是垂直光束的透射部分。如果需要，也可以用这两束光的干涉光强获得第二个输出信号。这在一些应用上是很方便的。

作为一个工程实用的传感器，最好采用全光纤干涉仪。图 5－22 表示马赫－泽德全光纤干涉仪的基本结构，以这个基本结构为基础还有很多变态结构。它的两个臂都使用光纤，且光的分路与合路也都是用 3 dB 光纤耦合器。其优点是体积小，且机械性能稳定。当然，重要的是要解决好光纤耦合器的工艺和稳定性问题。

保证全光纤干涉仪的工作点稳定是比较困难的。在零差检测方式中,需要保证两光纤臂间的正交状态。所谓"正交状态",是指干涉仪的两臂光波间的相对相位为90°。正交检测方式的优点是探测相位灵敏度最高。图5-22中参考臂如采用了PZT圆筒,通过闭环反馈激励来保证正交条件。这种结构的缺点是,PZT的相位调态范围只有2π,因此当所需校正的相位漂移超出该范围时,系统将有一个瞬态输出。相位漂移主要是由温度变化引起的。因此,该系统要求环境温差不能太大。

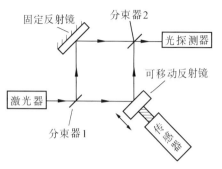

图 5-21　马赫-泽德干涉仪原理图

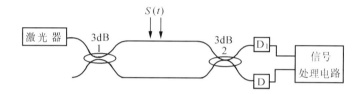

图 5-22　光纤马赫-泽德干涉仪

三、赛格纳克(Sagnac)光纤干涉仪

图5-23为赛格纳克干涉仪的原理图。它是利用赛格纳克效应构成的一种干涉仪。激光器输出的光由分束器分为反射和透射两部分,这两束光由反射镜的反射形成传播方向相反的闭合光路,然后在分束器上会合,被送入光探测器中,同时也有一部分返回激光器。在这种干涉仪中,把任何一块反射镜在垂直它的反射表面的方向上移动,两光束的光程变化都是相同的。因此,根据双光束干涉的原理,在光探测器上探测不到干涉光强的变化。但是,当把这种干涉仪装在一个可绕垂直于光束平面轴旋转的平台上,且平台以角速

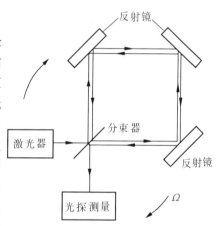

图 5-23　塞格纳克干涉仪的原理图

度 Ω 转动时,根据赛格纳克效应,两束传播方向相反的光束到达光探测器的延迟不同。若平台以顺时针方向旋转,则在时针方向传播的光较时针方向传播的光延迟。这个相位延迟量可表示为

$$\varphi = \frac{8\pi A}{\lambda_0 c} \cdot \Omega \qquad (5-43)$$

式中,A 是光路围成的面积;c 是真空中的光速;λ_0 是真空中的光波长。这样,通过探测器检测干涉光强的变化,便可确定旋转角速度。因此,赛格纳克干涉仪是构成光纤陀螺仪的基础。

光纤陀螺仪的结构如图5-24所示。其灵敏度比空气光程的赛格纳克干涉仪要高几

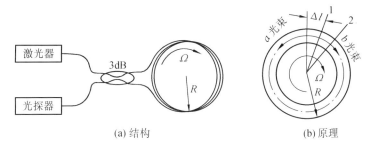

(a) 结构　　　　　　　　　(b) 原理

图 5-24　光纤赛格纳克干涉仪

个数量级。首先是由于采用若干圈光纤增加了干涉仪环的有效面积,其次是由于利用了电子探测技术。其相移表达式为

$$\varphi = \frac{8\pi NA}{\lambda_0 c} \cdot \Omega \tag{5-44}$$

式中,N 是光纤环的匝数。当然,光纤陀螺仪的相移检测存在一些实际问题。例如,它是工作在常规的零光程差状态,它的灵敏度随着角速率 Ω 趋于零而趋近零,这是因为被测光强的变化正比于 $\cos^2\phi$ 的缘故。因此,要在低角速率下获得高灵敏度,必须使赛格纳克干涉仪工作在最大灵敏度处,即在相位正交点工作(正交点如图 5-25 中 B 点)。这可以通过在两束反向传播的光之间引入一个 π/2 的单向相移偏置来实现正交点工作状态。

四、法布里-珀罗(Fabry-Perot)光纤干涉仪

图 5-26 是法布里-珀罗干涉仪的原理图。它由两块部分反射、部分透射、平行放置的反射镜组成。在两个相对的反射镜表面镀有反射膜,其反射率通常达 95% 以上。由激

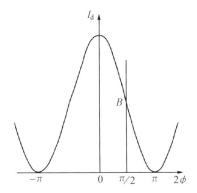

图 5-25　光纤塞格纳克干涉仪的光强与相移关系曲线

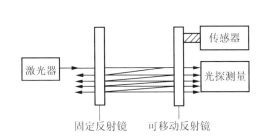

图 5-26　法布里-珀罗干涉仪原理图

光器输出的光束入射到干涉仪,在两个相对的反射镜表面作多次往返,透射出去的平行光束由光探测器接收。这种干涉仪与前几种干涉仪的根本区别是,前几种干涉仪都是双光束干涉,而法布里-珀罗干涉仪是多光束干涉。根据多光束干涉的原理,探测器上探测到的干涉光强的变化为

$$I = I_0 / \left[1 + \frac{4R}{(1-R)^2} \cdot \sin^2\left(\frac{\varphi}{2}\right) \right] \tag{5-45}$$

式中，R 是反射镜的反射率；φ 是相邻光束间的相位差。由上式可知，当反射镜的反射率 R 值一定时，透射的干涉光强随 φ 变化。当 $\varphi = 2n\pi$（n 为整数）时，干涉光强有最大值 I_0；当 $\varphi = (2n+1)\pi$（n 为整数）时，干涉光强有最小值 $\left(\dfrac{1-R}{1+R}\right)^2 I_0$。这样，透射的干涉光强的最大值与最小值之比为 $\left(\dfrac{1+R}{1-R}\right)^2$。可见，反射率 R 越大，干涉光强变化越显著，即有高的分辨率，这是法布里 – 珀罗干涉仪最突出的特点。通常，可以通过提高反射镜的反射率来提高干涉仪的分辨率，从而使干涉测量有极高的灵敏度。

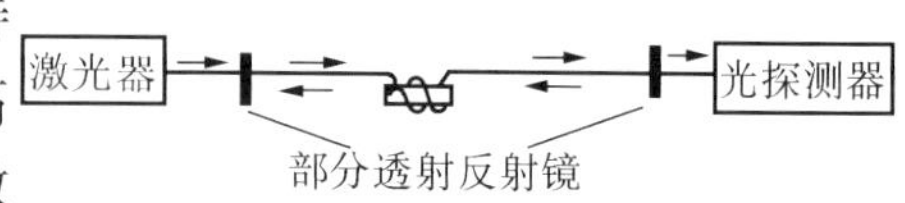

图 5 – 27　光纤法布里 – 珀罗干涉仪

法布里 – 珀罗光纤干涉仪如图 5 – 27 所示。它与一般法布里 – 珀罗干涉仪的区别在于以光纤光程代替了空气光程，以光纤特性变化来调制相位代替了以传感器控制反射镜移动实现了调相。

5.3.3　相位压缩原理及微分干涉仪

上面提到的马赫 – 泽德、迈克尔逊、赛格纳克、法布里 – 珀罗干涉仪是四种普通的干涉仪，它们都有几个共同的缺点：温度敏感、需要长相干长度的光源、信号处理电路复杂。另外，由于它们的干涉项是两束或多束干涉光和位差的余弦函数，这就限制了它们的线性输出范围。一般的双束干涉仪为了得到最大的灵敏度，常工作在正交状态，这就意味着把干涉项的余弦函数转变成了正弦函数。如果在干涉仪的输出端用线性函数近似地替代正弦函数，在正交工作状态下不超过 0.25rad 的输入相位差，则会产生 1% 的线性度。

如果把输出相位信号限定在干涉仪的线性范围内，那么传感器的系统将大大地简化，它可以不采用复杂的电路进行信号处理及相位补偿技术。下面要提到的相位压缩原理恰好能实现这种功能。基于相位压缩原理建立的微分干涉仪具有线性范围广、信号处理电路简单，而且还对缓变的温度等环境因素不敏感，并能使用短相干长度的光源等优点。

一、相位压缩原理

相位压缩原理是指干涉仪测量的相位为干涉光束相位差的变化量，不是普通干涉仪的相位差。这可以通过在固定的时间间隔 τ 内测量相位差获得，而时间间隔 τ 可以从延时光纤得到。所以，尽管输入调制信号超出了几个到几百个干涉条纹，但它的相位差变化量都很小，仍能保证干涉仪工作在线性范围内。

下面以马赫 – 泽德干涉仪为例来说明相位压缩原理。设干涉仪工作在正交状态，它的原理如图 5 – 28 所示。

由光源 S 发出的光经光纤耦合器 C_1 进入马赫 – 泽德尔干涉仪中，一束光经光纤延迟线延时 $\tau = nL/c$（n 为光纤芯折射率，L 为延迟光纤长度，c 为真空中的光速）和调制器 $\phi_s(t)$ 调相后得 $x_1(t)$。若调制信号 $s(t)$ 为一正弦函数，则调制器数学表达式为

$$\phi_s(t) = \phi_{sm}\sin(2\pi f_s t) \tag{5 – 46}$$

式中，f_s 为调制信号频率；ϕ_{sm} 为调制相位幅值，它可以由式（5 – 37）得到

$$\phi_{sm} = \frac{2\pi n}{\lambda_0}\xi\Delta L \tag{5 – 47}$$

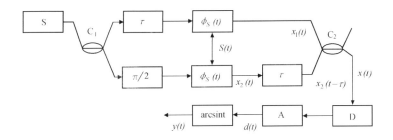

图 5 - 28　相位压缩原理图

式中, ΔL 为被测信号产生的光纤长度变化量。在正交状态下, 另一束光经 $\pi/2, \phi(t)$ 调制后得 $x_2(t)$, 再经延迟时间 τ 后为 $x_2(t-\tau)$ 。两束光在光纤耦合器 C_2 中干涉, 得

$$x(t) = x_1(t) + x_2(t - \tau)\exp(-j\pi/2) \qquad (5-48)$$

$x(t)$ 通过探测器 D、放大器 A 的交流干涉项为

$$d(t) = A\sin[\phi_s(t) - \phi_s(t - \tau)] \qquad (5-49)$$

经反正弦变换后得 $y(t)$

$$y(t) = B[\phi_s(t) - \phi_s(t - \tau)], (-\pi/2 \leqslant \phi_s(t) - \phi_s(t - \tau) \leqslant \pi/2) \quad (5-50)$$

其中, A 、B 为比例系数。利用傅里叶变换可证明, 只要被测信号 $s(t)$ 在功率谱中的最高频率满足下列条件

$$f_{s\,max} \leqslant \frac{1}{8\pi\tau} \qquad (5-51)$$

就有调制信号变化量正比于 $\phi_s(t)$ 的微分, 它的误差不大于 1%。

证明: 设 $\phi_s(t)$ 的傅里叶变换像函数为 $\Phi_s(jw_s)$, 由傅里叶变换时间延迟性知

$$F[\phi_s(t - \tau)] = \exp(-j\omega_s\tau) \cdot \Phi_s(j\omega_s)$$

所以 $\phi_s(t) - \phi_s(t - \tau)$ 的傅里叶函数为

$$[1 - \exp(-j\omega_s\tau)] \cdot \Phi_s(j\omega_s)$$

而 $\tau\dfrac{d\phi_s(t)}{dt}$ 的像函数为 $j\omega_s\tau\Phi_s(j\omega_s)$ 。

若使 $\phi_s(t) - \phi_s(t - \tau) = \tau\dfrac{d\phi_s(t)}{dt}$, 则应该 $\tau \to 0$, 在 1% 的误差范围内有

$\phi_s(t) - \phi_s(t - \tau) \approx \tau\dfrac{d\phi_s(t)}{dt}$, 即 $[1 - \exp(-j\omega_s\tau)] \approx j\omega_s\tau$, 应用泰勒公式可得 $\omega_s\tau \leqslant 0$.

25, 即 $f_{s\,max} \leqslant \dfrac{1}{8\pi\tau}$, 证毕, 则式(4 - 50)成为

$$y(t) = B\tau\frac{d\phi_s(t)}{dt} \qquad (\tau\left|\frac{d\phi_s(t)}{dt}\right| \leqslant \frac{\pi}{2}) \qquad (5-52)$$

解式(5 - 46) ~ (5 - 52), 并令 $\phi_s(t) - \phi_s(t - \tau) = \phi_{sn}(t)$, 可得相位差变化量幅值

$$\phi_{snm} = \frac{4\pi^2 n^2 \xi L f_s \Delta L}{c\lambda_0} \qquad (5-53)$$

及信号频率与光纤长度变化量不等式

$$\Delta L f_s L \leqslant \frac{c\lambda_0}{8\pi n^2 \xi} \quad \text{或} \quad \phi_{sm} f_s \tau \leqslant \frac{1}{4} \tag{5-54}$$

定义相位压缩系数为相位差幅值与相位差变化量幅值之比,即

$$\text{PCF} = \frac{\phi_{sm}}{\phi_{snm}} = \frac{C}{2\pi n L f_s} = \frac{C}{2\pi f_s \tau} \tag{5-55}$$

若 $L = 3$ km, $f_s = 50$ Hz, $\lambda_0 = 1.3$ μm, $n = 1.46$, $\Delta L = 2$ μm,则 $\phi_{sm} = 11.01$ rad, $\phi_{snm} = 0.05$ rad,于是 PCF = 220.2。由上述分析可知,在两频被测信号调制下,尽管信号光束和参考光束之间的相位差幅值(11.01 rad)很大,但在极短的时间($\tau = 0.014$ ms)内,其相位差变化量幅值(0.05 rad)都很小,相当于相位压缩了 220 倍,故干涉仪仍工作在线性区内。

由式(5-53)可以看出,相位压缩原理的相位变化量与信号频率、延迟线长度及光纤的长度变化量成正比。当频率小或延迟线短时,它的相位检测信号就小。所以,利用此原理建立的干涉仪对缓慢变化的温度不敏感。另外,小的延迟也不会产生明显的干涉效果。但 f_s、τ 和 ΔL 也要有一定的限制,基于式(5-51)和式(5-53)可知

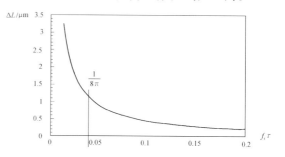

图 5-29 在 $\lambda_0 = 1.3$ μm 波长相位压缩原理线性工作区域图

$$\Delta L f_s \tau \leqslant \frac{\lambda_0}{8\pi n \xi} \tag{5-56}$$

依据上面提供的数据,可画出 ΔL 与 $f_s\tau$ 的关系曲线,如图 5-29 所示,1/8π 阈值以左,曲线下面的区域,即为满足相位压缩原理的区域。

二、微分干涉仪

基于相位压缩原理建立的干涉仪称为微分干涉仪。但是以图 5-28 形式建立的干涉仪并不一定是实用的微分干涉仪。例如图 5-28 中有两个延迟线圈和两个调制器,这不仅使结构复杂,而且也增加了干涉仪的成本。图 5-30 设计了一种实用的微分干涉仪,它仅用一个延迟线圈和一个调制器就能达到相位压缩的目的。图中光路系统由非平衡马赫-泽德干涉仪组成。一个

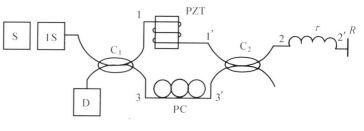

图 5-30 基于相位压缩原理建立的微分干涉仪

激光二极管 S 用来作为光源,为防止光的反射,光隔离器 IS 被放在光源与光纤之间。光纤耦合器 C_1 和 C_2 之间为非平衡马赫-泽德尔干涉仪,两臂不平衡光路长约为 16 cm,远大于光源的相干长度,故在耦合器 C_2 中没有干涉现象,只有顺时针经光路 $11' \rightarrow 22' \rightarrow 2'2 \rightarrow 3'3$ 和逆时针经光路 $33' \rightarrow 22' \rightarrow 2'2 \rightarrow 1'1$ 的两路光束返回到耦合器 C_1 中才产生干涉,图

中 τ 为延迟光纤环,延迟光纤长为 1.5 km,$\tau = 0.0146$ ms,R 为光纤反射端面,PZT 为信号调制器。在参考臂的 PC 为偏振控制器,用它调整干涉仪使其工作在正交状态。由分析可知,该装置与图 5 - 28 的原理图完全等效,但图5 - 30仅用了一个调制器,一个延迟线,就实现了相位压缩的功能,因此,它具有实用、简单的特点。

§5.4　频率调制机理

采用频率调制技术可以对有限的几个物理量进行测量。它主要是利用运动物体反射或散射光的多普勒频移效应来检测其运动速度。当然,频率调制还有一些其它方法,如某些材料的吸收和荧光现象随外界参量也发生频率变化,以及量子相互作用产生的布里渊和拉曼散射也是一种频率调制现象。本节主要讨论光纤多普勒传感器的频率调制机理。

当光源和观察者作相对运动时,观察者接收到的光频率和光源发射的频率不同,这种现象称为多普勒效应。

设光源和观察者处于同一位置。如果频率为 f 的光照射在相对光速度为 v 的运动物体上,那么观察者接收的运动物体反射光频率 f_1 为

$$f_1 = f(1 - \frac{v^2}{c^2})^{1/2} / [1 - (\frac{v}{c})\cos\theta] \approx$$

$$f[1 + (\frac{v}{c})\cos\theta] \tag{5 - 57}$$

式中,c 是真空中的光速;θ 是光源至观察者方向与运动方向的夹角。

当光源和观察者处于相对静止的二个位置时,可当作双重多普勒效应来考虑。先考虑从光源到运动体,再考虑从运动体到观察者。如图 5 - 31 所示,其中 S 为光源,P 为运动物体,而 Q 是观察者。

物体 P 相对于光源 S·运动时,在 P 点所观察到的光频率 f_1 为

$$f_1 \approx f[1 + (\frac{v}{c})\cos\theta_1] \tag{5 - 58}$$

频率 f_1 的光通过物体 P 的散射重新发出来,在 Q 处所观察到的光频率 f_2 为:

$$f_2 \approx f[1 + (\frac{v}{c})\cos\theta_2] \tag{5 - 59}$$

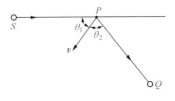

图 5 - 31　多普勒效应示意图

根据上述两式,并考虑实际上 $v \ll c$,可近似把双重多普勒频率方程表示为

$$f_2 \approx f[1 + (\frac{v}{c})(\cos\theta_1 + \cos\theta_2)] \tag{5 - 60}$$

多普勒效应广泛应用于雷达、气象、光学、声学以及核物理学等领域,大多用于测量物体运动速度,液体的流量、流速等。光学多普勒位移检测方法,具有高的测量灵敏度。例如,用 He - Ne 激光器作光源,运动速度为 1 m/s 的频移达 1.6 MHz,可测速度范围为 1 μm/s ~ 100 m/s。

5.4.1 光纤多普勒技术

根据多普勒频率原理,采用激光作为光源的测量技术是研究流体流动的有效手段。它的主要特点是空间分辨率高,光束不干扰流动性,并具有跟踪快速变化的能力。在许多特殊场合下,例如在测量密封容器中流体速度和生物系统中血流速时,不能安装普通的多普勒装置,必须采用光纤组成的具有微型探头的测量系统。

光纤多普勒系统的主要优点是发射和接收光学元件不需要重新定线就可调整测量区的位置。典型的光纤多普勒测速装置如图5-32所示。

激光通过偏振分束器和输入光学装置射入多模光纤,光纤的另一端插

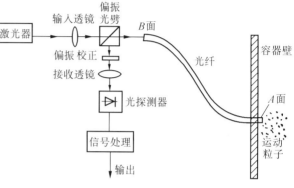

图5-32　光纤多普勒测速计结构

入流体中以便测量流体或其中粒子运动速度。光在流体中散射,其中一部分散射光被光纤收集,沿光纤返回。散射光是随机偏振光,因此返回光有一部分被偏振分束器反射到光探测器。

光频差必须通过两个光波的干涉才能进行测量,所以对返回光束要有一个参考光束,且参考光束必须从相对被测的移动物质为静止的点获得。在图5-32中,满足这个要求的点只有光纤的 A 端面,因此参考光束通常是取自该端面的反射波。在 A 面反射的参考光大小取决于光纤和流体媒质的折射率之差,而且总是小于玻璃和空气界面全反射所得到的功率(反射与入射功率比为4%)。这意味着参考信号是通过很大的功率损失才得到的。如果系统其它部分的杂散反射所产生的干涉信号非常小,这个参考信号的强度还是足够的。

系统的杂散反射主要发生在光纤的输入端面 B。由于在输入端使用了偏振激光源,并把这个偏振与偏振分束器的方向严格校准,这样,B 面的入射光偏振态将是被精确限定的。因此,B 面产生的反射光将直接返回到激光器,而不会进入光探测器影响参考光与信号光的干涉。B 面反射到光源的光,对 He-Ne 激光器基本没什么影响,而对半导体激光器的工作影响比较大。

此外,多模光纤在几厘米距离内就会把输入光消去偏振,光纤的任何返回信号,包括光纤中的背向散射和端面 A 处的反射,都是非偏振光。因此,运动物质的背向散射光和 A 端面的反射参考光通过偏振分束器只有一部分到达光探测器。为了消除透镜等光学元件产生的双折射和偏振分束器不完善的影响,系统又设置了附加偏振校正器。

从以上分析可知,实现系统正常工作的主要问题是:保证系统 A 面的反射参考信号功率足够大;传感信号与其它杂散反射的干涉要小。因此,保证系统中光学元件的偏振性能是非常重要的。有时杂散反射在强度上甚至超过表征被测物体速度的传感信号,产生附加的干涉输出。然而,运动体与 A 面相对速度和运动体与 B 面的相对速度有很大的差

别。前者是由物体运动引起的,后者主要是由热变化引起的,因此在检测端用频率滤波方法就能把两者分开。

现在来讨论一下检测信号的光功率计算方法。流体中运动体的返回信号大小取决于背向散射光强、媒质衰减和光纤接收面积及数值孔径,其物理过程可以由图 5 – 33 说明。媒质衰减决定于散射和吸收两个因素。假设光纤为阶跃型的,且在光纤发射的光锥体内功率密度为均匀分布。这样,在距光纤端面 z 处的平面所得到的功率为

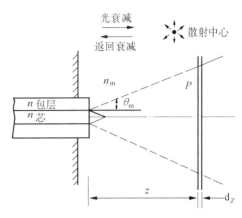

图 5 – 33 游离粒子散射光收集图解

$$P_z = P_0 e^{-\alpha z} \qquad (5 - 61)$$

式中,P_0 是光纤射入媒质的功率。如果忽略光纤的损失,它等于激光器射入光纤的功率。α 是媒质衰减系数。在 z 处长度元 dz 散射的总功率为

$$P_散 = P_z e^{-\alpha_s dz} \approx P_z(\alpha_s dz) \qquad (5 - 62)$$

式中,α_s 是散射衰减系数,$P_散$ 以 4π 立体角向四外散射。从这个散射平面返回耦合进光纤的功率可以这样来估算,即把该散射面看作朗伯光源,因此两者的耦合系数为

$$\eta = \frac{A_f}{A_Z}(NA)^2 \qquad (5 - 63)$$

式中,A_f 是纤芯面积;A_z 是 z 处散射源面积;NA 是光纤的数值孔径,其值为

$$NA = \frac{(n_f^2 - n_c^2)^{\frac{1}{2}}}{n_m} \qquad (5 - 64)$$

式中,n_c 是包层折射率;n_f 是纤芯折射率;n_m 是媒质折射率。

从 z 处散射进入光纤的功率

$$P_{rz} = \frac{A_f}{A_Z} \cdot P_散 \cdot e^{-\alpha z}(NA)^2 \qquad (5 - 65)$$

注意到散射源面积是 $\pi(z\tan\theta_m + a)^2$,a 是纤芯半径,所以返回进入光纤的总功率 P_r 为

$$P_r = \int_0^\infty P_{rz} dz = \frac{A_f}{2}P_0 \int_0^\infty \frac{e^{-2az}}{(z\tan\theta_m + a)^2}dz \qquad (5 - 66)$$

式中的因子 $\frac{1}{2}$ 是考虑到只有一半散射功率是背向,另一半是前向散射。对上式进一步整理,有

$$\frac{P_r}{P_0} = \left(\frac{a \cdot NA}{\tan\theta_m}\right) \cdot \alpha_s \cdot \alpha e^{2\alpha a/\tan\theta_m} \int_L^\infty \frac{e^{-x}}{x^2}dx \qquad (5 - 67)$$

式中 x 是对式(5 – 66)进行适当代换引入的,$\theta_m = \arcsin(NA)$。在 NA 值较小条件下,$NA = \sin\theta_m \approx \text{tg}\theta_m \approx \theta_m$,所以有

$$\frac{P_r}{P_0} = a^2\alpha_s \cdot \alpha \cdot e^{2\alpha a/\text{tg}\theta_m} \int_L^\infty \frac{e^{-x}}{x^2}dx \qquad (5 - 68)$$

式中，积分下限 $L = 2\alpha a/\tan\theta_{\mathrm{m}}$。直接用上式计算功率耦合效率是很困难的，工程上用查曲线来计算。把 P_{r}/P_0 定义为

$$P_{\mathrm{r}}/P_0 = \frac{(\mathrm{NA})^2}{2} \cdot R \cdot F(L) \qquad (5-69)$$

式中，$R = \alpha_s/\alpha$；函数 $F(L) = L[1 + L\mathrm{e}^L E_1(L)]$，由图 5 - 34 曲线给定，其中 $E_1(L) = \int_L^\infty \dfrac{\mathrm{e}^{-x}}{x^2}\mathrm{d}x$。

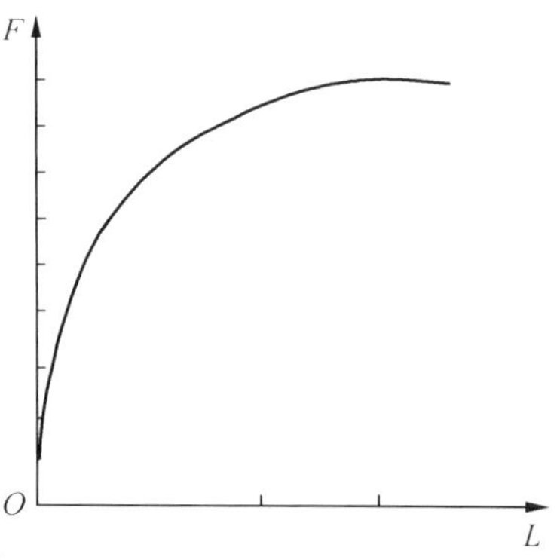

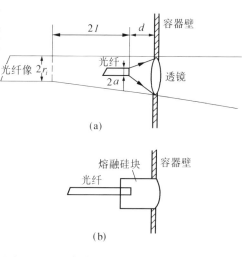

图 5 - 34　函数 $F(L)$ 曲线
$(L = 2\alpha a/\tan\theta_{\mathrm{m}})$

现在来讨论一个实例：波长为 638 nm 的 He - Ne 激光器以 5 mW 功率驱动多普勒系统，设入射进流体中的功率 $P_0 = 1$ mW。通过上述散射衰减、传输衰减以及耦合损失返回光纤的最小可检测功率为 $P_{\mathrm{r}} = 1.6 \times 10^{-13} P_0$，这相当于最大允许耦合损失为 128 dB。由于上述讨论中，忽略了偏振器损失、反射损失及非校准等损失，所以最大允许耦合损失还应加上一个 20 dB 的安全系数。对单模光纤系统，安全系数还要大一些。一般系统特性应保证 $P_{\mathrm{r}}/P_0 > 4 \times 10^{-11}$。

若光纤芯径 $a = 50$ μm，对空气的 NA = 0.15，相当于水的 NA = 0.113，并假设全部衰减是由散射引起的，即 $R = 1$，则有 $P_{\mathrm{r}}/P_0 = 0.006\,4\,F(L)$。这表明 $F(L)$ 小于 10^{-8} 时，大多数媒质可以返回一个可检测的信号。实验表明，检测普通生活用水得到的返回信号很强，检测蒸馏水或过滤水，返回信号很弱。

5.4.2　光纤多普勒系统的局限性

除了多普勒测速系统的灵敏度以外，还有一个重要的参数需要考虑，即检测可以达到的体积或探测深度。通常，当距光纤端面距离超过 $a/\mathrm{tg}\theta$ 处的散射场，耦合回光纤的功率已经衰减至很难检测的程度。这样，探测媒质的最大穿透深度只有几个光纤芯半径的量级，对于大衰减媒质的穿透深度只有两个纤芯半径。一般，多普勒探测器最大只能实现液体中几毫米处粒子的运动速度测量，只适用于携带粒子的流体或混浊体中悬浮物质的速度测量。速度测量范围为 μm/s ~ m/s，相应的频偏为 Hz ~ MHz。

光纤多普勒系统的主要局限性是检测媒质的穿透范围小，原因是发射光纤端面和入射进光纤的数值孔径太小，用图 5 - 35 的透镜系统可解决这一问题。当 $d < f$（焦距）时，在透镜的光纤侧 u 处将产生光纤的虚像，虚像半径 $r_i = \dfrac{au}{d}$，数值孔径 $\mathrm{NA}_i = \mathrm{NA}\dfrac{d}{u}$，接收背向散射光的能力 $\dfrac{r_i}{\mathrm{NA}_i} = \left(\dfrac{u}{d}\right) \cdot \dfrac{a}{\mathrm{NA}}$，即增加了像放大系数的平方倍。这种受益只有计算区域的衰减

图 5 - 35　对低衰减媒质集光能力的改善

很小时才是有效的。对低衰减媒质和小 L 值情况,带透镜的系统光纤的回光和出光功率比可写成

$$P_r/P_0 \approx \frac{(\text{NA})^2}{2}RL \approx \text{NA} \cdot R \cdot 2\alpha \cdot a \qquad (5-70)$$

这个系统保持 $\text{NA} \cdot a$ 为常数,但回光功率在 L 很小时基本保持常数,只是提高了穿透深度。但是透镜系统放大系数不能太大,否则会使回光功率下降。这可以采用图 5-35(b) 的改进系统。

§5.5　波长调制机理

　　波长调制光纤传感器主要是利用传感探头的光频谱特性随外界物理量变化的性质来实现的。此类传感器多为非功能型传感器。在波长(颜色)调制光纤探头中,光纤只是简单地作为导光用,即把入射光送往测量区,而将返回的调制光送往分析器。颜色调制探头的基本部件如图 5-36 所示。

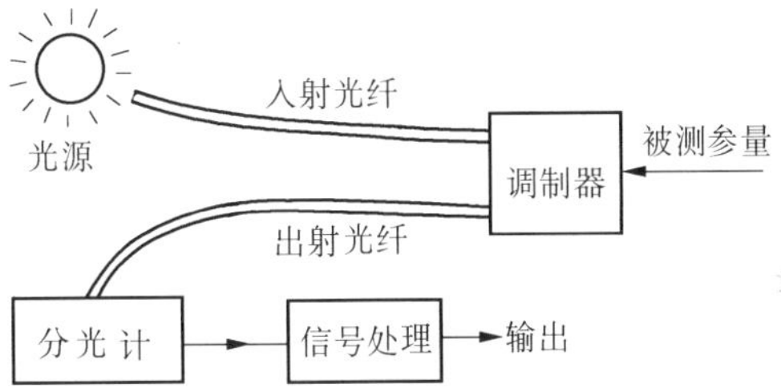

　　光纤颜色探测技术的关键是光源和频谱分析器的良好性能,这对于传感系统的稳定性和分辨率起着决定性的影响。大多数波长调制系统中,光源采用白炽灯或汞弧灯。频谱分析器一般采用棱镜分光计、光栅分光计、干涉滤光器和染料滤光器等方式。这些光源、分光计以及光探测器的性能常常是不稳定的。因此,通常必须经过校准处理,同时采用测量相对比值的方式以补偿上述因素的变化对测量的影响,所以通常测取两个以上波长的光强信号。

图 5-36　颜色调制传感器的主要装置

　　光纤波长调制技术主要应用于医学、化学等领域。例如,对于人体血气的分析,pH 值检测,指示剂溶液浓度的化学分析,磷光和荧光现象分析,黑体辐射分析,法布里 – 珀罗滤光器等。

5.5.1　光纤 pH 探测技术

　　这种技术利用化学指示剂对被测溶液的颜色反应来测量溶液的 pH 值。根据这种原理可以做成光纤 pH 探头。图 5-37 为光纤 pH 探头的一种典型结构。探头是

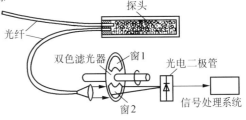

图 5-37　光纤 pH 探头
窗 1 透过 558 nm 绿色光;窗 2 透过 630 nm 红色光

一个可渗透的薄膜容器,容器内装入直径为 $5 \sim 10\ \mu m$ 的聚丙酸脂小球,用指示剂(例如红酚)将小球染色。由于指示剂的透明度在红色区域对 pH 值非常敏感,在绿色区域却与 pH 值无关。所以,当白光由光纤导入浸泡在被测溶液中的 pH 探头后,经过用红酚染色的聚丙酸脂小球的散射,得到反映溶液 pH 值的光信号。光信号由光纤导出进入旋转的双色滤光器,从而使红光和绿光交替地投射到光电二极管探测器上,通过信号处理系统把这两种颜色(波长)的光强信号的比值测量出来,测量结果直接反映被测溶液的 pH 值。

采用双波长工作方式的目的是为了消除测量中多种因素所造成的误差。取绿光($\lambda_1 = 558$ nm)作为调制检测光,红光($\lambda_2 = 630$ nm)作参考光,探测器接收到的绿光与红光强度的吸收比值为 R,pH 值与 R 的关系为

$$R = k10^{(c/L+10-\Delta)} \tag{5-71}$$

式中,k、c 为常数;L 为试剂长度;$\Delta = pH - pK$,其中 pH 是酸碱度,pK 是酸碱平衡常数。

上述光纤 pH 探头要求光源和光探测器有足够高的温度稳定性,以保证测量准确度。这种探头可用于测量血液的 pH 值,且 pH 值在 7~7.4 的范围内仪器具有 0.01 的分辨率。可以看出,采用不同的化学指示剂,即可测量不同 pH 值范围的溶液。

5.5.2 光纤磷光探测技术

图 5-38 是利用磷光现象制成的光纤温度探测系统。这个系统的工作原理是基于稀土磷光体的磷光光谱随温度变化而改变。磷光体被紫外光照射后,就发射一与温度有关的光谱,如图 5-39 所示。光谱中红色"a"谱线的强度随温度升高而增加,而绿色"c"谱线则降低。两者的比值是温度的单值函数,由于这两条谱线被照射谱中的相同部分激励,因而它们的比值与激励光谱基本无关。

利用图 5-38 所示的光学装置能有效地测量上述比值。图中采用干涉滤光片来进行光谱分析。这里用了两个频谱分量不同的光电二极管进行检测,因此,校正两者的差动漂移是非常重要的。在图示的系统中,通过合适的信号处理和采用秒级的信号积分时间之后,可得到 0.1 ℃ 的分辨率,准确度为 1 ℃。

两个光电二极管的敏感波长不同,一个对 $\lambda_1 = 540$ nm 的光敏感,另一个对 $\lambda_2 = 630$ nm 的光敏感。经光电二极管转换成电信号,再经过电子电路进行信号处理,如图 5-39(b)所示,得到相对光强与温度变化的特性曲线。经校正可以得到输出相对光强与温度成线性关系。

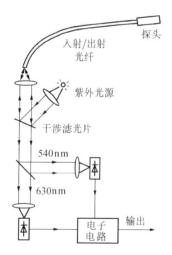

图 5-38　磷光随温度变化的
　　　　　光纤温度计,利用
　　　　　干涉滤光片分析返
　　　　　回的光谱

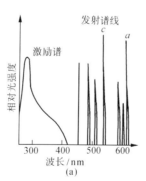

(a)

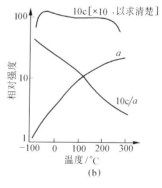

(b)

图 5-39　稀土磷光体的磷光谱及两条谱线强度随温度的变化
　　　　　(a)稀土磷光体的磷光谱;(b)两条随温度变化的谱线

5.5.3 光纤黑体探测技术

通过测量物体的热辐射能量确定物体表面温度是非接触式测温技术。物体的热辐射能量随温度提高而增加。对于理想"黑体"辐射源发射的光谱能量可用热辐射的基本定律之一普朗克(Planck)公式表述

$$E_0(\lambda, T) = C_1\lambda^{-5}e^{c_2/\lambda T} - 1)^{-1} \tag{5-72}$$

式中，$E_0(\lambda, T)$ 是"黑体"发射的光谱辐射通量密度，单位为 $W \cdot cm^{-2} \cdot \mu m^{-1}$；$C_1 = 3.74 \times 10^{-12} W \cdot cm^2$，第一辐射常数；$C_2 = 1.44$ cm·k，第二辐射常数；λ 是光谱辐射的波长，单位为 μm；T 是黑体绝对温度。

普朗克公式阐明了"黑体"光谱辐射通量密度和温度及波长三者之间的关系，如图5-40所示。所谓"黑体"，就是能够完全吸收入射辐射，并具有最大发射率的物体。光纤黑体探测技术，就是以黑体做探头，利用光纤传输热辐射波，不怕电磁场干扰，质量轻，灵敏度高，体积小，探头可以做到 0.1 mm。探头结构如图5-41所示。

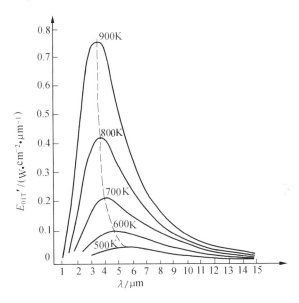

图 5-40 光谱辐射通量密度和温度及波长之间的关系

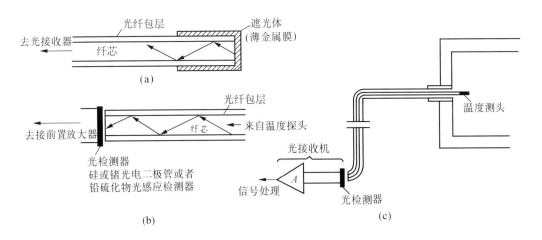

图 5-41 探头结构

（a）温度测头；（b）光检波头；（c）温度检测系统

温度探头由光纤和具有薄金属膜的石英遮光体包住的光纤端部组成。薄金属膜做成的壳体和外界热源相接触并感温。根据黑体辐射定律，通过光纤把光能传输到光探测器

并转换成电信号。光电流和黑体辐射成非线性关系。但通过信号处理可以部分地校正成线性，然后进行数字处理和显示。

这种探头不用外加光源，只用探头收集黑体辐射，故可制成非常简单的光测高温计。在250~650℃范围内，分辨率的典型值是1℃。用这种原理测温的上限受石英的熔点温度的限制，下限受探测器灵敏度的限制。

5.5.4　光纤法布里 – 珀罗滤光技术

根据光学原理，假设有一束平行光以θ角倾斜入射到法布里 – 珀罗标准具上，则当波长$\lambda_0 = \lambda_0^{(m)}$时，透射光或反射光的强度达到极大值，其中

$$\lambda_0^{(m)} = \frac{2n'd\cos\phi}{m - \phi/\pi} \quad (m = 1, 2, \cdots) \tag{5-73}$$

式中，d是法布里 – 珀罗标准具厚度；n'是标准具平行板内的介质折射率；ϕ是反射光的相位跃变。

这样，标准具就成了一个有多个透射带（或反射带）的滤光器，而每个透射带将对应一个干涉序。如果当法布里 – 珀罗标准具的两极之间的光学厚度只有几个二分之一的可见光波长时，则只有低干涉序的透射带（或反射带）出现。显然，从上式可以看出，当外界物理因素使标准具的厚度d或介质折射率n'改变时，透射带或反射带的波长$\lambda_0^{(m)}$将会随之改变。利用这一原理，可制成法布里 – 珀罗颜色探头。

图5 – 42是一种带有微型计算机的波长调制光纤传感器。由光源发出白光，光由大芯经光纤送入法布里 – 珀罗标准具传感探头，然后由光纤收集反射光并送入棱镜分光计，通过分光，在电荷耦合器件CCD探测阵列上检测到不同波长的光强度。光强信息输入到微型计算机，经处理后得到测量结果。一旦被测物理量发生变化，法布里 – 珀罗标准具的间隔厚度就会随之变化，从而引起了反射带峰值所对应的波长移动，微型计算机通过程序的运行把变化结果表示出来。

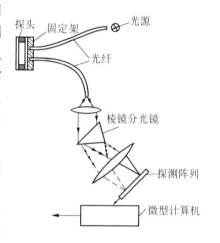

图5 – 42　法布里 – 珀罗光谱调制传感器

§5.6　偏振调制机理

光波是一种横波，它的光矢量是与传播方向垂直的。如果光波的光矢量方向始终不变，只是它的大小随位相改变，这样的光称线偏振光。光矢量与光的传播方向组成的平面为线偏振光的振动面。如果光矢量的大小保持不变，而它的方向绕传播方向均匀地转动，光矢量末端的轨迹是一个圆，这样的光称圆偏振光。如果光矢量的大小和方向都在有规律地变化，且光矢量的末端沿着一个椭圆转动，这样的光称椭圆偏振光。利用光波的偏振

性质,可以制成偏振调制光纤传感器。

在许多光纤系统中,尤其是包含单模光纤的那些系统,偏振起着重要作用。许多物理效应都会影响或改变光的偏振状态,有些效应可引起双折射现象。所谓"双折射现象",就是对于光学性质随方向而异的一些晶体,一束入射光常分解为两束折射光的现象。光通过双折射媒质的相位延迟是输入光偏振状态的函数。

光纤偏振调制技术可用于温度、压力、振动、机械形变、电流和电场等检测。然而,目前主要应用还是监测强电流。本节将侧重介绍几种在偏振调制中常用的物理效应并讨论其偏振调制机理。

5.6.1 普克耳效应

各向异性晶体中的普克耳效应是一种重要的电光效应。当强电场施加于光正在穿行的各向异性晶体时,所引起的感生双折射正比于所加电场的一次方,称为线性电光效应,或普克耳效应。

普克耳效应使晶体的双折射性质发生改变,这种变化理论上可由描述晶体双折射性质的折射率椭球(或光率球体)的变化来表示。以主折射率表示的折射率椭球方程为

$$\frac{x_1^2}{n_1^2} + \frac{x_2^2}{n_2^2} + \frac{x_3^2}{n_3^2} = 1$$

或

$$\frac{x^2}{n^2} + \frac{y^2}{n_2^2} + \frac{z_3^2}{n_3^2} = 1 \qquad (5-74)$$

对于双轴晶体,主折射率 $n_1 \neq n_2 \neq n_3$;对于单轴晶体,主折射率 $n_1 = n_2 = n_0$, $n_3 = n_e$。n_0 为导常光折射率,n_e 为非常光折射率。

晶体的两端设有电极,并在两极间加一个电场。外加电场平行于通光方向,这种运用称为纵向运用,或称为纵向调制。对于 KDP 类晶体,晶体折射率的变化 Δn 与电场 E 的关系由下式给定

$$\Delta n = n_0^3 \gamma_{63} \cdot E \qquad (5-75)$$

式中,γ_{63} 是 KDP 晶体的纵向运用的电光系数。

两正交的平面偏振光穿过厚度为 l 的晶体后,光程差为

$$\Delta L = \Delta n \cdot L = n_0^3 \gamma_{63} \cdot E \cdot L = n_0^3 \gamma_{63} U \qquad (5-76)$$

式中,$U = El$ 是加在晶体上的纵向电压。

当折射率变化所引起的相位变化为 π 时,则称此电压为半波电压 $U_{\lambda/2}$,并有

$$U_{\lambda/2} = \lambda_0/2 n_0^3 \gamma_{63} \qquad (5-77)$$

表 5-1 列出了几种晶体的电光系数、寻常光折射率的近似值和式(5-77)算得的半波电压值。

材　　料	$\gamma_{63}/(10^{-12}\mathrm{m\cdot s^{-1}})$	n_0（近似值）	$\dfrac{U_{\lambda/2}}{\mathrm{kV}}$
ADP($\mathrm{NH_4H_2PO_4}$)	8.5	1.52	9.2
KDP($\mathrm{KH_2PO_4}$)	10.6	1.51	7.6
KDA($\mathrm{KH_2AsO_4}$)	~ 13.0	1.57	~ 6.2
KDP($\mathrm{KD_2PO_4}$)	~ 23.3	1.52	~ 3.4

应当注意,不是所有的晶体都可能有电光效应。理论证明,只有那些不具备中心对称的晶体才有电光效应。

图 5－43 是利用普克耳效应的光纤电压传感器示意图。调制器晶体可用 BGO 或 BSO 晶体。传感器工作过程是,从激光器射出的光由起偏器 11 变为平面偏振光,再入射到调制器电光晶体 1 上。由于电光效应的作用,从电光晶体射出的光变为椭圆偏振光,经 1/4 波片 2 获得一光学偏置(以此提高探测灵敏度),最后经检偏器 3 输出,这样就由相位的变化转换成强度的变化。输出的光强为

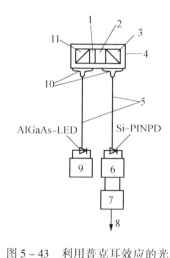

$$I = I_0\sin^2\left(\frac{\varphi}{2} + \frac{\pi}{4}\right) \qquad (5-78)$$

式中,φ 是晶体中两正交平面偏振光的相位差。φ 由下式给出

$$\varphi = 2\pi n_0^3 \gamma_{41} U/\lambda_0 \qquad (5-79)$$

当晶体的通光方向垂直于外加电场时称为横向运用,这时产生的电光效应称为横向电光效应。晶体中两正交的平面偏振光由于电光效应产生的相位差为

$$\varphi = \frac{\pi n_0^3 \gamma_c U}{\lambda_0} \cdot \frac{l}{d} \qquad (5-80)$$

式中,γ_c 是有效电光系数;l 是光传播方向的晶体长度;d 是电场方向晶体的厚度。

图 5－43　利用普克耳效应的光纤电压传感器示意图
1—BGO 调制器晶体;2—1/4 波长片;3—检偏器;4—电压传感器测头;5—多模光导纤维;6—光探测器;7—运算器;8—输出信号;9—光源;10—光耦合器;11—起偏器

晶体的半波电压由下式给定

$$U_{\lambda/2} = \frac{\lambda_0}{2n_0^3 \nu_c} \cdot \frac{l}{d} \qquad (5-81)$$

晶体的半波电压 $U_{\lambda/2}$ 与晶体的几何尺寸有关,通过适当地调整电光晶体的 d/l 比值(称为纵横比),可以降低半波电压的数值,这是横向调制的一大优点。同样,可以利用横向电光效应构成光纤电压传感器。

5.6.2　克尔效应

克尔效应也称为平方电光效应,它发生在一切物质中。当外加电场作用在各向同性的透明物质上时,各向同性物质的光学性质发生变化,变成具有双折射现象的各向异性特性,并且与单轴晶体的情况相同。

设 n_0、n_e 分别为介质在外加电场后的寻常光折射率和非常光折射率。当外加电场方向与光的传播方向垂直时,由感应双折射引起的寻常光折射率和非常光折射率与外加电场 E 的关系为

$$n_e - n_0 = \lambda_0 k E^2 \tag{5-82}$$

式中,k 是克尔常数。

在大多数情况下 $n_e - n_0 > 0$(k 为正值),即介质具有正单轴晶体的性质。表 5-2 列出了一些液体的克尔常数。

表 5-2　一些液体的克尔常数

物　　　质		$k/(300 \times 10^{-7} \mathrm{cm} \cdot \mathrm{V}^{-2})$
苯	C_6H_6	0.6
二硫化碳	CS_2	3.2
氯　仿	$CHCl_3$	-3.5
水	H_2O	4.7
硝基甲苯	$C_5H_7NO_2$	123
硝　基　苯	$C_6H_5NO_2$	220

注:20 ℃,$\lambda_0 = 589.3$nm

克尔效应最重要的特征是,感应双折射几乎与外加电场同步,有极快的响应速度,响应频率可达 10^{10} Hz。因此,它可以制成高速的克尔调制器或克尔光闸。图 5-44 是克尔调制器装置。它由玻璃盒中安装的一对平板电极和电极间充满的极性液体组成,也称为克尔盒。把调制器放置在正交的偏振镜之间,即让偏振镜的透光轴 N_1、N_2 互相垂直,并且

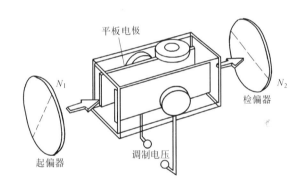

图 5-44　光克尔调制器

N_1、N_2 与电场方向分别成 ±45 ℃。通光方向与电场方向垂直。当电极上不加外电场时,没有光通过检偏镜,克尔盒呈关闭状态。当电极加上外加电场时,有光通过检偏镜,克尔盒呈开启状态。若在两极上加电压 U,则由感应双折射引起的两偏振光波的光程差为

$$\Delta = (n_e - n_0)l = k \cdot \lambda_0 \left(\frac{U}{d}\right)^2 \cdot l \tag{5-83}$$

两光波间的相位差则为

$$\Delta\phi = 2\pi k l \left(\frac{U}{d}\right)^2 \tag{5-84}$$

式中,U 是外加电压;l 是光在克尔元件中的光程长度;d 是两极间距离;k 是克尔常数。此时,检偏镜的透射光强度 I 与起偏镜的入射光光强 I_0 之间的关系可由下式表示

$$I = I_0 \sin^2 \left[\frac{\pi}{2} \left(\frac{U}{U_{\lambda/2}}\right)^2 \right] \tag{5-85}$$

式中半波电压 $U_{\lambda/2}$ 可表示为

$$U_{\lambda/2} = d / \sqrt{2kl} \qquad (5-86)$$

利用克尔效应可以构成电场、电压传感器,其结构类似于图 5-43。

5.6.3 法拉第效应

许多物质在磁场的作用下可以使穿过它的平面偏振光的偏振方向旋转,这种现象称为磁致旋光效应或法拉第效应。

法拉第效应的装置如图 5-45 所示。当从起偏器出来的平面偏振光沿磁场方向(平行或反平行)通过法拉第装置时,光矢量旋转的角度 φ 由下式确定

$$\varphi = V \oint_0^l \boldsymbol{H} \mathrm{d}l \qquad (5-87)$$

式中,V 是物质的费尔德常数;l 是物质中的光程;$\boldsymbol{H}$ 是磁场强度。

在法拉第效应中,偏振面的旋转方向与外加磁场的方向有关,即费尔德常数有正负值之分。一般约定,正的费尔德常数系指光的传播方向平行于所加 $\boldsymbol{H}$ 场方向,法拉第效应是左旋的;反平行于 $\boldsymbol{H}$ 场方向时是右旋的。

立方晶体或各向同性材料的法拉第效应可以解释为,由于磁化强度取决于沿磁场方向传播的右旋圆偏振光和左旋圆偏振光的折射率差,平面偏振光可以表示成左右旋圆偏振光之和。例如,以

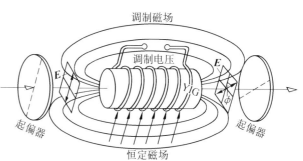

图 5-45 法拉第效应实验装置

琼斯矢量表示的 – 平面偏振光 $\begin{bmatrix} 1 \\ 0 \end{bmatrix}$,可以表示为左右旋圆偏振光之和,即

$$E_{in} \begin{bmatrix} 1 \\ 0 \end{bmatrix} = \frac{E_0}{2} \begin{bmatrix} 1 \\ j \end{bmatrix} + \frac{E_0}{2} \begin{bmatrix} 1 \\ -j \end{bmatrix} \qquad (5-88)$$

式中,$\begin{bmatrix} 1 \\ j \end{bmatrix}$ 是右旋圆偏振光的琼斯表达式;$\begin{bmatrix} 1 \\ -j \end{bmatrix}$ 是左旋圆偏振光的琼斯表达式。

这两束圆偏振光在经过材料 l 光程后出射。它们相对于入射光波有一个相移 $\delta = -2\pi n \dfrac{d}{\lambda_0}$。这时出射波为

$$E_{\text{out}} = \frac{E_0}{2} \begin{bmatrix} 1 \\ j \end{bmatrix} \mathrm{e}^{-j2\pi n_r d/\lambda_0} + \frac{E_0}{2} \begin{bmatrix} 1 \\ -j \end{bmatrix} \mathrm{e}^{-j2\pi n_l d/\lambda_0} \qquad (5-89)$$

式中,n_r 是右旋圆偏振光的折射率;n_l 是左旋圆偏振光的折射率。把上式改写为

$$E_{\text{out}} = \frac{E_0}{2} \mathrm{e}^{-j2\pi(n_r+n_l)l/(2\lambda_0)} \left\{ \begin{bmatrix} 1 \\ j \end{bmatrix} \mathrm{e}^{-j2\pi(n_r-n_l)d/(2\lambda_0)} + \begin{bmatrix} 1 \\ -j \end{bmatrix} \mathrm{e}^{j2\pi(n_r-n_l)l/(2\lambda_0)} \right\} \quad (5-90)$$

令

$$\theta = \frac{2\pi(n_r + n_l)l}{2\lambda_0} = \frac{\pi}{\lambda_0}(n_r + n_l)l \qquad (5-91)$$

$$\phi = \frac{2\pi(n_r - n_l)l}{2\lambda_0} = \frac{\pi}{\lambda_0} \cdot (n_r - n_l)l \qquad (5-92)$$

将式(5-91)、(5-92)代入式(5-61)中,经整理可得

$$E_{out} = E_0 e^{-j\phi} \begin{bmatrix} \cos\theta \\ -j\sin\theta \end{bmatrix} \qquad (5-93)$$

式(5-93)表示一个与入射的平面偏振光 $E_{in}\begin{bmatrix} 1 \\ 0 \end{bmatrix}$ 成 θ 角的平面偏振光,也即出射光仍为平面偏振光,但偏振面旋转了 θ 角,其大小由式(5-92)来表示。

法拉第效应导致平面偏振光的偏振面旋转。这种磁致偏振面的旋转方向,对于所给定的法拉第材料仅由外磁场方向决定,而与光线的传播方向无关。这是法拉第旋转和旋光性旋转间的一个最重要的区别。对于旋光性的旋转,光线正反两次通过旋光性材料后总的旋转角度等于零,因此,旋光性是一种互易的光学过程。法拉第旋转是非互易的光学过程,即平面偏振光一次通过法拉第材料转过角度 θ,而沿相反方向返回时将再旋转 θ 角。因此,两次通过法拉第材料后总的旋转角度为 2θ。这样,为了获得大的法拉第效应,可以将放在磁场中的法拉第材料做成平行六面体,使通光面对光线方向稍偏离垂直位置,并将两面镀高反射膜,只留入射和出射窗口。若光束在其间反射 N 次后出射,那么有效旋光厚度为 Nl,偏振面的旋转角度提高 N 倍。

在光纤传感器中,法拉第效应是偏振调制器的基础。利用法拉第效应可以制作光纤电流传感器。

5.6.4 光弹效应

双折射现象是由塞贝克和布儒斯特发现的。图5-46表示双折射现象的实验装置。若沿 MN 方向有压力或张力,则沿 MN 方向和其它方向的折射率不同。就是说,在力学形变时材料会变成各向异性。压缩时材料具有负单轴晶体的性质,伸长时材料具有正单轴晶体的性质。物质的等效光轴在应力的方向,感生双折射的大小正比于应力。这种应力感生的双折射现象称为光弹效应。

设单轴晶体的主折射率 n_e 对应于 MN 方向上的振动光的折射率,主折射率 n_0 对应于垂直 MN 方向上的振动光的折射率,这时光弹效应与压强 p 的关系可表达为

$$n_0 - n_e = kp \qquad (5-94)$$

式中,k 是物质常数;$(n_0 - n_e)$ 是双折射率,表征双折射性的大小,此处也表征光弹效应的强弱。

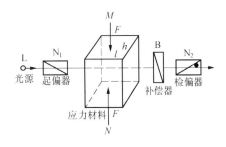

图 5-46　形变应力双折射实验装置

若光波通过的材料厚度为 l,则获得的光程差为

$$\Delta = (n_0 - n_e)l = kpl \qquad (5-95)$$

相应引起的相位差为

$$\Delta\varphi = \frac{2\pi}{\lambda_0}(n_0 - n_e)l = 2\pi kpl/\lambda_0 \tag{5-96}$$

理论上光弹效应可用折射率椭球参量的变化与应力 σ_j 或应变 ε_j 的关系(光弹效应方程)来描述,即

$$\Delta b_i = \pi_{ij}\sigma_j \tag{5-97}$$

或

$$\Delta b_i = p_{ij}\varepsilon_j \quad i,j = 1,2,\cdots,6 \tag{5-98}$$

式中, π_{ij} 是压光系数(或压光应力系数); p_{ij} 是普克耳系数(或压光应变系数)。

材料的光弹效应是应力或应变与折射率之间的耦合效应。虽然光弹效应可以在一切透明介质中产生,但实际上它最适于在耦合效率高或光弹效应强的介质中产生。电致伸缩系数较大的透明介质具有较大的光弹效应。

利用物质的光弹效应可以构成压力、声、振动、位移等光纤传感器,可用均匀压力场引起的纯相位变化进行调制,这就构成了干涉型光纤压力、位移等传感器;也可用各向异性压力场引起的感应线性双折射进行调制,这就构成了非干涉型光纤压力、应变传感器。应用光弹效应的光纤压力传感器的受光元件上的光强由下式表示

$$I = I_0(1 + \sin\pi\frac{\sigma}{\sigma_\pi}) \tag{5-99}$$

式中, σ 是应力; σ_π 是半波应力。

对于非晶体材料

$$\sigma_\pi = \lambda_0/(pl) \tag{5-100}$$

式中, p 是有效光弹常数; l 是光弹材料的光路长度。

据报导,用光路长度 $l = 0.6$ cm 的硼硅酸玻璃作光弹材料,用波长 $\lambda_0 = 0.82$ μm 的 LED 作光源时, σ_π 和最小可检测压力的理论值分别为 2.1×10^7Pa 和 91.4Pa($I = 380 \times 10^-$ W)。

偏振调制光纤传感器是有较高灵敏度的检测装置,它比高灵敏度的相位调制光纤传感器的结构简单,且调整方便。

§5.7 对光纤与光电器件的要求

光纤、激光器、探测器是构成光纤传感器的主要部件,其特性的好坏,对光纤传感器的灵敏度影响极大。这里,主要从光纤、光电器件的性能要求上,讨论一下它们对灵敏度的影响。

光纤传感器的灵敏度,主要决定于系统中的内部噪声电平,因此在光纤传感器里分离出噪声源,并设法降低它,对提高灵敏度是有实际好处的。

光纤系统的主要噪声源是背向瑞利散射噪声和偏振噪声。瑞利散射从根本上讲是不能消除的。如前所述,其产生原因在于,在光纤芯中存在着石英玻璃熔融后分子结构的不规则性,以及由此而形成的折射率的不均匀性。瑞利散射的大小与传输的模、纤芯尺寸无关,而与波长的四次方成反比,因此,选用长工作波长是有利的。偏振噪声的出现,是由于

不同模式的波传播常数 β 不同,导致模间的脉冲形成。即使在单模光纤里,也存在着两个正交偏振的 HE_{11} 模式分量,其传播常数分别为 β_1 和 β_2。由于在传感器中所使用的光纤截面形状偏离了圆形,以及由于光纤内应力和纤芯内缺陷的存在,这样在各种偏振程度的偏振状态下的正交偏振分量之间,将产生能量交换,使得光纤输出端的偏振光变得不稳定,从而产生偏振噪声。所以保持单模光纤偏振状态的稳定十分重要,这样做的结果,可使灵敏度提高几个数量级。

光纤传感器对光源－激光器的一般要求是:有一定的功率输出、输出的偏振相干性要好、寿命长。在目前研制的各类传感器中,用 He－Ne 气体激光器做光源的比较多。但从发展看,体积小、性能可靠的半导体激光器应具有宽广的应用前景。在将半导体激光器应用于传感器时,要注意解决三个问题:相干长度要提高,幅度噪声与相位噪声要降低。相干长度事实上由谱线宽度所决定。对于 GAAS－ALGAAS 系列的双异质结半导体激光器,在连续波振荡条件下,在 $5 \sim 5\,000$ MHz 频带范围内的相干长度为 3 mm ～ 3 m,而 He－Ne 激光器可达到几厘米。为了不使半导体激光器的相干长度受光反馈影响而变得更短,反馈量必须控制在 10^{-5} 以下。

激光器的幅度噪声受温度、腔长变化以及载流子分布不均匀等因素影响,它与频率成反比,1 kHz 以下影响较大。因此,要用干涉仪检测出 1 kHz 以下的信号时必须设法降低低幅度噪声。干涉仪光源波长的不稳定将引起相位噪声,其大小与干涉仪两臂的光程差密切相关,且同光程差大小成正比变化。这样就要求干涉仪两臂光路和长度必须十分匹配,且要求半导体激光器的频率稳定度要高。

在光纤传感器里,半导体雪崩光电二极管(APD)和 PIN 光电二极管是把光信号变成电信号的检测器件,其噪声源主要是"散粒噪声",它是由光信号中的光子在检测器件内部转换成电信号的过程中所产生的波动引起的。在散粒噪声中,光电流 I_0 和暗电流 I_D 引起的噪声是主要的。设法降低光电检测器的噪声,对传感器灵敏度的提高具有现实意义。

第六章 光纤机械量传感器

§6.1 引言

利用光纤传感器可以实现对多种机械量的检测。例如检测位移、振动、压力、速度、加速度、角度、角速度等。随着光纤检测技术的不断发展,光纤传感器所测机械量的种类还将进一步增多。

光纤机械量传感器可分为传光型(非功能型)和传感型(功能型)两类。其调制方式可以是光强调制、相位调制、偏振调制以及频率调制等。以上调制原理在第五章已阐述,下面将总体地说明一下几种调制技术在机械量测量中的应用

传光型强度调制光纤传感器使用的调制技术分外调制和内调制。外调制技术由外加敏感元件控制光源传输到探测器的光量。外加敏感元件可以是透射式的,折射率式的和反射式的。

透射式敏感元件对传输光的影响,实际上是一种对被测物理量的模拟及开关测量。最简单的结构可用于检测不透明物体的存在。不透明物体可能把光全部遮断,或者使光变暗,例如测量污浊度和粒子浓度,其吸收光量的大小与本身大小和浓度成正比。这种方式也可以产生按距离改变的光强信号。图6-1说明了光源发出的光通过光纤传输过程中,光探测器接收的信号光强是如何随两段光纤的径向和轴向相对位移而变化的。径向位移系统中,当接收光纤和发送光纤相对位移等于光纤直径时,接收光强信号近似为零;相对位移为零时,接收光强最大。可见径向位移的测量范围受光纤直径的限制,但检测灵敏度很高。轴向位移与此相反,它的测量范围大,但灵敏度较低。

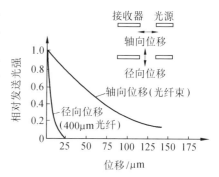

图 6-1 一束光源作轴向位移光纤和一根 400 μm 光纤与入射光束作径向运动时,光强度是位移的函数

反射式光纤敏感元件通常是由入射光传输光纤和反射光收集光纤制成一光纤束。在反射体一侧,光纤束中的入射光纤和接收光纤可以是无规则排列或半圆形排列。从光源发出的入射光在反射体上反射,由接收光纤收集,最后传输到光探测器检测光强变化。它能用于检测反射体的存在和测定反射体表面与检测头间的距离。图6-2示出了反射光强与反射面和敏感元件端面间距的关系曲线。从曲线斜率的比较可以看出,无规则排列

光纤探头比半圆形排列具有较高的灵敏度,但动态范围较小。

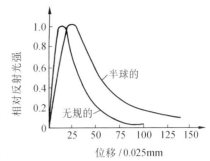

图6-2 反射光强与距离函数的典型曲线

强度调制光纤传感器的内调制技术是指无需外加敏感元件,而靠改变光纤自身的传输特性来实现传输光强度调制。其中最典型的是利用微弯效应实现光强调制。当光纤存在微弯曲时,光纤芯中的传导模就会逸出到包层成为包层模,从而使传输光能量衰减。如果光纤的微弯曲是由外施力或压力产生的,接收光强变化就与生成光纤形变的物理量有关。图6-3示出一种微弯器结构。

光强与产生光纤微弯的夹具位移间的关系在小位移时是线性的。对大位移用聚合物涂复的光纤,这种关系是非线性的,但测量的动态范围较大。微弯曲敏感元件的优点是,测量精度高,成本低,且光路是完全密封的,不受环境因素影响。

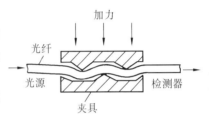

图6-3 光纤微弯曲敏感元件

在机械量测量中,强度调制传感器可测压力、位移、水声、角位移、应变、表面粗糙度等。

光纤相位调制传感器由于其灵敏度极高,在机械量测量中占有优势。在这种传感器中,光纤是作为光学干涉仪的两条干涉光路。通常选激光器作光源,单模光纤作参考光路和传感光路。一般是使激光先分后合,即先将激光分成两束射入参考光纤和敏感光纤,然后使两光束相干涉进行检测。待测物理量会使敏感光纤的长度或折射率发生变化,因而使它与参考光纤中所传输的光产生一个相移,检测出此干涉相移,就可得到待测物理量的大小。此类传感器可以测振动、压力、加速度、应变等多种机械量。

光纤偏振调制传感器主要用于测振动。图6-4为偏振态调制测振仪结构,它是靠外

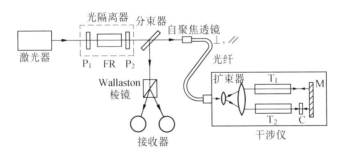

图6-4 偏振态调制测振仪结构

界待测量来产生光纤的高双折射,例如当机械振动波长与光纤的横向尺寸相当时,就造成了光纤中折射率分布的各向异性,从而引起传输光偏振面的变化,由此即可以测机械振动。

光纤频率调制传感器一般用于测流体流速。例如比较典型的光纤多普勒血液流量计

如图6-5所示,它是专门测量人体血管中血液流量的装置,在医学研究和临床很有实用价值。其结构有两个特点:一是参考光来自人体皮肤表面的反射,为在体外测量体内血管中的血液流速提供了方便;二是激励光是由一支芯径较小的光纤馈送,距离可以很长,而输出光纤很短,且是大芯径、高 NA 光纤,它收集皮肤表面的参考反射光和血管中流动血液的散射光。两种光经粗光纤送至探测器检测。血液流量是由相同的两个探头放置在同一血管的一定距离上做相关处理得到的。

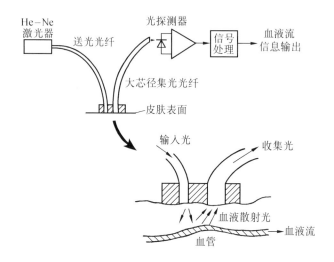

图6-5 光纤多普勒血液流量计探头

以上介绍了光纤机械量传感器的概况及常用的几种传感方式。在后面几节将重点介绍强度调制和相位调制技术在机械量测量中的应用。

§6.2 光纤位移传感器

光纤位移传感器可分为外调制式和内调制式两类。

6.2.1 外调制式位移传感器

透射式位移传感器,采用两根同样芯径的光纤,并将两根光纤的端面靠近装配到一起。光从一根光纤输出,通过两根光纤间微小空隙,进入另一根光纤。此时,如果两根光纤的中心轴为同轴,光通过光纤的连结处几乎不损失光能。但当两根光纤的光轴错开,光通过光纤间连结处光能损耗增加,光纤芯径端面起到接收光的天线作用,两根光纤芯径交叠面成为天线的"孔径"。多模光纤在芯径内传输的光能密度分布为均匀的,因此光纤连结处的光通量,基本上与两根光纤的芯径交叠面的面积成比例。如图 6-6(a)所示,两根光纤光轴错开的距离随物体位移的大小而变化,光纤输出光通量又随光轴错开距离的大小而变化,这就是透射式(亦称传输型或天线型)光纤位移传感器的工作原理。取光纤芯径为 50 μm 的多模光纤,利用图 6-6(a)所示的输出特性线性部分,当位移量为 1 μm 时,可望得到 2%以上的光通量变化。采用芯径小的单模光纤,并控制光纤端面上的光强分布,可进一步提高透射式光纤位移传感器的灵敏度。图 6-6(b)表示在光纤端面上制作透明与不透明等间隔相间排列的栅格,用这种栅格控制光纤端面上光强分布。光纤中光通量的变化,由间距为 S 的两个栅格之间错开的位移量来决定。如在光纤芯径为 50 μm 的光纤端面上制成 $S = 10\ \mu m$ 的栅格,位移传感器的灵敏度较高。

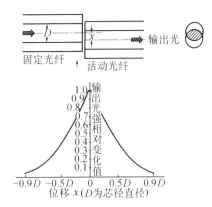

(a) 轴编离损耗位移传感器及其特性(测量值)

图 6-7(a)表示在两根光纤端面之间放入活动光闸门,以代替移动光纤的传感器。为提高传感器灵敏度,可利用图 6-7(b)所示的栅格法。这种结构因增加了光纤端面间的距离,需在光纤端面上组装光学透镜,以提高光传输效率。

图 6-8 为折射率式渐逝场型位移传感器,这是一种高灵敏度传感器。把光纤端面研磨成图 6-8 所示形状,光纤端面倾角为 θ。光在光纤端面全反射时,一部分光能量可到达端面外侧非常靠近端面的位置。假如把两根光纤的端面靠得非常近,渗出的光能几乎无损失地全部传入第二根光纤。在端面外侧渗出的光能量随离开端面的距离增加而呈指数关系减少。因此两根光

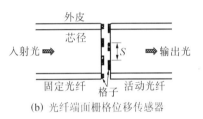

(b) 光纤端面栅格位移传感器

图 6-6　利用光纤端面光强分布特性的位移传感器

纤端面间距离增加,传入第二根光纤中的光通量便急剧减少。计算表明,若 $\theta = 76°$ 时,位移 x 为 0.15 μm,输出光强度减小到 1/10。实际上,由于光纤端面不平整等因素影响,灵敏度可下降一个数量级。

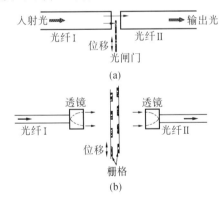

图 6-7　透射式光闸门光纤位移传感器

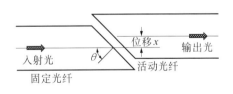

图 6-8　折射率式渐逝场型位移传感器

反射式光纤位移传感器也是非接触型传感器。在光纤端面附近,如果存在一个反射光的物体,由光纤输出的光,照射到物体上时发生反射,其中的一部分反射光又返回光纤。测出反射光的光强,就能以非接触方式确定物体是否存在及位移情况。这种传感器可使用两根光纤,分别作传输发射光及接收光用;也可以用一根光纤同时承担两种功能。为增

加光通量可采用光纤束。为避免从光纤端面输出的照明光，因光束扩展，在物体上照射面积变大，探测效果变坏，物体必须非常靠近光纤端面。这样，测量物体的位移范围因而变小，为解决这种问题，可采用在传输发射光的光纤端面上组装微透镜聚光。当物体距离光纤端面为 11 mm 时，位移测量范围可达到 2 mm，分辨率为 10 μm。这种传感器可用于确定精密机床加工工件放置位置及作为测量立体形状位置的传感器。

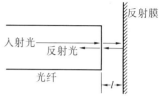

图 6－9　反射干涉式位移探测

图 6-9 所示为反射干涉式位移检测方法。其原理是在离开单模光纤端面微小距离为 l 处，放一个反射膜板，从光纤发射的光，经反射膜与光纤端面之间反复反射引起光干涉。这时返回到光纤端面的光强是距离 l 的函数，也是以 $\lambda/2$ 为周期（λ 为光波长）的周期函数。通过检测反射光的光强变化测定出反射膜的微小位置变化（位移小于 $\lambda/4$ 时，位置与光强具有一一对应关系）。

6.2.2　内调制式位移传感器

利用微弯效应制作的位移传感器是一种典型的内调制式光纤传感器。微弯效应即待测物理量变化引起微弯器位移，从而使光纤发生微弯变形，改变模式耦合，纤芯中的光部分透入包层，造成传输损耗。微弯程度不同，泄漏光波的强度也不同，从而实现了光强度的调制。由于光强与位移之间有一定的函数关系，所以利用微弯效应可以制成光纤位移传感器。

这里要介绍的传感器是用检测光纤包层模中光功率的方法测量微小位移。实验证明，它能测量小于 0.1 nm 的位移。沿着纤芯轴向的周期性空间变形可以利用两块波纹板产生，即微弯器。它把光纤夹在中间，如图 6-10 所示。两波纹板的相对位移由外界力（压力等）产生，从而使光纤产生周期性变形，此变形导致模式耦合，会使光从纤芯模耦合到包层模。检测出纤芯模或包层模中的光功率就可检测出加在微弯器上的外力。此模式耦合将使包层模中的光功率大大增加。由于在刚进入光纤测量截面以前，这些包层模中的任何光均能被消除（如图 6-10），所以黑暗背景使包层模（暗场）比纤芯模（亮场）检测灵敏度更高。

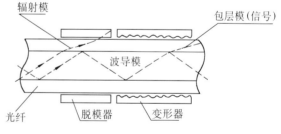

图 6-10　微弯位移传感器剖面图

理论和实验都已证明，使光纤沿轴向产生周期性微弯时，传播常数为 β 和 β' 的模之间就会产生光功率的耦合。波纹板周期的长度 Λ 与传播常数间满足下式

$$| \beta - \beta' | = \frac{2\pi}{\Lambda} \tag{6-1}$$

通过选择适当的微弯器周期 Λ，就能得到任何所需的模式耦合。

用于研究微弯传感器的实验装置如图 6-11 所示。从 125 型 He－Ne 激光器发射出来的光聚焦到阶跃型多模光纤的一端。此光纤没有被复层，数值孔径等于 0.22，是由直径为 75 μm 的 $C_{s2}O)$ – SiO_2 纤芯和直径为 100 μm 的 SiO_2 包层组成。光纤放在木盒中，而木盒放在一只由气体悬浮着的工作台上，以便减少环境噪声的影响。在变形器前 5 cm 长的光纤上涂上黑色涂料，以便消除包层模中的光。变形器由两块有机玻璃波纹板组成，每块波纹板共有 5 个波纹，每个波纹的长度为 3 mm。变形器的一块波纹板可通过千分表用手动调节的方法使它

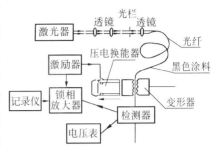

图 6 – 11　微弯位移传感器实验装置

相对另一块产生位移。另一块板可用压电式变换器产生动态位移。用体积为 1 cm^3 的灌满甘油的检测器检测包层模中的光信号。该检测器的 6 个内表面安装着 6 个太阳能电池。检测器的直流输出用数字式毫伏表读数，而交流输出用锁相放大器检测，并由记录仪记录放大器的输出。

下面分析该传感器的技术指标。

1. 灵敏度

位移传感器的灵敏度表示位移与输出的关系。用手动方式调节千分表，使之产生 25.4 μm 的位移，然后由压电式变换器产生 350 nm 和 3.5 nm 的动态位移。用图 6 – 11 所示的实验装置和光输入条件，求得传感器的灵敏度达 6 $\mu V/nm$(高阶模的灵敏度比低阶模的灵敏度更高)。因此，可以根据灵敏度估计出可检测的最小位移为 0.08 nm，如图 6 – 12 所示，传感器的动态范围 $\geqslant$ 110 dB。

2. 线性度

用两个不同频率 f_1 和 f_2 激励压电式变换器的方法来确定传感器的线性度。将 f_1 和 f_2 的信号幅值与 $2f_1, 2f_2, f_1 \pm f_2, 2f_1 \pm 2f_2$ 等各次谐波的幅值进行比较，可以得到传感器在动态范围的线性度都在 1% 以内。

3. 噪声

在未给变形器施加交变信号的情况下，研究传感器在三种情况下的噪声：① 有一个 5 μm 的位移施加在光纤上(变形器与光纤接触)；② 未施加任何位移(变形器不与光纤接触)；③ 没有光源。传感器的噪声可以从传感器输出漂移的有效值求得，如图 6 – 12 所示。左边的纵坐标表示检测器的输出，单位为 μV，它是频率的函数。图中最上面曲线的方形点表示变形器与光纤接触时传感器的输出，而最下面曲线的圆形点表示没有光源时系统的电

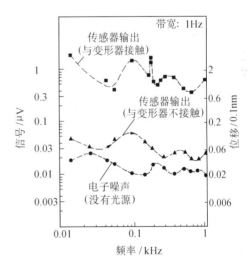

图 6 – 12　传感器噪声与频率的关系曲线；上面的曲线是变形器与光纤接触的情况；中间的曲线是变形器与光纤不接触的情况；最下面的曲线是传感器的电子噪声(没有光源)。

子噪声。除了变形系统在 100 和 200 Hz 处产生的共振峰外,传感器的频率响应在 20~1 100 Hz 范围内比较平坦。频率低于 20 Hz 时,环境噪声就成为主要的噪声。图上中间曲线的三角形点对应于暗场情况,这些点比方形点约低 30 dB,这说明暗场对于检测小信号的重要性。根据压电式变换器的标定,可用以 nm 为单位的位移来表示传感器的噪声,如图 6-12 右面的垂直轴所示。从图中最上面曲线的最低方形点可以看出,能够检测几十分之一纳米的位移。

传感器的总噪声 N_t 由下面的等式给出

$$N_t = N_{LS} + N_{fib} + N_{back} + N_{det} + N_{el} \tag{6-2}$$

即总噪声是由光源(N_{LS})、光纤(N_{fib})、传感器元件包层模中的背景光(N_{back})、检测器(N_{det})和电子(N_{el})等几部分组成。当功率较大时($\geqslant 5$ mW),固体激光器的噪声主要是散粒噪声。图 6-11 所示的实验装置中,光源是 125 型激光器(用于多模光纤),其噪声比散粒噪声约大 30 倍。N_{fib} 是由光纤结构或成分上的缺陷或者环境噪声引起的。图 6-11 实验装置中的太阳能电池检测器的噪声 $N_{det} \approx 10^{-10}$ W,而 PIN 光电二极管的噪声 $N_{det} \approx 10^{-14}$W。对上述装置,电子噪声 $N_{el} \approx 4 \times 10^{-11}$ W。

N_{back} 这种噪声功率是由于包层模中的光功率 P_{back} 不稳定引起的。对于暗场情况,P_{back} 主要由瑞利散射产生,可以在变形器前面用脱模器,以消除微弯前包层模中的光功率,从而减小这种瑞利散射的影响。

该传感器能检测的最小信号功率受总的噪声功率限制,并等于总的噪声功率。

4. 信噪比

在包层模中的光信号功率 P_s 由下式给出:

$$P_s = P_{cl} - P_{back} = k \cdot P_c \cdot D \tag{6-3}$$

式中,P_{cl} 是包层模中的信号光功率;P_{back} 是包层模中的背景光功率;k 是位移耦合系数;P_c 是纤芯模(传导模)中的信号光功率;D 是相对位移。对于图 6-11 所示的装置,k 值等于 $10^{-4}/\mu m$。

噪声 N_t 与 $\sqrt{P_c}$ 成比例,利用式(6-3),可以得到信噪比为

$$P_s/N_t = Ak\sqrt{P_c}D \tag{6-4}$$

式中,A 是一个比例常数,使 $P_s = N_t$ 时,就可求出最小可检测位移为

$$D_{min} = 1/(Ak\sqrt{P_c}) \tag{6-5}$$

为了得到较高的灵敏度。即测量较小的位移 D_{min},必须提高光源功率(P_c)或提高耦合系数(k)。对于一个典型的发光二极管或 GaAa 激光器,$P_c \approx 10$ mW。耦合系数的提高可以通过设计适当的变形器(例如较长的变形器或较短的周期),或者选用适当的光纤类型和光纤材料(例如渐变型光纤能提高灵敏度),或者采用适当的光学零件(例如激励高阶模或泄漏模)等方法实现。

6.2.3　相位干涉式位移传感器

Mach-Zehnder 光纤干涉仪是应用较为广泛的一种干涉仪。可以用于测量位移,其工作原理在第五章已作介绍,如图 5-22。

它是一种双光路干涉仪,在输出端产生的光场强可简单的表示为 $I \propto 1 + \cos 2\pi m$,其中 m 为干涉级数,$m = \dfrac{\Delta l}{\lambda}$ 或 $m = f\tau$。因此,当外界因素产生相对光程差 Δl 或相对光程延时 τ,以及传播光频率或光波长发生变化时,都可以引起两臂中的光相位或干涉条纹 m 的变化,即干涉条纹移动,它代表了被传感的物理量。用条纹移动检测待测量的 Mach – Zehnder 光纤干涉仪如图 6 – 13 所示。

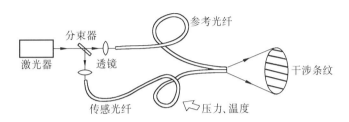

图 6 – 13　干涉条纹输出 Mach – Zehnder 干涉仪

外施力可以直接产生传感臂光纤长度 L 和直径 d 变化以及折射率 n 变化。为了改善光纤对压力的传感灵敏度,通常在包层外再涂覆一层特殊材料。传感臂上涂覆材料具有"增敏"特性,而参考光纤涂覆材料对传感量具有"去敏"特性。这样可以有效提高检测信噪比。当光纤表面涂覆对其它物理量敏感的材料时,例如磁致伸缩材料、铝导电膜和压电材料等,则可以实现对其它物理量,如磁场、电流、电压等的检测。

当光源的频率 f 或波长 λ 发生变化时,而把两臂的光程 l 固定,则干涉条纹的级数也随之变化。因为激光频率取决于激光谐振腔的长度 z,故利用激光腔长的变化可做成位移传感器。

$$|\mathrm{d}z| = z \cdot \lambda \cdot \mathrm{d}m / \Delta l \qquad (6 – 6)$$

式中,$\mathrm{d}m$ 为干涉条纹级数微变量,根据这个公式可以计算出,对 1 km 长光纤和激光腔长为 5 cm,用电子方法准静态测量得到的条纹移动量 $\mathrm{d}m$ 达到 $10^{-3}\lambda$ 时,可测量 $3.4 \times 10^{-8}\lambda$ 的腔长位移(相当 2.2×10^{-5} nm)。可见,相位干涉式传感器检测位移的灵敏度极高。

由于位移检测是机械量检测的基础,故许多机械量都转换成位移的变化,再用光纤进行检测。因此,只要对位移传感器做适当的改进,就可以测量变形、压力、加速度、水声等多种机械量。

§6.3　光纤压力和水声传感器

测量压力和水声,通常可以采用反射式或微弯型光强调制光纤传感器,也可以采用相位调制光纤传感器和偏振调制光纤传感器。

6.3.1　全内反射光纤压力传感器

光纤压力传感器一般是利用膜片受压弯曲使反射表面发生弯曲的原理制成的。用石英做膜片时,膜片弹性模量变化引起的热不稳定实际上可以消除。还可以利用固定在膜片上的可动反射体,使反射光通量重新分布的原理而制成。

图 6 - 14 所示的光纤压力传感器是基于全内反射条件被破坏的原理。其工作过程如下:膜片受压后弯曲,改变了棱镜基底与光吸收层间的气隙,从而引起棱镜上界面全内反射的局部破坏。这时部分光离开上界面,进入吸收层并被其吸收。最后,用桥式接收光路检测由气隙变化产生的反射光强的变化。

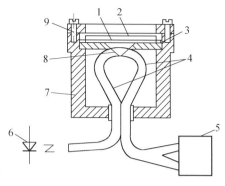

图 6 - 14　全内反射破坏式光纤压力传感器
1—膜片;2—光吸收层;3—垫圈;4—光导纤维;5—桥式光接收线路;6—发光二极管;7—壳体;8—棱镜;9—上盖

常压时,膜片没有变形,膜片与光纤间保持着较大的初始气隙,故此膜片的照射面积较大,反射到接收光纤的光强也大,使光电探测器的输出电信号也大。

当膜片受压时,便弯曲变形。对周边固定的膜片,在小挠度($W \leqslant 0.5\ t$)的范围内,膜片中心挠度按下式计算

$$W = \frac{3(1 - \mu^2) a^4 P}{16 E t^3} \qquad (6 - 7)$$

式中,W 是膜片中心挠度;a 是膜片有效半径;t 是膜片厚度;E 是弹性模量;μ 是泊松比;P 是外施力。由上式可知,在小载荷条件下,膜片中心位移与所受压力成正比。

由于膜片受压力作用要向内侧挠曲,使光纤与膜片间气隙减小,因此发送光纤在膜片内表面的光照面积也缩小,致使反射回接收光纤的光强减小,光电探测器输出随之减小。传感器的输出信号只与光纤和膜片之间的距离以及膜片的形状有关。为了减小传感器的非线性,膜片弯曲挠度一定要控制在小于膜片厚度的范围以内。当膜片过载时,传感器产生明显的非线性输出。在测量大压力时,如果膜片直径一定,则必须增大膜片的厚度。

光纤压力传感器是一种适用于动态压力测量的装置,其频率特性是十分重要的指标。在膜片周边固定条件下,膜片最低固有频率可按下式计算

$$f_0 = \frac{2.56t}{\pi a^2} \cdot \sqrt{\frac{gd}{3P(1 - \mu^2)}} \qquad (6 - 8)$$

式中,d 是膜片材料密度;g 是重力加速度。

由上式可知,膜片的固有频率与材料有关,而且与膜片有效半径的平方成反比,与膜片的厚度成正比。由于该传感器尺寸甚小,因此固有频率相当高。例如,直径为 2 mm,厚度为 0.65 mm 的不锈钢膜片,固有频率高达 128 kHz。实际上,传感器的频率响应除决定于膜片的固有频率外,还与压力容腔及压力导管有密切的关系。考虑这些因素后,传感器的频率响应通常低于膜片的固有频率。此外,光电探测器件的频响特性也限制了传感器的频响。工作于反向偏置的半导体光电二极管,光电流随入射光变化的上升时间虽短,但其响应频率一般也比膜片的固有频率低。尽管传感器的频率响应受到光电器件特性限制,但它的响应频率还是相当高的。由于这种传感器尺寸非常小,受对流体的流场影响不大,灵敏度很高,受环境(声、振动、温度)影响都很小,因此,在动态压力测试中是一种比较理想的传感器。

6.3.2　微弯曲光纤水声传感器

基于光纤微弯曲效应的水声探测器都是用多模光纤制成，它技术简单，易于推广应用。

一种改进型的微弯曲型水声传感器结构如图6－15所示。多模光纤被绕制在开有纵向槽并带螺纹的铝管螺纹谷内，纵向槽中装绕的光纤部分受橡皮套传来的外部压力将产生变形，而光纤其它部分则被铝管的纹槽顶紧，光纤的橡皮套将不承受压力。这样在水声力波作用下，铝管开槽处光纤产生微变形，使包层散射模功率增大，纤芯中传导模功率减小。

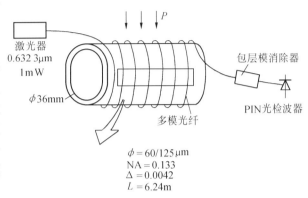

这种水声检测方案，由于使用了长光纤，其灵敏度和最小可测压力比

图6－15　微弯曲光纤水声探测器

一般光纤微弯曲传感器都有明显提高，结构简单，带宽也较大。实验装置的灵敏度已达－215 dB(相对于 1 V/μPa)，而且还有进一步提高的潜力。

6.3.3　动态压力传感器

图5－22光纤干涉仪作声波测量的原理前已述及。静压力变化 Δp 作用在长度为 l 的光纤上所产生两臂中的相位变化 $\Delta\phi$ 的表达式为

$$\Delta\phi = \frac{\pi l}{\lambda_0}\left\{\frac{\lambda_0\alpha}{\pi}\cdot\frac{\partial\beta}{\partial\alpha} - n^3(p_{11} + p_{12})\right\}\left[\frac{1 - \nu - 2\nu^2}{E}\right]\Delta p \qquad (6-9)$$

式中，ν 为泊松比；α 是线膨胀系数；$\frac{\partial\beta}{\partial\alpha}$ 是光纤圆度变化率，用 rad 表示；p_{11} 和 p_{12} 是光纤光弹系数；E 是杨氏模。测力灵敏度曲线如图6－16所示。此图是用无涂复光纤，在 7.8 MHz 的高频声波冲击下测得的，光源用的是 He－Ne 激光器。由曲线可知，实验与理论值基本相同，只是中间一小段出现下凹。

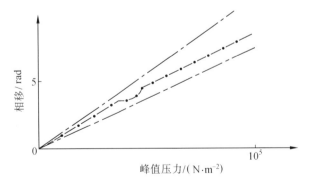

图6－16　Mach－Zehnder 干涉仪压力灵敏度曲线

这种压力传感器的灵敏度极高，有很大的实用价值，尤其适用于微声压的测量，在测量空间尺寸受限场合应用更是优越。它的工作带宽从直流可到 20 MHz。用它来做水声探测器，由于光纤探测是非金属的，在海下指挥塔使用不易被敌方发觉。它也可以使用于

易燃、易爆、强腐蚀、电磁干扰等工业环境中。

这里特别要提及的一点是，Mach-Zehnder 光纤干涉仪检测空气中声波灵敏度比水声检测灵敏度要高的多。这是由于压力波 Δp 除直接产生相位调制外，还会使光纤略有温升产生(绝热过程)，因而通过这一效应对光纤相位也产生调制，故

$$\frac{\Delta \phi}{\phi} = \frac{1}{\phi} \frac{\partial \phi}{\partial T} \big|_p \cdot \Delta T + \frac{1}{\phi} \frac{\partial \phi}{\partial p} \big|_T \cdot \Delta p \tag{6-10}$$

式中

$$\Delta T = \frac{\partial T}{\partial p} \big|_{表面} \cdot \Delta P \tag{6-11}$$

系数 $\frac{\partial T}{\partial p}$ 除与光纤材料及形状有关之外，尚与光纤所处介质性质有关。水和空气的 $\frac{\partial T}{\partial p}$ 值差别甚大(对确定光纤)，分别为 6×10^{-8} k/Pa 和 9×10^{-2} k/Pa。这说明水中探测声波时的压力-温度-相移效应项可以忽略不计；而光纤置于空气中探声时，这个附加相位调制效应甚至比直接的力-相位调制效应大 2×10^3 倍，因此实测空气声波灵敏度要比测水声高出一个数量级。

声波传感器是 Mach-Zehnder 干涉仪最成功的应用之一。

6.3.4　偏振调制光纤压力和水声传感器

各向同性的介质材料，在外施应力作用下，会呈现各向异性的光学特性。这就是通常所说的材料的光弹效应或应力双折射效应。光弹效应是一种使传输光产生线性双折射的偏振效应。若应力垂直加于光波传播方向时，则应力方向的介质常数增加，从而改变此方向的偏振光大小。因此，线性偏振调制实质上也是一种光的强度调制。

各种固体材料都具有光弹效应，无需晶体对称性。在非单质材料中，光弹效应是有方向的。应力产生的双折射现象在某些应力塑料中特别强，可广泛应用于结构的应力分析。

通常，光弹系数是比较小的。为了测量小应力，只有在较长光路上累积光弹作用。光弹效应在 Bragg 元件调制器和致偏器中得到广泛应用。光弹效应也可作水声探测器的基础。应该注意，只有当声波波长与光纤作用尺寸可比拟时，折射系数才与偏振状态有关，否则，声波产生的折射率变化将独立于光偏振。

折射系数变化与声强的关系可用下式表示

$$\Delta n = \frac{n^3 p}{2} \left(\frac{2 I_s p}{\rho V_s^3} \right)^{\frac{1}{2}} \tag{6-12}$$

式中，p 是光弹系数；n 是折射率；ρ 是密度；V_s 是声波通过材料的速度，I_s 是声强。

显然，材料的光弹性声强检测灵敏度 M 可定义为

$$M = \frac{n^6 p^2}{\rho V_s^3} \tag{6-13}$$

它表示了压力波与光偏振相互作用效率。

光弹效应作为测量压力和应变等一些机械量传感器的基础，既可做静态检测，又可做动态检测。调制方法既可用均匀压力场产生纯相位变化，又可用非均匀压力场产生感生双折射。

平面物体受到应力作用时,物体的各点都有两个主应力分量。光入射到这种透明物体时,将分解为两束线性偏振光,且两个光矢量分别沿着两个主应力方向传播。它们的折射率之差与主应力之差成正比,图 6-17 所示为光弹偏振测量仪示意图。

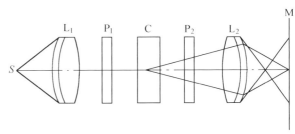

在图 6-17 中,把承受外应力的透明光弹薄片 C 放在两正交偏振片 P₁ 和 P₂ 之间,就像把波片放在两正交偏振片之间一样。在屏幕 M 上会出现偏振光干涉产生的干涉条纹。如果用白光作光源,干涉条纹就是彩色的。条纹的形状由光程差相等(即主应力差相等)的那些点的轨迹来决定。根据这些条纹就可确定物

图 6-17 光弹测量仪示意图

体上各点的主应力之差。用其它方法测得各点的主应力之和与主应力方向,就可以实现物体上应力的定量分析。

硼硅酸耐热玻璃,又称为派热克斯(Pyrex)耐热玻璃。它在应力作用下具有各向异性的特点。利用这个特性可以制成如图 6-18 所示的光弹压力(水声)传感器。这种基于光弹效应的光纤传感器最小可测压差为 9.5 Pa(理论计算值为 1.4 Pa)。在 0~500 kPa 测量范围内有良好的线性,测量范围可扩展至 2 MPa,动态范围达 86 dB。通过改进光弹材料和测量方法,灵敏度可提高到 47 dB(相对于 1 mPa/$\sqrt{\text{Hz}}$)。工作

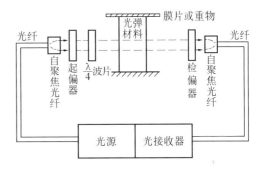

图 6-18 基于光弹效应的光纤传感器

在 599 Hz 时,计算值为 15 dB。如果把弹性膜片换成光弹材料重物,这种压力(水声)传感器就变成加速度传感器。用 Pyrex 玻璃材料,灵敏度为 10^{-3} g。用 Thiokol Solithane 113 材料,灵敏度可达 2.5×10^{-5} g。与干涉型光纤传感器相比,虽然偏振传感器灵敏度较低,但结构简单,调整容易(多用大芯径光纤),稳定性也有很大改善。

§6.4 光纤应变传感器

采用脉冲传输时间法可以测量自由空间光路的长度。这种方法通过测量光信号到达靶体又反射回来所占用的时间来确定光经过的距离。用光纤做测量光路,传输时间法可适用于任意弯曲光路及其变化的测量。对高强度的石英光纤,弹性伸长达百分之几时才能产生破碎。因此,通过测量任意弯曲光纤在机械应力作用下所产生的长度变化,便可确定应力值。利用光纤脉冲传输时间法可做成光纤应变仪。由于使用了多模光纤,这种光纤应变仪具有非常好的抗电磁干扰能力,且光路的弯曲和扭曲形变都不会对测量产生影响。

图 6 – 19 表示, 利用脉冲传输时间法的光纤应变仪结构图, 它是由通用光纤通信系统的标准元器件组成的。光纤可为任意环状, 由光脉冲发生器使之成为闭合回路。GaAs 激光器把峰值功率约 3 mW, 持续时间约 10 ns, 上升时间约 1 ns 的光脉冲送入多模光纤。光脉冲在光纤中传播时间 τ (如 200 m 长光纤, $\tau \approx 1$ μs)后, 由硅光电二极管接收, 经脉冲鉴别器产生触发脉冲, 并送至激光器使其发射下一个测量光脉冲。因此, 图 6 – 19 实质上是一个利用光纤传输延迟的脉冲振荡器。为了使它起振, 应为它提供一个单脉冲。这可用简单的手动方式实现。

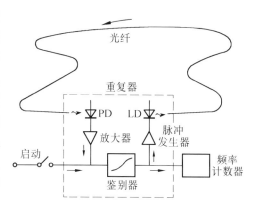

图 6 – 19　脉冲传输时间法光纤应变仪

系统的振荡周期为

$$T = N_g L / c + \tau_{el} \tag{6 – 14}$$

式中 L 是光纤长度; $N_g = \dfrac{c}{V_g}$ 是光纤群速度折射率; τ_{el} 是放大器、鉴别器和导线产生的电延迟时间。

周期 T 可用标准闸门计数器精确测量。例如, 若用 10 MHz 时钟脉冲和 1 s 的闸门时间, 则相对测量精度可达 $\dfrac{\Delta T}{T} \approx 10^{-7}$。对于 L 的测量, 从原理上讲也应具有同样的精度。但是, 由于 τ_{el} 的漂移和不稳定, 实际上 $\Delta L / L$ 的不确定性相当大。若精心调整鉴别器, 并选 $\tau_{el} = 50$ ns, 取 10^6 个周期平均, 则测量的短期(10 min)稳定性可达 1 ps(10^{-12} s)。把这个值折算成绝对长度误差, 约为 $\Delta L = 0.2$ mm, 且与 L 值无关。

为了确定式(6 – 14)中的 τ_{el} 值, 可用两根任意长的同种光纤进行测量。首先分别测出两个光纤系统的 T_1 和 T_2, 然后把两根光纤搭焊在一起, 并测量出 T_{1+2}。由式(6 – 14)可知, $\tau_{el} = T_1 + T_2 - T_{1+2}$。每次测量使用的都是同种光纤, 只是长度不同。例如, 一根长 185 m, 另一根长 233 m, 测得结果 $\tau_{el} = (49.65 \pm 0.01)$ ns。可见, 电子装置延迟时间约相当于 10 m 光纤的延迟。因此, 为了得到较高的相对精度 $\Delta L / L$, 应选取 $L \gg 10$ m。

在 τ_{el} 已知之后, 通过测量已知长度光纤系统的 T 值, 就可求出群速度 V_g。在本例中, 光源 $\lambda = 820$ nm, 温度为 23℃, 测量结果 $V_g = (2.009\,7 \pm 0.000\,1) \times 10^8$ m/s。在一般测量精度要求下, 当光纤弯曲曲率半径不小于 2 cm 时, 它对 V_g 的影响可忽略。

为了检验基于光纤传播时间振荡器的应变仪工作稳定性, 可把 185 m 光纤的一段(大约 85 m)支撑在一组直径 200 mm 的滑轮上, 每个滑轮放置间距约 21 m。对这一部分光纤施加应力, 使其最大应变的相对伸长为 0.7%。测量出 T 随应变的变化规律, 并把测量结果画成曲线, 如图 6 – 20 所示。可以发现, 在零应变附近, ΔT 与 ΔL 为轻微的非线性关系, 这是由光纤在起始应力作用下产生应变死点移动引起的。当应变较大时, 在 1 ps 精度内,没有明显的非线性和迟滞现象。

由式(6-14)计算的理论曲线的直线部分斜率表达式为

$$\frac{\mathrm{d}T}{\mathrm{d}L} = c^{-1}\left(N_g + L\frac{\mathrm{d}N_g}{\mathrm{d}L}\right) \quad (6-15)$$

式中第二项是由光纤折射率与应变相关产生的。如果忽略材料色散,即 $N_g = N$,由弹性光学理论可以求得

$$\frac{\mathrm{d}N}{\mathrm{d}L} = (N^3/2L)\left[p_{12} - \gamma(p_{11} + P_{12})\right]$$

$$(6-16)$$

式中 p_{ij} 是平均应变光弹系数;σ 是材料的泊松比。若把熔融硅的特性参数代入上

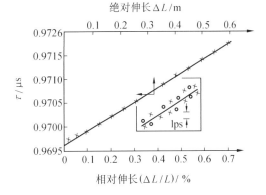

图6-20 光纤应变与振荡周期关系

×——应变增加测量点;○——应变减小测量点。

插图说明测量的重现性

式,则求得$\dfrac{\mathrm{d}T}{\mathrm{d}L} = 0.79\dfrac{T}{L}$。这个理论计算值与图6-20的实验值基本一致。

限制光纤应变长度测量精度的主要因素是 L 和 V_g 随环境温度变化产生的热漂移。纯硅的热胀系数为 $0.5\times10^{-6}/\mathrm{K}$,掺杂光纤热胀系数要略高一些,但与石英的群速的热增系数 $-12\times10^{-6}/\mathrm{K}$ 相比还是可以忽略不计的。在 $10\sim80$ ℃ 范围内,所用光纤测得的温度系数为 $-38\times10^{-6}/\mathrm{K}$。测量值之所以较大,是由光纤塑料护层的温度系数较大造成的,因为光纤外面的聚丙乙烯直径 1.0 cm,其热胀系数达 $(60\sim100)\times10^{-6}/\mathrm{K}$。

精度受限的另一个因素是 τ_{el} 的不稳定性。τ_{el} 含有多种统计规律的波动 $\Delta\tau_{el}$。为了减小它们的影响,可以增加平均测量的周期数。τ_{el} 的波动值取决于鉴别电路的种类和 SNR。对长度不太长的传感系统,通常 $L < 500$ m,所以光纤的衰减(< 5 dB/km)和模间色散($\leqslant 1$ ns/km)对精度都不是主要限制因素。当然,传感长度增至数千米时,它们的影响就显得格外突出了。

τ_{el} 不稳定的另一个原因是系统特性随温度和工作时间而变化。若把 τ_{el} 值尽量减小,例如达到几纳秒量级,并选用小于 $10^{-6}/℃$ 的低温漂电子器件,则在 20 ℃温度变化范围内,可使 $\Delta\tau_{el}$ 的温度稳定性达到 1 ps。还有一个关键问题是,要求鉴别器只对脉冲瞬时重心值起作用,而不与脉冲幅度相关,这样才不致使脉冲波形对 τ_{el} 发生影响。因此,应该使用"常值"鉴别器电路。

由上述分析可以得出结论:用传输时间光纤振荡器测量长至 1 km 任意形状分布的光纤绝对长度,并使其具有零点几毫米的分辨率是可以实现的。用光纤伸长的弹性机械装置,可以制作数字读出的光纤应变仪。

§6.5 光纤表面粗糙度传感器

用光纤测量表面粗糙度,主要是利用它对光信号的传输特性。

当一束光以 θ_i 角入射到被测表面时,如果表面是理想光滑的,入射光将沿镜反射方向全部反射;如果表面是粗糙的,入射光的一部分或全部会产生散射并偏离镜反射角 θ_s,因此空间某个角度的光能变化,可以反映表面粗糙度的特性。就镜反射方向来说,表面越粗糙,反射能量也越小。因此,若将被测表面反射(包括散射)的光信号加以接收,则可由测出的反射光强的大小来评定表面粗糙度的程度。

图 6-21 说明利用光纤对传光方法测量表面粗糙度的原理。一根光纤用作传光,另一根用作受光。当传光光纤和受光光纤都和被测表面接触时,无光被受光光纤所接收。当该两支光纤和被测表面有一定距离时,在传光光纤 1 和被测表面 5 之间形成一导光锥,并照射被测表面,此被照表面又变成了第二级光源去照射受光光纤 2。根据光纤孔径角的特性,在受光光纤 2 与表面 5 之间可形成一反射光锥 4,凡是在此范围内的光都可被 2 所接收。因此,只要在光纤 2 的另一端连接光探测器就可评定表面 5 的粗糙度。

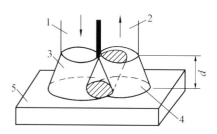

图 6-21 光纤表面粗糙度传感器
1—传光光纤;2—受光光纤;3—反射光锥;4—接受光锥;5—被测表面

尽管用一对光纤来探测表面粗糙度在原理上是可行的,但由于传输能量、效率和分辨率等原因,在实际中是不适用的。作为实用的测量系统都是采用大量光纤做成光纤束,以增加其效能。

这里介绍测量表面粗糙度所采用的 Y 型、多模、玻璃光纤传感器,如图 6-22(a)所示。光纤束在测量端面(即公共端)的分布有多种形式:随机型、同心圆型、排列型、对称型等,如图 6-22(b)所示。分布形式不同,传感器的传光特性也不同。此处采用了随机型、同心圆型、排列型和对称型四种传感器。所用光纤直径为 25 μm,测量头直径(内径)为 3 mm,光纤总长为 405 mm。测量时,将测量头固定在被测表面的法线方向上。这样,入射、反射及散射光形成的区域比较集中,可用同一个探头传光和接收光。图 6-23 是实验装置的框图。发光元件用

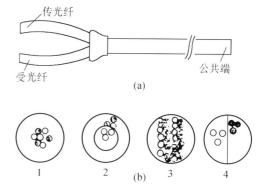

图 6-22 Y 型表面粗糙度传感器
(a) Y 型光纤传感器结构;(b) 光纤分布形式
1—随机型;2—同心圆型;3—排列型;4—对称型

6 V、5 W 白炽灯,其前级是 JW—2C 型直流稳压电源。光电转换元件用 10 mm×10 mm 硅光电池。电流放大部分和输出显示部分用 PZ8 型直流数字电压表一次完成。微动工作台可使工件在 x、y、z 方向做精细调整。

下面讨论该传感器某些特性。

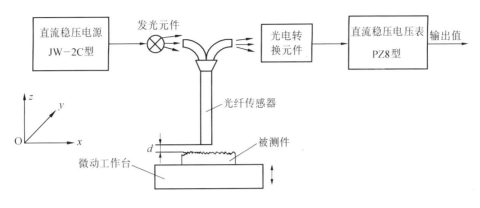

图 6-23 实验装置框图

一、光纤表面粗糙度传感器电量的输出与测试距离 d 的关系

在图 6-23 中,将光纤传感器固定在工作台上方,调节光纤探头与被测表面平行。在 z 方向调节工作台,使探头与表面间距 d 由零逐渐增大,每隔 0.05 mm 间距记录一个输出电压值,从而得到曲线图 6-24。图中曲线 2 和 1 分别是排列型与同心圆型两种不同分布的输出响应曲线。试件是研磨件,表面粗糙度参数 R_a = 0.47 μm。由图可见,当光纤探头与表面完全接触时,输出值最小,因为受光光纤的光接收面积极小,如图 6-21。当被测表面与探头间的距离 d 增加时,反射面积加大,故输出亦增大。当位移增大到某一值时,受光光纤所能接收的反射光面积达到最大值,故在曲线上出现一峰值点 A（或 B）。随后,由于距离的增大受光光纤收集的反射光变弱,输出亦减小,故曲线出现下降趋热。此外还可看出,在输出达到峰值以前,位移与输出值的关系均近似为线性,且排列型光纤测试系统输出最大值时的距离 d 较同心圆型的小。这说明排列型传感器的灵敏度较同心圆型的高,但它的线性范围较同心圆型的窄。

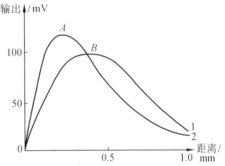

图 6-24 电量输出与距离 d 的关系
1—同心圆型;2—排列型

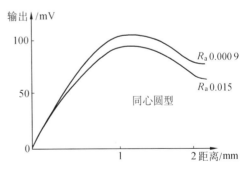

图 6-25 输出、d、R_a 三者关系

二、电量输出、测量距离 d 及粗糙度参数 R_a 之间的关系

图 6-25 为两个精度很高,且 R_a 值极接近的研磨平面试件用同一种同心圆型光纤测试系统测出的电量输出与位移 d 的关系曲线图。由图 6-24 和图 6-35 可见,在每条曲线的峰值点附近输出对距离的变化不敏感,因曲线顶端平缓。在图 6-25 中,曲线峰值点附近传感器的输出对表面粗糙度的变化最敏感(微小的

粗糙度变化都可在电量输出反映出来)。

三、光纤传感器的输出与粗糙度参数 R_a 的关系

如前所述,在峰值点附近,输出对距离的变化不敏感,而对粗糙度的变化最敏感,这正是测量粗糙度十分需要的特性。这里挑选了一套(7个)研磨样板,其 R_a 值都是精确标定已知的。取其中 R_a 值最小的 $1^\#$ 样板为基准,细调距离 d 使输出电压为最大,并将此距离固定。再将其它研磨样板依次换上分别测出其输出电压,作出输出与 R_a 的关系图 6-26。实验中分别用了排列型和同心圆型两种光纤作出关系曲线,输出电压为每块样板测出电压的十次平均值。所用有关数据均列于表 6-1。

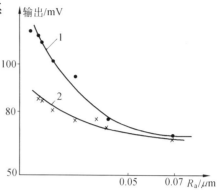

图 6-26 由研磨样板得出的电输出与 R_a 的关系 1—排列型, d = 0.30 mm; 2—同心圆型, d = 1.3 mm

按表 6-1 的实验数据对 R_a 值和输出电压进行曲线拟合,可分别得出曲线 1 和曲线 2 的拟合曲线方程

$$R_{a_1} = 0.368\ 489\ 09 - 6.407\ 219\ 41x + 28.719\ 738\ 01x^2 \qquad (6-17)$$

$$R_{a_2} = 0.374\ 319\ 52 - 6.123\ 854\ 64x + 20.997\ 058\ 87x^2 \qquad (6-18)$$

式中, R_a 的单位为 μm;输出电压 x 的单位为 mV。

表 6-1 不同样板表面粗糙度与输出电坟数据表

样板编号	1	2	3	4	5	6	7
$R_a / \mu m$	0.009	0.01	0.015	0.025	0.035	0.04	0.07
排列型平均输出/mV	113.52	110.04	102.46	96.68	76.56	70.98	70.8
同心圆型平均输出/mV	84.07	81.89	79.71	78.81	77.16	68.32	60.48

得出这种拟合曲线方程后,将用同样加工方法得到的任一工件放在这种仪器上测量,只要读出输出电压 x 值,就可以很方便地从拟合曲线方程中求得该工件表面的 R_a 值。

四、内孔表面粗糙度的测量

内孔表面粗糙度的测量,长期以来一直是个难题,特别是对小孔的内表面。人们希望通过光纤传感器的应用来解决这一难题。测内孔表面粗糙度的实验装置与图 6-23 基本一样,不同的是光纤探头改为弯曲形,使其端面保持和被测内孔竖线平行。工作台在 $x-y$ 方向移动,以便调节工件和探头的距离。按前述的方法画出电压与 R_a 值的关系曲线,如图 6-27,并求出拟合曲线方程

$$R_a = 0.351\ 880\ 16 - 0.091\ 744\ 79x + 0.006\ 234\ 26x^2 \qquad (6-19)$$

式中, R_a 的单位为 μm;输出电压的单位为 mV。

用上述方法制成一个测表面粗糙度的仪器存在一定的缺陷。其一,这种测量方法是一种非通用、非规范化的方法。它的定标是在入射光强大小、材料折射率大小都不变的条件下得出的。实际测量中输入光强和被测表面反射率的变化往往较大。因此,适用范围很窄,其二,对表面精度较高的工件,其测量灵敏度较低。因此,国外目前都采用双探头法进行测量,以克服上述弊端,测量原理如图 6 - 28 所示。其主要的改进是用了两个测量系统。一个系统的探头仍保持和工件垂直,另一个与工件的法向夹角为 35°,此夹角值是通过大量实验和计算机模拟得出的最佳角度值(主要是对研磨件),最终的输出是两个系统输出的比值 V_0/V_{35},它是规范化的无量纲参数,不受激光功率波动和表面反射率变化的影响。由于两个探头安置角度不同,故对同样的 R_a 变化量,V_0 与 V_{35} 的比值变化增大。因而,灵敏度较单探头大为提高。

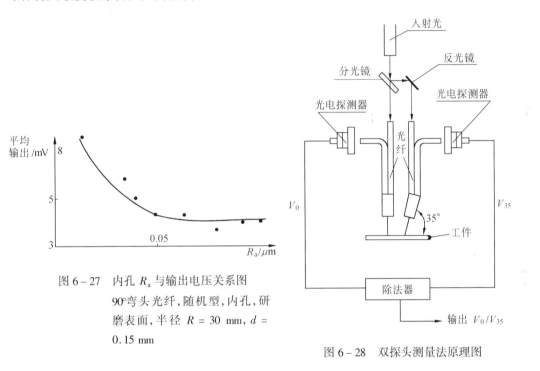

图 6 - 27　内孔 R_a 与输出电压关系图
90°弯头光纤,随机型,内孔,研
磨表面,半径 $R = 30$ mm, $d =$
0.15 mm

图 6 - 28　双探头测量法原理图

§6.6　光纤加速度传感器

加速度有各种形式,如直线加速度,曲线加速度及振动加速度等。光纤加速度传感器最适合测量微小振动加速度。

6.6.1　振动加速度传感器原理

振动加速度传感器如图 6 - 29 所示,它是把由重物、弹簧、阻尼器组成的振动子固定在框架上构成的。当框架随振动物体做低频振动时,重物上产生一个与运动方向相反的惯性力 $f = ma$。由于惯性力的作用,引起重物相对于框架作加速运动,这时框架与重物之间的距离 x 发生相应变化,其变化量 Δx 与惯性力成比例,即与物体的振动加速度成比例。

　　当振动频率提高到振动子的固有振动频率时,产生共振。这时距离 x 的变化量 Δx 与加速度的关系,不存在一定的比例关系。如果振动频率再进一步提高,振动子的重物运动跟不上框架的快速振动,重物就停止振动,呈现相对静止状态,这时 Δx 表示框架振动时的位移,所以当振动频率高于振动子的固有频率时,加速度传感器只起位移计的作用,可测量位移量。因此,加速度传感器是以共振条件为界限,低频时测量加速度,高频时测量位移。对于确定的测量对象,必须精确选定振动子的共振频率。

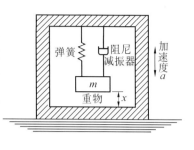

图 6-29　加速度传感器原理图

6.6.2　相位调制光纤加速度传感器

　　图 6-30 表示光纤加速度传感器原理。由图可见,光纤代替了图 6-29 中的弹簧。当框架振动时,光纤受重物的惯性力作用产生应变,且长度的复化是与被测加速度或位移成比例。图 6-30(a)表示两段光纤共同工作的振动子。图 6-30(b)表示一段光纤工作的振动子。

　　如第五章所讨论的,这里将要介绍的双光纤光加速度计是利用了光纤长度的变化,这种长度变化是由于这两根光纤之间悬挂的物体,因加速产生的作用力所引起。其结果是:在干涉仪一条臂中的光纤受到的拉应力增大,而另一条臂中的光纤受到的拉应力减小。图6-31示出了根据此原理制成的传感装置。由图可见,干涉仪一条臂中有一段光纤被固定在外壳的上端与悬挂物之间。而干涉仪另一条臂中一段相同长度的光纤则固定在悬挂物与外壳的下端之间。这样,质量为 m 的物体被悬挂在两段纤光纤的中间,而两段光纤

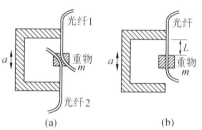

图 6-30　相位变化型光纤加速度传感器

（a）双光纤结构　（b）单光纤结构

实际上成为两个弹簧。如果让加速度计的外壳以加速度 a 垂直向上运动,那么在加速该物体所需的作用力 F 的作用下,上面的一段光纤伸长 ΔL,下面的光纤则缩短 ΔL。这一过程可表示为

$$F = 2A\Delta T = ma \qquad (6-20)$$

式中,A 是光纤的横截面积;ΔT 是每根光纤中拉应力变化的幅度;系数 2 是由于存在两根伸长和缩短光纤。产生的应变 $\Delta \varepsilon = \Delta L/L$ 可用下式表示

$$\Delta \varepsilon = \Delta T/E = ma/2EA \qquad (6-21)$$

式中,E 是光纤的杨氏模量。

　　现在再来研究一下光束在某一根光纤中的传播情况。由第五章的相位调制原理知,光束通过光程 L 的相移 ϕ 可用下式表示

$$\phi = 2\pi nL/\lambda_0 \qquad (6-22)$$

式中,λ_0 是真空中的光波长;n 是纤芯的折射率;λ_0/n 是光在纤芯中的波长。通常,每根

光纤 ϕ 的变化可以写成

$$\Delta\phi = 2\pi(n \cdot \Delta L + L \cdot \Delta n)/\lambda_0 \quad (6-23)$$

然而,在拉应力的情况下,ΔL 项是主要的,故上式可简化成

$$\Delta\phi = 2\pi n \cdot \Delta L/\lambda_0 = 2\pi n L\Delta\varepsilon/\lambda_0 \quad (6-24)$$

将式(6-21)代入式(6-24),又因 $A = \pi(d/2)^2$,则

$$\Delta\phi = 4nLma/E\lambda_0 d^2 \quad (6-25)$$

式中,d 是光纤的直径。根据 $\Delta\phi_{min}$ 求出式(6-25)中的 a_{min},则得

$$a_{min} = \lambda_0 Ed^2\Delta\phi_{min}/(4nLm) \quad (6-26)$$

对于双光纤来说,因一伸、一压,相当于相位变化了 $2\Delta\phi$,则此时的加速度为 $\frac{1}{2}a_{min}$。

参看图6-31,为使质量 m 沿光纤轴位移距离 z 所需的有效弹性力 F 可以用下式表示

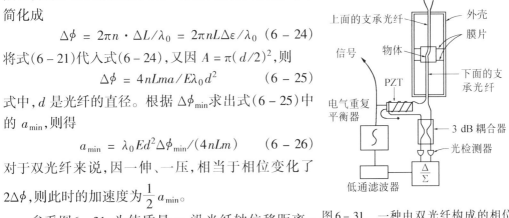

图6-31　一种由双光纤构成的相位变化干涉型光纤加速度计

$$F = -2EAz/L = -kz \quad (6-27)$$

由上式可以看出 $2EA/L = k$,其中 k 就是有效弹性常数。然而,当一个质量为 m 的物体固定到弹性常数为 k 的弹簧时,其谐振频率可用下式表示

$$f_r = \frac{1}{2\pi}(k/m)^{\frac{1}{2}} \quad (6-28)$$

因此,联立方程(6-27)和(6-28),则可得到

$$f_r = \frac{1}{2\pi}(2EA/Lm)^{\frac{1}{2}} \quad (6-29)$$

如上所述,$A = \pi(d/2)^2$。为了进一步强调谐振频率 f_r 与光纤参数的依赖关系,上式可以改写为

$$f_r = [Ed^2/(8\pi Lm)]^{\frac{1}{2}} \quad (6-30)$$

比较式(6-26)和式(6-30),可以看出,光纤的物理参数以 Ed^2/Lm 的形式表示。由此可见,如果为了减小 a_{min} 而减小式(6-26)中的 d^2/Lm 这一项,那么以式(6-29)表示的 f_r 值也随之减小。图6-32和6-33示出了可以检测的最小加速度(a_{min})和纵向谐振频率与 m 和 d 的函数关系。在每种情况下,都把光纤的长度 L 取作 1 cm,$\Delta\phi_{min}$ 的值为 10^{-9} rad。换言之,如果选用1g的质量,那么图6-32和6-33中横坐标上的质量(g)可以被长度(cm)代替。

现在再来看图6-31,假定给该质量一个横向(垂直于该轴线)的加速度,那么两根光纤产生的应变量相同。因此该干涉仪保持平衡并维持原来的状态,可见这种装置对横向加速度是不灵敏的。但是,如果在该质量上同时存在两个加速度分量(一个平行于光纤的纵轴,一个垂直于光纤的纵轴),那就会出现交轴耦合。为了基本消除这种耦合现象,图6-31采用了膜片结构。

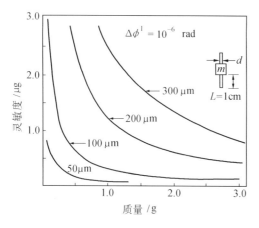
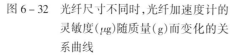

图 6 - 32 光纤尺寸不同时,光纤加速度计的灵敏度(μg)随质量(g)而变化的关系曲线

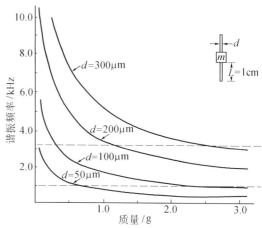

图 6 - 33 光纤尺寸不同时,光纤加速度计的谐振频率随质量而变化的关系曲线

§6.7 光纤振动传感器

光纤振动传感器常用于现场监测,测量的频率范围为 20 ~ 200 Hz,测量的振幅为数微米到百分之几微米。

6.7.1 相位调制光纤振动传感器

图 6 - 34 和图 6 - 35 分别表示检测垂直振动分量和表面内振动分量的传感器原理。可以看出,要检测的振动分量引起反射点 P 运动,从而使两激光束之间产生相关的相位调制。

激光束通过分束器、光纤入射到振动体上的一点,反射光作为信号光束,经过同一光学系统,被引入到探测器。参考光束是从部分透射面 R 上反射产生的。在实际系统中,是用光纤输出端面作为 R 面。由图 6 - 34 可以看到,信号光束只受到垂直振动分量 $U_\perp \cos\omega t$ 的调制。由于振动体使反射点靠近或远离光纤,从而改变了信号光束的光路长度,相应改变了信号光和参考光的相对相位,产生了相位调制。信号光与参考光之间的相位差为

$$\Delta\phi_\perp = \frac{4\pi}{\lambda}U_\perp \cos\omega t \tag{6 - 31}$$

式中,λ 是激光波长;ω 是光波圆频率。

如图 6 - 35 所示,由同一光源来的激光束 A 和 B,它们分别以与振动体表面法线成 ±45°的方向入射到振动体表面上的一点 P,然后沿表面法线方向散射,散射光通过中间光纤被引导到探测器。在这种情况下,仅由于信号光束的平行分量 $U_{/\!/} \cos\omega t$ 引起反射点的上下运动,信号光束的光路长度发生变化。在反射点向上移动的瞬间,激光束 A 靠近反射点,这样缩短了到探测器的光路长度,相反激光束 B 则增加了到探测器的光路长度。

这两个光路长度的变化大小相等,但符号相反,即为 $\pm(U_{/\!/}/\sqrt{2})\cos\omega t$。这时,反射点垂直振动分量在图的左右方向振动,因为垂直振动分量引起的两束光的光路长度变化为同值同符号,不会引入附加的相位变化,因此,A、B 两束光之间产生了与垂直分量 $U_{\perp}\cos\omega t$ 无关的相关相位调制。表面内振动分量的影响,所产生的两束光之间的相位差为

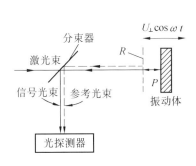

图 6 – 34　垂直振动分量传感器原理

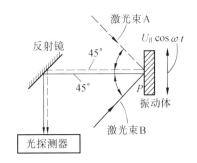

图 6 – 35　表面内振动分量的传感器原理

$$\Delta\phi_{/\!/} = \frac{4\pi}{\sqrt{2}\lambda}U_{/\!/}\cos\omega t \qquad (6-32)$$

如果解调和检测式(6 – 31)和(6 – 32)给出的相位调制,就能得到上述相应振动分量的振幅。但是,若直接使用上述光路结构,由于振动体测量位置的移动,反射光强的变化,以及光学系统调整状况的变化等原因,都将引起探测器的入射光强的变化,这种变化的影响也混入被解调的信号中。为了消除这一影响,可采用在两束光之间预先引入光强变化的低频相位调制,同时检测引入的相位调制和振动相位调制的成分,然后取两者之比,因而抵消和去除上述影响。

根据选用的低频相位调制的最大相位偏移量大小,有高相位偏移调制法和低相位偏移调制法两种。

一、高相位偏移调制法

利用式(6 – 31)给出的被测振动分量的相位调制,再引入上述的低频相位调制 $\phi_1\cos\Omega t$ 和固定相位差 ϕ_{dc},当两束光存在以上的相关相位差时,入射到光探测器的光强表示为

$$I_h = E_S^2 + E_R^2 + 2E_S E_R\cos\left[\frac{4\pi}{\lambda}U_{\perp}\cos\omega t + \phi_1\cos\Omega t + \phi_{dc}\right] \qquad (6-33)$$

式中,E_S、E_R 分别表示信号光和参考光的振幅。选择低频相位调制频率 $\Omega/2\pi \ll \omega/2\pi$。

上式的前两项是不含有振动信息的直流分量。设直流分量以外各项为 I,且取 $\phi_{dc} = 0$,如用贝赛尔函数进行诺曼展形,可得下式

$$I = 2E_S E_R J_0\left(\frac{4\pi U_{\perp}}{\lambda}\right)\cos(\phi_1\cos\Omega t) -$$

$$4E_S E_R J_1\left(\frac{4\pi U_{\perp}}{\lambda}\right)\sin(\phi_1\cos\Omega t)\cos\omega t -$$

$$4E_S E_R J_2(\frac{4\pi U_\perp}{\lambda})\cos(\phi_1\cos\Omega t)\cos\omega t + \cdots \qquad (6-34)$$

考虑到 $\Omega \ll \omega$ 时,上式第 1,2,3…项分别为集中在角频率 $=0$、ω、2ω…附近的边带频谱的一种振幅调制波。本方法将第一项(因含有 J_0 函数,故称为 J_0 成分)用于 E_S、E_R 等的光振幅变化检测。第二项(称为 J_1 成分)用于振动振幅检测。

由于 J_0、J_1 成分及高次谐波成分相互之间频率完全分离,可以用带有适当滤光器的光探测器分离取出。此时,决定振幅最大值的 $\cos(\phi_1\cos\Omega t)$、$\sin(\phi_1\cos\Omega t)$ 的值必定在若干时刻取 ±1 的正负最大值。选择低频相位调制的最大偏移 ϕ_1,大到 2π 左右,每个波形都往返于对应最大值的峰值之间,那么,J_0、J_1 成分的上下峰值之间的幅值 J_{0pp} 和 J_{1pp} 可以从式(6-34)中求得。它们是

$$J_{0pp} = 4E_S E_R J_0(\frac{4\pi U_\perp}{\lambda}) \qquad (6-35)$$

$$J_{1pp} = 8E_S E_R J_1(\frac{4\pi U_\perp}{\lambda}) \qquad (6-36)$$

因此,取式(6-35)与式(6-36)的比值,消去 E_S、E_R,解得振动振幅 $U_\perp$。由于振动振幅 $U_\perp \ll \lambda$,所以 $J_0(\frac{4\pi}{\lambda}U_\perp) \approx 1$,$J_1(\frac{4\pi}{\lambda}U_\perp) \approx \frac{2\pi}{\lambda}U_\perp$,由此得到

$$U_\perp = \frac{\lambda}{4\pi}(\frac{J_{1pp}}{J_{0pp}}) \qquad (6-37)$$

上述方法的最大特点是,能用式(6-37)求得振动振幅的绝对值,即使光学系统的机械振动等有影响以及信号光和参考光之间的相位变化噪声混入,但只需稍微改变式(6-34)的低频相位调制 $\phi_1\cos\Omega t$ 的波形,不改变 J_0、J_1 两成分的峰值大小,对测量就不会有任何影响。

二、低相位偏移调制法

对于上述高相位偏移调制法,如果被测振动振幅 $U_\perp$ 变小,与其成正比的 J_1 成分则也变小,测量结果会受到光探测系统的噪声影响。为了提高测量灵敏度,虽然可考虑减小拾取 J_1 成分的滤光器带宽,改善信噪比,但从式(6-34)可知,频谱展宽(为用于低频相位调制频率的数十倍)有限。另外,J_0、J_1 成分均为非正弦波,测量式(6-35)、(6-36)给出的峰值间的幅度也比较麻烦。为了克服上述缺点,现在来介绍将两成分用单一频率表示正弦波的方法。

在式(6-33)中,固定相位差 ϕ_{dc} 取 $\frac{\pi}{2}$,与上述方法相反,使低频相位调制的最大偏移选得较小,例如,$\phi_1 \ll 1$。如果设振动振幅 $U_\perp \ll \lambda$,则可对该式进行简化处理。这样,只与振动有关的光强项为

$$I = -2E_S E_R \phi_1\cos\Omega t - \frac{8\pi}{\lambda}E_S E_R U_\perp \cos\omega t \qquad (6-38)$$

式中的第一、二项分别与式(6-34)的 J_0、J_1 成分相当(称为 I_0、I_1 成分)。它们的波形都为正弦波。可用选择电平仪分别实测这些成分的振幅 I_{0p}、I_{1p}。如取 I_{0p} 和 I_{1p} 之比,振动

振幅 $U_\perp$ 可由下式求得

$$U_\perp = \frac{\phi_1 \lambda}{4\pi}\left(\frac{I_{1p}}{I_{0p}}\right) \tag{6-39}$$

由上式可知,如果求得振动体上振动振幅的相对分布,并保持 ϕ_1 一定,则移动测量位置,测量 I_{1p}/I_{0p} 即可。如果需要测量振幅的绝对值,在振幅大的测量点,使用上述高相位偏移调制法,求出其绝对值,然后进行校正即可。

用类似的方法也可以求得振动面上的振动振幅 $U_\parallel$。如果将式(6-32)与式(6-31)比较,因入射激光倾斜,倾斜因子为 $\sqrt{2}$,考虑倾斜因子,就可得到相应的 $U_\parallel$ 表达式

$$U_\parallel = \frac{\sqrt{2}\phi_1}{4\pi}\left(\frac{I_{1p}}{I_{0p}}\right)\lambda \tag{6-40}$$

图6-36所示为根据图6-34和6-35的工作原理制成的光纤振动传感器系统。它由合适的开关单模光纤 A、B 和氦氖激光器光源组成的光发射部分,由棒透镜、低频相位调制器、单模光纤 C 组成的传感头部分以及由光信号探测处理部分构成。

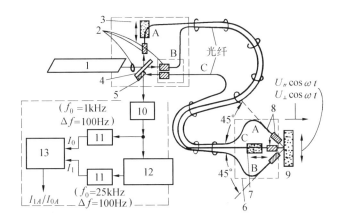

图6-36 光纤振动传感器系统

1—氦氖激光器;2、8—透镜;3、7—低频相位调制器;4—分束器;5—反射镜;6—传感头;9—振动体;10—光探测器;11—带通滤波器;12—频率变换器;13—数字电平计

当用图6-36系统测量垂直振动分量时,将光纤 C 放在入射激光的光轴上,同时向上方移动光纤 B、C 的入射端,这时使用光纤 C 即构成图6-34所示的传感器系统。

光探测和信号处理部分,使用了雪崩光电二极管(APD)进行探测,用窄带取出 J_1 或 I_1 成分采用滤光器,取出 J_0、I_0 成分则采用有适当频带的低通、带通滤波器(LPF、BPF)。

此外,在测量表面内振动分量时,只需将图6-36系统中的光纤 A、B 照射振动体,而把光纤 C 用作收集反射光的传输线,这样就可构成图6-35所示的传感器系统。这时,用贴在分束器4上的小型反射镜5,将通过光纤 C 的反射光引入光探测器,用安装在光纤 A 入射端的低频相位调制器(压电器件)3提供直流相移和低频相位调制。如果把光纤 A、B 紧贴在一起,使环境干扰在光纤内部引起相等的参量变化,以此可减小对信号的影响。

6.7.2 双波长光纤振动传感器

光纤具有传输损耗小及抗电磁干扰等特点,利用这些特点,可以发展远距离测量传感器。但是,因为光纤本身受温度、压力和振动的影响,如果传输路程遥远,影响是不可忽视的。另外,目前发光器件及光接收器件本身也都受温度、压力、振动等外界条件影响,因此,为实现远距离稳定测量还需作进一步研究。

图 6-37 所示传感器系统是为远距离测量振动而设计的光纤振动传感器。为了提高

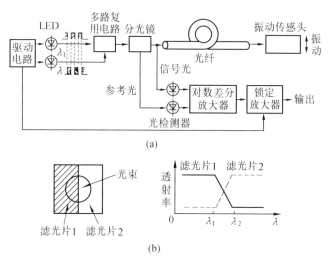

图 6-37 双波长光纤振动传感器
(a) 光路系统;(b) 振动传感器

测量的稳定性,采用由两种不同波长的光,使其交替变换形成光源及差动处理方法。具体地说,选用两个发光波长 λ_1、λ_2 分别为 750 μm 和 850 μm 的发光二极管,并使其交替变换输出,产生 14 kHz 的调频发光光源,如图 6-37(a)所示。振动传感器件如图 6-37(b)所示,是由两种根据选定的发光波长而相应确定的滤光片构成。图 6-37(b)曲线表示波长 λ_1、λ_2 的光在振动传感器件上的透过率曲线。当两种波长光的交替变换频率比被测对象的振动频率大很多时,可以认为光源发出的由 λ_1、λ_2 交替变换形成的光序列中,某一 λ_1 或 λ_2 的瞬时光段照射到振动的传感器件期间,光点在传感器件上的位置保持不动。而光序列中不同的 λ_1 或 λ_2 光段的光点在振动传感器件上的位置,随着振动而发生变化。位置不同,反射光的强度也不同。因而,随着传感器件的振动,λ_1 与 λ_2 两个波长的反射光强度产生差动变化。

这种光纤振动传感器系统,可以排除光源及光纤特性随外界条件变化的影响,提高了测量的稳定性。这是因为如果光纤传输特性由于外界条件变化而对所传输的光序列产生影响,而影响因素是以同等的作用量分别叠加到 λ_1 与 λ_2 上。图 6-37(a)回路,特意设计出有用信号光与参考光的对数差分放大处理及同步检波等,使得最终所获得的测量结果只包括 λ_1 与 λ_2 两种成分差的信号。因此克服了环境因素的影响。

6.7.3 多普勒效应光纤振动传感器

对高频小振幅的振动进行有效测量是采用非接触式多普勒振动传感器,工作原理如图6–38所示。根据多普勒效应可知,由运动物体上反射的光的频率与物体运动速度有关。因此可应用这一原理测量振动。应用多普勒效应传感器测量振动,只有当振动的方向与光进行方向一致时,测量效果较好。而对于振动方向与光进行方向相垂直情况的测量问题也在研究中。

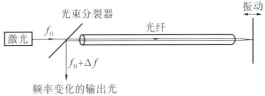

图 6–38　多普勒效应光纤振动传感器原理图

第七章 光纤热工量传感器

§7.1 引言

在科研和生产实际中,有许多热工量的测量问题。而大量出现的是温度和流量的检测。传统的传感技术无法解决在易燃、易爆、空间狭窄和具有腐蚀性强的气体、液体以及射线污染的条件下检测温度、流量等,而光纤传感器对此具有特殊的优越性。光纤温度传感器可以用于苛刻环境下的温度检测,如石油、化工行业等。光纤流量计、流速计及液位计等也广泛应用于化学工业、机械工业、水工试验、医疗领域、污染监测以及控制等方面。

与其它物理量检测类似,光纤温度、流量等热工量传感器也分为传光型(或称传输型、非功能型)和传感型(或称敏感型、功能型)。其调制方式可以是强度调制、相位调制、频率调制、波长调制等。

现已研制成功的光纤温度传感器,传光型把光的强度(吸收、热辐射、折射率变化、散射)、波长(荧光、光致发光)、偏振面(双折射)、时间变化(荧光)等当作温度信号,而传感型则利用相位(干涉)、波长(干涉)、强度(散射)作温度信号。传光型与传感型相比,虽对温度检测的灵敏度较差,但可靠性高,其中利用荧光吸收、热辐射的光纤温度传感器已达到实用水平。传感型光纤温度传感器的灵敏度高,但由于对温度以外的压力、振动等机械量的变化也很敏感,因此,提高可靠性是今后有待研究的课题。

传感型光纤温度传感器是利用光纤自身所具有的物理参数随温度变化而变化的特性,光纤本身就是敏感元件。传光型光纤温度传感器只是利用光纤传输光的信道作用,在光纤的一个端面上,配置上另外的温度敏感器件并与光纤耦合起来,构成光纤传感器。传感型光纤温度传

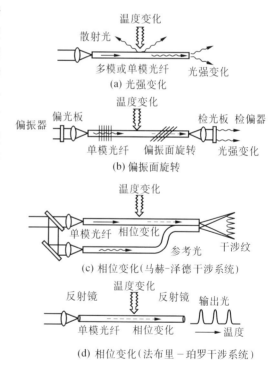

图 7-1 传感型光纤温度传感器

感器的工作原理如图 7-1 所示。

图 7-1(a)为最简单结构。它是利用光纤中传输光的强度变化进行测温的。由于环境温度变化,光纤芯径的尺寸或折射率发生变化,因而引起光纤传输光的局部特性随温度而变化。当光在这样的光纤中传输时,其强度会受到环境温度变化的调制。利用这种原理制成的温度传感器虽然结构简单,但测温效果不够好。

图 7-1(b)所示是一种利用偏振光的偏振面方向随环境温度变化的性质进行测温的光纤传感器。在单模光纤内,传输一束偏振光时,周围环境温度、压力的微小变化会引起偏振光偏振面旋转。偏振面方向变化能够通过光学的检偏器进行检测。采用这种方法测温,灵敏度高,但也有致命的弱点,即偏振光在光纤中传输时,其偏振面方向也受其它外界条件变化的影响(如压力、振动等),降低了测温精度。

图 7-1(c)、(d)是利用光的相位变化关系进行测温的光纤温度传感器。这种传感器的结构虽然稍复杂,但它能实用化。如图 7-2 所示,当环境温度变化时,单模光纤的长度、折射率及芯径都产生变化。这些参数的变化,引起光纤中传输光的相位变化。通过上述系统,可以把输入光和输出光的相位变化转变成

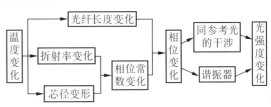

图 7-2 利用光相位变化的传感型
光纤温度传感器原理

光的强度变化。利用图 7-1(c)的系统可观察到,发生相位变化的接收光与参考光产生的干涉条纹的移动现象。图 7-1(d)系统在出现满足相位变化共振条件时,输出光成为峰值。

应用传感型光纤温度传感器测温,通常要受其它外界条件的影响。但图 7-1(c)所示的传感器,温度灵敏度很高,而对压力、振动的响应灵敏度较低,很适合做温度传感器。理论计算表明,取 1 m 长单模石英光纤作为传感器的温度敏感元件,则环境温度改变 $5.9 \times 10^{-2}℃$ 移动一个干涉条纹的距离时为宜。

传光型光纤温度传感器的性能,由作为温度敏感器件的性能决定。传

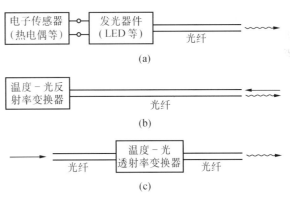

图 7-3 传输光纤温度传感器

光型光纤温度传感器可分为:(1)使用电子敏感器件的温度传感器,如图 7-3(a)所示。用发光二极管(LED)等作为发光器件。(2)温度传感器是由温度-光反射率变换器件或温度-光透射率变换器件与光纤连接,并从光纤的一个端面上取出光信号的系统构成,如图 7-3(b)、(c)所示。

图 7-4 所示为液晶光纤温度传感器。在光纤的一个端面上配置了液晶片,三种液晶材料以适当比例混合,在 $10 \sim 45 ℃$ 的范围变化,液晶的颜色从绿色向深红色变化,光纤传

感器就是利用由液晶的颜色变化而产生的液晶反射率变化这样一个性质制成的。通常，传光型光纤传感器使用多模光纤,因为这种光纤接收到的光信号强。在这个例子中传输光源的照射光和传输液晶的反射光分别用三根多模光纤。这个系统测温精度可达0.1 ℃。

图 7-5 所示是一种半导体晶格吸收型温度传感器,该传感器的结构是把半导体晶体制成面积为 1 mm²、厚度为 0.2 ~ 0.5 mm 的薄片,在片子的两侧固定上光纤,用不锈钢管保护。GaAs 和 CdTe 等半导体晶体,在波长为 0.9 μm 附近存在一个光谱吸收端,而吸收端的波长具有随温度变化的性质。如果将吸收端的温度特性与光源的光谱特性进行比较,根据所测得的光的吸收量可以测定温度。在 0 ~ 80 ℃ 范围内,测出的温度对数曲线大致上保持线性关系。

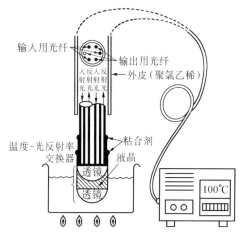

图 7-4 液晶光纤温度传感器

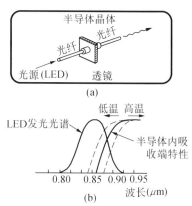

图 7-5 半导体型光纤温度传感器
（a）结构;（b）半导体吸收特性与温度的关系曲线

图 7-6 所示是一种双金属型光纤温度传感器。其工作原理是利用双金属片因温度变化而弯曲,因而改变了光路遮断程度进行测温。该系统在 10 ~ 50℃ 范围内,测温精度达 0.5℃。从 23 ~ 50℃ 范围,响应慢(需 3 min)是个缺点。

流量、流速检测技术中比较常用的是光纤涡轮流量计、转速计等,这种传感器大多采用光强调制型原理。这类流量计结构简单,容易维护,成本较低,便于推广应用,但灵敏度较低,分辨率没有相位干涉型高。相位干涉型及多普勒流速流量计,其特点是灵敏度高,形式多样,但对光纤要求高,且技术也比较复杂,适应于精密测量技术领域。

光纤涡轮流量计属于传光型光纤传感器。在涡轮流量计的涡轮叶片上设置光反射装置,用一根光纤导入入射光,另一根光纤接受反射光信号,就组成了最简单的光纤流量传感器。光探测器接受旋转脉冲信号,根据脉冲信号计数就可检测出转速及流量。

用相干光照射漫射体时,在漫射光所到达的光场上将会形成很多光扰动的相干叠加,在合扰为零的部分形成黑斑点,如图 7-7 所示,这是相干光的斑点效应。如果将传输到光纤另一端的光波投影到光屏上,可以看到多模光纤中不同方式传输的相干光在光屏上形成明暗相间的斑点图。这种斑点图,当光纤受流体、压力、温度的调制作用时还会发生改变,利用这一原理可开发气体和液体的流量传感器及应变、声压、温度检测装置,如图 5

– 11 所示,这是利用扫描光电探测器对斑点图进行典型取样,然后经信息处理装置处理,得到所测量的模拟或数字信号。

利用光的多普勒效应也可测量液体流速。设相对静止时的光波频率为 f_0,相对运动速度沿光传输方向的分量为 v,真空中光速为 c,则有

$$f = f_0(1 + \frac{v}{c}) \qquad (7-1)$$

用光纤探头插入流体中,收集流体中微小粒子形成的反射或散射光,可以观察到在流场作用下所形成的与流速成比例的多普勒频偏。利用这一原理制成光纤传感器,通过光纤探头检测这种光信号,与基准光拍频、处理,可用于高精度、高流速的流量测量,而且适用于窄小空间多种气体、液体的测量。

以上仅是对热工量检测中比较常用的光纤传感器作一概括的介绍,在本章以后的各节中将侧重对各种温度、流量等光纤传感器的原理、装置作系统、详细的讨论。

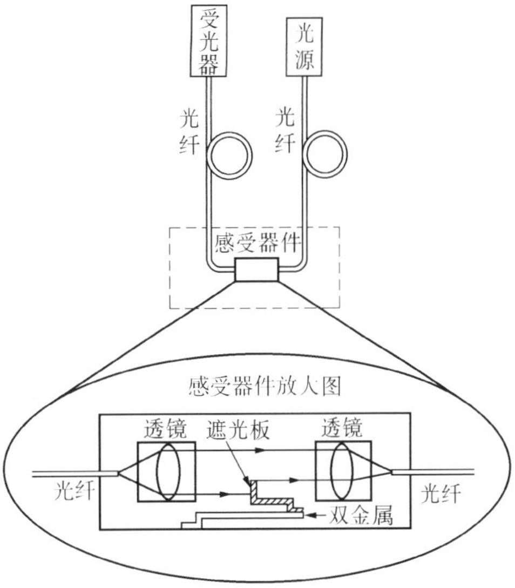

图 7 – 6　双金属片型光纤温度传感器

图 7 – 7　斑点效应光纤流量传感器

§7.2　辐射型光纤温度传感器

辐射型温度计属于非接触式测温仪表,如全辐射、单波段、双波段、多波段、扫描温度计等。这些温度计都有一个体积较大的测温镜头,对于空间狭小或工件被加热线圈包围等场合的测温,它们便显得无能为力。如果通过直径小、可弯曲,并能够隔离强电磁场干扰的光纤,靠近被测工件,将其辐射导出,从而取代体积大的镜头,便能解决上述特殊场合的温度测量问题。

辐射型光纤温度传感器是基于黑体辐射的原理。由第五章的内容可知,所有的物质,当它受热时,均发射出一定量的热辐射,这种热辐射的量取决于该物质的温度及其材料的辐射系数。而对于理想的透明材料,其辐射系数为零,这时不产生任何热辐射。但实际上,所有的透明材料都不可能是理想的,因而它的辐射系数也不可能为零。例如,低损耗的石英玻璃,在 100~1 000℃ 的温度范围内有很大的热辐射,也具有一定的辐射系数。

7.2.1　有关光纤的特性

非接触式光纤温度传感器一般都是采用光纤束,结构形式有 Y 型、E 型、阵列型等。与测温有关的光纤特性参数有数值孔径、透射率、光谱透射率。

1. 数值孔径(NA)

如第一章所述,数值孔径的大小表示该光纤的集光能力,其数学表达式为

$$NA = n_0\sin\theta_{max} = \sqrt{n_f^2 - n_c^2} \tag{7-2}$$

式中,θ_{max} 表示最大接收锥半角;n_0 是空气折射率;n_f 是纤芯折射率;n_c 是包层折射率。

2. 透过度(τ)

经过光纤传输的光束其光强要有所减弱,即光能在光纤中有一定损耗,如光纤输入端和输出端分界面上菲涅耳反射损耗、纤芯与包层分界面的损耗、纤芯和包层材料的吸收损耗等。

透射率 τ 为

$$\tau = (1 - R^2)e^{-L\sec\theta_1(\alpha + \beta\frac{\sin\theta_1}{d})} \tag{7-3}$$

式中,R 是反射率;L 是光纤长度;θ_1 是折射角;d 是纤芯直径;α 是纤芯吸收系数;β 是包层吸收系数。

除此之外,光纤在制造过程中,微弯曲、直径不均匀和端面倾斜往往是不可避免的,这些因素也会削弱光纤的集光能力。因此,它们的偏差一定要控制在一定范围内。

3. 光谱透射率

上述透射率未涉及光纤的光谱特性,实际上对应每一波长的透射率 $\tau(\lambda)$ 均不相同,采用不同材料组成的光纤,其光谱响应范围也不相同,如图 7 – 8 所示。对于测量高温用的光纤可采用多组分玻璃或石英玻璃光纤。多组分玻璃成本低,但对光能损耗较大;而石英玻璃成本虽高,但对光能损耗小,并且光谱响应也较宽。塑料光纤很少有人用。对于测量低于 300 ℃的温度,就要采用红外光纤,如图 7 – 9 所示。

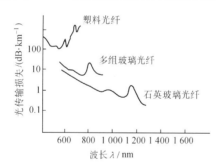

图 7 – 8　塑料、玻璃、石英光纤光谱
透过率曲线

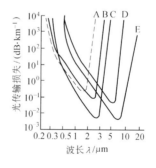

图 7 – 9　红外光纤传感器损失计算值曲线

这是一些红外光纤传输损失的计算值曲线,而传输损失的实际值如表 7 – 1 所示。

表 7 – 1　红外光纤实际传输损失

红外光纤种类	组成成分	损失/(dB·km⁻¹)	波长/μm
氧化锗玻璃	$GeO_2 - Sb_2O_3$	4	2.0
氟化物玻璃	$ZrF_4 - BaF_2 - GdF_3 - AlF_3$	6.3	2.1
硫砷玻璃	$As - S$	35	2.4
卤化物晶体	$T_1Br - T11$	90	10.6

7.2.2 测温探头

1. 光导棒探头(石英光纤预制棒)

图7-10是探头示意图。采用石英光纤预制棒是因为它能耐高温又能传输辐射能,实际上起着温度隔离作用,如果直接使光纤束与对象靠近,则由于光纤束的粘结剂不耐高温而受到损坏。这里采用吹风,目的是保持光导棒接受端面不被灰尘和其它污物等沾污。吹风空气本身必须清洁。光导棒测温探头必须靠近对象,如果远离对象,势必要求被测对象的面积很大,因为光导棒的视场角很大(即θ_{max}很大),图7-11所示。

根据距离系数K的定义

$$K = \frac{L_0}{D} = \frac{L_0}{2r} = \frac{1}{2}\cot\theta_{max} = \frac{1}{2}\cot(\sin^{-1}NA) \qquad (7-4)$$

如果$NA = 0.25$,则$K = 1.94$;如果$L_0 = 500$ mm,则$D = 258$ mm。

测小目标时,必须靠近对象或采用透镜测温探头。

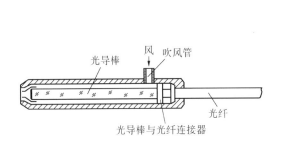

图7-10 光导棒探头示意图

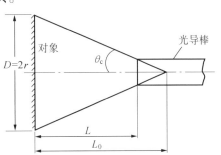

图7-11 光导棒探头的目标与
距离关系图

2. 透镜测温探头

图7-12示出带有小透镜的测温探头。图中,L为透镜物距;L'为透镜像距;D为对象直径;d为光纤束接收端面直径。由距离系数K的定义知

$$K = \frac{L}{D} = \frac{L'}{d} \qquad (7-5)$$

如果设计透镜成像于光纤接收端面,

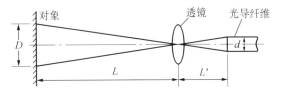

图7-12 透镜测温探头结构

像距$L' = 50$ mm,光纤端面直径为2.5 mm,则距离系数$K = 20$;如果$L = 500$ mm,则$D = 25$ mm。

7.2.3 光纤辐射温度计的组成

光纤辐射温度计只是采用光纤取代辐射型温度计的聚光系统,而测温原理与辐射型温度计一样,其组成框图如图7-13所示。

单波段光纤温度计结构简单,灵敏度高,仪表组成有直接接受放大型,也有光负反馈型,能够测量较低温度(如低至100 ℃)。但是,当探头端面被沾污,光纤束断线,便不能准

确地测量温度,必须重新校验或重新分度。

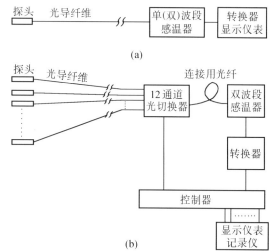

双波段光纤温度计结构较为复杂,有单通道比色型,也有双通道比色型。这里采用两光谱段能量比值方法,目的并非追求测量真实温度,而是在于当探头端面具有一定程度沾污,小渣粒遮挡一部分接收面积时,或者光纤束断了几根线,仪表示值不受影响。

图7-13(b)为采用一台双波段光纤辐射仪表,多支光纤束能够进行多点温度测量,如连铸两次冷却水段,需多点测量钢坯温度分布,采用此系统极为合适。

图7-13 光纤辐射温度计组成框图
(a) 组成单(双)波段光纤温度计;
(b) 组成多点温度测量系统

7.2.4 光纤高温传感器

任何被加热的物体都将发射一定的热辐射能量,该辐射量取决于温度、材料的辐射系数和探测的光谱范围。光纤高温传感器,就是在一定的波长间隔内,探测黑体腔发射的热辐射量来测量黑体腔所处温度场的温度。

图7-14是光纤高温传感器基本工作原理框图。它由传感器的高温探头、高低温光纤耦合器、信号检测和处理系统等几部分组成。高温探头是由单晶蓝宝石棒或纯石英棒用镀膜技术制作成为黑体辐射腔。当它放在被测温度场中时,黑体腔通过开口处向外辐射能量,在单位波长间隔内,单位面积辐射到单位立体角内的辐射能量为

$$E(\lambda, T) = \varepsilon_\lambda \cdot C_1 \cdot \lambda^{-5}(e^{C_2/(\lambda \cdot T)} - 1)^{-1}$$
$$(7-6)$$

式中,ε_λ 是物体的光谱发射率;C_1、C_2 分别是第一、第二辐射常数。$C_1 = 2\pi hC^2 = 3.74 \times 10^{-12} \text{W} \cdot \text{cm}^{-2}$,$C_2 = \dfrac{hc}{k} = 1.438 \times 10^{-4} \mu m \cdot K$。$T$ 是黑体腔绝对温度,即被测物体的温度。黑体腔开口处辐射的总辐射能量为

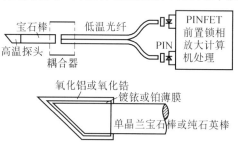

图7-14 光纤高温传感器基本工作原理

$$E(T) = \iint_s \int_{\lambda_1}^{\lambda_2} \varepsilon_\lambda C_1 \lambda^{-5}(e^{C_2/\lambda \cdot T} - 1)^{-1} d\lambda \, ds \qquad (7-7)$$

s 是宝石棒截面积。辐射能量经高低温光纤耦合器后,由低温低损耗光纤传输到光电二极管,在光电二极管前用透射率大于50%的窄带滤光片。再由 PIN - FET 组成的前置放大器和锁相放大电路进行信号检测。

为了提高探测灵敏度和检测信噪比,除了采用 PIN - FET 低噪声前置放大电路外,还

应该提高黑体辐射腔发射能量耦合进入低温光纤中的耦合效率。需要选择合适的宝石棒直径和低温光纤纤芯直径,并设计最佳的高温光纤耦合器。

如果用一根光纤来收集由高温光纤即宝石棒的辐射能量,宝石棒直径 D 与纤芯直径 d,NA 及耦合距离 t 之间应满足如下几何关系

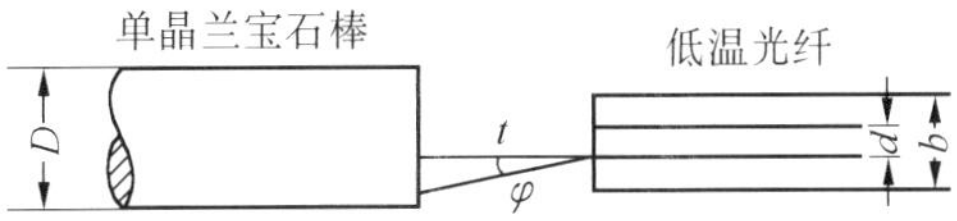

$$D \geqslant d + 2t \frac{NA}{\sqrt{1 - (NA)^2}} \qquad (7-8)$$

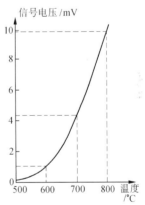

图 7-15　高温光纤耦合器结构

如图 7-15 所示。如果用两根紧靠在一起的同样光纤来收集宝石棒射出的辐射能量,此时宝石棒直径与低温光纤参数应满足下式

$$D \geqslant d + b + 2t \frac{NA}{\sqrt{1 - (NA)^2}} \qquad (7-9)$$

式中,b 是低温光纤直径。

光纤高温传感器的关键之一,是研制性能稳定的传感器探头。探头的质量取决于镀膜技术、光学冷加工及探头材料的性能。为此有关研究人员对高温探头、国产的单晶蓝宝石棒和纯石英棒,专门进行了耐高温实验和传光性能研究及内应力变化实验。发现在 1 000 ℃以下温区,采用纯石英棒作高温探头材料是可行的,它的热稳定性和传光性能良好。1 000 ℃以上温区,则需采用单晶蓝宝石棒作高温探头,而且希望宝石棒的光轴与棒轴之间夹角小于 5° 为佳。用宝石棒和石英棒制作的高温探头均能较好地测量温度。

根据计算机模拟计算和实验研究,初步证明,采用 PIN-FET 前置放大和锁相放大电路作信号探测,这种方案是可取的,效果较好。实际研制的光纤高温传感器性能样机测量温度的信号电压和温度的关系曲线如图 7-16 所示。这台性能样机可在 500～1 000 ℃范围内进行测温,分辨率很高,具有较好的重复性和稳定性。

实践表明,采用单晶蓝宝石棒和纯石英棒,用镀膜技术制作成黑体辐射腔的高温探头是可行的。测量精度高,且有结构简单,使用方便等特点,是一种较理想而实用的高温传感器,它有着广泛的、潜在的应用前景。它可以用于航空工业中的尾焰温度或内燃机车汽缸温度测量;还可以进行多点温度测量,建立多点温度测量系统。

图 7-16　信号电压与温度的关系曲线

7.2.5　光纤扫描温度计

采用光纤扫描装置同多面镜鼓扫描相比有许多优点:结构简单、体积小、工作稳定、扫描速度快,并且能够比较简单地实现各种形式的扫描,如一维扫描、二维扫描。现在仅通过一维扫描温度计加以说明,如图 7-17 所示。

它是将输入端按直线排列的光纤在输出端转换圆形排列,并且每根光纤都一一对应,属于相关传光束,通过旋转 Z 型光导管,将每根光纤所接收的辐射通量传送到接收元件转

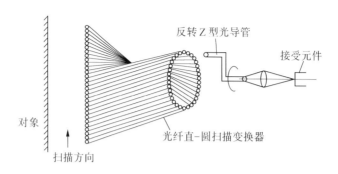

图 7-17 一维光纤直一圆扫描温度计示意图

换为电信号。其像元数目由光纤总数决定。采用直径较小的光纤,其根数较多,并对 Z 型光导管选择适当转速(空间频率),能够得到相当好的分辨率和足够高的扫描速度。

对于组合的光纤元件同入射图像保持相对静止,静态成像质量与光纤排列方式有关。正方形排列如图 7-18(a) 所示,两行纤维之间中心距离最大为 d,四根相邻纤维之间空隙较大。六角形排列如图 7-18(b) 所示,两行纤维中心间的距离最大为 $\sqrt{3}d/2$(边长为 d 的等边三角形的高),三根相邻纤维之间空隙较小,因此用六角形排列的光纤束较多。

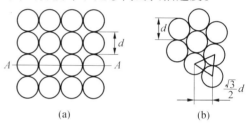

图 7-18 组合的光纤元件排列
(a) 正方形排列;(b) 六角形排列

正方形排列时,取样间距为 d,其截止频率 $f_{正截}=\dfrac{1}{2d}$;六角形排列时,取样间距为 $\sqrt{3}d/2$,其截止频率 $f_{六截}=\dfrac{1}{\sqrt{3}d}$。

当组合光纤元件对被传递的图像作相对运动,即在动态取样情况下,其动态成像质量与光纤排列方式无关,其截止频率 $f_{动}=1.22/d$。

静态、动态、扫描成像质量用调制传递函数表述,它们之间关系如图 7-19。

三根曲线的光学调制传递函数曲线按第一贝赛尔函数计算(取第一次达到零就截止)。其计算公式为

$$T_{动}(f)=\frac{2T_1(\pi df)}{\pi d} \tag{7-10}$$

静态调制传递函数是按光纤以六角形排列,两行中心距为 $\sqrt{3}d/2$,纤维面板相对正弦波光栅错位 $d/2$,其最低静态调制传递函数在 $h=\sqrt{3}d/4$ 时,则

$$T_{静}(f)=T_{动}(f)\cos2\pi h=T_{动}(f)\cos\left(\pi\frac{\sqrt{3}}{2}d\right) \tag{7-11}$$

上述 $T_{动}(f)$、$T_{静}(f)$ 都是在理想状态时的调制传递函数曲线。实际纤维板由离散的纤维构成,纤维截面不是正方形,不可能出现标准的一维情况,即 Y 方向(沿正弦波光栅线条方向)的亮度是不一致的(通过纤维之间空隙时亮度降为零),用狭缝测的是 Y 方向的平均值,再加上纤维排列不均匀、错位等等。由图 7-19 示出的三根曲线可看出纤维板

的调制传递函数的变动范围为

$$T_{扫}(f) = [T_{动}(f)]^2 = \left[\frac{2T_1(\pi df)}{\pi df}\right]^2 \qquad (7-12)$$

$T(f) = 1$ 表示像质量最好,通常选择空间频率小于 $1/8d$。

由图 7-20 可看出,光纤直径越细,调制传递函数越好。

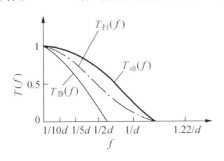

图 7-19 动态、静态、扫描调制传
递函数曲线

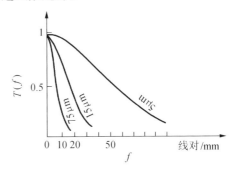

图 7-20 不同光纤直径与调制传
递函数关系

上述是光纤板成像质量的介绍,为光纤扫描温度计在确定光纤直径大小、空间频率提供依据,并可估计沿扫描方向两目标之间最小距离的温度差。对光纤扫描温度计来说,更感兴趣的是沿扫描方向被测目标辐射能的分布,从而得知温度的分布。如黑体辐射亮度为

$$L^0(\lambda) = \frac{1}{\pi} C_1 \lambda^{-5} \cdot (e^{C_2/(\lambda \cdot T)} - 1)^{-1} \qquad (7-13)$$

而被测物体的辐射亮度为

$$L(\lambda) = \varepsilon(\lambda) L^0(\lambda) \qquad (7-14)$$

式中,$\varepsilon(\lambda)$ 为光谱黑度系数。

对一根光纤在输出端所传输的辐射通量为

$$P_0 = \int_\lambda L(\lambda) \cdot \sin^2\theta_{max} \cdot S_f \cdot e^{-L\sec\theta_1\left[\alpha(\lambda)+\beta(\lambda)\frac{\sin\theta_1}{d}\right]} d\lambda \qquad (7-15)$$

式中,S_f 为光纤横截面积,其它符号同前。

7.2.6 荧光辐射式光纤温度计

当物体受到光或放射线照射时,其原子便处于受激状态。当原子回复至初始状态时随即发射出荧光,且荧光的强度和辐射光的能量成比例。利用这种现象可以检测温度。

图 7-21(a)是荧光辐射温度计感温部分的结构,图 7-21(b)是系统框图。在感温部分,光纤的端部装有能发生荧光的物质,该物质受激发后即发出荧光,根据荧光的强度可检测温度。敏感部分直径 ϕ 为 0.8 mm,长 5 mm,光纤 ϕ1 mm,长 2~100 m,耐热 310 ℃,用于 -50~+250 ℃检测,精度为 0.1 ℃,响应时间 1/4~4 s。这种温度计的特点是探测部分和敏感端连成一体,没有导电物质,适用于高压设备、广播设备、医疗装置和石油化工等的温度检测。

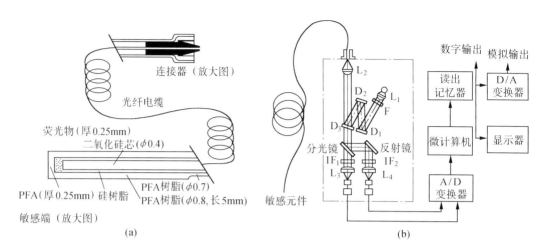

图 7-21 荧光辐射温度计

(a) 荧光辐射温度计感温部分结构；(b) 检测系统框图

非接触式光纤辐射温度传感器在国外已经商品化，国内也已起步，在高、中、低频感应加热、淬火工件测温及连续铸锭、焊缝测温中，它将发挥积极的作用。光纤扫描温度计还没有实用化，测量高温(如 1 500 ℃)容易实现，而测量 200～400 ℃低温的温场分布，有待于红外光纤商品化后才能实现。

§7.3 传光型光纤温度传感器

传光型光纤温度传感器中的光纤只作传输信号用，需另加其它的元件和材料作为敏感元件。这里将介绍几种典型的传感器。

7.3.1 半导体光纤温度传感器

半导体光纤温度传感器是由一个半导体吸收器、光纤、光源和包括光探测器的信号处理系统等组成。其体积小，灵敏度高，工作可靠容易制作，且没有杂散光损耗。

这种传感器的基本原理是利用有些半导体物质(如 GaAs 和 CdTe)具有极陡的吸收光谱，波长比吸收端长的光可透过半导体，短的则被吸收。半导体的能量带隙随温度上升而减小，结果，与能隙宽度有关的吸收波长变长。如图 7-22 所示，对应于半导体的透射率特性曲线的过渡边沿波长 λ_g 随温度增加而向长波长方向位移。当一个辐射光谱峰值波长与 λ_g 相一致的光源发出的光通过此半导体时，其透射光的强度随温度的增加而减少。

根据上述原理，可以制成半导体吸收式光纤温度传感器，其结构如图 7-23 所示。在两根光纤之间夹放着一块半导体薄片，并套入一根细的不锈钢管之中固定紧。作为传感材料的半导体可以是碲化镉和砷化镓，厚度分别取 0.5 mm 和 0.2 mm，两个端面经过抛光。

一个实用的半导体吸收式光纤温度传感器如图 7-24 所示，它包括上述半导体传感器、信号处理电路以及两个光源、一个光探测器。光源是采用两只不同波长的发光二极管，一只是 AlGaAs 发光二极管，波长为 $\lambda_1 \approx 0.88~\mu m$，另一只是 InGaPAs 发光二极管，波长

为 $\lambda_2 \approx 1.27\ \mu m$。它们由脉冲发生器激励而发出两束脉冲光,并通过一个光耦合器 5 一起耦合到输入光纤中。每个光脉冲宽度为 10 ms,占空比为 3%,光脉冲的时间间隔为20 ms。两个光脉冲进入探头 7 后,其中的吸收元件对 λ_1 光的吸收随温度而变化,但由于温度传感头的半导体对 λ_2 的光不吸收,即 λ_2 光几乎是全部透过,故取 λ_1 光作为测量信号,而 λ_2 光作为参考信号。另一方面,采用雪崩光电二极管(APD)作为光探测器。光脉冲信号从探头出来后通过输出光纤传送到光探测器上,然后进入采样放大器,以便获得正比于脉冲高度的直流信号。在转换成直流信号后,再由除法器以参考光(λ_2)信号为标准将与温度相关的光信号(λ_1)归一化。显然除法器的输出只取决于半导体透射率特性曲线边沿的位移,即与温度有关。

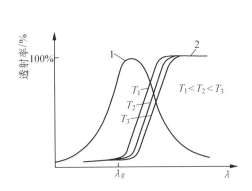

图 7 - 22　半导体的光透射率特性

1—光源光谱分布;2—吸收边沿

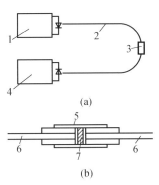

图 7 - 23　半导体光吸收式光纤温度传感器

(a) 装置简图;

(b) 探头

1—光源;2—光纤;3—探头;4—光探测器;5—不锈钢套;6—光纤;7—半导体吸收元件

上述这种光纤温度传感器可以在 $-10 \sim 300$ ℃ 的温度范围内进行测量,精度可达 ±1 ℃。

如果对测量精度要求不高时,这种传感器结构还可以大大简化。可以只采用一个光源,在接收端由一个对数放大器处理信号。其特点是结构简单、制造容易、成本低,便于推广。在 $-10 \sim 300$ ℃ 的温度范围内,测量精度为 ±3 ℃ 以内,响应时间约 2 s。

7.3.2　荧光衰变式光纤温度传感器

利用荧光物质所发出的荧光衰变时间随温度变化的特性可以制成温度传感器。

闪烁光照射在掺杂的晶体上,可以激励出荧光来,荧光的强度衰变到初值的 $1/e$ 时所需要的时间,称为荧光衰变时间 τ_F,它和温度的关系可用下式表示

$$\tau_F(T) = \frac{1 + \exp[-\Delta E/(kT)]}{R_E + R_T \exp[-\Delta E/(kT)]} \qquad (7-16)$$

式中,R_E、R_T、k、ΔE 均为常数;T 为绝对温度;

根据上述原理,可组成光纤温度传感器,利用晶体的荧光衰变时间来控制激励光源调

制频率。当温度变化时,荧光衰变时间发生变化,从而改变了光源调制频率,若测出频率即测出温度。典型测量系统的结构如图 7-25 所示。该系统采用发光二极管(LED)作为光源,光源的光通过透镜 2 进入一个滤光器 3,把长波部分滤去,然后经过分光镜 4 和透镜 5 注入光纤射向晶体,以便激发荧光。返回的荧光由分光镜耦合到滤光器 7 上。滤光器 7 的作用是抑制散射激励光。经滤光器后的荧光经透镜 8 焦光进入探测器 9 转换成电信号,此电信号经放大器 10、相移器 11 和幅度控制器 12,最后反馈到调制器控制 LED 的发光频率。系统开始工作后,激发光的强度开始在一个频率上振荡,通过时标计数器 13 测量振荡频率。

作为敏感元件的晶体,是含有 1% 铬的硼酸镧铝铬(LACB),它对应于式(7-16)中的常数值 $R_T = 0.115\mu s^{-1}$, $R_E = 0.320$ ms^{-1}, $\Delta E/k = 1\ 023$ k。它的荧光衰变时间在 0 ℃ 时是 340 μs,在 100 ℃ 时是 132μs。把这个晶体作成直径约 1.5 mm 圆柱状,并与芯子直径为 600 μm 的 PCS 光纤粘接起来。用银涂覆这个晶体,目的在于通过多次反射来放大激励并较好地利用所得到的荧光。

这种传感器在 0~70 ℃ 的温度范围内,连续测量的偏差可达 0.04 ℃。

7.3.3 热色效应光纤温度传感器

许多无机溶液的颜色是随温度变化的,因而溶液的光吸收谱线也随温度变化,其中钴盐溶液表现出最强的光吸收作用。利用无机溶液的这种热色特性,可以制成温度传感器。

钴盐溶液的频谱特征是,在波长为 660 nm 附近形成了一个强带,而在波长为 500 nm 附近有一个非常弱的带。图 7-26 所示是含有 15% 水的 0.1mol/L(0.1M)异丙基乙醇中的 $CoCl_2 6H_2O$ 溶液,在 5~75 ℃ 之间的不同温度下,波长为 400~800 nm 范围内的吸收频谱。从这些频谱中看出钴盐溶液所具有的强烈的热色效应,这与 $Co(II)$ 离子的存在有着密切的关系。同时,这样的热色特性是完全可逆的,因此,可将溶液制成热色换能器探头,并分别采用波长为 655 nm 和 800 nm 的光来作为敏感信号和参考信号。

这种温度传感器的结构如图 7-27 所示。采用一个 60 W 的卤素灯泡作光源,并用一

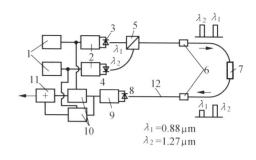

$\lambda_1 = 0.88\mu m$
$\lambda_2 = 1.27\mu m$

图 7-24 实用的半导体吸收式
光纤温度传感器

1—脉冲发生器;2—LED 驱动器;3—AlGaAS - LED(λ_1);4—InGaPAs - LED(λ_2);5—光耦合器;6—光纤连接器;7—探头;8—APD;9—光接收电路;10—采样放大器;11—除法器;12—光纤

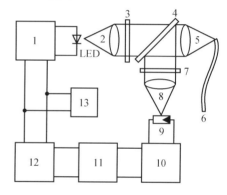

图 7-25 荧光衰变式光纤温度传感器

1—调制器;2,5,8—透镜;3,7—滤光器;4—分光镜;6—探头;9—探测器;10—放大器;11—相移器;12—幅变控制器;13—时标计数器

个斩波器把输入光变成一个频率稳定的光脉冲信号,然后通过显微物镜 L 把光脉冲导入光纤 3 送到有热色溶液的探头 4 之中。光通过热色溶液后再由探头底的镜面反射回来,被另一根光纤接收,通过光纤耦合器 5 把接收到的光信号分成两路,分别经滤光器 6(655 nm)和 7(800 nm)进行选择。前者所选取的 655 nm 波长的光信号的振幅是受温度调制的测量信号 S_t,后者所选取的 800 nm 波长的光信号与温度无关,故作为参考信号 S_0。这两个光信号 S_t 和 S_0 分别由 PIN 光电二极管转换成交流电信号,再经锁相放大,使噪声通过其中的有源波得到有效抑

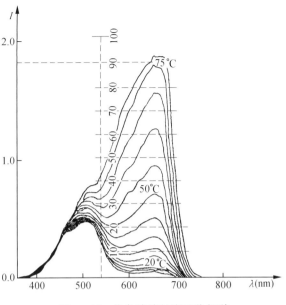

图 7 - 26　热色溶液的光吸收频谱

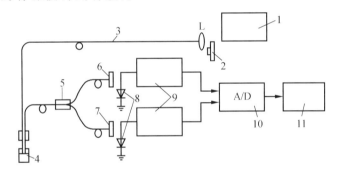

图 7 - 27　热色效应型光纤温度传感器

1—卤素灯泡光源;2—斩波器;3—光纤;4—探头;5—光纤耦
合器;6—655 nm 滤光器;7—800 nm 滤光器;8—光探测器;
9—带通滤波放大器;10—A/D 转换器;11—微机系统

制,然后经检波获得两个直流信号,最后用一个多通道 12 位A/D变换器 10 把信号接入微型计算机系统 11 进行数据处理。

由于系统利用测量信号与参考信号的比值 S_t/S_0 来表示测量结果,从而消除了电源的波动以及光纤中与温度无关的因素所引起的损耗对测量的影响,保证系统测量的准确性。

温度探头装置是一根有镜面层的玻璃毛细管,里面充满了钴盐热色溶液。把两根光纤终端部分插入溶液后,利用 CAF33 硅树脂胶来封口,最后整个探头覆盖一层保护膜。探头的外径最小为 1.5 mm,长为 10 mm。

测量得到的系统响应曲线如图 7 - 28 所示。测量范围在 25 ~ 50 ℃ 之间,测量精度可达 ±0.2 ℃。

§7.4 传感型光纤温度传感器

传感型光纤温度传感器不仅用光纤作为传输光路,而且用光纤作感温元件。利用光纤自身物理参数随温度变化而变化,从而使传输光的参数受到调制的特性,可以实现强度调制光纤温度传感器、相位调制光纤温度传感器等。

7.4.1 折射率调制光纤温度传感器

利用强度调制实现测温的方式很多,而最典型的一种是折射率调制方式。

大量的物理参数可以引起材料的折射率变化,温度和压力最为典型。有的物理参数需通过另外一种物理量来起作用,例如多孔材料折射率其特性特别强烈地依赖于周围介质的化学成分。

光纤的纤芯材料和包层材料的折射率温度系数不同,在某一特定温度时,纤芯和包层

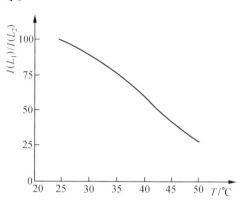

图 7 - 28 热色传感器的响应曲线

的折射率相等,光纤就失去了光导的作用。利用这种原理可制成报警系统。由于光纤的传输特性是逐渐变化的,所以光导完全截止所处的温度可以是非常准确的。准确地选用纤芯和包层材料,可以设计成高温或低温的报警系统。利用这种原理制成的测温系统有液化天然气存贮罐及环境防火报警系统等。

采用液体光纤方法也可以进行温度检测。这种检测装置是一种利用透明液体的折射率与温度有关的光纤传感器,其感温段是利用透明液体作为纤芯或包层的原理而制成的。

它是采用一段对温度敏感的液芯光纤,嵌入普通的多模光纤中并与其串接。光纤中的透明芯液折射率对温度很敏感。这种芯液和装它的毛细管构成了数值孔径随温度变化的液芯光纤。在某温度 T_1 时,液体和玻璃管具有相同的折射率,数值孔径为零。另一温度 T_2 时,液体的折射率较高,这时,液芯光纤就具有与普通光纤相同的数值孔径。在 $T_1 \sim T_2$ 的温度范围内,液芯光纤的数值孔径连续地从零变化到普通光纤的数值孔径。利用这种现象的温度传感效应,液芯光纤就可以作敏感元件。

此外,还有一种装置是一根有一段无包层的光纤,浸在透明的起包层作用的液体中组成,其液体的折射率随温度的变化而变化。当温度从 T'_1 变化到 T'_2 时,液体的折射率由等于纤芯的折射率变化到等于包层的折射率值。用温度相关液体作包层的这段光纤芯构成了光导,其数值孔径在 $T'_1 \sim T'_2$ 的温度范围内从零变化到正常的没有剥离外包层时光纤的最大值。

图 7 - 29 是液体芯的具体结构。图中示出对温度敏感的元件 10,它是一段透明的毛

细管,其折射率为 n_s,纤芯 12 在毛细管 11 内,其折射率为 n_l,n_2 对温度的变化是敏感的。元件 10 与普通的多模输入光纤 13 和输出光纤 14 串接在一起,它们是由纤芯和包层组成的,纤芯的折射率为 n_1,包层的折射率为 n_2。

图 7-30 所示为液体包层的结构。输入和输出光纤与上述一样。图中给出一段温度敏感的元件 10′,它有一段无包层的光纤芯 12′,折射率为 n_f,纤芯被浸在透明的液体包层 11′ 中,液体包层具有与温度相关的折射率 n_l。液体包层 11′ 装在一合适的外壳 15 和密封堵头 16 中。在这种装置中,$n_f = n_l$ 的情况下,光纤芯从光纤 13 经传感元件 10′ 到光纤 14 可以是连续的。

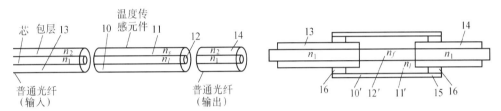

图 7-29 液体芯光纤传感器示意图   图 7-30 液体包层传感器结构示意图

从图 7-31 中可看出,光源发出的光,经过分束装置 21 和透镜装置 22 进入光纤 13 端部。由于采用了透镜装置 22 把光束引向光纤 13,因此在输入光纤的整个数值孔径上产生激励。在输入光纤 13 的远端,有耦合的温度传感器 10(或 10′)根据液体温度所确定的透

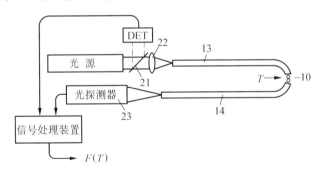

图 7-31 光纤温度检测示意图

射率让部分光通过。透射光从输出光纤 14 的远端输出到达光探测器 23,探测器向信号处理装置的一个输入端提供电信号。来自光源由分束器 21 分出的部分光束由光探测器 DET 探测。光探测器 DET 和 23 可采用同一类型的探测器。来自 DET 的电信号接到信号处理装置的另一输入端。通过温度传感段 10 透射的那部分光是温度的一个量度。信号处理装置要设计得可以利用探测器 23 和 DET 的输入光来计算这个量,并产生一个正比于温度的输出信号 $F(T)$,这个量与光源的强度无关。

与普通光纤的数值孔径类似,液芯光纤的数值孔径为

$$\mathrm{NA}_l = \sqrt{n_1^2 - n_\mathrm{s}^2} \tag{7-17}$$

液体包层段的数值孔径为

$$NA'_l = \sqrt{n_f^2 - n_1^2} \qquad (7-18)$$

对于任何光纤,其数值孔径都是与进入光纤最陡点的光线和光纤轴所成的角度(θ_{max})有关,其关系可用 $\sin\theta_{max} = NA/n_s$ 表示。

假设普通光纤 13 的输入端在光纤的全数值孔径上受到一个光源的激励,如果 $NA_l \geq NA_f$(普通光纤的数值孔径),进入所有角度的光线都经过纤芯或液体包层的光纤进入输出光纤,并被探测器接收。对于 $0 < NA_l < NA_f$,普通光纤中角度较大的光线不能被引入液芯或液体包层段,并透射到输出光纤中。当 $n_1 \leq n_s$ 时,液芯光纤不会引导任何光。当 $n_1 \geq n_f$ 时,液体包层段不引导任何光。

如果采取一些措施,保证没有导入液芯或液体包层光纤的光,不到达普通的输出光纤中,那么可以通过观测经输出光纤而透射的光来确定 NA。当在折射率为 n_0 的介质中观察时,输出光将被限制在等于或小于 θ_0 的角度范围内,对于 $0 < NA_l < NA_f$,$\theta_0 = \arcsin(NA_l/n_0)$。若观测 θ_0,就能够确定 NA_l;如 n_f、n_s 和 n_1 对温度的函数关系是已知的,那么就能够确定液芯光纤的温度。

为保证没有导入液芯光纤中的光不进入输出光纤 14,可采取下列措施:①使液芯光纤弯曲;②使液芯光纤外侧粗糙化;③用吸光材料包覆液芯光纤;④把液芯光纤浸入折射率更高的透明液体中。

如图 7-31 中元件 10 和光纤 13、14,为了获得光的最大透射效率,在联接部件时,普通光纤和液芯光纤的芯径应当相等,光纤相连的两段之间应该没有间隙。温度传感器的 NA_l 随温度而变化,与光纤的直径无关,但长度必须保证足以消除没有导入的输入光线。有许多液体可以作为这样的传感元件,例如折射率在 $1.5 < n_1 < 1.6$ 的有效范围内是容易得到的,折射率与温度的关系为 $dn_1/dT \approx -4 \times 10^{-4}$ ℃。

如果多模光纤中所有模的激励相同,则透射功率按它的数值孔径(NA)的平方相加。这种效应能够把光纤温度传感器的透光强度与液芯或液体包层光纤的 NA 值联系起来,也就是把透光强度和温度联系起来。

通过使光在输出光纤端外扩束,并在给定轴位置上测量光锥的直径,可以测量已透射的 NA。通过扫描孔径可以测量上述的光锥直径,在这里,孔径尺寸和扫描速度可以通过测量光束扫描孔径所花的时间来获得。可以用机械法扫描孔径本身,或者像在图 7-32 中所示的那样,利用旋转反射镜来扫描光束。

在图 7-32 中旋转反射镜是一个单面反射镜,光探测器提供的光输出波形如图 7-33 所示,从该图所给曲线可看出,角度 β 作为温度的函数而变化,其数学表达式为

$$NA = \sin\beta = \sin\frac{2\pi\tau}{T} \approx 2\pi\tau/T \qquad (7-19)$$

式中,T 是反射镜的旋转时间;τ 是光照射探测器的时间。为简便起见,利用单面反射镜,也可以用双面反射镜或棱镜。

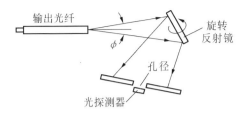

图 7 – 32 温度检测部分示意图

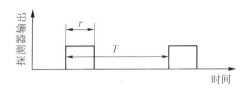

图 7 – 33 温度检测中产生的信号波形图

7.4.2 相位调制光纤温度传感器

相位调制光纤干涉仪制成的温度传感器可以有两种,其中以马赫 – 泽德尔光纤干涉仪和法布里 – 珀罗光纤干涉仪最为典型。

一、马赫 – 泽德尔光纤温度传感器

马赫 – 泽德尔光纤温度传感器是最早用于温度传感的一种光纤干涉仪,其结构如图7 – 34所示。干涉仪包括 He – Ne 激光器、扩束器、分束器、两个显微物镜、两根单模光纤(其中一根作参考臂,另一根作测量臂)、光探测器等。干涉仪工作时,由激光器发出的 He – Ne 激光束经分束器分别送入两根长度相同的单模光纤。把两根光纤的输出端会合在一起,则两束光产生干涉,从

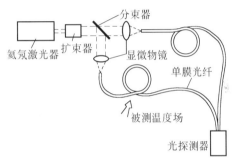

图 7 – 34 马赫 – 泽德尔光纤温度传感器

而出现了干涉条纹。当测量臂光纤受到温度场的作用后,产生相位移的变化,从而引起干涉条纹的移动。显然干涉条纹移动的数量将反映出被测温度的变化。光探测器接收干涉条纹的变化信息,并输入到适当的数据处理系统,即可得到测量结果。

光纤的温度灵敏度为

$$\frac{\Delta \varphi}{\varphi \cdot \Delta T} = \frac{1}{n}\left(\frac{\partial n}{\partial T}\right)\rho + \frac{1}{\Delta T}\left[\varepsilon_l - \frac{n^2}{2}(p_{11} + p_{12})\varepsilon_r + p_{12}\varepsilon_l\right] \qquad (7-20)$$

式中,φ 是相位延迟;ΔT 是温度变化量;n 是纤芯折射率;p_{11}、p_{12}是光纤的光弹系数;应变 ε_l、ε_r 分别为纵 – 横向应变,它们与光纤各层材料的性质有关。当干涉仪用的单模光纤的规格和长度已知时,则光纤温度灵敏度等有关参数就是确定的值。表7 – 2给出一种典型单模光纤的各个特性参数值。根据表内提供的数据,可计算出光纤的温度灵敏度以及有关的项

$$\frac{\Delta \varphi}{\varphi \cdot \Delta T} = \begin{cases} 0.70 \times 10^{-5}/ \text{℃(裸光纤)} \\ 1.64 \times 10^{-5}/ \text{℃(护套光纤)} \end{cases} \qquad (7-21)$$

$$\frac{1}{n}\left(\frac{\partial N}{\partial T}\right)_\rho = 0.68 \times 10^{-5}/ \text{℃} \qquad (7-22)$$

表 7 - 2 ITT 单模光纤材料特性(无外护套)

成分	纤芯	包层	外包层	一次涂复
	$SiO_2 + CreO_2$ (0.1%)	95%$SiO_2$5% B_2O_2	SiO_2	硅橡胶
直径/μm	4	26	84	250
杨模量 $E/(10^5 N\cdot cm^{-2})$	72	65	72	0.003 5
泊松系数 V	0.17	0.149	0.17	0.499 47
p_{11}	0.126	–	–	–
p_{12}	0.27	–	–	–
n	1.458	–	–	–
热膨胀系数/10^{-6}℃	0.55	1.02	0.55	–

从上述两项可看出,对于高石英含量的裸光纤,其温度灵敏度基本上决定于 $\frac{1}{n}(\frac{\partial n}{\partial T})\rho$,这主要是石英的热膨胀系数极小的缘故。护套光纤的温度灵敏度比裸光纤大得多。这说明护套层的杨氏模量和膨胀系数对于光纤的温度灵敏度有着重要影响。

据有关文献报道,利用马赫 – 泽德光纤干涉仪可以进行如下的实验测量,用两根约一米长的光纤,把其中一根放在一只绝热的塑料泡沫盒中,并在盒中放进一个电阻加热器和热电偶。盒内的温度通过热电偶测量,并把热电偶接到温度控制器上加以温度控制。温度变化 ΔT 为 2~3 ℃。温度变化引起干涉条纹移动,可把条纹的位移记录在录像带上。

对于各种不同的多组分玻璃,由于它们的折射率和热膨胀系数不同,所以温度灵敏度也不同。利用 SiO_2 光纤进行测量,测得其温度灵敏度与计算值十分吻合。

二、法布里 – 珀罗光纤温度传感器

此种传感器是由法布里 – 珀罗光纤干涉仪(FFPI)组成。这种干涉仪的特点是利用 FFPI 光纤本身的多次反射所形成的光来产生干涉,同时可以采用很长的光纤来获得很高的灵敏度。此外,由于它只用一根光纤,所以干扰问题比马赫 – 泽德尔干涉仪少得多。

法布里 – 珀罗光纤温度传感器的典型装置结构如图 7 – 35 所示。它包括 He – Ne 激

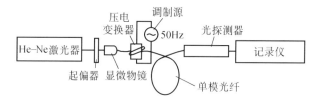

图 7 – 35 法布里-珀罗光纤温度传感器

光器、起偏器、显微物镜(×20)、压电变换器(PZT)、光探测器、记录仪以及一根做法布里 – 珀罗干涉腔的单模光纤(F – P 光纤)等。F – P 光纤是一根两端面均抛光的并镀有多层介质膜(反射率 $R = 60\% \sim 90\%$)的单模光纤,其纤芯直径 $2a = 4\ \mu m$,材料为 SiO_2,包层直径为 125 μm,材料为 SiO_2,最外层是直径为 0.9 mm 的尼龙护套。光纤的长度 $l = 0.01 \sim$

100 m。F－P 光纤是干涉仪的关键元件。F－P 光纤的一部分绕在加有 50 Hz 正弦电压的 PZT 上,因而光纤的长度受到调制。只有在产生干涉的各光束通过光纤后出现的相位差 $\Delta\phi = m\pi$(m 是整数)时,输出才最大,探测器获得周期性的连续脉冲信号。当外界的被测温度使光纤中的光波相位发生变化时,输出脉冲峰值的位置将发生变化。为了识别被测温度的增减方向,要求 He－Ne 激光器有两个纵模输出,其频率差为 640 MHz,两模的输出强度比为 5:1。这样,根据对应于两模所输出的两峰的先后顺序,即可判断外界温度的增减方向。

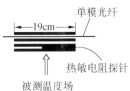

图 7－36　法布里-珀罗光纤温度传感器

采用的 F－P 光纤,其长度 $l = 24$ cm(反射率 $R = 60\%$),如图 7－36所示。为了消除机械振动的影响,把光纤放入一根长为 19 cm、直径为 3 mm 的玻璃管内,旁边放置一个热敏电阻探针,用来监视温度。玻璃管内的 F－P 光纤通过空气对流来感受温度。如前所述,温度上升或下降的变化,由激光器两模输出峰出现的先后来辨别。

用式(7－20)可以算出 FFPI 的温度灵敏度

$$\frac{\Delta\varphi}{\varphi \cdot \Delta T} = \begin{cases} 3.0 \times 10^{-5}/\ \text{℃(护套光纤)} \\ 0.8 \times 10^{-5}/\ \text{℃(裸光纤)} \end{cases} \qquad (7-23)$$

显然可看出,有护套的光纤比裸光纤要灵敏得多。

此外,FFPI 的热响应时间短也是这种温度传感器的一个重要因素,圆柱体结构的介质的热响应时间 τ_h 可由下式确定

$$\Delta h_i = \Delta T_i (1 - e^{-t/\tau_h}) \qquad (7-24)$$

式中,$\Delta h_i = h_i - T_0$;$\Delta T_i = T_i - T_0$;T_0 是起始温度;T_i 是稳态温度;h_i 是变化中的温度。同时有

$$\tau_h = 0.12 a^2 \rho c / k \qquad (7-25)$$

式中,a 是圆柱体半径;ρ 是密度;c 是比热容;k 是圆柱体的热传导率。

对于 SiO_2 光纤,当 $2a = 125\ \mu m$,$\rho = 2.22 g/cm^3$,$c = 0.84 J\tau/(g \cdot ℃)$,$k = 14.7 \times 10^{-3}\tau/(cm \cdot s \cdot ℃)$时,可计算得 $\tau_h = 0.6$ ms。

对于尼龙护套光纤,若 $2a = 0.9$ mm,尼龙的 $\rho = 1.12 g/cm^3$,$c = 1.93 J/(g \cdot ℃)$,$k = 22.3 \times \times 10^{-4} J/(cm \cdot s \cdot ℃)$),则计算得 $\tau_h = 0.2$ s。这对于一般情况的温度传感应用是足够的,因为光纤中机械变形的弛豫时间要比 τ_h 大得多。因此,FFPI 作为温度传感器,具有十分良好的功能。

§7.5　传光型光纤流量传感器

传光型光纤流量传感器大多是利用与流量有关的反射体调制传输光波的光强变化,通过检测光强即可实现流量测量。

7.5.1　相关光纤流量传感器

这种流量传感器是美国与瑞典斯得哥尔摩微波研究所合作研制的,主要用于测量纸

浆流量。

这种流量传感器包括两个部分:(1)传感器单元,包括焊入的双头螺栓和光纤;(2)处理单元,包括输出单元。如图 7－37 所示。

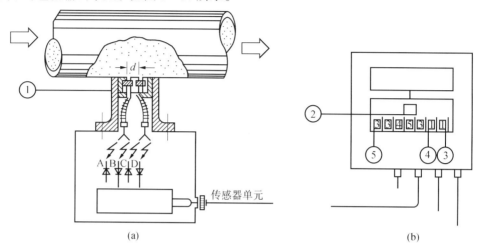

(a)   (b)

图 7－37　相关光纤流量传感器

(a)传感结构;(b)显示装置

1—装有探头与光纤的焊入式螺栓;2—mA 输出指示器;3—5 调节量程、零位和衰减用
拨盘开关

在传感器单元中,两套光纤 AB 和 CD 都装在探头里,并与管子内壁齐平。光纤 AB 和 CD 两者之间安装时具有精确的距离。红外线通过两套光纤和高阻透明窗口,被光纤反射,而光的图像则在前置放大器内被转变为幅度不变的电信号,进而从浆料流动中接收两反射信号,如图 7－38 所示。

这两个相似的信号,由于沿纤维 AB 到 CD 所需的时间不同(见图 7－37)而有一定的时差,可以利用处理单元中的延时锁定回路 DLL 来测得,测得时差时,速度和流量也就知道了。

这个时差还需经过简化并如图 7－39 所示加以处理。来自第一个探头的信号 $S_1(t)$ 经过具有控制延时 $\tilde{L}$ 的延时电路,在时差检测器内,第二个探头的信号 $S_2(t)$ 与被延时的信号作对比。如果 $\tilde{L} > \Delta t$,则探测器的输出信号为正,否则为负。

把探测信号进行积分并馈送到压控振荡器(VCO),此振荡器就发出一个与其输入电压成反比的频率信号。把这个频率信号反馈到延时电路,对延迟的时间 $\tilde{L}$ 进行调节,若 $\tilde{L} > \Delta t$,VCO 的频率就会增加;若 $\tilde{L} < \Delta t$,VCO 的频率就会减少。直至 $\tilde{L} = \Delta t$ 时,延时电路就被电子作用所锁定。这样,VCO 的频率与流速就成正比。然后把它馈入输出单元以变成直流 0～20 mA,4～20 mV 或频率的流量输出信号。

这种传感器的机械结构轻巧,使用与安装都很方便。各种管径都用相同的传感器单元与处理单元。传感器单元与信号处理单元之间的距离可长达 200 m。

这种测量方法对颜色、pH 值或导电性变化的反应均不敏感,因为所测得的光是反射的噪声特性,而不是直流或交流的电平信号。又因为传感器单元与管子的内壁齐平,故不会引入压力损失。

光学流量传感器的量程一经确定,其校准工作仅仅是推一下处理单元上的拇指轮开关,以后无需重校。

这种流量传感器用于纸浆流量测量时,在全量程中都有精度高达 ±1% 的测量值。而且这种传感器用途广泛,几乎能用于所有流动浆液的流量测量,是一种很有竞争力的精密流量传感器。

7.5.2 光纤涡轮流量计

光纤涡轮流量计的原理是在涡轮叶片上贴一小块具有高反射率的薄片或镀有一层反射膜,探头内的光源通过光纤把光线照射到涡轮叶片上。每当反射片通过光纤口径时,光被反射回来,由另一光纤接收反射光信号并使其照射到光电元件上,变为电脉冲,然后送到频率变换器和计数器,便可知叶片的转速和转数,从而测出流体的流速和总流量。其结构如图 7 - 40 所示。

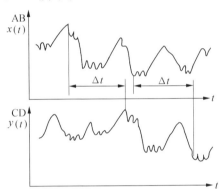

图 7 - 38 光纤探头 AB 与 CD 的信号探
测曲线图

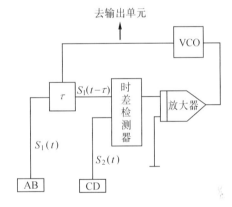

图 7 - 39 信号处理装置

光纤采用 Y 型多模光纤。由于光纤长度短,所以传输损耗可忽略不计。为了能接收到最大光信号,要求在发光源光量经过透镜后,基本上耦合给光纤,因此,应使光纤的一个端面位于透镜的焦点上。另一方面,要求照明用光纤的光线入射角和通过反射后入射到接收光纤的光线入射角,都尽量小于 12°。透镜用双胶合透镜,直径为 4 mm,调整好以后用"冷杉胶"胶接在探头上。光敏元件 $5DU_2$ 将光信号转换成电信号。由于光电元件所输出的电信号较弱,可采用前置放大器对信号进行放大,显示仪表由频率计和计数器组成,频率计显示瞬时流量,计数器显示累积流量,则流体总流量

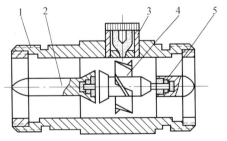

图 7 - 40 光纤涡轮流量计
1—壳体;2—导流器;3—探头;4—涡轮;5—轴承

$$V = KN \qquad (7 - 26)$$

式中，K 是比例常数(升/转)；N 是计数器的读数。

比例常数 K 与涡轮叶片的轴线的夹角、涡轮的平均半径、涡轮处的流动面积等因素有关。

光纤涡轮流量计具有重复性和稳定性好、显示迅速、精度高、测量范围较大、不需另加电源以及不易受电磁、温度等环境因素干扰的特点。它与同类涡轮流量计相比较，信号可以远距离传送，能测量高转速的涡轮叶片，结构简单，性能良好。此外，它可用来测量大磁场、高温度及大电流等环境下的转速以及涡轮的转速。其主要缺点是只能用来测量透明的气体或液体，不允许流体中有不透明杂质出现，所以在叶轮前应安装过滤装置。

7.5.3 光纤膜片式流速计

用膜片测量流体的流速，是将流速转变为流体的静压力采用的一项古老技术，而过去存在的主要问题是膜片的变形量难以准确测出。利用光纤来测量微小量的变化就很好地解决了这一问题。

光纤膜片式流速计的测量原理如图 7-41 所示。光源发出的光，通过光纤传输到反射片(膜片)，反射片把光线反射后送入接收光纤。由于膜片的变形，使接收到的光强发生变化，光电转换元件把光信号转换成电信号，经放大电路放大、整形、相敏检波后，由显示仪表显示。

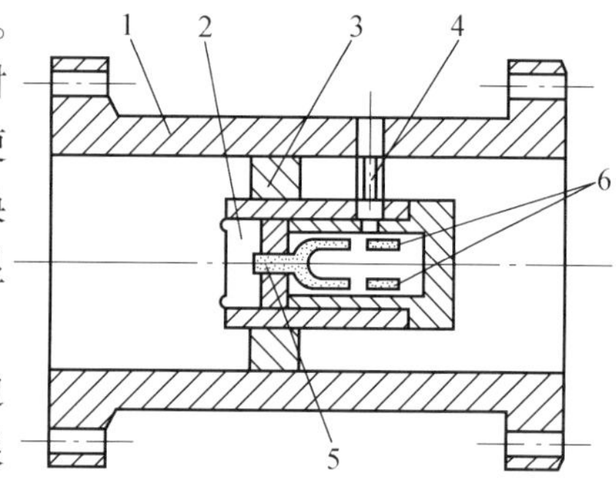

膜片一般可用殷钢或黄铜等材料制成，采用周边固定的方法，用银焊将膜片焊接到外壳的端面上。根据流速、流压的不同，可采用厚度不同的膜片(0.05 ~ 0.2 mm)，变形与压力成线性关系。膜片外径可系列化，根据流速大小选择相应的膜片外径。

由于膜片在零压力时没有形变，膜片与光纤之间保持较大的初始气隙(0.15 mm)，因此膜片的照射面较大，反射到接收光纤的照度也大，光电元件的输出信号也大。

图 7-41　光纤膜片式流速计
结构示意图

1—外壳；2—探头；3—定心套筒；4—引线管；5—光纤；6—光探测器

当探头置于一定流速的流体中时，膜片受压力作用而向内侧挠曲，使光纤探头与膜片之间的气隙减小，从而使反射到接收光纤的照度减小，因而光电元件的输出信号也相应变小。

传感器的输出信号不仅与光纤探头和膜片之间的距离有关，而且也受膜片的形状影响。为了减小传感器的非线性输出，膜片弯曲的挠度一定要控制在小于膜片厚度一半的范围内。因此，测量大小不同的流速、流压时，选择的膜片厚度也不同。在测量大流速时，若给定膜片直径必须增加膜片的厚度。

对于周边固定的膜片，在小挠度($W < 0.5t$)条件下，膜片的中心挠度 W 可按下列式计算

$$W = \frac{3(1 - \nu^2) R^4 P}{16 E t^3} \tag{7-27}$$

式中，R 是膜片有效半径；t 是膜片厚度；E 是膜片材料的弹性模量；ν 为泊松比。

若膜片材料为钢，$E = 2.1 \times 10^6 \text{kg/cm}^2$，$\nu = 0.3$，$t = 0.1 \text{ mm}$，$R = 8 \text{ mm}$。因此，如果产生 $W = 50 \ \mu\text{m}$ 挠度其所需的压力为

$$P = \frac{16Et^3W}{3(1-\nu^2)R^4} = 1.50 \text{ N/cm}^2 \tag{7-28}$$

如果产生 $W = 1 \ \mu\text{m}$ 挠度其所需的压力为

$$P = \frac{16Et^3W}{3(1-\nu^2)R^4} = 0.03 \text{ N/cm}^2 \tag{7-29}$$

由此可见，在小载荷情况下，膜片中心挠度与所加的压力成正比。通过实验便可以标定相应的流速。

为了提高反射能力，在膜片内侧镀银，厚度为 $10 \ \mu\text{m}$ 左右，反射率可高达 90% 以上。为了使光纤与膜片之间的工作距离满足所需要的线性段，采用螺纹来调节它们之间的距离。

膜片的最低固有频率可按下式计算

$$f_0 = \frac{2.56t}{\pi R^2} \sqrt{\frac{gE}{3\rho(1-\nu^2)}} \tag{7-30}$$

式中，ρ 是膜片材料的密度；g 是重力加速度。若膜片厚度 $t = 0.1 \text{ mm}$，平均半径 $R = 8 \text{ mm}$，$E = 2.1 \times 10^6 \text{ kg/cm}^2$，$\rho = 7.8 \text{ g/cm}^3$，$\nu = 0.3$，则 $f_0 = 4 \times 10^3 \text{ Hz}$。由此可知，传感器的固有频率虽然受到光电元件及一些因素的限制，但它的频率响应还是相当高的。

应该注意的是，此传感器的膜片的非线性变形和安装误差，将严重影响测量结果。为了减小非线性误差，可以采用 E 型膜片，这种膜片线性好，可以消除部分光纤接收器的非线性误差。膜片焊接时应保证光纤与膜片面垂直，以免引起附加误差。

§7.6　传感型光纤流量传感器

光纤涡流流量传是传感型光纤流量传感器中最典型的一种。

光纤涡流流量计采用一根横贯液流管中的光纤作为传感元件。光纤受到液体涡流的作用而振动，这种振动状态与液体的流速有关，通过振动对光纤中的光进行调制并把信号传输出来，然后采用光纤自差技术进行检测，从而得到流速的信号。

根据流体力学原理，如果在液流中放置一个非流线体，则在某些条件下液流在非流线体的下游产生有规则的涡流。这种涡流在非流线体的两边交替地离开。当每个涡流产生并泻下时，它会在非流线体壁上产生一个侧向力，非流线体便受到一个周期振动力的作用。如果非流线体具有弹性，则将产生振动，液体、气体等流体均有这种现象。

液体涡流的速度取决于液体的流速和非流线体的体积。其涡流频率 f 近似地同液体的流速成正比

$$f = S \cdot v/d \tag{7-31}$$

式中，v 是流速；d 是流体中物体的横向尺寸大小；S 是随液流而变化的常数，与雷诺数 Re 有关，在所考虑的液流范围（如 $0.3 \sim 3 \text{ m/s}$，$Re = 100 \sim 3\,500$）内，$S = 0.2$。

式(7-31)是光纤涡流流量计的基本依据,因为只要测量出涡流频率 f,便可知流体的速度。

这种流量计采用光纤作为敏感流速的非流线体,这时涡流的频率 f 就取决于流体的流速和光纤的直径,而涡流的频率即光纤的振动频率将采用光纤自差技术来检测。

在多模光纤中,光以多种模式进行传输,这样在光纤的输出端,各模式的光就产生干涉,形成一个复杂的干涉图样。一根没有外界扰动的光纤所产生的干涉图样是稳定的。当光纤受到外界扰动时,各个模式的光被调制的程度不同,相位变化也就不同,于是干涉图样的明暗相间的斑纹或斑点发生移动。如果外界扰动仅是由涡流引起的,干涉图样的斑纹或斑点就会随着振动的周期变化而来回移动。利用小型探测器对图样斑点的移动进行检测,即可获得对应于振动频率 f 的信号。这是光纤自差技术的基本要点。

其测试装置结构如图 7-42 所示。在一个直径为 2.5 cm 粗的水管中,沿着横截面的直径方向,从预先打好的两个孔装进一根多模光纤作为测量用的非流线体。光纤的纤芯直径为 200 μm,包层直径为 250 μm,数值孔径为 0.5。利用 He-Ne 激光器进行激励。在光纤的输出端装有光探测器,以检测从干涉图样中携带的光纤振动频率的信息,然后把信号输入频谱分析仪进行数据处理。

实验是通过泵浦水流来进行,水流速度变化范围为 0.3 ~ 3 m/s。以足够长的管道来保证形成涡流的条件。图 7-43 给出了某一流速范围的测量结果,其中实线表示测量精度范围,而虚线代表测量的期望值。当流速低于 0.3 m/s 时,不会形成涡流。

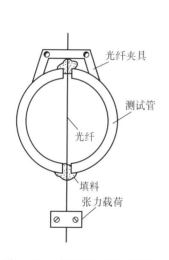

图 7-42　光纤流量测试装置
截面图

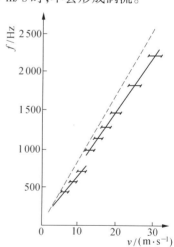

图 7-43　光纤涡流流量计的
测量结果

这种流量计可广泛地使用于纯流体的液体和气体测量。它具有很多优点,例如光纤中没有活动部件,测量可靠,对流体流动没有造成阻碍。这些优点是孔板、蜗轮等许多传统流量计所无法比拟的。

如果作为非流线体的光纤不是像上面的装置那样垂直于流体流动方向,而是与流动方向相平行,如图7-44所示,根据上述原理,也可以从光纤的振动频谱测出流体流动的速度。

由上述原理,如果敏感流速的非流线体采用单模光纤,则可由单模光纤组成一个光学法布里－珀罗干涉仪来进行测量。单模光纤的涡流流量计结构如图7－45所示。在单模光纤端面镀银以构成反射面,同时用多模 He－Ne 激光来激励。激光通过分束器2,经透镜3聚焦进入法布里－珀罗光纤4,然后从光纤端面反射回来,再经透镜3、分束器2,最后到达光电二极管12接收面上。显然,光电二极管所获得的光强是 F－P 光纤中光波相位的函数。

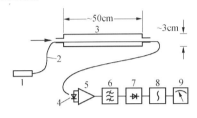

图7－44　光纤涡流流量计

1—激光器;2—光纤;3—铜管;4—光探测器;5—放大器;6—滤波器;7—精密整流器;8—积分器;9—测量显示器

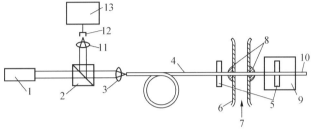

图7－45　单模光纤涡流流量计

1—激光器;2—分束器;3,11—透镜;4—光纤;5—压紧装置;6—流管;7—流体;8—缓冲片;9—敏感元件;10—光纤镀银端;12—光电二极管;13—信号处理系统

涡流的流动使 F－P 光纤中作为非流线体的敏感段发生了谐振应变。这个谐振应变引起 F－P 光纤中光相位的往复变化,也就是说 F－P 光纤的光相位受到了流体涡流频率的调制,因此输出的干涉光强的变化频率取决于涡流频率。由光电探测器探测到的光电信号经频谱分析仪测出这个频率值,然后可以计算出液体的流速。

图7－46给出了对管道流体速度在0.5～20 m/s 范围内的测量所获得的涡流频率 f 与雷诺数的关系曲线。这个测量结果与式(7－31)的理论推算是一致的。

上述单模光纤涡流流量计采用了 F－P 干涉仪的结构。对于涡流流速的测量也可以利用其它相位调制型的光纤干涉仪来进行。

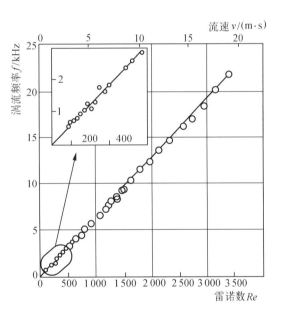

图7－46　涡流频率与雷诺数的关系曲线

第八章　光纤电磁量传感器

§8.1　引　　言

在电力系统中,常会遇到要在强电磁场干扰的情况下测量高压、大电流等电磁参量的问题。由于光纤传感器具有绝缘性好,抗电磁场干扰,灵敏度高等特性,因此在电力系统测量中具有突出的优势。

检测电磁量的光纤传感器大多为传感型的光纤传感器。比较常用的调制方式主要是偏振调制和相位调制式。利用光纤测电磁参量常用的物理效应有法拉第效应、磁致伸缩效应、电致光吸收效应、压电弹光效应等。

法拉第效应如第五章所述是指在磁场作用下,本来不具备施光性的物质也产生了施光性(即能使光矢量旋转),这种效应也可称作磁致施光效应。

磁致伸缩效应是指磁场作用于磁致伸缩材料使其长度发生变化,从而引起光学相位的变化,且其相位变化与磁场成线性关系。

电致光吸收效应是指在电场作用下,压电效应晶体的吸光特性发生改变,其吸光特性变化规律与外加电压成正比。

压电弹光效应是指当把单模光纤结合在压电材料的芯架或带条上,当外加电场作用于压电材料相应方向时,由于压电材料的长度变化,使单模光纤因弹光效应发生折射率的变化。

光纤测量磁场可以采用两种技术:法拉第旋光技术、磁致伸缩技术。法拉第旋光技术主要是把外磁场 H 加在光纤的轴向方向,使光纤中传播的光线偏振方向产生旋转,然后检测偏转角,就可测出外加磁场 H 的大小。磁致伸缩技术测量磁场主要是利用马赫 – 泽德光纤干涉仪,其测量臂采用被覆或粘合有磁致伸缩材料的光纤。在被测磁场作用下,被覆材料会发生磁致伸缩现象,作为测量臂的光纤会产生各种应变。其中纵向应变会引起光纤中光束的相位变化,从而使干涉仪中两束光的干涉条纹发生移动。检测条纹移动数量,即可获得被测磁场的大小。

光纤测量电场(或电压)可以采用两种技术:电致光吸收技术和压电弹光技术。电致光吸收技术是利用掺杂的压电晶体,在外加电场作用下改变其光谱吸收的特性。也可以在选用合适材料的光纤中掺入适当的杂质,使光纤的折射率能随外界电场变化,即 $n(E)$ 型光纤。它具有光吸收系数随外界电场的变化而变化的特性。检测出吸光特性的变化,就可得到外加电场(或电压)的大小。压电弹光技术测量电压,特别是测量高压时,是采用压电材料的压电效应与单模光纤的弹光效应相结合的方式去测量。

光纤测量电流可以采用五种技术：一、利用磁场对偏振态发生作用，通过检测偏振态的变化情况，就可得到产生磁场的电流大小。二、采用金属被覆多模光纤，将其放在磁场中，并使其被覆层通以电流，电流与磁场力相互作用引起光纤微弯，从而可检测出电流大小。三、采用磁致伸缩材料被覆单模光纤，使其固定在一个通过被测电流螺线管中心，通过测量磁场强度而算出电流。四、采用金属被覆单模光纤，使被测电流流过该光纤时产生电阻热效应，从而得到电流大小。五、把被测电流转变成电压，然后再利用电压测量的压电激光技术得出电流的大小。

§8.2 光纤磁场传感器

光纤磁场传感器可分为两大类，利用法拉第效应的传感器和利用磁致伸缩效应的传感器。

8.2.1 光纤法拉第磁强计

光纤测磁场的法拉第传感器有传感型和传光型两种。传感型是将外磁场直接加在光纤的轴向，使光纤中光波的线偏振方向偏转，进行检测。实验证明，由于 SiO_2 光纤的费尔德常数的值十分小(在 1.5×10^{-2}min/A 量级)，因此，法拉第效应应用在普通的 SiO_2 单模光纤中只能检测高磁场和大电流。有人曾试图在 SiO_2 中掺入稀土离子以增强光纤的法拉第效应。但是，这种离子在玻璃中可溶性受到约束，而且离子还产生光学吸收，所以实际上限制了这种效应的增强。因此，在传感型法拉第传感器中，要求具有特殊的光纤材料和精密的光纤控制技术，才能获得高灵敏度的磁场检测。这就使其应用受到了限制。

还有一些传光型的光纤法拉第传感器，其磁场敏感元件不是利用光纤自身，而是用其它材料制成，如利用玻璃制成的法拉第盒作为敏感元件。这种传感器灵敏度高、稳定性好，可以有效地应用于实际高压电力系统中。此处，将介绍这种传光型的传感器。

如前所述，法拉第效应就是一束线偏振光通过位于磁场中的介质时，其偏振面发生旋转的现象，此时

$$\theta = VHl \qquad (8-1)$$

式中，θ 是偏振面的偏转角；l 为光通过介质的路径长度；H 是磁场强度；V 是物质的特性常数——费尔德常数，它与介质的性质和波长、温度有关。对于抗磁物质而言，费尔德常数具有良好的温度独立性。法拉第效应揭示了磁与光之间的联系，如果 θ 角能够被检测出，则可测得磁场强度。由于各种物质的费尔德常数不同，再加上改变 l 的大小，就可以在合适的 θ 角变化范围内，达到计量某一范围内磁场强度的目的。又由于法拉第效应起因于介质中电子层与磁场的相互作用，电子的机械动作几乎无惯性，法拉第效应对磁场变化的响应小于 10^{-9}s，所以利用法拉第效应制成的传感器原则上可以测量任何磁场强度，响应速度只受电子线路的限制。这里要讨论的传光型传感器是一种具有较高准确度，能测直流、交流和脉冲磁场强度的磁强计。

2''''图 8-1 是实施方案光路部分的原理简图。参考光路是为了有效地排除光强变化的影响而设置的。根据光学上的马吕斯定律，起偏器的射出光强 I_0 与检偏器的射出光

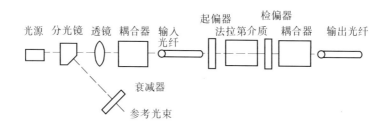

图 8-1 光路部分原理图

强 I(不考虑衰减)之间有如下关系(如图 8-2 所示)

$$I = I_0\cos^2\theta \tag{8-2}$$

由于 θ 角不能直接精确检出,而是通过光强的变化来反映,在根据上式进行 θ—I 转换时,要考虑起偏器与检偏器的透光轴相交成多少角度,即 θ 角的偏置位置为多少,才能得到最大的转换灵敏度和最佳线性度。

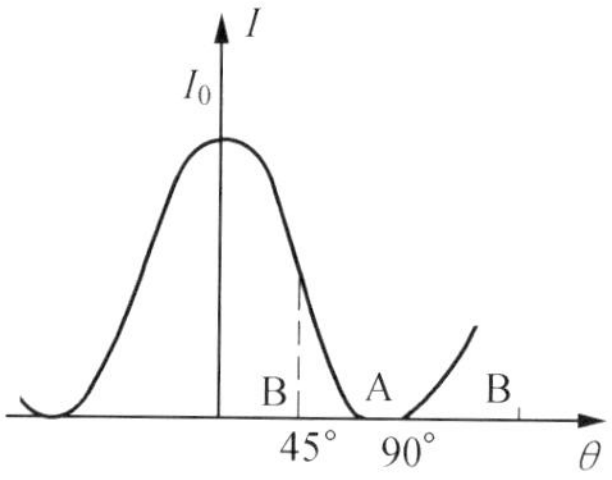

光强对 θ 的变化率,即转换灵敏度

$$dI/d\theta = -2I_0\sin\theta\cos\theta = -I_0\sin2\theta \tag{8-3}$$

令 $[dI/d\theta]' = -2I_0\cos2\theta = 0$,求得最大灵敏度位于 $\theta = (2k+1)\pi/4$(k 为整数)的那些点(图 8-2 中的 B 点),同时可以看出,由于曲线斜率的变化率为零($I''=0$),B 点也是线性度最好的点。如果将交角固定在 $45°$,这时就有

图 8-2　θ—I 关系曲线

$$I = I_0\cos^2(45° + \theta) = \frac{1}{2}I_0(1 - \sin2\theta) \tag{8-4}$$

现在讨论如何取出 θ 信号进而建立输出电信号与磁场之间的线性关系。图 8-3 是电路部分原理框图之一。

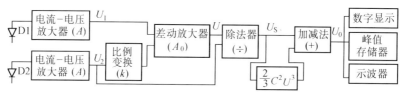

图 8-3　电路部分原理框图

设 K_1 是测量光路的耦合衰减常数;K_1' 是参考光路的耦合衰减常数,且 K_1 与 $K_1' < 1$(相当于假设光路对光强的输入-输出是线性不变系统);A 是光电管光强-电流-电压转换系数;K 是可调比例变换环节的比例数;A_0 是运算放大器放大倍数;I_0 是激光器发出的光强。

光电管 D_1 接收的光强为

$$I = K_1I_0\cos^2(45° + \theta) = \frac{1}{2}K_1I_0(1 - \sin2\theta) \tag{8-5}$$

经电流-电压放大环节,输出的电压信号为

$$U_1 = \frac{1}{2}K_1 AI_0 (1 - \sin 2\theta) \tag{8-6}$$

光电管 D_2 接收的光强为

$$I' = K'_1 I_0 \tag{8-7}$$

输出的电压信号为

$$U_2 = K'_1 AI_0 \tag{8-8}$$

这时差动放大器的输出信号为

$$U = A_0(U_1 - KU_2) = (\frac{1}{2}K_1 AA_0 I_0 - KK'_1 AA_0 I_0) - \frac{1}{2}K_1 AA_0 I_0 \sin 2\theta \tag{8-9}$$

调节 K 使 $KK'_1 = \frac{1}{2}K_1$，则有

$$U = -\frac{1}{2}K_1 AA_0 I_0 \sin 2\theta \tag{8-10}$$

结果消去了与 θ 无关的项，除法器的输出为

$$U_s = U/U_2 = -\frac{K_1 A_0}{2K'_1} \sin 2\theta \tag{8-11}$$

与光强 I_0 无关，并且 θ 与 U_s 在 θ 值很小时建立了准线性的关系。不考虑符号，则有

$$2\theta = \sin^{-1} \frac{2K'_1}{K_1 A_0} U_s \tag{8-12}$$

为建立线性关系，将上式右边按级数展开（$\left|\frac{2K'_1}{K_1 A_0}A\right| < 1$），舍去高阶项并令 $C = \frac{K'_1}{K_1 A_0}$，得到

$$\frac{1}{C}\theta = U_s + \frac{2}{3}C^2 U_s^3 \tag{8-13}$$

上式通过乘法器和加法器予以实现，输出 U_0

$$U_0 = \frac{1}{C}\theta \tag{8-14}$$

显然，输出信号与 θ 之间具有线性关系。由法拉第公式可得

$$H = \frac{1}{Vl}\theta = \frac{C}{Vl}V_0 = K_0 U_0 \tag{8-15}$$

式(8-15)表示磁场强度与测量系统的输出信号之间的线性关系。K_0 是与法拉第介质的费尔德常数、长度以及电路、光路系统有关的常量(特斯拉/伏)，它可通过实验来确定，例如在标准磁场下定标或通过与核磁共振测场仪进行比对定标。

各部件的选择、设计可从以下几方面考虑

1. 法拉第介质的选择

从灵敏度的角度考虑，要求法拉第介质的费尔德常数越大越好。从 θ 角和磁场之间线性关系的角度，要求介质的费尔德常数不受其它因素的影响。一般都是选取高质量的抗磁玻璃作为传感介质。抗磁材料的费尔德常数不随温度变化，其数值虽然比顺磁和铁磁材料要小，但具有适合测量中强磁场的灵敏度。抗磁材料的费尔德常数正比于色散 $dn/d\lambda$，即为波长的函数。而吸收系数也是波长的函数。当材料选定之后，要在低吸收与

高费尔德常数之间取得协调,就对波长提出了限制,对多数场合,波长应在 $0.5 \sim 1.0 \ \mu m$ 范围内。

2. 光纤

光纤需要选用数值孔径尽可能大的光纤以增加耦合的光功率,提高信噪比。因为所用光纤不长,基本上可以不考虑损耗问题。

光纤的温度适应性很强。实验表明,光纤的传光本领在高温时只受包层材料的限制;从室温到很低的温度,光的传输特性不发生变化。但是超过了一定的低温限度,某些光纤就会发生光泄漏。此外,可以考虑采用光纤来增大耦合和传输的光强。

3. 光电转换器件

作为接收光强的检测器件,必须具有良好的光－电转换线性度,检测微弱光信号的灵敏度和足够快的响应速度,且工作稳定可靠。可供选择的器件有多种,这里选用了 PIN 光电管。这种器件具有灵敏度高、噪声小、速度快、工作电压低的优点,是较理想的接收器件。

4. 光源

光源的选择不仅关系到仪器的性能,而且涉及整个测量系统方案中对光路和后续处理电路的安排。在光纤磁强计中对光源的要求是:

(1) 光源要有足够的输出功率,方向性好,以保证足够的光耦合进光纤,实现要求的信噪比。

(2) 由于费尔德常数与波长有关,为减小其离散性,要求光源的频率稳定、单色性好。

(3) 波长尽量接近费尔德常数大的区域。

(4) 光源输出功率尽可能稳定,其输出不受机械震动、温度变化以及其它因素的影响。

(5) 偏振度稳定。

(6) 光源寿命尽可能长,参数长期不变。

这里采用的氦氖(He－Ne)激光器就能基本满足上述要求。其优点是功率较大,可以得到 $2 \sim 5$ mW 的激光管;具有极好的方向性,通过简单的聚焦手段就可得到相当大的耦合效率;由波长决定的费尔德常数比其它光源大;具有极好的单色性和频率稳定性。这些优点对提高灵敏度和信噪比、减小测量误差都是非常有利的。

根据重复性实验,此光纤法拉第磁强计的平均离散为 0.6%。整个磁强计测量系统的误差可以做到小于 1%。

8.2.2　磁致伸缩效应光纤磁场传感器

利用磁致伸缩材料所产生的变形,作用于光纤检测磁场是一种高灵敏度的技术。它是在马赫－泽德尔干涉仪上用被覆或粘合有磁致伸缩材料的光纤作为测量臂。在被测磁场作用下,被覆材料会产生磁致伸缩现象,相应地测量臂上的光纤会产生纵向应变、横向应变和体应变。其中纵向应变会引起光程的改变,从而产生相移。通过干涉技术,检测出相位的变化,即可获得磁场强度。

假定加在光纤被覆材料上的磁场强度为 H,则由 H 所引起光纤的纵向应变 S_3 为

$$S_3 = \Delta l / l = KH^{\frac{1}{2}} \tag{8-16}$$

式中 l 是被覆材料的长度；K 是与被覆材料有关的常数，对于镍，$K \approx -8.9 \times 10^{-5}$ $(A/m)^{1/2}$。

外加总磁场强度 H 包括两个部分，一部分是作偏置用的直流恒定磁场强度 H_0，H_0 的选定应使应变随磁场的变化率为最大值，以使传感器能工作在最灵敏的区域内；另一部分是待测的随时间在 H_0 附近上下变化的磁场强度 H_1，故 $H = H_0 + H_1$，而通常 $H_0 \gg H_1$。于是有

$$S_3 = KH_0^{\frac{1}{2}} + KH_1/2H_0^{\frac{1}{2}} \tag{8-17}$$

取 $H_0 = 3 \times 10^{-4} T$ 时，上式中的第二项可写成

$$S'_3 = KH_1/2H_0^{\frac{1}{2}} = -2.57 \times 10^{-3} H_1 \tag{8-18}$$

光纤在磁致伸缩效应的作用下，除了发生纵向应变 S_3 之外，还发生了横向应变 S_1 和 S_2。在各向同性的介质中，$S_1 = S_2$，且介质的体积保持不变，则有

$$2S_1 + S_3 = 0 \tag{8-19}$$

根据光弹效应，可得光纤折射率变化与应变之间的关系。由于光纤中光的传播是沿着横向偏振的，故只考虑横向折射率的变化

$$\Delta n_1 = \Delta n_2 = -\frac{n^3}{2}[(p_{11} + p_{12})S_1 + p_{12}S_3] \tag{8-20}$$

磁场的磁致伸缩效应引起光纤中光的相位变化为 $\Delta \phi$。如果忽略模间色散的影响，则长度为 L 的光纤中光的相位变化为

$$\Delta \phi \approx K_0 \Delta(nl) = \frac{2\pi}{\lambda} nL \left(\frac{\Delta L}{L} + \frac{\Delta n}{n}\right) = \frac{2\pi nL}{\lambda}\left\{S_3 - \frac{n^3}{2}[(p_{11} + p_{12})S_1 + p_{12}S_3]\right\} \tag{8-21}$$

式中，$\Delta L/L = S_3$。式(8-21)与式(5-36)相同，只是此处泊松比 $\nu = 0.5$ 而已。

对于熔融石英光纤，其光弹张量元素：$p_{11} = 0.12$，$p_{12} = 0.27$，$n = 1.46$。利用式(8-19)和(8-20)的关系，取 $\lambda = 1 \mu m$ 时，得

$$\Delta \phi = -24.4 \times 10^{-3} H_1 L \quad (rad) \tag{8-22}$$

上式中，H_1 的单位是 T(特斯拉)时，L 的单位是 m。同样，如果定义磁场灵敏度，则上式可写成

$$\frac{\Delta \phi}{H_1 L} = -2.44 \times 10^{-3} [rad/(T \cdot m)] \tag{8-23}$$

可见，用金属镍作光纤的磁致伸缩被覆材料测磁场的灵敏度是相当高的。

磁致伸缩材料分为结晶金属和金属玻璃两大类。金属类的磁致伸缩材料有铁、钴、镍，以及这三种元素的金属化合物。其中以纯镍的磁致伸缩系数(负值)最大。同时，由于制造简单和耐腐蚀等原因，常用纯镍作光纤的被覆层。此外，铁、钴金属也有明显的磁致伸缩效应。

一、交流磁场光纤传感器

光纤磁场传感器利用磁致伸缩材料被覆或粘合的光纤作为敏感元件，有三种结构，如

图8-4所示。其中(a)为心轴式结构,在磁致伸缩圆柱体作成的心轴圆周上粘上光纤;
(b)为被覆结构,在光纤表面被覆上一层均匀的金属层或护套;(c)为带状结构,在金属带上粘上光纤。

图8-4 光纤磁场传感器敏感元件的基本结构
(a) 心轴式;(b) 被覆复式;(c) 带式

利用镍被覆的光纤作为测量臂可以组成全光纤马赫-泽德尔干涉仪,其结构如图8-5所示。

从单模激光器1发出的单模 He-Ne 激光,通过光纤耦合器2进入干涉仪的双臂。把作为测量臂的磁致伸缩传感元件3置于交变磁场之中,使测量臂的光波相位受到磁场的调制,通过光探测器4的检测和同步放大器6的放大,即可得到与磁场变化有关的信号。

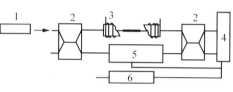

图8-5 光纤磁传感器
1—单模激光器;2—光纤耦合器;3—磁致伸缩传感元件;4—光探测器;5—相位补偿器;6—同步放大器

为了获得最大的磁致伸缩灵敏度,用一个赫姆霍兹(Helmholtz)线圈产生一个恒定的偏置磁场 H_0,在此基础上叠加上一个随时间变化的待测信号磁场 H_1。对于线镍金属,最佳的偏置磁场 $H_0 = 240$ A/m,这时镍被覆光纤的磁致伸缩灵敏度为 1.27×10^{-7} A/m^2。

镍被覆光纤可以做成两种结构形式:一种是把经过退火的体状镍薄壁管(厚度 $t = 0.1$ cm)粘接到芯径为 80 μm 的单模光纤上。薄壁管可把涡流效应降至最低程度。这种镍被覆光纤长度为 10 cm 左右。另一种是通过采用电子束蒸发的方法,使薄膜直接沉积在裸光纤上,其薄膜厚度在 0.6~2 μm 的范围内,例如在 80 μm 芯径的光纤上可沉积 1.5 μm 厚的镍被覆层。光纤沉积被覆层后,在约 900 ℃的氢中进行退火,其作用是消除磁场伸缩护层材料中的残余应变。

实验发现磁致伸缩光纤磁场传感器的测量灵敏度与信号磁场 H_1 的频率 f 以及镍被覆层的厚度有关。磁场 H_1 的频率 f 越高,镍被覆层越厚,灵敏度就越高。上述传感器可获得 6.4×10^{-8} A/m^2 的灵敏度。

二、直流磁场光纤传感器

此类传感器是利用交变磁致伸缩响应度与直流偏置磁场的依赖关系来测量直流磁场和低频磁场。把被测的直流磁场信号作为偏置磁场,在其上面叠加一个恒定的小高频磁校对信号,然后加在磁致伸缩传感元件上,测取与被测的直流偏置磁场相对应的磁致伸缩响应度信号,即可得到直流(或低频)偏置磁场的量值。

直流磁场光纤磁致器结构如图8-6所示。He-Ne 激光束从激光器1发出,经分束器分成两束,分别进入干涉仪的测量臂和参考臂,通过两臂的光输出后产生了干涉图样,其

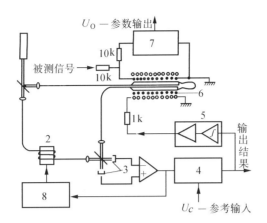

图 8-6　闭路直流磁场光纤磁强计
1—激光器;2—PZT;3—光电二极管;4—锁
定放大器;5—偏置磁场反馈回路;6—螺旋
线圈;7—交流校准信号;8—相位补偿单位

强度由两个 PIN 光电二极管 3 进行检测。测量臂中的一段光纤(长 50 cm)被夹在金属玻璃带之间,而金属玻璃带放在产生磁场的螺旋线圈 6 之中,这样就构成了一个磁致伸缩的光纤敏感区域。在干涉仪的参考臂上由一个压电光纤延伸器 PZT 来提供相位补偿,以便消除低频热扰动等因素对系统的影响。另外,从锁定放大器 4 的输出端引回一个反馈信号,提供给偏置磁场线圈的反馈回路,形成闭路系统,以补偿环境磁场变化给系统带来的误差。当被测的直流磁场和交流校准磁场信号从线圈加入之后,即可由差分光电探测器检测出与被测直流磁场有关的电信号,并通过锁定放大器得到输出结果。

应该注意的是利用这种光纤直流磁场传感器还必须考虑以下问题:① 校准磁场信号的稳定性;② 系统的线性范围;③ 材料磁滞效应引起的灵敏度变化。由于传感器采用了闭路反馈结构,从而有效地改善了系统的线性度并补偿了磁滞效应带来的影响。

现在来讨论激光器工作频率的变化对马赫-泽德尔干涉仪测量灵敏度的影响。由于干涉仪两臂的长度有差异,在激光器工作频率产生变化时,将引起干涉仪输出强度噪声。这种噪声大小与探测磁场的频率成反比(即具有 $1/f$ 的特性),而与干涉仪两臂的光路长度差成正比。GaAlAs 激光器的工作频率起伏范围大约为 10^5 Hz。如果探测磁场的频率为 1 kHz,为了使光纤磁场传感器能达到 10^{-6} rad 的检测灵敏度,就必须要求干涉仪两臂的光路长度差小于 1 mm。这个条件是很难满足的。为了消除或减小噪声,据有关文献报导,利用控制激光器驱动电流的方法,使激光器的工作频率由一个外部的全光纤法布里-珀罗谐振腔来锁定,这样,系统的噪声值可降低 20 dB。这是提高此类传感器质量的一个重要措施。

§8.3　光纤电场传感器

利用光纤测量电场(或电压)可以采用电致光吸收原理、压电弹光原理或电光晶体传感原理。

8.3.1　电致光吸收光纤电场传感原理

电致光吸收原理是根据电场作用使离子与电子的吸收谱线发生偏移,从而测出电场(或电压)的大小,其测量框图如图 8－7 所示。

从光源发出的光经过入射光纤和透镜形成平行光进入偏光器,偏光器输出的光进入压电效应晶体。在电场作用下压电效应晶体的吸光特性发生改变,其吸光特性变化规律与外加电压成正比。经过检偏器、透镜和出射光纤到光电接收器,变成电信号进行处理。

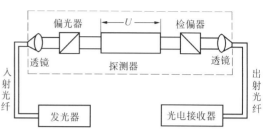

图 8－7　电致光吸收原理示意图

改变压电效应材料的物质组成成分,能改变其电致光吸收特性的线性度、稳定性以及抗干扰等性质。

光纤的纤芯部分为玻璃状物质,而玻璃状物质是由不同类型与不同极性离子组成的长程无序、短程有序的集合体。考虑其中第 i 种离子沿 x 方向运行的情况,设 i 离子左边为 j 离子,右边为 k 离子,并设它们的平衡位置分别在 x_i、x_j、x_k 处。它们之间的互作用势能为 $U_{ij}(\gamma_j)$ 与 $U_{ik}(\gamma_{ik})$。i 离子向左偏离一段距离 δ_{ij} 时,它将受到一个互作用力 F_{ij} 的作用

$$F_{ij} = -\left[\frac{\partial^2 U(r_{ij})}{\partial x_{ij}^2}\right] x_{ij} \cdot \delta_{ij} = -\beta_{ij} \cdot \delta_{ij} \qquad (8-24)$$

式中,β_{ij} 是劲度系数。i 离子向右偏离 δ_{ik} 时,它受到的互作用力为

$$F_{ik} = \beta_{ik} \cdot \delta_{ik} \qquad (8-25)$$

为了简化,设 $\beta_{ij} = \beta_{ik} = \beta$。这时 i 离子沿 x 方向的运动方程为

$$m_i x_i = \beta(x_k + x_j - 2x_i) \qquad (8-26)$$

式中,m_i 是 i 离子的质量,x_i、x_j、x_k 分别是 i、j、k 离子的瞬时位置。式(8－26)为简谐振动方程,说明 i 离子的运动有如一线性谐振子。依量子力学原理,线性谐振子对应的能量为

$$E_{in} = \left(\frac{1}{2} + n\right) h\omega_i \quad (n = 0, 1, 2, \cdots) \qquad (8-27)$$

式中,h 是普朗克常数,ω_i 是 i 离子振动的角频率。ω_i 与 β、m_i、x_i 等有关,并且只能取量子化数值。进一步分析表明,由多种离子组成的复式系统振动频率分声频支和光频支两大类。其中声频支代表离子在平衡位置附近的振动,光频支中的长波部分代表不同类型离子间的相对振动。在一个稳定系统中,相邻离子必是极性不同的离子,而极性不同离子间的距离变化即为电矩变化。所以长光频波又称为极化波,极化波可与光子交换能量,可用外来光激发。

光纤材料系介电物质,介电物质在外电场作用下内电场将发生相应变化。光纤中掺有能产生很高内电场的离子时,变化更为明显。内电场改变时离子的平衡位置将发生变

化,相邻离子间的热能曲线也将发生变化。以 i 离子为例,就是 x_{ij} 与 $U_{ij}(r_{ij})$、$U_{ik}(r_{ik})$ 要发生变化。由式(8-24)可见,这两种变化都将使劲度系数 β_{ij},β_{ik} 改变,从而引起 i 离子振动频率 ω_i 的变化,使得 i 离子对应的极化波由原来不能吸收某种波长范围的光能变成能吸收这种波长的光能,或者发生相反的变化,这样外电场就使 i 离子的吸收光谱发生偏移。掺有 i 离子的光纤透光率也随外电场而变。

反映电场对晶体物质吸收光谱影响的著名效应为伏兰茨-克尔德什效应。光纤中如混有能产生伏兰茨-克尔德什效应的结晶体,就可用这种效应测量电压。对于纯玻璃光纤,不可指望有这种效应。玻璃体中,离子中的电子能级是分立的,不能形成能带,但电子的分立能级在电场作用下可发生分裂,这就是斯塔克效应。没有外电场时,如果 i 离子的外层电子从它所占据的能级向相邻的高能级跃迁所需能量 ΔE 大于光子能量 $h\nu$,外层电子就不能吸收这种光子;有外电场时,斯塔克效应引起的能级分裂值 ΔE 减小,当减小至 $\Delta E \leqslant h\nu$ 时,外层电子就可吸收光能跃向相邻的高能级,这意味着外电场能使离子外层电子的吸收谱移动。ΔE 变化 10 Mev 时,吸收谱移动距离约 120 nm。所以,只要 i 离子选择适当,处于特定光纤中的 i 离子外层电子吸收谱边缘就可与所用光源频谱对应起来。

综上所述,外电场能影响光纤中杂质离子及杂质离子外层电子的吸收光谱,因此能改变掺有适当杂质离子光纤的透光率,即所谓光致光吸收效应。据报导,国外已制造出掺入适当杂质使透光率能随温度变化的光纤,其原理是温度不同时杂质离子处于不同振动频率的能级上,从而跃向相邻更高振动频率能级所需能量也不同,即杂质离子在这里是吸收热能 KT 改变了自己的吸收谱。它与前面讨论的杂质离子及其外层电子在电场作用下吸收电场能 qe(q 为杂质离子电荷,e 为电子电荷),改变自己的吸收谱本质上是一致的。因此,此类传感器的关键是应能研制出掺适当杂质的电场敏感光纤。

8.3.2 压电弹光光纤电场传感器

利用压电弹光效应测量电场的光纤传感器,实际上就是采用压电材料的压电效应与单模光纤的弹光效应相结合的方法。

在压电弹光效应中,如果压电材料采用压电陶瓷,则因压电材料无法与光纤制作在一起,而不宜测量高压。如果用高分子聚合物作压电材料,则有可能用来测量高压。高分子聚合物可作为光纤的包皮与光纤合为一体,只要这种形式的光纤足够长就可以解决耐高压与测量高压的问题。

把高分子聚合物聚偏二氟乙烯 PVF_2 被覆在一根光纤上,作为光纤干涉仪的测量臂就可以敏感电压或电场的变化。这是由于 PVF_2 材料在电场的作用下产生延伸现象,从而引起光纤的应变造成传输光相位的变化,用干涉仪测出这种相位变化就可判断出外加电压的大小。PVF_2 材料的特点是重量轻、相移能力强(波长为 633 nm 时,约有 4rad/(V·m)的相移能力),比普通的压电陶瓷(波长为 633 nm 时,约有 0.39 rad/(V·m)的相移能力)的相移能力强得多。

图 8-8 表示光纤电场传感器的原理图,传感器采用了光纤马赫-泽德尔干涉仪。干涉仪的两臂是两根单模光纤,其中一根光纤作为测量臂,去掉套层后被覆上 PVF_2 材料(被覆长度为 60 cm)成为 PVF_2 延伸器;另一根光纤作为参考臂绕在压电圆柱体 4(PZT)上。

PVF$_2$由带有直流补偿的待测量的正弦信号所驱动;PZT则由参考信号源驱动,作为相位漂移补偿器。干涉仪以 He–Ne 激光器作为光源,当激光进入光纤后,由光纤耦合器 3 分为两束光,分别进入测量臂光纤和参考臂光纤,这两束光在干涉仪输出端的耦合器中重新会合,从而产生干涉图样信号,此信号由探测器 6 检测,最后用光谱分析仪和示波器进行显示。

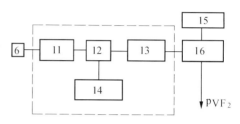

为了表征 PVF$_2$ 光纤延伸器的特性,定义其相移系数为

$$\eta = \phi(V_pL) \quad [rad/(V \cdot m)] \quad (8-28)$$

或

$$\eta' = \phi/(EL) \quad [rad/(V \cdot cm \cdot m)] \quad (8-29)$$

式中,ϕ 是长度为 L 的 PVF$_2$ 光纤在被测的电场强度 $E(V/cm)$ 的驱动下的相位移。通过测试可得到 60 cmPVF$_2$ 的相移系数为 4.2 rad/(V·m)。由于 PVF$_2$ 光纤延伸器具有很大的相移能力,因此它可用作光纤干涉仪的相移补偿器,驱动电压为 ±15 V 左右。

图 8-8 光纤电压、电场传感器原理图
1—激光器;2—$\lambda/2$ 波片;3—耦合器;4—PZT;5—振荡器;6—硅探测器;7—光谱分析仪;8—示波器;9—补偿器 CKT;10—PVF$_2$;11—前置放大器;12—混频器;13—低通滤波器;14—本地振荡器;15—待测信号振荡器;16—直流放大器

与 PZT 相类似,PVF$_2$ 相移补偿器实际上是一个光纤延伸器,它采用负反馈方式将干涉仪两臂锁定在某个固定的相位关系上。

PVF$_2$ 相位补偿器可以实现两种运行方式:一种是 $\pi/2$ 相位锁定,即两臂存在 90° 的固定相位差,此时干涉仪可获得最大的测量灵敏度;另一种是 π 相位锁定,即两臂存在 180° 的固定相位差,此时干涉仪可得到最大的混频效率。为了更有效地实现这两种方式,可以采用一种相敏探测方法。

现在讨论图 8-8 所示的电场传感器中马赫–泽德尔光纤干涉仪的相位补偿作用。

当干涉仪的两臂分别由 $x_1\cos\omega_1 t$ 和 $x_2\cos\omega_2 t$ 信号进行相位调制时,则两臂的光在输出端的电场分量分别为

$$\left.\begin{array}{l} E_1 = E\cos(\omega_0 t - kx_1\cos\omega_1 t) \\ E_2 = E\cos(\omega_0 t - kx_2\cos\omega_2 t - \phi_0) \end{array}\right\} \quad (8-30)$$

式中,ω_0 是光波角频率;x_1、x_2 是相位调制信号的幅度值;$k \leqslant \dfrac{2\pi}{\lambda}$;$E$ 是电场幅度值;ϕ_0 是两臂的静态相位差。

光探测器的输出 I_0 将正比于 $(E_1 + E_2)^2$,并由下式表示

$$I_0 = I[\cos\phi_0\cos k(x_2\cos\omega_2 t - x_1\cos\omega_1 t) - \sin\phi_0\sin k(x_2\cos\omega_2 t - x_1\cos\omega_1 t)]$$

$$(8-31)$$

式中 $I = |E^2|$。

将上式利用贝赛尔函数展开,可表示为

$$I_0/I = \cos\phi_0 J_0(kx_1)J_0(kx_2) - 2\sin\phi_0[J_0(kx_2)J_1(kx_1)\cos\omega_1 t -$$
$$J_0(kx_1)J_1(kx_2)\cos\omega_2 t] + 2\cos\phi_0 J_1(kx_1)J_1(kx_2)$$
$$[\cos(\omega_2 - \omega_1)t + \cos(\omega_2 + \omega_1)t] \tag{8-32}$$

式中，J_0、J_1分别是 0 阶和 1 阶贝塞尔函数。

从式(8-32)可看出，干涉仪的输出信号有三项：一是常数项，正比于 $\cos\phi_0$；二是随基频 ω_1 和 ω_2 变化的项，正比于 $\sin\phi_0$；三是随和频与差频 $\omega_2 \pm \omega_1$ 而变化的项，正比于 $\cos\phi_0$。因此，对于输出信号，可以根据要求不同而采取两种相位补偿的途径。

1. 要求获得最大测量灵敏度。 为满足这个测量要求，必须使式(8-32)中的第二项，即随基频 ω_1 和 ω_2 变化的项获得最大值，而把第一项和第三项补偿掉。显然，相位补偿器必须运行在 $\pi/2$ 的相位锁定模式状态，使 $\phi_0 = \pi/2$。在采用锁相放大器的相敏探测方法中，如果选择一个 $\omega_2 - \omega_1$ 的差频参考信号，则锁相放大器得出正比于 $\cos\phi_0$ 的输出信号，并作为 PVF_2 补偿器的误差信号。这样，干涉仪的输出信号将与 $\omega_2 - \omega_1$ 的参考信号相混频。由于干涉仪的相位被锁定在 $\phi_0 = \pi/2$ 处，则有 $\sin\phi_0 = 1$，$\cos\phi_0 = 1$，从而使包含 $\omega_2 \pm \omega_1$ 的信号保持最小，而包含基频 ω_1 和 ω_2 的信号达到最大，实现了预定要求。

2. 要求获得最大的混频效率。 此时 PVF_2 相位补偿器应工作在 π 的相位锁定状态，使 $\phi_0 = \pi$，同时选择一个频率为 ω_1 的参考信号，这样，干涉仪的输出将与 ω_1 的参考信号相混频。由于 $\phi_0 = \pi$，故包含 $\sin\phi_0 = 0$ 的项将保持最小，而包含 $\cos\phi_0 = 1$ 的项(即含有 $\omega_2 \pm \omega_1$ 的项)将获得最大值，使输出达到预定要求。

综上所述，利用 PVF_2 压电材料测量电压和电场的光纤传感器具有较高的灵敏度，PVF_2 光纤延伸器相移能力较强，并具有较好的线性度，且可作为相位补偿器，是一种很有特色的材料器件。但要注意很好地解决光纤折射率随温度变化所产生的附加相位差，材料膨胀系数不同产生的附加应力引起附加相位变化，以及具有压电弹光效应的材料与光纤材料介电常数的温度系数不同产生的电场分布变化引起的附加相位变化。此外，还有一个待解决的问题就是抗震，因采用单模光纤，又是干涉仪方式，抗震能力势必较差，如何在现场防震，尚有待进一步探索。

8.3.3 BSO 晶体光纤电场传感器

在高压系统电场的测量中，可以采用一种电光晶体作为传感器探头置于高压系统中。将一束偏振光经光纤远距离传送到晶体前边的 1/4 波片，使光变成圆偏振光进入晶体；光束多次反复地通过晶体后再由光纤传送回来，进入光接收系统。晶体探头由于高压电场的作用，其双折射特性将发生变化，从而使通过晶体的光束场受到调制，经过检偏器后，输出的光强产生了变化，由光接收系统即可检测出被测高压电场的信息。

探头材料采用 $Bi_{12}SiO_{20}$(BSO)晶体。BSO 是具有电光普克尔效应和磁光法拉第效应的晶体，其温度系数较小，故适宜做电压电流传感器，其折射率随电场变化的特性以及光纤组合的检测装置正在实用化，工作原理如图 8-9 所示。它由 BSO 晶体和检偏器、光学偏置器、电光变换器和光电变换器以及双芯光纤等组成。为了提高测量灵敏度，晶体探头可以做成多重通道结构。如果在传感器部分外加电场就会得到与电场电压成正比的光强度信号。

系统的归一化输出光强,可由下式表示

$$I = 1 + \sin(\pi El/U_{\pi}^{*}) \quad (8-33)$$

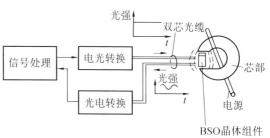

式中,E 是被测高压电场;l 是晶体在外加电场 E 方向的厚度。

当检偏器的透光轴相对于 BSO 晶体成($\pi/4 - \theta_a l/2$)的方位放置时,则有

图 8-9　BSO 晶体光纤电压电流传感器

$$U_{\pi}^{*} = U_{\pi}/[2N\sin(\theta_a l)] \quad (8-34)$$

式中,U_{π} 是 $l = 0$ 的极限条件下 BSO 晶体的半波电压;θ_a 是单位长度的旋光度。

上式表示,光通过 BSO 晶体 $2N$ 次时,就可使半波电压减少到通过一次时的 $\dfrac{1}{2N}$,这相当于把晶体厚度增加了 $2N$ 倍。

晶体探头可制成一个普克尔盒,厚度为 3 mm,$2N = 6$,光源采用发光二极管,波长 $\lambda = 830$ nm,功率为 0.3 mW。把晶体传感探头置于两平行平面电极之间,就可以对外加电场进行测量。图 8-10 给出了一个实测的曲线。可以看出,外加电场 E 与输出电压信号 V 之间具有较好的线性度。

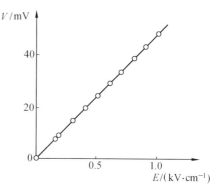

图 8-10　高压电场传感器输出特性

用上述传感器可测量架空输电线下的空间电场和测量高压机器及附属装置的电场分布。还可应用于波动电压的测量,雷冲击波形等测量。

§8.4　光纤电流传感器

利用光纤检测电流可以采用金属被覆光纤的方法,也可以采用磁致伸缩材料被覆光纤的方法,或利用法拉第效应和压电弹光效应。

8.4.1　金属被覆光纤电流传感器

金属被覆光纤可以分为金属被覆多模光纤和金属被覆单模光纤。由于其类型不同,因而决定了由它们各自组成的电流传感器的原理也不同。

一、金属被覆多模光纤电流传感器

最普通的方式是,将多模光纤被覆上一层厚的铝金属护套,护套起载流和光传输的双重作用。将光纤放置在磁场之中,并使光纤被覆层通以电流。此时,电流与磁场力的相互作用引起光纤微弯曲,通过光源所激励的光纤中的各个波导模式,因光纤的微弯曲而产生新的相位差,并使传导模向辐射模转换,引起传导模能量的损耗。通过检测光纤末端射出的光束所形成的干涉图样的变化或能量的变化来反映被测电流的大小,这就是所谓"光纤自差"测量方法。

一种典型的金属被覆多模光纤电流传感元件的结构如图 8-11 所示。其单位长度的电阻为 7.2 Ω/m，光纤直径为 70 μm，被覆层外径为 175 μm，数值孔径 NA = 0.20，光纤绕在一个圆柱体上，沿着圆柱体长度方向有几条突起的棱脊，便于光纤在磁场作用下产生微弯变形。一个永久磁场作用在圆柱体的轴线方向，其场强约在 0.1T 左右。整个器件尺寸为高 0.8 cm，直径 1.3 cm。

当采用 7 kHz 频率进行交流激励时，可通过探测器检测出由于微弯所引起的横向相位调制的光纤自差信号，从而得出与电流相对应的测量结果。探测器的信号采用调谐放大器进行放大。图 8-12 给出了，输出电压与电流幅值的关系曲线，由图可看出它们具有线性关系。

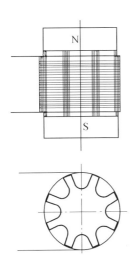

图 8-11　金属被覆多模光纤电流传感元件

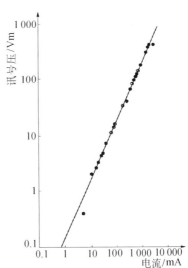

图 8-12　金属被覆多模光纤电流传感器的输出响应特性

这种传感器的特点是工作原理简单，结构紧凑，成本低。

二、金属被覆单模光纤电流传感器

这种传感器是根据被测电流流过金属护套光纤时产生电阻热效应而实现电流检测的。

图 8-13 所示为金属铝被覆的单模光纤，铝被覆层厚为 2 μm，长约 10 cm 左右，阻抗约为 3 Ω。待测电流 I 将直接通过铝被覆层，产生 I^2R 的热量，对光纤进行加热。若把被覆光纤作为马赫-泽德尔光纤干涉仪的测量臂，则被覆光纤由于温度升高，其长度发生变化，从而改变了干涉仪两臂的两束光的相位差。

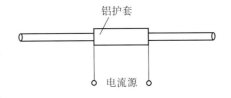

图 8-13　测量电流的光纤检测装置示意图

这种传感器的突出优点就是灵敏度较高。但被测电流与输出信号有二次函数关系。

8.4.2　磁致伸缩效应光纤电流传感器

利用磁致伸缩材料被覆的单模光纤可以作为马赫-泽德尔干涉仪的测量臂，在待测

197

电流的作用下,测量臂光纤中的光波产生了相移。根据干涉仪的原理,相移将引起干涉条纹的移动,检测条纹的移动量,即可反映出被测电流的大小。

磁致伸缩材料被覆光纤的结构如图 8-14 所示,它是粘套着镍管的光纤。镍是一种典型的磁致伸缩材料,其壁厚为 0.1 mm,长度为 10 cm。镍管外套着一个待测电流通过的

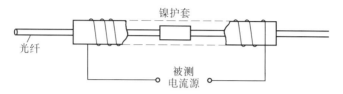

图 8-14 测量电流的光纤检测装置示意图

线圈,线圈的阻抗为 5 Ω,测量的电流为微安数量级。当被测电流通过线圈后,将产生磁场并作用在镍管上,引起磁致伸缩效应,从而使光纤发生形变。这时干涉仪两臂的光相位差将出现变化。这就是磁致伸缩型马赫-泽德尔光纤干涉仪用作电流检测的基本原理。

具体的干涉仪结构如图 8-15 所示。这种结构也适用于前述的金属被覆单模光纤作为干涉仪测量臂的情况。这种干涉仪可对电流的热效应或磁致伸缩效应所引起的小相移进行测量,其测量灵敏度可达 10^{-6} rad。这种系统与早

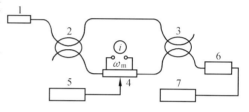

图 8-15 用作电流传感器的全光纤马赫-泽德尔干涉仪

1—半导体激光器;2、3—光纤耦合器;4—被覆光纤测量臂(驱动频率 ω_m);5—电子补偿系统;6—信号接收系统;7—锁相放大器

期的分立式光纤干涉仪的结构不同,其光源采用了半导体单模激光器,并用光纤耦合器作为分束器,这样可使干涉仪结构紧凑、体积小。同时,信号处理采用了高增益宽频带的电子补偿系统以及带有锁相放大器的信号接收系统,从而保证仪器有较高的灵敏度。

8.4.3 法拉第效应光纤电流传感器

这种传感器的工作原理示意图如图 8-16 所示。其基本原理是利用光纤材料的法拉第效应,即处于磁场中的光纤会使在光纤中传输的偏振光发生偏振面的旋转,其旋转角度 θ 与磁场强度 H、磁场中光纤的长度 L 成正比

$$\theta = VHL \tag{8-35}$$

式中,V 是费尔德常数。由于载流导线在周围空间产生的磁场满足安培环路定律,故对于长直导线有

$$H = I/(2\pi R) \tag{8-36}$$

式中,R 表示电流产生的磁场回路半径。因此,只要测出 θ、L、R,就可由

$$I = 2\pi\theta R/(V \cdot L) \tag{8-37}$$

求出长直导线中的电流 I。

如图 8-16 所示,从激光器 1 发出的激光束经起偏器 2 变成线偏振光,再经 10 倍的显微物镜耦合到单模光纤中去。为消除光纤中的包层模,把光纤浸在高折射率的油中。5

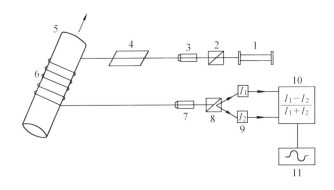

图 8 - 16　电流检测装置示意图
1—激光器;2—起偏器;3—显微物镜;4—耦合器;5—高
压载流导线;6—绕在导线上的光纤;7—显微物镜;8—
沃拉斯顿棱镜;9—接收器;10—运算器;11—显示器

是高压载流导线,通过其中的电流为 I,6 是绕在导线上的光纤,在这段光纤中产生法拉第磁光效应,使通过光纤的偏振光产生一角度为 θ 的偏振面的旋转。出射光由显微镜 7 耦合到沃拉斯顿棱镜 8。经棱镜 8 把光束分成振动方向相互垂直的两束偏振光,最后分别送入探测器 9、计算器 10 及显示器 11。由计算器输出的函数为

$$P = \frac{I_1 - I_2}{I_1 + I_2} \tag{8 - 38}$$

式中,I_1、I_2 分别为两偏振光的强度。

计算表明,P 和 θ 的关系为

$$P = \sin 2\theta \tag{8 - 39}$$

由于一般电力系统中偏振面旋转的角度 θ 都很小,因此有

$$P \approx 2\theta \tag{8 - 40}$$

这种测量电流方式的优点是,测量范围大,灵敏度高,与高压无接触,电绝缘性好,特别适用于高压大电流的测量,测量范围为 0 ~ 1 000 A。

在实际测量中,也存在一些问题。主要是光纤本身有一定的双折射效应,其双折射效应随环境因素变化,因而会引起额外的偏振面旋转。为此对式(8 - 39)应进行如下修正

$$P = 2\theta(\sin\delta/\delta) \tag{8 - 41}$$

式中,δ 是其它效应所引起的偏振面的旋转。显然,由于 δ 的存在会使测量 P 的灵敏度下降。通常,单模光纤所固有的双折射 δ 约为 $100°/m$,δ 大,是这一技术推广、实用化的主要障碍之一。为提高传感器的准确度和灵敏度,首先需要增强光纤的法拉第效应,降低光纤固有的双折射,同时保持光纤的其它光学特性。

此外,利用光纤塞格纳克干涉仪也可以测高压电流。即把光纤圈套在载流体周围,电流产生的磁场通过法拉第效应,使经过光纤的顺逆光的偏振态发生了方向相反的偏转角。检测这两束顺、逆光的偏转角,即可求出电流的大小。这种传感器的特点是动态范围大、稳定性好,对周围环境不敏感。

8.4.4 压电弹光效应光纤电流传感器

压电弹光效应建立的光纤电流传感器实质上分两部分：一部分是电压电流转换，这可以通过电流互感器跨接的电阻转换，也可以用空心线圈（如 Rogowski 线圈）直接把电流转换成电压，另外其它方式也可以使用；另一部分是通过压电效应和光弹效应用电压对干涉仪进行相位调制，从而得到被测的电流信号，这里所用的干涉仪可以是普通干涉仪，也可是基于相位压缩原理建立的微分干涉仪。

图 8 - 17 是压电弹光效应光纤电流传感器。图中 TH 是用 Rogowski 线圈建立的高压

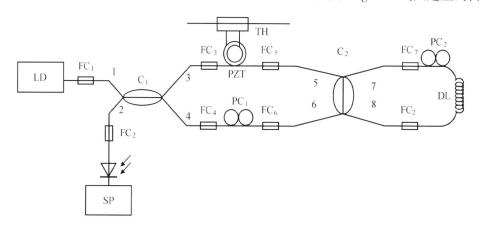

图 8 - 17　微分干涉仪的结构图

LD—激光器；PC$_1$ 和 PC$_2$—偏振控制器；C$_1$ 和 C$_2$—耦合器；FC$_1$ ~ FC$_8$—光纤活动连接器；DL—光纤延迟线；D—光电探测器；TH—电流电压变换器；SP—信号处理电路；PZT—压电陶瓷筒

电流探头，干涉仪采用基于相位压缩原理建立的微分干涉仪。微分干涉仪由一个普通的塞格纳克干涉光纤陀螺和一个光纤谐振环组成。宽带光源 LD 的干涉时间分别小于塞格纳克光纤干涉陀螺圈和光纤谐振环传输一周所需的时间。从光源输出的光波进入耦合器 C$_1$ 被分成两束光，这两束光一部分射入由耦合器 C$_2$ 组成的光纤环，并分别以顺时针和逆时针方向传播。然后再回到耦合器 C$_1$ 在探测器 D 上产生干涉，经过信号处理，即可得到输出信号。下面以典型的两束光为例分析它是如何进行相位压缩的。第一束光为：LD→1→3→PZT→5→8→DL→PC$_2$→7→6→PC$_1$→4→2→D，第二束光为：LD→1→4→PC$_1$→6→7→PC$_2$→DL→8→5→PZT→3→2→D。第一束光先 PZT 调制，再 DL 延时，第二束光则先 DL 延时，再 PZT 调制，正交状态可以通过偏振控制器进行调制，从而与图 5 - 28 的原理相同，故实现了相位压缩的目的。

该传感器可达到 5 ~ 3 200 A 的大动态测量范围，0.5% 的测量精度。由于干涉光束具有相同的光路，故对缓变的环境干扰信号（如温度）不敏感，同时，它还能使用短相干长度的半导体激光器、发光二极管等光源。

第九章　医用光纤传感器

§9.1　引言

光纤细而柔软,易于借助于导管或皮下注射针头插入人体内做多功能传感,尤其是制作光纤的塑料材料可以长期植入人体内。因而,医用光纤传感器以其小巧、绝缘、不受干扰、测量精度高及与生物体亲和性好等优点被引入医学界,与传统的测量方法相竞争。将光纤技术引入生物医学领域,是生物医学工程界的一个重要突破。光纤技术应用于温度、生化分析、流量、流速、生物电位及各种与医学有关的物理量、化学量信息的提取,不仅提高了医学工程研究的原有水平,而且还由此创立了一些新的研究方法,可广泛地应用于医学临床检验或生物体检测中。

医用光纤传感器是一种十分有效的医学诊断器件。根据光纤传感器在活体内测量的信息不同可分为物理传感器和化学传感器。物理传感器是用来测量物理变量的,例如流动、压力、温度等,通过对这些变量的分析,有助于估计病人的病情及指导治疗。化学传感器可以测量氧饱和度,提供有关病人供氧能力的信息,同时还可以测量组织及药物代谢,也就是在活体内对种种化学活性代谢媒介物进行光学测量,也可测量血气、酸碱度(pH)、氧分压(pO_2)、二氧化碳分压(pCO_2)、血液葡萄糖等。

近几年,由于光纤制作技术的不断提高,国外在医用光纤传感器方面的研制发展很快。特别是日本、美国、意大利、增国、澳大利亚等国研制出了种类繁多的医用光纤传感器,有些已用于临床。据最新资料报导,意大利国家研究中心电磁研究学院研制出了一种新型医用光纤温度计;美国加利福尼亚大学劳伦斯费莫尔实验室等单位用远距离纤维荧光测定法在活体内和活体外进行测量;美国艾博特实验室索伦森研究组研制出可以测量温度、压力、血气、血液流动、氧饱和、pH、pO_2、pCO_2、葡萄糖参数的传感器等;日本大阪大学工程系、川崎医学院医学工程系心脏病学系等单位联合研制出激光多普勒血流速度计;德国哥丁根中心生理学及病理学院心脏病学实验室用双光纤系统在活体内测量冠状血流量等等。

我国在把光纤技术应用于医学方面也做了许多研究工作。例如,研制的胃内窥镜、腹腔镜、光纤温度计、用钕钇铝石榴石激光治疗食道癌、耳、鼻、喉及体表血管瘤、牙髓病等。此外,用激光作光源,用光纤输送到探测系统的血卟啉衍化物光动力治疗方法诊断并治疗了多种疾病,例如,治疗膀胱恶性肿瘤,肺癌,消化道癌,鼻咽、喉部肿瘤,诊断恶性胶质瘤等。

目前,比较典型的医学光纤传感器有医用光纤温度计、光纤血流计、光纤体压计、光纤血气分析仪等。

§9.2　医用光纤温度传感器

在传统的人体温度诊断技术中,经常采用热敏电阻或热电偶作传感器。在那些能安全使用的检测中,传统传感器表现出优良的特性,即价廉、尺寸小、精确和长期的相对稳定。然而在某些医疗过程中,由于金属导线与电子传感器的连接带来了一系列的问题。例如,癌症在感应电磁场中的超热治疗过程中,对组织温度进行诊断的传导性元件在电磁场中会相互作用,引起导线的自行加热和测量结果的读数误差;在对诸如心脏输出、多种血气和压力的热稀释测量的导管式温度传感器中,其金属导线会产生一个对心脏有危害性抖动的潜在的电子通道。

为了避免人体与金属材料的接触,发展了许多类型的光纤温度传感器。由于采用的是非导电性的玻璃与塑料纤维,故避免了对病人的抖动危害,以及在电磁场环境中对测量数据的扰动。

光纤温度传感器在生物与医学研究和治疗的许多领域里具有使用价值。它们包括癌症在电磁场超热治疗中的组织温度诊断;在磁振场中的病人诊断;微波对生物危害的研究等。其中,对温度分布测量的要求是在 35~50 ℃范围内,具有 ±0.1 ℃的精度的分辨率。根据这种要求,利用不同的原理,不同的材料和结构,可以构成多种光纤体温计。

医用光纤温度传感器按其工作原理可分为三种基本类型:强度型、波长型和时域型。下面将分别介绍这三种类型传感器的工作原理及应用情况。

9.2.1　强度调制型光纤温度传感器

强度型光纤温度计的工作原理是基于从传感器返回的光强度变化是温度的函数关系。这类传感器经常采用激光或 LED 作为窄波段光源。在测量时,特别需要注意的是返回光强的"假移动",这会造成温度真实值的测量偏差。补偿方法通常是采用增设另一光源波长为参考光路,或在设计中采用一个独立的光波长,利用分束器,将接收到的两个信号光路求比。这一类型的传感器主要有液晶光纤传感器、双折射晶体光纤传感器、荧光强度型光纤传感器和液体组元光纤传感器。

一、液晶光纤温度传感器

液晶光纤温度传感器是最早研制的温度光纤探头之一。对某一定波长,液晶由于温度的变化而呈现出颜色或反射率的变化。液晶的传感机理是相当简单的;光进入入射光纤,被液晶反射后通过出射光纤而被探测,反射光的光强是温度的函数。这类传感器的测量范围是很有限的,为 35 ~ 50℃,但准确度可高达 0.1℃,因此只适用于监视生物过程。

图 9 - 1 给出一种液晶光纤温度计的探头结构,它选取三种成分的液晶混合液作为温度敏感元件,窄波段的光由 LED 发出。当温度由 10℃ 变到 45℃ 时,此混合液由绿色变成深红色,因而光的反射率也随之改变,引起反射光光强的变化,检测出反射光的强度即可确定待测温度。实验测试表明它有较好的灵敏度,测量精度为 ±0.1℃。但是,由于液晶的化学不稳定性及成分的局限等因素,限制了液晶传感器技术的稳定性。

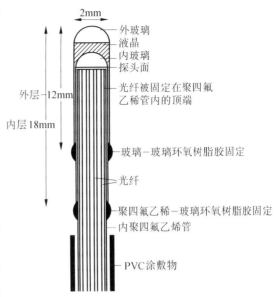

图 9 - 1　液晶光纤温度传感器探头结构

二、双折射晶体光纤温度传感器

强度型传感器的另一个例子是双折射晶体光纤温度计。双折射晶体是光学透明的,对两个互相垂直的偏振光,它的折射率是不同的。光通过入射光纤、起偏器和晶体,从反射镜反射后再通过晶体、检偏器和出射光纤而被探测。由于双折射特性是温度的灵敏函数,而双折射的变化引起了光强的改变。所以光强的变化是正比于温度的。这种传感器也只限于生物

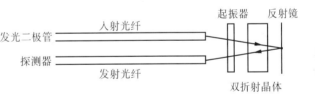

图 9 - 2　具有双折射晶体的光纤温度传感器

过程中的温度测量。图 9 - 2 给出该种传感器的结构原理简图。

三、荧光光纤温度传感器

荧光光纤温度计的主要工作原理是测量两个强荧光辐射线的相对强度,这两条线随温度的变化而变化,因此强度可用来测量温度。能成功用于荧光传感器的荧光材料是铕镧硫氧化物。激光光谱和辐射光谱示于图 9 - 3。辐射光谱取决于温度,图中 a 线和 c 线的强度比被用来决定温度。

测量时,将荧光物质粘结于光纤束末端,当紫外光经过光纤而投射到荧光物质时,被激发出的荧光经多模光纤传至光电探测器上。将其转换为电信号,再送信号处理电路,后者输出的电压或电流信号则与被测温度值相对应。

传感器的探头结构如图 9 - 4 所示。对荧光光纤温度传感器而言,应满足以下要求。

1. 传感器的探测部分应具有单端光输入与输出的功能。

2. 能从荧光中分出两个或多个不同波长的荧光信号,以便对获取的多个荧光信号进行处理,借以消除因光学器件、光电探测器和电子器件不稳定所带来的影响。

3. 能避免强激光对弱的荧光信号的干扰,以提高传感器的信噪比。

荧光光纤温度传感器原理如图9－5所示。它具有的一个主要优点是测量的温度与光源、光纤弯曲、光纤耦合无关。但由于多采用分光镜、干涉滤光片、反射透镜等来实现测温功能,故其成本高,结构复杂,且干涉滤光片的性能极易受环境因素的影响。

这种测温装置有较宽的测量范围(－50～＋200℃),精度达±0.1℃,适用于医学生理学中的体温度测量。

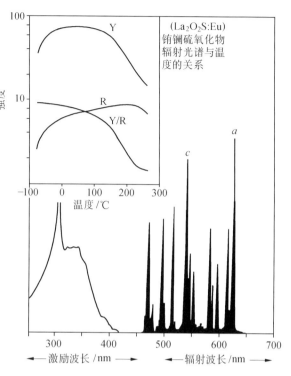

图9－3 采用铕镧硫氧化物荧光探头的谱线强度、激励波长和辐射波长示意图

四、液体介质光纤温度传感器

采用液体介质光纤方法进行温度

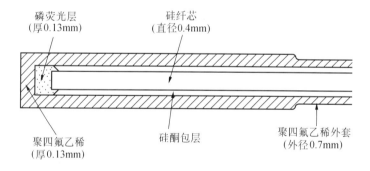

图9－4 传感器的探头结构

检测的装置是一种利用透明液体的折射率与温度有关的光纤传感器。光纤传感器的感温段是利用透明液体作为纤芯或包层的原理制成的。其设计原理是利用光沿多模光纤传输时,加在光纤末端部分的对温度敏感的液体油包层会产生衰减。温度的增加会使液体油包层的反射率减小,由反射端面反射的光随温度下降而衰减。

该温度计由小型探头及光电子系统组成。探头的结构是把硅芯——硅酮包层纤维的硅酮包层剥去后,把带有反射端面的纤维硅芯浸入贮有油液的微型玻璃容器内,并将微型玻璃容器口和未剥离硅酮层的纤维粘接。为了避免粘接损伤,以及因油液体包层随温度

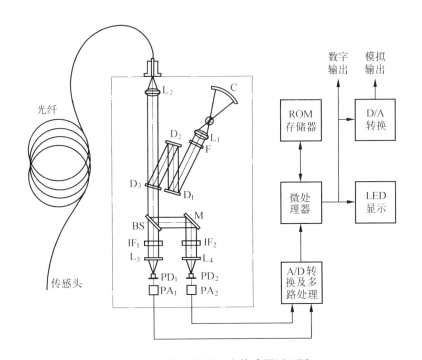

图 9-5 荧光光纤温度传感器原理图

$L_1 \sim L_4$—透镜；$D_1 \sim D_3$—反射透镜；F—滤光片；M—反射镜；BS—分束镜；

PA_1、PA_2—前置放大器；PD_1、PD_2—光电探测器；C—聚光显示镜；IF_1、IF_2—干

涉滤光片

的增加而膨胀所产生的压力，所以容器底部是空的，如图 9-6 所示。在空处和油液体之间有一活塞，可以调节油液体向空处膨胀。加在反射端面两边的开口塑料垫圈确保纤维对准中心。微型容器和纤维的一部分外面涂有起保护作用的聚偏二氟乙烯。

这种小型探头的纤维芯径为200 μm，微型容器长为 10 mm，其内径为0.5 mm，外径为 0.8 mm，包括聚偏二氟乙烯保护层在内，整个外径为 1.2 mm。

温度计的光电子系统由 860 nm 的发光二极管、分束器及配备有电子电路的检测器组成。

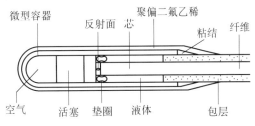

图 9-6 温度计探头

测量时该温度计是通过导管或皮下注射针头插入组织或血管内。通过实验，在温度范围为 30~70 ℃，上升时间约为 1 秒时，显示在数字绘图器上的标准响应曲线变化不超出 0.1 ℃，在温度为 ±0.05 ℃和 ±0.2 ℃时，短期使用和长期使用的稳定性分别为 4 小时和 12 小时。其标准响应曲线如图 9-7 所示。

9.2.2 波长调制型光纤温度传感器

这类传感器是基于敏感元件的散射或吸收使光谱发生变化。由于需要测量的是波长而非光强，因此它们的稳定性一般比较好，因为波长的测定可以通过机械的光学方法，如

多层干涉滤光片或是衍射光栅。

这类传感器主要有半导体光纤温度传感器和热色效应液体光纤温度传感器。

一、半导体光纤体温计

1. 工作原理

这种传感器的基本原理是利用多数半导体所具有的能量带隙随温度 T 的升高几乎线性地减小的特性。对应于半导体的透射率特性曲线边沿的波长 λ_g,随温度增加而向长波长方向移动,如图 7 - 22 所示。当一个辐射光谱与 λ_g 相一致的光源发出的光,通过此半导体时,其透射光的强度即随温度 T 的增加而减小。

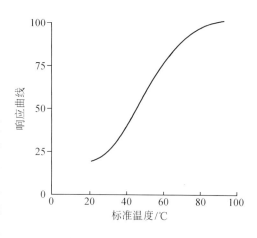

图 9 - 7　温度计标准响应曲线

利用 GaAs 作为半导体敏感元件的边带吸收效应如图 7 - 22 所示。对三个特定温度值,以三条曲线表示,其中 $T_1 = 273$ K,$T_2 = 373$ K,$T_3 = 473$ K,对应的边带吸收波长分别为 $\lambda_{g1} = 0.86\ \mu m$,$\lambda_{g2} = 0.88\ \mu m$,$\lambda_{g3} = 0.90\ \mu m$。

2. 传感器的构成

半导体光纤温度计通常由光源、光纤、半导体探头以及包括光探测器在内的信号处理系统组成。

对光源的要求可根据工作原理给出。根据测温范围 $T = 273 \sim 373$ K,选择发光峰值波长为 $0.88 \sim 0.90\ \mu m$ 的 LED 作为光源。

为了提高测量系统的灵敏度和精确度,消除周围环境对测量结果的影响,可增设一个参考光源,这两个 LED 光源具有不同的光谱特性,一个是对温度敏感的,一个是对温度非敏感的。

传统的半导体传感器探头是由夹在两根光纤之间的半导体薄片构成,不利于医用诊断、测量应用。为弥补这种缺陷,满足测量方便化、结构小型化等要求,考虑将传输光纤置于半导体敏感元件的同一侧,这种传感器探头结构可分为以下三种(如图 9 - 8 所示)。

① 单芯单根光纤;

② 双根光纤,一个发送,一个接收;

③ 双芯单根光纤。

3. 实验装置及结果

这里介绍的是美国盐湖城犹他大学 D. A. Christensen 教授所做的半导体光纤温度计在生物医学温度范围内测量的实验。

它是利用 GaAs 半导体敏感元件在生物体温度变化范围 $25 \sim 50$ ℃内,带隙随温度升高而减小,波长向长波长移动的变化是近似线性的特性,图 9 - 9 示出半导体在两种不同温度时波长的变化。

测量信号处理是采用光谱分析的方法。探头由装置在两根光纤探头端的 GaAs 棱镜

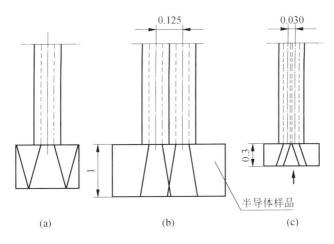

图 9 - 8 在半导体薄片同侧的三种光纤结构

(a) 单芯单根光纤;(b) 两根光纤,一个发送,一个接收;(c) 两芯单根光纤

构成。一根纤芯传送从光源发出的光,通过传感器,经过吸收作用,返回的反射光由另一根纤芯传送到光谱分析装置,探头结构如图 9 - 10 所示。

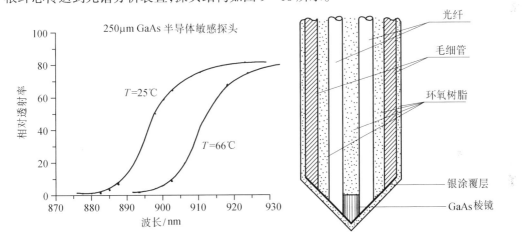

图 9 - 9　GaAs 传感器在两种温度下相对射透率与　图 9 - 10　采用特殊结构的传感器探头
　　　　　波长的关系

图 9 - 11 显示了返回光谱图形的测量方法。将光纤的尾端放置在准直透镜的焦点处。准直透镜出来的光进入平面衍射光栅。光栅将反射光的光谱转变成按角频率分布的光。随后再经一个棱镜聚焦在陈列式硅光电探测器上。探测器可以提供符合光谱图像的视频信号。

该实验的目的是测试该装置的分辨力及稳定性。尤其是在生物体温度所覆盖的范围内。

使用的器件参数为:

光源:20 W　钨灯/卤素灯

光纤:85 μm/125 μm　　　NA = 0.26

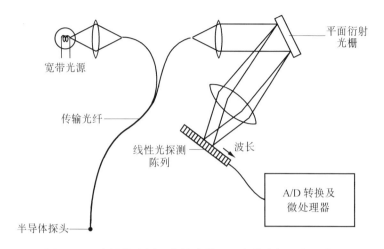

图 9-11　半导体光纤温度传感器返回光谱分析的光学装置

传感器探头：250 μm　　GaAs

准直透镜：焦距 = 120 mm，F/3.0

衍射光栅：110 mm × 110 mm，1 200 行/mm

聚焦透镜：焦距 = 80 mm，F/2.7

探测器：Sony × C – 47 CCD 阵列

传感器在接近 25 ~ 50 ℃的水池中加热,水池的温度用精确的水银玻璃温度计确定。其分辨力优于 0.1 ℃。在两个热点上作记号后,光谱数据可直接转换为温度读数。探头测试的读数相对于水池温度的关系如图 9 – 12 所示。

该系统在生物体温度范围内的准确度接近 ± 0.2 ℃,分辨力和短期稳定性为 ± 0.1 ℃。如果提高光谱边缘的测试算法,那么,即可提高测量的精确度。

二、热色效应液体光纤温度传感器

热色效应是指化合物的透射光谱值随温度升高而降低,随温度降低又恢复原状的现象。选择无机钴盐（$CoCl_2 \cdot 6H_2O$)溶液为热色物质,溶剂可以是水、二甲亚枫、丙酮、乙醇、异丙醇等。热色物质随温度变化的透射光谱如图 7 – 26 所示。从图中可以看到随着温度上升,等温透射光谱线逐级下降。透射谱线上有两个谷:660 nm 附近有一个强吸收谷,而在 550 nm 附近有一个弱吸收谷。其热色效应是吸收率随温度升高而增大,而强带比弱带增大得更快,故温度升高时,溶液的颜色由红色变成蓝色,这种热色效应是可逆的。

热色效应光纤温度传感器的构成可

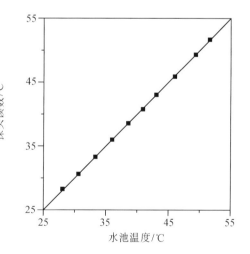

图 9 – 12　光学探测温度相对水池温度的实验结果

参看图 7 - 27。

9.2.3 时域型光纤温度传感器

这类装置系利用从传感头返回的光信号的时间变化是温度函数的原理制成。由于基于高频石英振荡器的时间基准可以做得十分准确,因此测量结果的精确度很高。

该类传感器的一个实例就是荧光衰减技术。利用荧光物质所发的荧光的衰减时间随温度而变化的特性做成温度传感器。具体原理及装置可参看§7.2节的7.3.2部分。

§9.3 癌症超热治疗中的光纤温度计

光纤温度传感器抗电磁辐射干扰和射频干扰,使其在用超声波或电磁波产生超热治疗的监测和控制中表现出独到的优点。在以微波为辐射热源的癌症放射超热治疗中,可用来测量肿瘤和肿瘤周围的温度。在测量中,人们还发现光纤有较低的导热率,即使在有较大热量差的局部组织测量中,也不会发生诸如使用热电偶时产生的热"模糊"。

本节将介绍一种基于荧光衰变时间为温度函数的原理所设计出的新型传光型光纤温度传感器,在结构、材料选择及系统构成上给出了相关的参数和技术方法。利用阵列式传感器探头结构实现了临床应用上对多点同时测量的要求,是癌症超热治疗中的先进、可行、实用的测温系统。

9.3.1 光纤温度计设计简介

一、医学背景

在多年以前,研究人员就发现,当把一些癌性肿瘤加热到42℃时,恶性肿瘤细胞不是死亡,就是变得易于接受传统的化疗或放射性治疗。

在对生物体病变组织的局部加热过程中发现,当温度达到45℃或更高时,治疗效果更加明显。已经证明,结合化学疗法对患者进行热渗透是一种治疗黑瘤、骨质瘤以及软组织肿瘤安全而有效的方法。

目前,对生物体组织加热的途径有两种:电磁波和超声波。前者可以利用射频微波。而对于后者,存在着探头的精确测量和消除热敏电阻及热电偶带来的问题。在射频或微波技术中,温度监测和控制是关键。因为在超热治疗条件下对残存细胞数量的研究中发现,对于 Hela 细胞,当治疗两个小时后,在 41 ℃时的残存率为 100%,在 43 ℃时为 11%,在 44 ℃时为 1%,而在 45 ℃时只有 0.02%。由此可见,提供能精确测量的温度计是极为重要的。

由于光纤的电绝缘性,光纤传感器探头既不干扰射频或微波发射产生的加热场,传感器本身也不感应电流加热式噪声场的干扰,因此将光纤温度计引入该治疗领域,通过皮下注射针头或导管将光纤温度传感器探头插入癌症患者体内,对病变肿瘤的温度进行监测和控制,如图 9 - 13 所示。在这些测量方式的进行中,要求温度探头和光纤的横截面积尺寸能足够小,探头的长度能满足插入人体的使用需要。

此外,在癌症的超热治疗中,临床医生希望对肿瘤块周围的温度进行多点同时测量,以提供更多的温度详细情况,如图9-14所示。因此期望发展一种带有多传感器探头的光纤温度计,而又不希望它的价格和结构的复杂性较单端传感器有太大变动。

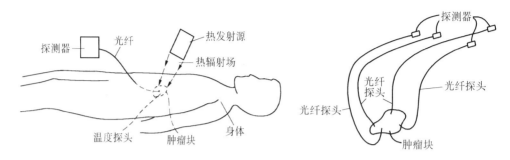

图9-13 对人体病变肿瘤温度加热和监测示意图　　　　图9-14 多路温度监测图

总之,光纤传感技术在该治疗领域内的引入是一项新的研究突破。它在实际应用中亟待解决的问题是:光纤温度计探头具有足够小的尺寸以便于插入人体;带有多传感器的探头,使用时可任意增加或减小传感器数量;在消毒后可以重新使用;永久定标;价格合适、装置易于操作、满足精度要求。

二、设计简介

在早期的医用光纤温度传感器的使用中,存在着一系列的局限性,它们阻碍了该技术的充分发展和广泛使用。归纳起来有以下几点:① 探头尺寸过大,尤其是多传感器阵列,比期望值大得多;② 探头长度过短,在某些情况下,不利于临床操作使用;③ 探头(尤其是利用玻璃或石英纤维的)在日常使用中易损坏;④ 校准费时且不方便;⑤ 校准随时间和周围环境温度而漂移,需多次反复校准;⑥ 在临床的探头操作中,由光纤弯曲而带来的光学信号的改变,使测量数据产生误差;⑦ 在某些系统中,由于存在对温度的敏感,阻止了水池校准以及在有分泌物的组织中直接插入式传感器的使用;⑧ 在现有许多医院中,很难实现某些系统的探头消毒问题;⑨ 仪器昂贵,尤其是对多通道来讲,限制了测量数据的同时显示;⑩ 稳定性的变化以及采样保持问题。

为了克服早期光纤温度计存在的局限性,并在临床应用中提供更为有效的工具,这里介绍一种荧光衰变型光纤温度计的新设计。其工作原理是基于荧光材料的荧光衰变时间对温度的敏感性质。由氙孤灯发出的脉冲光激发位于传感器探头端部的磷光体,发射出深红色特征荧光,经光纤、分光器后到达探测器。通过对荧光衰变时间的测量,即可测出温度。其结果以数字方式显示。

系统中选用的荧光材料是硅酸盐氟化镁,它对于加热、冷却和化学碰撞的敏感度都十分稳定,且对生理医学而言,它还是一种生理良性物质。

该系统有8个光学通道,装有两个阵列式传感器(4个)探头。既可以任意使用8个单端传感器探头,也可以单端、阵列式探头混合使用。对于荧光衰变时间技术来讲,系统要求单端校准,选择的外部稳定参考源可以是水槽或热敏电阻(如铂Pt)等。

在该设计的信号处理系统中,采用高稳定度的石英振荡作为时间基准,并借助于微机对采样数据进行多点平均方式,故系统的精度相对提高。

9.3.2　光纤温度计的系统设计

用于超热治疗监测的光纤温度计系统装置包括一个荧光传感器探头、进行信号分析与控制的处理电路以及包括光源在内的光学辅助系统。下面将逐一介绍各部分的结构参数及技术方法。

一、传感器探头的设计

为了使探头在临床操作过程中以及在插入、抽出过程中不致损坏，设计中选择具有高柔韧性的塑料光纤用于传感器探头结构。这是在日本研制出 250 μm 的有机玻璃(PMMA)光纤后才开始使用的。这种塑料光纤尺寸小、质量高。由于设计目标是将阵列式传感器插入 18 或 19 型导管，因而就限制了传感器的数目为 4 个。

探头的外壳由医用上可接受的含氟聚合物(聚四氟乙烯)挤压成形。其外面的黑色绝缘层(是非细胞毒性的)可以对散射光进行屏蔽。当阵列式传感器(4 个)探头覆有保护层时，其外径为 0.9 mm 或更小一些。单个传感器探头含包层时的外径为 0.5 mm 或更小一些。阵列式传感器(4 个)探头及四个单端传感器探头如图 9－15 所示。传感器的间距为 0.5 cm,1.0 cm,2.0 cm。如有需要,可增加其它间距。

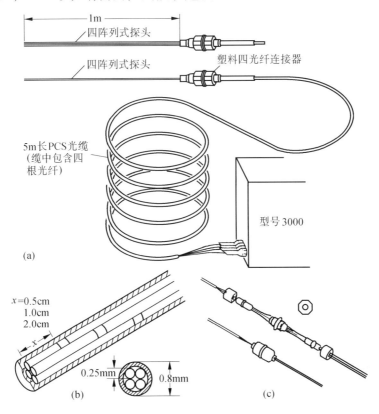

图 9－15　型号 3000 光纤温度传感器外部光纤探头结构
(a)传感探头和四芯光缆的整体结构;(b)四阵列式探头结构;(c)成本低、易安装的塑料四光纤连接器

因为塑料光纤较硅芯光纤相比,其传输损耗较大,故探头长度限制为 1 m,这对于位于测量系统和病人间的传感器探头来说已足以使传感器放置于不同的测量点。在探头连接端通过一个全塑料的连接器与测量仪器配备的两根长 5 米的半固定光缆相连。这个长度允许在高射频或微波场中,测量仪器可放在离测量点较远的地方。特别是当超热治疗操作在一间屋里进行,而信号的处理在另一间屋里完成时,光缆的长度就显得尤为重要。

对于实际使用中的连接器,人们期望得到这样的结构,即在具有足够的容量和耐受力的同时,在制造、装配以及成本上能与其它探头元件更好匹配。因此,在设计中选择一种易于机械加工的,并易于装配的结构。该连接器也示于图 9 - 15 中。

顶端封闭式导管技术满足了临床上将传感器插入人体组织操作所需的简单而安全的要求。把传感器探头插入顶端封闭式的无菌 19 型导管或无菌的 18 型皮下注射针头(16型导管和 14 型针头适用于阵列式传感器探头),可以减少对探头再次消毒的实际需要。尽管如此,探头在重新使用时仍需至少消毒一次。由于 PMMA 光纤不能超过 80 ℃以上,故传感器探头的实际工作温度上限为 80 ℃。所以,PMMA 光纤不能承受传统的蒸汽消毒,或者暴露于 10^4 GY 的消毒射线中。对于所设计的探头,一种可行的消毒方法是采用ETO(环氧乙烷)气体消毒。

在实际的临床温度测量操作中,先将导管插入皮下注射针头,以便借助于针头的外型刚好将导管送至所需放置的正确地点、角度和深度。插入后,针头裂开,退离插入组织中的导管,而导管中的传感器便开始工作,进行温度测量。

二、荧光传感器设计

对于传感器端部的温度敏感荧光物质,可选用硅酸氟化镁与四价锰反应。这种磷光体可被紫外光或蓝紫光激发,发出深红色荧光。由于激励光波长与被激发的荧光波长相距较远,故通过滤光器可以很容易地将两者分开。因此,单根光纤就可用作医用探头。

选用的磷光体是由固态物质组成的惰性材料,大约在 1 200 ℃起反应,是一种难溶且生物良性的物质。它的衰减时间 τ 很长且应用范围很广。衰减时间从 - 200℃的 5.3 ms变化到 450℃时的不足 1 ms,τ 随温度的变化在医用超热研究的窄范围里是完全线性的。

图 9 - 16 给出了在超热基础研究的区域内测量的传感器衰减时间随温度变化的情况。从终端闪光氙孤灯发出的激励脉冲光,经滤光器后,测量结果由两个读数构成。第一个读数是时间 t_1 时建立的信号 S,第二个读数是时间 t_2 时荧光衰减到原来参考信号 S 的1/e 时的荧光衰减信号。两个读数的时间差 $t_1 - t_2$ 就是衰减时间 τ。

在图 9 - 16 中,实线表示在定标前 8 个传感器的平均读数,虚线代表与平均读数相比有较大变化的某一传感器的读数。由此图可以说明两点:首先在校准之前,各传感器之间只有很小的离散,这意味着校准不过只是一次更好的调整,即使系统原有的 1 ~ 2℃的精确度标准成 0.1 ~ 0.2℃的精确度;第二,由于所有传感器的曲线斜率相同,故只需在所研究区域内的某一点对相对参考温度源校准即可。

单个传感头的具体结构如图 9 - 17 所示。纤芯外是塑料包层,包裹在包层外的是一个不透光的套管。少量的磷光体用适当的粘合剂固定在纤芯的顶端。包在磷光体外的是反射层,反射层外,是不透光层,它可以防止散射光进入光纤纤芯,从而影响温度测量结果的精确度。最外面的是具有物理刚性的保护层。它包裹在光纤顶端和温度传感器之外。

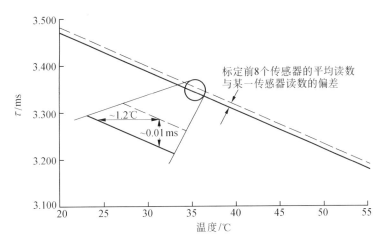

图 9 – 16　在 20 ~ 55℃ 的范围内 8 个型号 3000 传感器测得的
温度与延迟时间关系曲线
实线—定标前 8 个传感器的平均读数；虚线—某一传感
器的读数

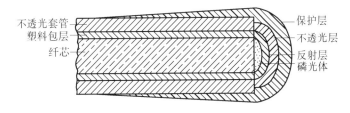

图 9 – 17　单传感头结构图

对于这种结构所提供的材料有：用于磷光体的粘合剂可以是硅酸钾或硅酮树脂；掺杂有二氧化钛的硅酮树脂可作反射层；选择过渡金属氧化物，如氧化铬、氧化铜，氧化钼等，作为 V302 黑色颜料，掺杂在合成树脂或硅酮树脂粘合剂中形成屏蔽层最外层可选择很薄但很结实的塑料包层。设计这种特殊的传感器结构的原因，一是为了避免在电磁场中，材料的电传导，尤其是金属和碳黑颜料；二是为了最大程度减小插入人体内的传感器直径，在设计的系统中，单个传感器探头的直径为 0.5 mm。

三、仪器设计

在探测系统的设计中，最困难的要数光学通道数目以及能进行多点同时测量的传感器数目的选择。因为在实际治疗监测中，没有最佳的测温数据点数目。对于进行超热治疗的临床医生来说，最感兴趣的是用最少的插入探头了解最多的热量细节。除此之外，装置的成本和尺寸皆随通道数目的增加而增加。因此，作为一种最佳的折衷方法，设计的探测系统包括两个阵列式传感器（4 个）探头（或 8 个单端传感器探头），以适应实际的临床需要。

温度计的系统框图如图 9 – 18 所示。图中监测分析仪器包括三大部分：① 分析模块，包括光源提供，光学处理和信号分析；② 控制与显示模件（前面板）；③ 校准系统。分析器具有提供主要动力、光源和信号处理功能,可远离测量点放置,完成把所需波长的激励能量传送到传感器的任务;同时将产生的光信号转换为电信号,进行模拟信号处理、采样保持及计时测量。在显示与控制模件中,可通过前面板旋钮或 RC－232 C,对测量频率、传感器读数值、波特率以及模拟输出等进行选择、调整。系统校准在监测分析仪器外单独进行,校准后的时间——温度曲线存贮在微处理机中。监测分析仪器的功能由分布于分析器、接口和显示器之间的光学辅助系统和电子辅助系统完成。

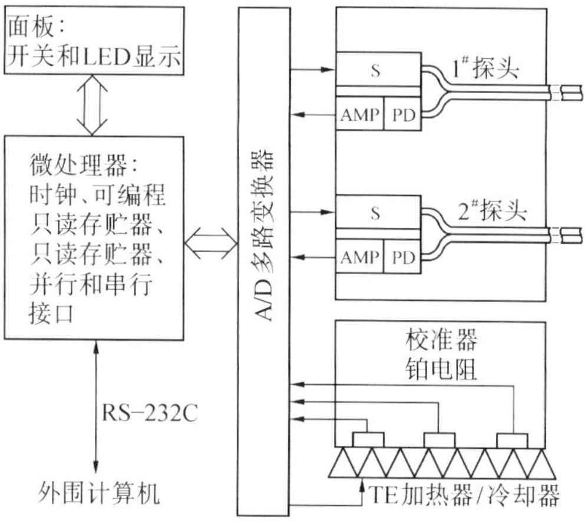

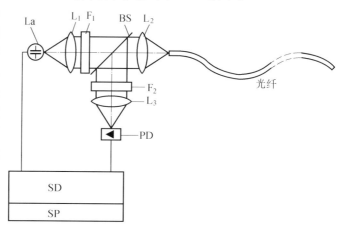

图 9 – 18　温度计系统框图
S—光源;PD—光电探测器;AMP—前置放大器

四、光学辅助系统

　　光学辅助系统为探头中的每个传感器提供了所需波长的激励能量,通过滤光器的作用,使激励光波长与被激发的荧光波长相隔离。它包括一个发光单元和一个光学多路传输系统,如图 9 – 19 所示。

　　在光学辅助系统中,必须保证将光源发出的激励能量最大程度地传送进光缆中的各个光学通道至传感器。同时,还必须使位于肿块处传感器端的磷光体发出的荧光传至探测器,为以后的信号分析提供尽可能高的荧光能量。在光学系统设计中,在完成各任务的同时,还须使光学连接器件的数量减至最小,特别是将返回的荧光能量传至探测器的光纤长度尽量减小。

图 9 – 19　光学辅助系统结构图
La—闪光氙弧灯;L₁ ~ L₃—透镜;F₁、F₂—滤光器;PD—光电探测器;
SD—光源驱动、控制电路;SP—信号处理电路

　　为了满足测量要求,选择一个稳定的、高输出带宽的闪光氙弧灯作为光源 La,其发射的激励光线经准直透镜 L_1(焦距＝120 mm,F/3.0)后变成近似平行的光束。然后通过滤光器 F_1,选出激发磷光体所需的辐射波长能量,再经一个 50/50 分光镜 BS,由聚焦透镜 L_2(焦距＝80 mm,F/2.8)把辐射能量送入光纤,被激发的荧光由分光镜耦合到滤光器 F_2 上。滤光器的作用是抑制散射激励光。通过滤光器以后的荧光进入探测器 PD 转换成电信号。

　　在光学辅助系统的设计中,多传感器光学通道享用同一个光学辅助系统。在光源数目的选择上,采用两个闪光氙弧灯。每一个对应一个阵列式传感器(4 个)的光纤通道。这样设计的目的在于防止光源发生意外时可及时地提供补充。当然如果对于 8 个光学通

道采用一只光源灯,就可以降低整个装置的费用。由于目前生产工艺技术水平的提高,光源灯的寿命大为延长。正常使用的灯的寿命设计目标为六个月或更长一些,现在期望的寿命为一年或更多。因此只采用一个光源灯的系统装置很容易实现。

五、电子辅助系统

电子辅助系统的任务是完成对荧光衰减时间的测量,并将时间值转换为温度值,最后以数字方式显示。它包括模拟前端、计数电路、数据处理和数字显示,结构框图如图 9 - 20 所示。

模拟前端是电子辅助系统设计中一个很重要的部分。因为返回的荧光能量是高频率的微弱信号,只比固态探测器的噪声平衡能量稍高一点。因此选用具有高输入、低噪声的探测前级电路,完成对光电信号的转换。在模拟前端的放大与噪声过滤单元,线

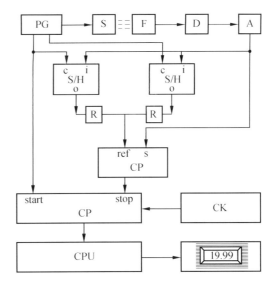

图 9 - 20　电子辅助系统结构框图

PG—脉冲信号发生器;S—氙弧光源灯;F—荧光物质;DSiPIN—探测器;A—放大器;S/H—采样 – 保持装置,其中:c = 控制端口,i = 输入端口,O = 输出端口;R—电阻,CP—比较器,其中:ref = 参考电压输入端口,S = 荧光信号输入端口;CP—12 位计数器;CK—10 MHz 时钟;CPU—Z80 – CPU

路的电子噪声被调谐于信号基频的窄波段有源滤波器抑制。

测时系统的原理框图如图 9 - 20 所示。在该系统中,采用传统的采样 – 保持技术,用 10 MHz 的石英振荡器作为时间基准。在系统开始工作时,作用在氙弧光源灯上的重复频率为 200 Hz,使光源亮 4 ms,暗 1 ms。如果欲提高测量精度,可在接收到荧光信号后,将作用在光源上的重复脉冲频率提高到 1.25 MHz,从而使光源亮的持续时间改为 600 μs,暗的时间减小为 200 μs。荧光衰变时间每隔一次脉冲测量一次,其平均值可根据有 256 个采样值的数据块进行计算。作为参考的零荧光信号每隔 256 个采样值测取一次。系统能存贮的最多采样值为 32K。当其填满后可由新采集的数据块代替。

系统中的微处理器是基于具有 12 K 字节的 EPROM 和 8 K 字节的 RAM 的 8 位 Z80 – CPU。它完成对多点采样数据的平均计算,并将计算的衰减时间转换成温度值显示。时间——温度的校准点可存入 RAM 中。

装置中的并行接口用于系统内各硬件间的通讯,串行的 RS – 232 C 接口用于与扩展的外设间的通讯。如果通过 RS – 232 C 串行接口与视频显示或打印机等扩展的外设相连,就可实现多功能测试系统,使之具有实时的、视觉的和打印的功能。

9.3.3　系统的主要技术性能

通过所做一系列测试可证明该系统完全能满足临床应用。这些测试包括测量校准温度计的精确度、校准漂移、电磁干扰影响、湿度引起的校准移动以及探头弯曲影响。该系统在模拟临床条件下获取的测试结果如下,它代表了系统在最坏条件下的技术性能。

1. 在 60 分钟期间系统无明显漂移,即 $< 0.1℃$;

2. 单端校准时间 $< 2min$,结果精确度 $\leqslant \pm 0.2℃$;

3. 系统和探头校准的长期(14 天)稳定度 $\leqslant 0.25℃$;

4. 传感器的平均精确度 $\leqslant 0.1℃$;

5. 长期(14 小时)暴露在湿气中,校准的移动 $\leqslant 0.15℃$;

6. 在弯曲半径 $\geqslant 3$ mm 时,弯曲效应影响 $\leqslant 0.1℃$;

7. 电磁干扰影响: $\leqslant 0.1℃$ (100 MHz, 16 mW/cm²)

$\leqslant 0.1℃$ (430 MHz, 50 mW/cm²)

$\leqslant 0.5℃$ (915 MHz, 50 mW/cm²);

8. 测量范围: $0 \sim 80℃$。

总之,在所设计的系统装置性能测试中,提出的最坏条件下的性能数据也能为临床超热治疗和射频场中的其它医学应用所接受,并克服了早期光纤系统中性能与可靠性矛盾问题,而且整个系统的费用适中,完全能与市场上为超热治疗所提供的其它非电磁响应的温度计系统相竞争。这种传感器的最大特点是采用了多传感器探头,即阵列式结构,实现了临床治疗中对多点同时测量的要求。它的设计为医用光纤温度计向高精度、高稳定性以及多点同时测量方向的发展打下了基础,为传感器在价格及实用性方面作出了新的突破。

§9.4 光纤体压计

医用压力测量作为一种描述人们不同器管、系统功能的信息源,无论是对临床诊断、治疗,还是对医学研究,都是极为有价值的。例如心血管、肠胃、泌尿系统、脑脊髓以及生殖系统的压力测量等。

目前,在临床治疗过程和生理研究中,需要高精度、应用广泛的压力测量,且要求体积小、性能稳定、价廉的传感器。日常的临床压力测量常通过安装在被测生物体外的传感器来完成。

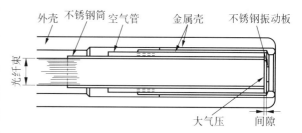

图 9 - 21 用于血压测量的光纤探针型压力传感器

这种传感器与充有快速流动液体的导管相连。由于心血管测量过程中,压力波形的精确重现要求的带宽很宽,而这种体外装置在使用时,液压耦合系统只有有限的频率响应,因而受到限制。

利用光纤传感器对人体内各部位压力的测量技术已经开发,它克服了导管装置的局限性,可以用于测量膀胱、尿道和直肠等部位的压力,也可用于颅内和心血管压力测量,特别是用来测量动脉和左心室的体压计也在研制中。现已实现颅内压力测量光纤探头,并已商品化。这将有助于由外伤或其它原因引起的颅内高血压的诊断,使用时,可将探头放在脑硬膜的上面或婴儿的卤门前方,利用压力平衡原理进行测量。

日本东京工业大学和东京大学医学院、日立电缆有限公司共同开发了一种探针型光纤血压传感器。该装置将 80 ~ 100 根光纤组成的光纤束经血管插入心脏,通过振动薄膜的变化使反射光强发生改变,从而测量血管和心脏内的血压。静脉血压测量误差小于267 Pa,延滞在 2% 以下。传感器探头结构及测量曲线如图 9 – 21、9 – 22 所示。

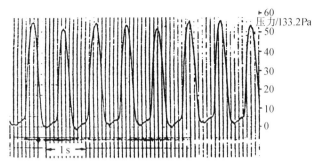

图 9 – 22　用光纤压力传感器测量的
人右心室压力波形图

最近,东京日立电缆有限公司又对采用单模偏振光纤的导管端式测微压力计申请了专利。该技术在单模保持偏振光纤的端头采用了一个光弹性元件,并采用一只偏振的二极管激光器及一组对偏振光灵敏的微光学元件来分析返回光。采用小导管时,该专利有几种结构。该种装置的传感器结构以及测量系统框图分别如图 9 – 23(a)、(b)所示。

本节将就最为普及的利用薄膜技术的光纤体压计和新近设计的利用光弹效应的导管式医用光纤压力传感器分别进行介绍。

9.4.1　薄膜型光纤体压计

在医用光纤压力传感器的探头设计中,较为普遍的是利用薄膜作为压力敏感元件。一种常见的形式是将薄膜安装在探针导管末端侧壁的小孔上,通过一悬臂与反射镜相连。在压力作用下,薄膜使反射镜改变方向,从而改变反射光强的大小。其探头结构如图 9 – 24。另一种方式是将反射薄膜安装在分叉光纤束的公共端上,通过反射薄膜与光纤端面的相对位置的改变,实现对反射光的强度调制。传感器结构如图 9 – 25 所示。

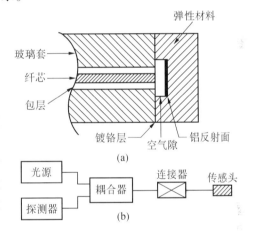

图 9 – 23　光纤体压传感器
(a) 传感头结构;(b) 测量系统框图

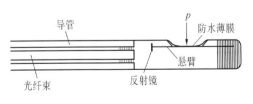

图 9 – 24　光纤体压计探针

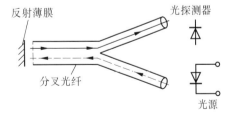

图 9 – 25　医用光纤体压计结构原理图

传统的薄膜反射型光纤体压计的缺点在于对内部环境的灵敏度。由于测量的是反射光强,而对于光源亮度波动以及光纤的微弯损耗造成的光强损失,输出信号都会受到影响,因此,发展了一种新型的利用膜片弯曲的光纤压力传感技术。

下面将分别介绍用于血压测量的新型薄膜光纤体压计和利用膜片弯曲的医用光纤压力传感器。

一、用于血压测量的薄膜光纤压力计

这种用于生物医学测试的新型光纤压力传感器包括两个部分:一是压力传感薄膜;二是光纤转换传感器。其工作原理是基于两光纤间的角度变化引起的光强损失的现象。这种压力传感器可对静态和动态压力进行测量。它不仅安全,体积小,而且具有足够的线性和频率响应,对于发展多点压力探测导管,是一种较有发展前景的装置。

传感器的结构如图 9 – 26 所示。两根相同的多模阶跃光纤对接,纤芯直径为 200 μm,包层直径为 240 μm,纤芯与包层材料均为二氧化硅。一根光纤将光传送到传感部分,另一根光纤接收经传感部分后的剩余光。这种光纤的选择特点是易弯曲,且具有低的数值孔径。在两根光纤衔接端面处以及薄膜重叠表面部分进行抛光。然后,将两根光纤对准校直。光纤中的两个支撑物的间距为 10 mm。

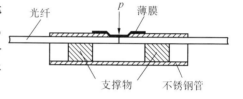

图 9 – 26　薄膜光纤压力传感器结构

两根光纤衔接处的导管外侧开有一小孔,用薄膜覆盖,以保持其水密性。增大单侧孔接收面积,可以提高装置的灵敏度;而为了得到高的频率响应,又必须减小单侧孔的面积。因此,设计中采用 1.27 mm 厚的硅橡胶(医用类 NRVHH 124272)作为薄膜。

传感器的工作原理是,作用在薄膜上的压力转移到光纤上,使两根光纤衔接端面处存在一角度,引起光强度损失,这一损失由光电二极管记录。为了在内静脉压力测量中得到有效的灵敏度,采用一个 300 μW 的光源(光波长为 820 nm),输出电压与作用压力之间的关系为

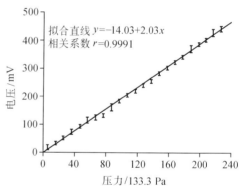

图 9 – 27　输出电压与压力的实验结果图

$$V_i - V_0 = \left[(4KW^4 V_i)/(LEt^3\pi\sqrt{2\Delta}) \right] \cdot P \qquad (9 - 1)$$

式中,V_i 是起始电压;V_0 是输出电压;K 是几何系数;W 是侧孔的宽;L 是两支撑物间的距离;E 是薄膜的杨氏模量;t 是薄膜厚度;Δ 是光纤的相对折射率;P 是作用压力。由公式可见,减小数值孔径 NA,可以提高灵敏度。

用压力计测量该光纤传感器的静态特性,测量范围为生理压力范围 0 ~ 40 kPa。图 9 – 27 给出了装置良好的测量线性度(整个范围内为 ± 1.3%)和灵敏度(15 $\mu V/Pa$)。测量范围内的延滞为 1.5%,线性偏差为 0.13 kPa。

图 9 – 28 给出了传感器对阶跃压力变化的动态响应,得到了传感器的快速响应时间。但该系统有一小的阻尼系数,对于 150 Hz 的固有频率,其阻尼系数为 0.03,利用 Grossman

方法可以从阶跃响应中推算出 45 Hz 恒定频率响应区间的阻尼系数。心跳(心率为 120 次/分)产生的压力变化的基频为 2 Hz,其 10 次谐波的频率(20 Hz)适用于一般的血压测量。但是,对于特殊治疗或生理研究,期望的频率值高于 20 Hz。

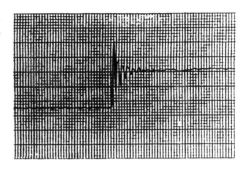

图 9 – 28 传感器的阶跃压力变化动态响应

总之,这种光纤体压计结构有助于发展成为一种多点测量的光纤压力导管,与充有流体的导管式体外传感器比较有较高的频率响应。

二、膜片弯曲光纤压力传感器

膜片弯曲式新型光纤压力传感器是在薄膜转换型基础上研制的,适用于快速的医学诊断。它具有高灵敏度和线性度,与薄膜转换型相比更少受环境干扰的影响。

在该传感器的设计中,光由光纤通路传送到膜片上,光到达膜片的位置距膜片中心的径向距离为 x。从膜片反射回的光与照明光纤同轴排列光纤分布。接收光纤相对于照明光纤分为里、外两层,如图 9 – 29(a)所示。膜片的偏斜使内外两层接收光纤接收的光强不等。而这种光强比率,使这种传感技术可以自动地补偿光源光强的变化,输入光纤的损耗,以及膜片表面反射光的变化。由于压力测量依赖于膜片弯曲而非光纤与膜片间的距离,因而就不会受到温度和振动作用引起的光纤束相对于膜片的转换。而且,该系统制作简便,并以线性方式工作。

图 9 – 29(b) – (d)给出了该传感装置的工作原理示意图。当通过膜片的压力相差为零时,膜片将是平坦的,有相同数量的光被分别反射进内、外层接收光纤;对于正压力,膜片凹陷,更多的反射光进入外层接收光纤;相

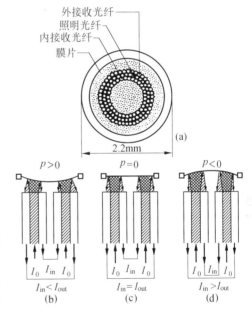

图 9 – 29 光膜反射膜片弯曲压力传感器
(a) 截面图;(b) $p > 0$ 侧视图;(c) $p = 0$ 侧视图;(d) $p < 0$ 侧视图

反地,对于负压力,膜片凸起,反射光更多地进入内层接收光纤。因此,该传感技术无论是对压力的大小还是符号(正或负)都能精确地感知。

1. 工作原理

为了简化分析,考虑传感器由一根照明光纤和两根接收光纤(一根内层,一根外层)组成。图 9 – 30 显示了位于偏斜膜片下三根光纤的端面。这里假设再次经过输入光纤或包层的光可以忽略。膜片偏斜角度可以连续覆盖照明区域。当在光纤中光线以临界角 $\theta_c =$

$\arcsin(n_2/n_1)$ 反射时,延长线 OA、OB 定义了输入光纤的发散孔径,其纤芯和包层的折射率分别为 n_1、n_2,光线 OC 是垂直传到膜片并沿自身返回的线径,在 OA 与 OC 之间,离开照明光纤的光线将反射到外层接收光纤中;而在 OC 与 OB 之间,离开照明光纤的光线将反射进入内层接收光纤。如果只在纸平面上考虑问题,那么 I_out 将与 α 角成比例,即与距离 a 成比例;I_in 与 β 角成比例,即与距离 b 成比例。因此有

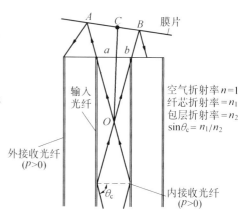

图 9 – 30　在弯曲膜片下光反射的光纤截面图

$$\frac{I_\text{out}}{I_\text{in}} = \frac{aRI_0}{bRI_0} = \frac{r_0 + z}{r_0 - z} \qquad (9-2)$$

式中,I_0 是离开照明光纤时的光强度;R 是膜片的反射系数;r_0 是照明光纤的半径;z 是光线 OC 离开照明光纤时距光纤轴心的距离。如果膜片的斜率 $\mathrm{d}y/\mathrm{d}x$ 很小,利用菲涅尔定律可得

$$\frac{I_\text{out}}{I_\text{in}} = \frac{1 + \dfrac{\mathrm{d}y}{\mathrm{d}x}\operatorname{tg}\theta_\mathrm{c}/n_1}{1 - \dfrac{\mathrm{d}y}{\mathrm{d}x}\operatorname{tg}\theta_\mathrm{c}/n_1} \qquad (9-3)$$

式中,$\theta_\mathrm{c} = \arcsin(n_2/n_1)$,由上式可清楚看出,输出信号强度的比率只与照明光纤的纤芯与包层的折射率以及膜片的斜率有关。I_out/I_in 与照明光纤的半径、到膜片的距离、膜片的反射系数以及离开照明光纤的光强度均无关,所以,它对环境的干扰十分不敏感。

对于边缘夹紧的圆形膜片,其均匀受力时偏斜 y 与压力的关系如下

$$y(x) = -3(r^2 - x^2)(1 - \mu^2)p/(16Et^3) \qquad (9-4)$$

式中,x 是光线离开膜片中心的距离;t 是膜片厚度;r 是膜片半径;E 和 μ 分别是膜片的杨氏模量和泊松分布率。对于式(9-4)中的 x 求微分,可得到 $\mathrm{d}y/\mathrm{d}x$,则式(9-3)可变成

$$\frac{I_\text{out}}{I_\text{in}} = \frac{1 + Ap}{1 - Ap} \qquad (9-5)$$

式中,A 是一个与膜片性质以及输入光纤有关的常数,其关系为

$$A = \frac{3x(r^2 - x^2)}{4n_1 Et^3}\operatorname{tg}\theta_\mathrm{c} \qquad (9-6)$$

对式(9-5)的两边同时取对数,再对 (AP) 展开,得到

$$p = \ln\left(\frac{I_\text{out}}{I_\text{in}}\right)/2A \qquad (9-7)$$

取 (Ap) 的一次幂,其误差率为 $33.3(Ap)^2$,如果选择 $(Ap)^2 \ll 1$ 的膜片,那么压力将与记录的 I_out/I_in 成线性关系,这样有助于信号的分析。

2. 传感器的实际装置与测试结果

在医用诊断小型膜片弯曲光纤压力传感器的设计与制作中,选择最适于医用压力测量范围 0 ~ 34.5 kPa 的膜片,由 500 根标准光纤组成的半径为 0.8 mm 的光纤束被照明环分隔成内、外两层接收区,如图 9 – 29(a)。每一根独立的多模光纤纤芯直径为 70 μm,折

射率为 $n_1 = 1.62$，包层厚度为 $3.5~\mu m$，折射率 $n_2 = 1.52$。照明环的半径和厚度分别为 $402~\mu m$ 和 $125~\mu m$，光纤束被环氧树脂封装在 $250~\mu m$ 厚的金属管套中，使微型传感器的外径为 $2.2~mm$，由 $127~\mu m$ 厚的复合碳酸盐构成的膜片被环氧树脂粘合，其边缘夹在传感器套端上，与压力源相接触。光纤束插进传感器套中，使光纤轴与套平行且与膜片垂直。光纤束到膜片的距离选择为 $d = 0.25~mm$，照明光纤用白光源照射，接收光强 I_{out} 和 I_{in} 直接进入完成式（9－7）对数关系的光电二极管，输出信号 $ln(I_{out}/I_{in})$ 作为覆盖于医用压力范围内的压力的函数被记录下来，结果如图 9－31 所示。

由图 9－31 可见，实际上 $ln(I_{out}/I_{in})$ 是随压力线性地变化的。当对数据取最小二乘拟合时，发现这条测量线的斜率为 $5.08 \times 10^{-6}~Pa^{-1}$。给出 A 的实验测量值为 $A_{exp} = 2.54 \times 10^{-6}~Pa^{-1}$，式（9－7）中近似的误差率〔$33.3(AP)^2$〕给出在这个压力范围内的预计非线性只有 0.25%，这与图 9－31 中的数据有较好的一致性，其相关系数为 $0.999~95$。如果将有关膜片的参数带入式（9－6）中，A 的预计值为 $2.28 \times 10^{-6}~Pa^{-1}$，可见与实验测量值相比也有较好的同一性。每个光电二极管接收到的被测功率大约为 $40~\mu W$，在散射噪声限制系统中，被测了的最小可测压力为 $0.06~Pa$。当最大可测压力定为 $p = 34.5~kPa$ 时（非线性度在 0.25% 以内），产生的动态范围为 $115~dB$。

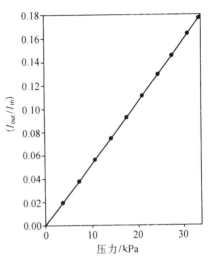

图 9－31　压力与输出信号关系图

3. 结论

这种新型的利用膜片弯曲的压力传感器技术，保持了光纤传感技术中的优点，即体积小，抗电磁干扰。在压力振动中，不仅可以消除环境的影响，而且还可以消除由于抖动和温度引起的不利因素作用。由于依赖于光源强度的输出信号，经膜片后被分隔开，这就使光源强度的变化，引起输入光纤的光强损耗，以及膜片的反射变化得到自动补偿。而且，如果返回光纤的环境近似相同，与光纤微弯损耗相关的许多噪声将被抵消。最后需指出，这个装置可工作在线性状态。

9.4.2　光弹效应光纤体压计

这里将要介绍的是一种用于测量心脏内压力的导管端光纤传感器，其工作原理是基于光弹效应。为实现心血管导管端压力传感器的要求，以及在材料和光学参数的选择上提供依据，在这里，提出一个简单的理论模型。

这种装置内装有由氨基甲酸乙酯构成的光弹传感器。其最终要实现的目标是达到在生理研究压力范围内（$-6.7 \sim +40~kPa$）的灵敏度为 $0.13~kPa$），频率范围为 DC ~ 100 Hz，实验结果显示出该装置可以成为一种在实用微端传感器的发展上具有吸引力的技术，并可与现有的导管端压力传感器竞争。

一、基本原理

一种基于光弹效应的典型光纤压力传感器的光学结构如图9-32所示。

在压力 p 的条件下，一个光弹材料的试样被椭圆偏振光照射。离开试样的光通过检偏器被送到光电探测器上，探测器接收到的光强度 I 为

$$I = I_0\sin^2\left(\frac{\pi t}{f}p + \phi\right) = I_0\sin^2\left(\frac{\pi}{2}\cdot\frac{p}{p_0} + \phi\right) \tag{9-8}$$

式中，I_0 是光电探测器接收到的最大光强；t 是光束方向上试样的厚度；f 是试样的特征值；ϕ 是延时器测定的相移。参量 f 表示透明物质的光弹性质，其值为

$$f = 2tp_0 \tag{9-9}$$

在图9-33中，p_0 是函数 $I = I(p)$ 的半周期，表示当光强由最小值变到最大值时压力的数量。

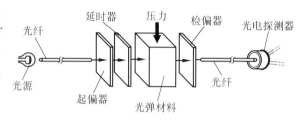

图9-32 基于光弹效应实现的光纤压力传感器原理图

公式(9-8)给出了通过光弹材料的光强度调制对于压力的非线性，然而，当 ϕ 值很小时，$\sin$
$\left(\phi - \frac{\pi}{4}\right) \approx (1 - 2\phi)/2$，在 $\frac{\pi}{6} \sim \frac{\pi}{3}$ 之间，其波形可以认为是近似线性的。因此，$p_0/3$ 压力范围是所设计的传感器的有效工作区间。相应地，在需要的压力范围 Δp 上选择适当的传感器材料的首要条件是

$$p_0 \approx 3\Delta p = 140 \text{ kPa}$$

由生理压力范围($-6.7 \sim 40$ kPa)的不对称导出的第二个条件是着眼于点 $P = 0$。理论上，改变相位常数 ϕ，可以使 $I(p)$ 发生移动，这样便可以使上面提到的压力测量范围落在最佳的线

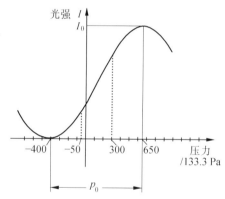

图9-33 光弹传感器压力与光强的关系曲线

性区域。由图9-33中测定区间的线性位置可推算出公式(9-8)中 ϕ 的理论值为 $4\pi/21$。

假设光的散射噪声高于其它噪声源，最小可测压力可由计算的最小可测光强变化 $I_{\min}$测定

$$I_{\min} = \left(\frac{2I_0h\nu B}{\eta}\right)^{\frac{1}{2}} \tag{9-10}$$

式中，h 是普朗克常数；ν 是光频率；B 是带宽；η 是光电探测器的有效总功率。在小压力的限度内，最小可测压力 $p_{\min}$为

$$p_{\min} = \frac{2f}{\pi f}\left(\frac{h\cdot\nu\cdot B}{I_0\eta}\right)^{\frac{1}{2}} = \frac{2f}{\pi f}\left(\frac{eB}{rI_0}\right)^{\frac{1}{2}} \tag{9-11}$$

式中，e 是电子电荷，以及

$$r = e\eta/h\nu$$

是光电探测器的响应。

式(9-11)为分析传感器尺寸的数据、材料的特性,以及为实现最小可测压力所需的接收光强、可测的压力范围和带宽要求提供了依据。

二、光弹传感器设计

在光弹体压计的设计中提出的第一个制约条件是由导管的大小尺寸决定的,最为常用的心导管为 8 F 型(外径为 2.67 mm)或更小一些。第二个制约条件由测量需要给出,即作用于光弹材料上的应力须是单轴,并垂直于光通道的。

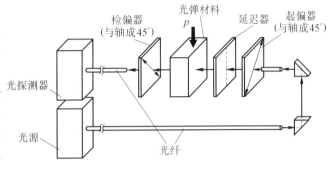

图 9-34 导管端光弹压力计的光路结构图

基于以上的几何制约条件,以及前面讨论中涉及到的有关光学元件的配置,传感器设计的原理结构如图 9-34 所示。

由式(9-11)推出的一簇参数曲线如图 9-35 所示。在计算中,用到的 r 值为 $r = 0.5, t = 2.5$ mm, $B = 3$ kHz。由图 9-35 可见,压力测量所要达到的灵敏度目标是可以得到的。因为 I_0 的值通过利用 $f < 5.3$ kPa·m 的光弹材料就可容易地获得。经过对不同光弹材料的性质测试,发现只有复合尿烷(氨基甲酸乙酯)材料才具有小于 5.3 kPa·m 的 f 值 ($f = 1.17$ kPa),所以选择该材料为体压计的光弹物质,这样有利于线性压力范围的测量。实际上,当光源波长为 850 nm(由激光二极管提供), $t = 2.5$ mm, $P_0 = 234.6$ kPa 时,存在线性压力范围大约为 77.3 kPa。

对于导管端光弹压力传感器的最佳理论相移值 $\phi = 4\pi/21$,可以通过特

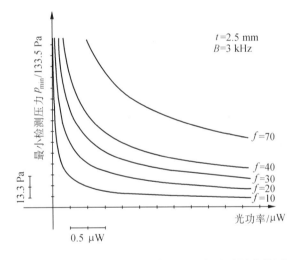

图 9-35 不同光弹材料情况下,光强对最小检测压力影响的参数曲线

殊的延迟器得到。在实际中,延迟器对于光波长为 560 nm 的光可提供的相移大致为 $\lambda/4$,因此,与所采用激光二极管提供的光波长相应的相移小于 $\pi/4$。所以,氨基甲酸乙酯光弹材料提供的实际线性范围比生理压力范围要大得多,而对于相移的一些理论偏差也就可以忽略。当 $\phi = \pi/4$ 时,线性范围的中心正好对应于 $p = 0$,因此,对于这个条件,压力测量的上限值范围(+40 kPa)超出了线性范围的上限(+38.7 kPa)。如果 $\phi < \pi/4$,也就是出现在实验中的真实条件,有效的线性压力范围向正压力方向移动。这个作用趋向也包

括线性范围里的期望压力测量范围的上限。另一方面,在负压力范围,当 $\phi=0.18\pi$ 时,线性范围的下限与测量压力范围(-6.7 kPa)的下限相符。

实验证明,所设计的传感器在生理压力范围内完全工作在线性范围。

三、光弹传感器探头结构

基于以上的理论分析,可设计出顶端插入 8 F 型导管的传感器探头。导管内部被分成三个腔,其中的一个腔内含有一根裸塑料光纤(外径为 0.5 mm),其作用是将激光光源(型号 8150 A)发射的光传送到传感器端。第二个腔内同样含有一根裸塑料光纤(外径为 0.5mm),作用是将光弹传感器调制的光传送到光接收器(HP 8151 A – HP 8151 A)。这两个腔的腔壁对裸光纤起保护作用。第三个腔用于提供参考的压力源。光弹材料和光学元件都放置在铝箱内,装置结构如图 9 – 36 所示。

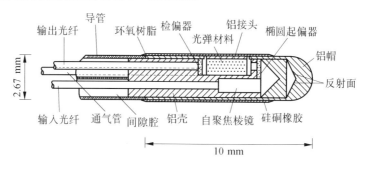

图 9 – 36　导管端光弹压力计传感头轴向剖视图

将输入光纤用纯环氧树脂(BB – F 113),粘在自聚焦棱镜(SLW – 1.0 – 0.25P – 0.83)上,用于聚焦。输入光射在铝腔端部的金属反射层上,以 90° 角反射到同一端的另一个金属层上。然后,改变方向的光通过椭圆起偏器(由一块厚 0.7 mm 的偏振片获得),再通过光弹材料,其横截面积大约为 1 mm × 1.5 mm,长为 2.5 mm,最后穿过 0.25 mm 厚的检偏器。

在传感器横截断面图 9 – 37 中,由外部血压产生的作用在光弹材料上的应力必须保证其单轴性。因此在这个条件下,夹在传输通道中的氨基甲酸乙酯材料的放置要十分注意。

在临床的实际使用中,防止插入式传感器端的血凝结十分重要。为了使传感器的传感端有一个连续光滑的外表面,将一个做成一定形状的铝片粘在传感器探头前端,然后把铝箱嵌入铝帽内。在传感器窗口上覆盖一薄层硅硐橡胶,以将传感器腔与血液隔离。为了防止

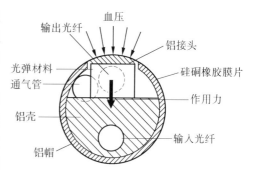

图 9 – 37　光弹压力计传感头横截面图

血压作用在不需要的光弹传感器方向上,这种隔离是必须的。由于形成了一个光滑的传感器探头外表面,因此减小了在传感器端面上血凝结的可能性。整个传感头最后用环氧树脂封装。

四、结论

无论是理论上的推断还是初步实验测试都已证实,这种导管端光弹体压计有潜力完成心导管压力测量的技术要求。特别是该装置适合于将来的小型化(外径 < 2 mm)以及大批量生产。因为它的元部件价格便宜且其中的大部分可以用铸模技术来完成。这些特点可以实现光纤导管端传感器的任意使用,因为目前一些具有危险的疾病,如 AIDS(爱滋病),它们的医用导管复用是极具危险性的。而且装置的机械强度已得到实验证实是符合要求的。

但是,在应用中也可发现目前这种形式的传感器存在一些缺陷,这些局限性大多是由于到达光电探测器的光强度太小。因此,提高发射与接收光纤之间的光耦合功率,增大信噪比 S/N,就可以有效地提高传感器性能。利用具有高 f 值,以及优良的机械性能(即低滞后作用)的光弹材料,也可以得到同样的压力灵敏度。参数 f 的较大值定义了一个大的 p_0 值,因此,也就提高了在期望压力测量范围内的光弹响应的线性。

此外,在理论上发射和接收部分的结构都同样受到人工操作以及操作环境的影响,例如温度的变化,特别是导管的机械弯曲。尽管如此,对于导管的弯曲,或是光源的抖动造成到达光探测器的光强度影响,可以通过不同的方法进行补偿,而温度变化对传感器性质的影响,也可以通过对光弹材料的认真选择,以及适当的补偿技术得到改善。

因此,在未来研究中致力于这些局限性的改进,以及提高对一些问题的分析,如温度对长期稳定性和传感器密封性能的影响等,都是研究的主要方向。

§9.5 光纤血流计

利用光波的多普勒效应所研制成的光纤血流计,可以作高精度血液流速测量,了解血液流动情况,判定血流量的大小。光纤血流计可以测量静脉、动脉、冠状血管和皮肤毛细血管的血流速度,诊断心血管疾病,应用于外科、眼科和药物学等。

光学多普勒频移在§5.4中已作过介绍。在血液中,设某一红细胞,以速度 v 运动,它运动的位置为

$$r(t) = r_0 + vt \tag{9-12}$$

式中,r_0 是初始位置;t 是时间。单色激光(频率为 f_0)照射红细胞,其电场为

$$E_i = E_0(r)\exp(jk_ir_0 - i\omega_0t) \tag{9-13}$$

式中,$E_0(r)$ 是在点 r 处照射区域的幅度;ω_0 是角频率;$\omega_0 = 2\pi f_0$;k_i 是激光的波长量,$|k_i| = 2\pi/\lambda$,λ 是血液中光的波长。运动的红细胞散射,散射光的电场为

$$E(s) = Af(r)E_0(r)\exp[j(k_f - k_i)r - i\omega t] \tag{9-14}$$

令 $k = k_f - k_i$,得

$$E(s) = Af(r)E_0(r)\exp(jkr_0 - i\omega t) \tag{9-15}$$

式中,A 是散射系数,为常数;$f(r)$ 是由于吸收和多路散射造成散射光的减小系数;$\omega = \omega_0 + \Delta\omega$。

$$\Delta\omega = k \cdot v = |k||v|\cos\theta \tag{9-16}$$

式中,θ 是散射矢量与红细胞速度间的夹角,如图 9-38 所示。由此可知,如果知道 $|k|$ 和 θ,测量 $\Delta\omega$,就可确定 $|v|$。

对于后向散射光,当运用光纤导管时,入射光线和收集的散射光线方向相反,所以 $k_i = -k_f$。此时有

$$\Delta\omega = 2\,|\,k_i\,|\,|\,v\,|\cos\theta = 4\pi\,|\,v\,|\cos\theta/\lambda \tag{9-17}$$

$$\Delta f = 2\,|\,v\,|\cos\theta/\lambda \tag{9-18}$$

又因为 $\lambda = \lambda_0/n$,n 是血流的折射率,λ_0 是真空中激光的波长,所以又有

$$\Delta f = 2n\,|\,v\,|\,f_0\cos\theta/c \tag{9-19}$$

由此可得,Δf 与 $|v|$ 成正比。

因为血管的直径很小,血流的速度又低,所以采用一般的方法难以准确测量血流速度。而采用光纤导管和光混频技术制成的光纤激光多普勒血流计,可以实现快速准确的测量。光纤血流计测血流速度与常用的方法相比,如超声波多普勒技术、电磁流速计、注射方法等,有如下优点:

① 光纤导管很细,容易插入血管中,并且对血流不产生大的干扰,也不需要裸露血管;

② 导管及探头的结构简单,容易制作;

③ 导管的光滑性,有助于防止在导管周围发生血流阻塞的凝固;

④ 可进行连续和重复性测量,测量范围广,(每秒 0.01 厘米至几米)。

光纤激光多普勒血流计有两个发展方向:一是研究微循环下血流的流动;二是研究主动脉、静脉、冠状血管等主要血管中的血流流动。从这两个方向出发,根据光纤探头的不同形式,光纤血流计分为非插入式皮肤血流计和插入式血流计。前者用于测量皮肤表面的毛细血管微循环及视网膜血管血流情况,后者用来测主血管血流,也用来测量体内组织的血流,这两种血流计原理相同,采用不同形式的光纤探头,所测量的速度范围及对应的频移范围也不同。

通常,探测频移必须找到一个同信号光束相干涉的参考光束。根据参考信号选择的不同,有内差探测和外差探测两种方式。内差探测指返回信号和发射信号混频,优点是简单,但只能探测速度的大小,不能探测方向。外差探测指参考信号经频移和返回信号混频,外差探测可以获得速度的完整信息。它可使多普勒频率信号转换到千赫到几十兆赫上,避免了探测器中的 $1/f$ 噪声,参考信号通常通过布拉格(Bragg)频移盒得到。

下面将介绍三种外差探测光纤血流计。

9.5.1 动脉光纤血流计

动脉光纤血流计的结构如图 9-39 所示。线性偏振激光器发出的光一半通过偏振分束器,经一个显微透镜在光纤入射端聚焦,并通过一根长约 150 m 的光纤到达探测器探头。光纤探头以角度 θ 插入血管中。血液中红细胞直径约为 7 μm,红细胞的多普勒散射光按原路返回。光信号的多普勒频移为 $\Delta f = 2n\,|\,v\,|\cos\theta/\lambda$,$v$ 是血流速度,n 是血液折射率,为 1.33,θ 是光纤与血管间的夹角,λ_0 是真空中光波长。分束器的另一半光线作为参考光线。参考光进入驱动频率为 40 MHz(f_1)的 Bragg 盒,频移后,参考光线的频率为 f_0 -

f_1, f_0 是激光器发出的光频率。将参考光与发生多普勒频移的信号频率 $f_0 + \Delta f$ 混频,进行外差探测。由于雪崩式光电二极管(APD)有较高的信噪比,所以用 APD 作为光探测器。APD 将光信号转换成电信号送入频谱分析仪分析多普勒频率变化,光电流频谱示意图如图 9-40 所示。Δf(正或负)的符号是由血流方向确定的,即根据多普勒频移公式确定的。Δf 为正,此时 $0 < \theta < 90°$;Δf 为负,$90° < \theta < 180°$。如果信号频谱出现在 f_1 右侧,变化的频率对应于血流朝前;如果出现在左侧,则血流反方向流动。

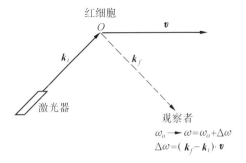

图 9-38 运动的红细胞散射示意图

在实际的血流测量中,得到的多普勒信号为宽谱信号,是个连续曲线,如图 9-40。原因为血流在光纤顶端受到局部干扰,后向散射光信号包含了干扰区域的流动信息。频谱中,在最大的多普勒频移点(f_{cut})得到正确的血流速度。

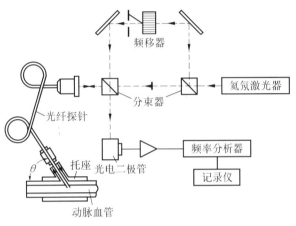

图 9-39 光纤血流计

一、各部件选择

1. 光源

光源可选用 5 mW He-Ne 激光器发出的线性偏振激光,光波长为 632.8 μm,经用频谱分析仪,被频率 425 MHz 分为三个模式,根据

$$f_1 - f_2 = c/2L \qquad (9-20)$$

有 425 MHz = $\dfrac{1}{2L} \cdot 3 \times 10^8$ m/s,得到激光器的腔长为 35.2 cm。

2. 光纤

多模光纤与激光器相连有较高的效率,但是对于光探测器外差效率较低,单模光纤具有与之相反的特性。根据实验综合考虑,选择直径为 150 μm,纤芯直径为 50 μm 的多

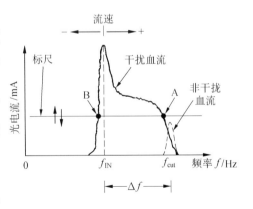

图 9-40 在谱分析仪上观察的血流多普勒频移谱(或速度谱)

模梯度型光纤。光纤长约 150 m,其最佳长度对应于最大外差效率,是相干长度 L/n_f 的半整数倍,n_f 是光纤的折射率,L 是激光器腔长,经计算,相干长度为 24.4 cm,根据相干

长度可确定光纤的最佳长度。

3. 探测器

可采用雪崩式光电二极管。因为对于接收血流测量的低功率激光信号，雪崩二极管具有较高的信噪比，量子效率高，其输出信号通过一个低噪声 20 dB 增益的放大器送入频谱分析仪。

4. 光纤导管

通过注射器针头，光纤插入血管中，针的托座对测量有特殊作用，角度最后被置于 60°，塑料托座结构如图 9 - 41 所示。注入肝素是防止光纤顶端周围血液的凝固。

5. 显示

系统有两种显示方法，一是采用频谱分析仪 CRT 显示，如图 9 - 40 所示；另一种是分光扫描的 CRT 显示，这种方法显示了速度的瞬态变化。

二、准确度估计

为了估计血流速度测量的准确度，在一个旋转盘上的循环槽中测量几个固定的已知血流速度，光纤顶端插入血液中，光纤与血流之间的夹角在 45° ~ 70° 间变化，确定角度在测量中的影响。当角度在 110° ~ 155° 间变化时，可估计反方向流动的血流速度，图 9 - 42 是实验得到的信号多普勒频谱。A、B、C 分别为光纤顶端接近血流表面，在血流中和在血流中接近转盘底表面三种情况的频谱。在频谱的 40 MHz 处产生一个尖峰，此尖峰与速度 0 相对应。在情况 A 中，因为血流没有受到干扰，多普勒信号显示为相当窄的频率分布；在情况 B 中，频谱很宽，从 40 MHz 到较高的频率，最后降到散粒噪声水平。多普勒变化信号的展宽是由光纤插入血管中所引起的干扰造成。在情况 B，频率变化 Δf（从 40 MHz 到 f_{cut}）与情况 A

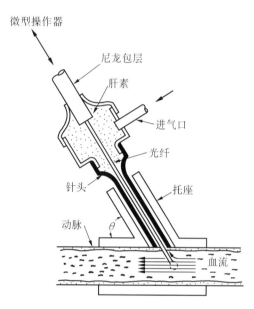

图 9 - 41 光纤导管和导管托座的原理结构图
血流在光纤顶端受到局部干扰，这个区域的后向散射光信号不是正确的流速信号

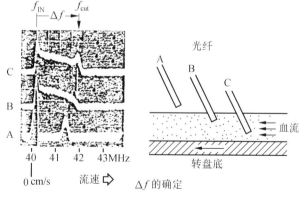

图 9 - 42 实验测得的多普勒频谱图

中以 40 MHz 到尖峰的平均频率之间的频率 Δf 乘以 1.33 相一致，而 1.33 恰好为血液的

折射率。所以,情况 A 和情况 B 的变化是分别发生在空气中和血液中的多普勒效应的结果。情况 C 中,在 f_{cut} 附近出现一个小的低尖峰,这是血液中转盘散射的多普勒信号的影响。整个实验表明,可以用 f_{cut} 正确表示血流速度。系统的测量速度范围为 4 cm/s ~ 10 m/s,速度测量准确度为 $\pm 5\%$。

三、体内测量

体内测量中,塑料托座(直径 2.0 ~ 3.0 mm,厚 0.5 mm,长 5 mm)放置在股动脉周围,托住光纤顶端,通过一个小针头,光纤插入血流中,并且使光纤与血管间的夹角为 60°。为了测量冠状循环,用一个小托座把针头和光纤顶端一起插入到血管中,通过多普勒变化信号的消失,确定光纤顶端和血管壁间的距离,然后抽回针头,留下光纤顶端在血管腔内测量。

测量动脉血流是光纤血流多普勒速度计发展的一个主要方向。在上述系统中,虽然光纤对血流产生干扰,但是通过频谱分析可得到准确的测量速度值。系统的测量范围很广,也适用于测量静脉血流。

9.5.2 皮肤光纤血流计

微血管循环遍布整个皮肤和体内组织,直接反映人体的健康状态。以往所采用的热电偶传感器、同位素冲击、光学照相等测量方法,对血流有一定的干扰,且不能进行连续测量。非插入式光纤皮肤血流计对皮肤血管没有伤害,操作容易,用途广,灵敏度高。这种皮肤血流计采用四根收集光纤系统,差分处理方法,能抑制模间干扰到可忽略的程度。

这里对皮肤血流计首先作理论分析,然后对系统各部分的设计逐一探讨。

一、系统的基本原理

多普勒后向散射光中包含了血流的信息,要实时、正确地处理信号,首先将光信号转变为电信号,再对电信号进行处理。

多模激光器发出的光经多模光纤传输照射到皮肤上,在散射处电场强度为

$$E_i(t) = \sum_{n=-N}^{N} \widetilde{E}_n^0(t) e^{j\omega_n^0 t} \tag{9-21}$$

式中,$\widetilde{E}_n^0(t)$ 是第 n 个模与时间有关的复振幅;ω_n^0 是模式的角频率。各纵向模在频率上通过 $\omega_n^0 = \omega_{n-1}^0 = \dfrac{C}{2L}$ 分离,C 是光速,L 是激光器的腔长。虽然激光的光强保持常数,但是各个独立模的幅度绝对值 $|\widetilde{E}_n^0(t)|$ 是变化的,这些幅度的变化在差频频谱上引起缓慢的频率变化(根据模间干扰)。这些高幅度的噪声信号对与血流有关的多普勒信号的影响很大;同时,宽带光束幅度噪声也影响信噪比。

光束照射在组织细胞和微血管层,发生散射和吸收,部分散射光传输到探测器表面(其中静态组织细胞的非多普勒变化散射光作参考光束),在时间 t 探测器 r 处总的电场为

$$E_T(t,r) = \sum_{n=-N}^{N} \left[E_{Rn}(t,r) + E_{sn}(t,r) \right] \tag{9-22}$$

式中,$E_{Rn}(t,r)$是第 n 个模式静态细胞组织散射光的电场,$E_{Rn}(t,r) = \widetilde{E}_{Rn}^0(t,r)e^{j\omega_n^0 t}$ 对应频率未发生变化;$E_{sn}(t,r)$是第 n 个模式运动的红细胞多普勒散射光的电场,由于多普勒频移 $\Delta\omega$ 与 ω_n^0 相比很小,$E_{sn}(t,r)$表示为窄带随机过程,$E_{sn}(t,r) = \widetilde{V}_\omega(t,r)e^{j\omega_n^0 t}$,$\widetilde{V}_n(t,r)$ 是运动红细胞的复振幅,包含有频率信息。所以探测器 r 处的光电流为

$$i(t,r) = \mathrm{const}\,|E_T(t,r)|^2 \qquad (9-23)$$

式中,const 是一个与探测器的量子效率有关的常数。将 $E_T(t,r)$ 代入,因为 $E_{sn}(t,r)$ 的一个窄带性质,就是该光电流的功率谱的频率分布是以 n 倍于模间频率的离散分布经过低通滤波器的,只取 $n = m$,得

$$i(t,r) = \mathrm{const}\sum_{n=-N}^{N}|\widetilde{E}_{Rn}^0(t,r)|^2 + \mathrm{const}\sum_{n=-N}^{N}|\widetilde{V}_n(t,r)|^2 +$$
$$\mathrm{const}\sum_{n=-N}^{N}\left[\widetilde{E}_{Rn}^0(t,r)\cdot\widetilde{V}_n^*(t,r) + \widetilde{E}_{Rn}^{0*}(t,r)\cdot\widetilde{V}_n(t,r)\right]$$
$$(9-24)$$

对光探测器面积积发得总电流

$$i(t,r) = i_R(t) + i_s(t) + \eta\,\mathrm{const}\left[\widetilde{E}_R^0(t)\cdot\widetilde{V}^*(t) + \widetilde{E}_R^{0*}(t)\cdot\widetilde{V}(t)\right] \quad (9-25)$$

式中,$i_R(t)$是非多普勒散射光产生的光电流,对于稳定的激光器为一个直流分量;$i_s(t)$是光电流中与自差相对应的内差信号光电流;最后一项是要研究的差频信号光电流;η(<1)是外差效率。

假设激光器没有幅度波动,是稳定的,血流也是稳定的,则光电流的时间平均值为

$$\langle i(t)\rangle = i_R + \langle i_s\rangle \qquad (9-26)$$

因为光照区域是高斯随机过程,经低通滤波后,不考虑噪声的影响,信号的自相关函数为

$$\langle i(0)i(\tau)\rangle = i_R^2 + 2i_R\langle i_s\rangle + \langle i_s\rangle^2 + \eta^2\langle i_s\rangle^2\,|g_s(\tau)|^2 +$$
$$\eta^2 i_R\langle i_s\rangle\left[e^{j\omega^0\tau}g_s(\tau) + e^{j\omega^0\tau}g_s^*(\tau)\right] \qquad (9-27)$$

式中,$g_s(\tau)$是发生多普勒变化散射光的归一化自相关函数。由自相关函数计算光电流频谱

$$P_i(\omega) = \frac{1}{2\pi}\int_{-\infty}^{+\infty} <i(0)i(\tau)e^{j\omega\tau}\mathrm{d}\tau \qquad (9-28)$$

光电流的标准偏差

$$\sigma_i^2 = \langle i^2(t)\rangle - \langle i(t)\rangle^2 \qquad (9-29)$$

由于 $g_s(0) = 1$,所以有

$$\sigma_i^2 = \eta^2\left[\langle i_s\rangle^2 + 2i_R\langle i_s\rangle\right] \qquad (9-30)$$

因此,$i(t)$可表示为 $i(t)\in N(i_R + \langle i_s\rangle, \sigma_i)$。由于 $i_R \gg \langle i_s\rangle$,忽略光电流频谱中的内差部分并认为 $\langle i_s\rangle$ 与 i_R 成比例,$\langle i_s\rangle = k^2 i_R$,$k^2$ 是一个与运动的红细胞浓度相关的常数。因

此,由频率变化的和未变化的散射光的外差信号确定的光电流 $i(t) \in N(i_R, \sqrt{2}\eta i, k)$。$i(t)$ 的瞬时值可表示为

$$i(t) = i_R(1 + A(t)) \tag{9-31}$$

式中,$A(t)$ 为高斯分布,$A(t) \in N(0, \sqrt{2}\eta k)$。

此外,不容忽视的是有许多噪声会对光电流产生影响,如模间干扰噪声 $s(t)$,对应于光电流有一个噪声分量 $s(t)i(t)$(均值为 0);激光束的宽带噪声 $N_L(t)$ 和光探测器暗电流及散粒噪声 $N_D(t)$,在电流中也产生噪声电流,$N_L(t)$ 和 $N_D(t)$ 均为高斯分布,$N_L(t) \in N(0, \sigma_L)$,($\sigma_L^2$ 是宽带激光束噪声的变化),$N_D(t) \in N(0, \sqrt{2e \cdot \Delta f \cdot i_R})$($e$ 为电子电量,Δf 为采样带宽)。因此,总电流为

$$i_N(t) = i(t)[1 + s(t)][1 + N_L(t)][1 + N_D(t)] =$$
$$i_R[1 + A(t)][1 + s(t)][1 + N_L(t)][1 + N_D(t)] \tag{9-32}$$

二、皮肤血流计的结构

皮肤多普勒血流计的系统结构如图 9-43 所示。激光器发出的光照射在皮肤上,四根收集光纤分为两组,分别和两个光探测器相连,用来收集后向散射光,这四根光纤收集到的信号相同,每一个光探测器的输出信号经高通滤波器,滤除直流分量,得到与血流流速有关的交流信号。信号再经放大,并被未经过滤波的光探测器输出信号相除,对信号归一化。两路输出信号同时送往差分放大器,差分放大器使两路中存在的噪声减小到可忽略的水平。对差分放大器的输出信号进一步处理,得到的直流信号与血流平均速度成正比关系。

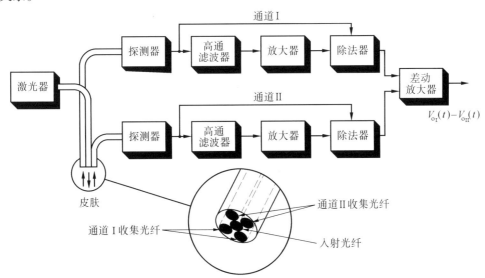

图 9-43　差动工作皮肤血流计装置框图

1.光源、光纤和光探测器

光源采用 5 mW He-Ne 激光器(波长 $\lambda = 632.8$ nm),它发出的光为多模激光,系统对传输光纤要求较低,选用塑料光纤直径为 1 500 nm、多模;四根收集光纤选用直径较大的塑料光纤或玻璃光纤,也为多模光纤。光探测器采用 PIN 光电二极管,主要是 PIN 低耗。

2. 光纤探头的设计

光纤探头的几何结构,对信号有很大的影响,为了获得最佳信号,对探头的设计是至关重要的。

四根收集光纤是材料、芯径完全相同的光纤,为了使这四根光纤收集的多普勒散射光和静态细胞组织的散射光的光强及信号区域相同,光纤排列结构如图9-43下图,四根光纤对称分布在入射光纤周围,相连的收集光纤末端组成一组,分别和两个光探测器相连。

来自运动的红细胞的散射光的多普勒频移是变化的,这些变化使探测光强出现波动,测量光的波动可得到与之相关的血流速度。同时,光强波动与激光多普勒探头的几何结构有关,入射光纤和收集光纤靠近在一起,小部分被照射的皮肤区直接在收集光纤的探测区域内,皮肤的散射光很强,如果直接探测的部分小,由于照射光强的波动,收集光易发生大的波动。收集光纤的探测区域与入射光纤的照射区域相重叠的部分越大,光强的波动就越大。图9-44为简化的两种光纤探头的剖面图,图中仅以一根收集光纤表示。(a)光纤托座使光纤距离皮肤表面有0.95 mm的距离;(b)光纤探头直接与皮肤相接触。图中也显示了(a)、(b)两种探头结构分别对应的照射区域和探测区域。采用(a)、(b)两种接触形式进行实验测量,记录的曲线如图9-45所示。

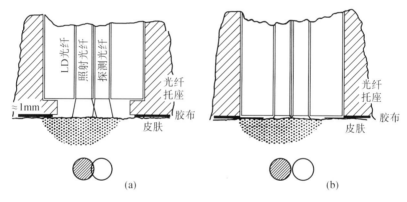

图9-44 光纤探头结构

(a) 不直接与皮肤接触;(b) 直接与皮肤接触及所对应的照射区域

由图9-45可观察到,采用(a)型探头托座结构,光纤的线性移动对信号波动产生的影响较大,而采用(b)型使光纤直接与皮肤接触,光纤的移动对散射光强的波动影响较小。光纤探头的托座起固定光纤的作用。材料可采用聚乙烯塑料。由此可得出结论:光纤探头与皮肤接触,可以减小因移动产生的影响。此外,要注意到,与皮肤接触时,不允许超过皮肤的接触压力,以保证测量得到正确结果。

总之,设计光纤探头的要点是:

1. 光纤的排列要均匀,保证5根光纤的端面在同一个水平面内;

2. 要保证所设计光纤探头在测量中能与皮肤自然接触,并减小光纤的移动;

3. 光纤束要由探头托座稳定,托座的材料可选用塑料,托座有一层粘沾层,使探头固定于皮肤表面。

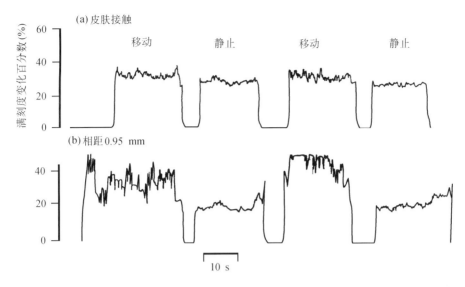

图 9 – 45　收集的激光多普勒信号

分为探头静止和移动两种情况:(a) 与皮肤接触;(b) 光纤探头距离皮肤有 0.95 mm 的距离

三、信号分析

采用双通道、差分探测技术,可以抑制噪声。对于抑制噪声能力的分析,先从单通道入手。差分通道每个通道的结构如图 9 – 46 所示。

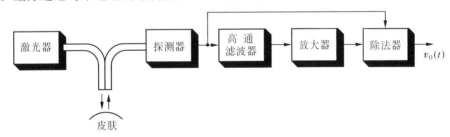

图 9 – 46　单通道工作原理框图

PIN 光电二极管探测器在特定波长上具有高的量子效率,且与光电倍增管相比是低耗的。探测器的输出从直流到 100 kHz 很平滑。如果忽略热噪声,并设反馈电阻为 R_f,则探测器的输出信号为 $v'_0(t) = R_f i_N(t)$。信号经高通滤波器滤除直流信号得到与血流速度有关的交流信号。由于信号比较平坦,所以此处的滤波器选用有源的三级巴特沃夫滤波器,3 dB 点为 75 Hz。滤波器输出信号经低噪线性放大器放大,得到的信号与探测器输出信号相除,对信号归一化。模拟除法器的输出信号为

$$v_0(t) = \frac{FR_f[i_N(t) - i_R]}{R_f i(t) N} \tag{9-33}$$

式中,F 是放大器的放大倍数;i_R 是光电流的直流分量;$i_N(t)$ 是总的光电流。由式(9 – 32)可知

$$i_N(t) = i_R[1 + A(t)][1 + s(t)][1 + N_L(t)][1 + N_D(t)]$$

式中，$A(t)$ 为高斯分布，与散射离子(红细胞)的浓度和外差效率有关。由于 $A(t)\ll1$，$s(t)\ll1$，$N_{\mathrm{L}}(t)\ll1$，$N_{\mathrm{D}}(t)\ll1$，将 $i_{\mathrm{N}}(t)$ 代入式(9-33)，得

$$v_0(t) = F[A(t) + s(t) + N_{\mathrm{L}}(t) + N_{\mathrm{D}}(t)] \tag{9-34}$$

当存在模间干扰噪声，即 $s(t)\ne0$ 时，有

$$\mathrm{rms}(v_0) = F\cdot\sqrt{\langle s(t)\rangle^2 + 2\eta^2k^2 + \sigma_{\mathrm{L}}^2 + 2e\cdot\Delta f\cdot i_{\mathrm{R}}} \tag{9-35}$$

差分探测中，两个通道的信号处理部分是相同的，如图 9-43。根据式(9-34)，模拟除法器的输出信号分别为 $v_{01}(t)$ 和 $v_{02}(t)$

$$v_{01}(t) = F_1[s(t) + A_1(t) + N_{\mathrm{L}}(t) + N_{\mathrm{D1}}(t)] \tag{9-36}$$

$$v_{02}(t) = F_2[s(t) + A_2(t) + N_{\mathrm{L}}(t) + N_{\mathrm{D2}}(t)] \tag{9-37}$$

两个通道平衡时 $F_1 = F_2 = F$，$A_1(t)$ 和 $A_2(t)$ 是相同随机过程中两个独立的统计，所以 $A_1\ne A_2$，可设为高斯随机过程，且 $A_1(t) - A_2(t)\in N(0,2\eta k)$，因此差值为

$$v_{01}(t) - v_{02}(t) = F[A_1(t) - A_2(t) + N_{\mathrm{D1}}(t) - N_{\mathrm{D2}}(t)] \tag{9-38}$$

则差分放大器输出信号的均方根为

$$\mathrm{rms}[V_{01}(t) - V_{02}(t)] = F\cdot\sqrt{4\eta^2k^2 + 2e\cdot\Delta f(i_{\mathrm{R1}} - i_{\mathrm{R2}})} \tag{9-39}$$

可见，信号不依赖于 $\langle s(t)\rangle^2$ 和 σ_{L}^2。$\langle s(t)\rangle^2$ 和 σ_{L}^2 分别代表横间干扰噪声和激光器的宽带光束噪声变化。

在测量研究中，把探头放在指尖皮肤上，差分放大器输出信号通过截止频率为 30 kHz 的低通滤波器。在皮肤血流微循环中，毛细血管中的血流速度一般为 $0.05\sim0.1\ \mathrm{cm/s}$。采用 632.8 nm 的 He-Ne 激光，根据多普勒公式 $\Delta f = 2\ nv\cos\theta/\lambda_0$，对于血液 $n = 1.33$，所以毛细血管对应的多普勒频移范围一般为 $2.1\sim4.2$ kHz。

滤波器的带宽(75 Hz~30 kHz)足以覆盖多普勒信号的频谱。在所取带宽内，模间干扰噪声 $s(t)$、宽带激光束噪声 $N_{\mathrm{L}}(t)$、探测器噪声 $N_{\mathrm{D}}(t)$ 及 $A(t)$ 均小于 10^{-6}，这个值对应于单通道。因为 $A_1(t)$ 及 $A_2(t)$ 是独立变化的，差的均方根值为 $2\eta k$，因此，除了仅存在于光电流能量谱中的宽带噪声和缓变的模间干扰噪声，差分放大器输出信号的能量谱和光电流频谱在形状上是相同的。对于差分探测，在 75 Hz 到 30 kHz 的频率间隔内，激光器宽带噪声的变化 $N_{\mathrm{L}}(t)$ 和探测器噪声 $N_{\mathrm{D}}(t)$ 分别近似为 1.6×10^{-8} 和 0.1×10^{-8}，与单通道相比，信噪比提高了 3 倍。在带宽范围内，$\langle s^2(t)\rangle$ 约为 0.7×10^{-6}，在整个采样带宽测量到的模间干扰抑制比为 30:1。

四、信号处理

如图 9-47 为信号处理单元，以带通滤波器和均方根-直流变换器为基础，对信号加有可变的负补偿。

带通滤波器为一个有源的三级巴特沃夫滤波器，3 dB 点在 1 kHz 和 5 kHz。滤波器的输出信号经过一个线性放大器，传送到均方根-直流变换器。均方根-直流变换器依次进行平方、平均、开方运算，得到输入信号的均方根值。输入信号通过一个模拟乘法器平方，同时附加一个与噪声均方根的平方相对应的负补偿。然后对信号平均，并且由模拟除法器计算信号的平方根，变换后输出直流信号的电压等于与血流有关的信号的均方根值。

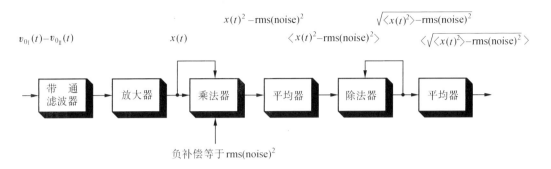

$$v_{0_1}(t)-v_{0_{\parallel}}(t) \qquad x(t) \qquad \dfrac{x(t)^2-\mathrm{rms(noise)}^2}{\langle x(t)^2-\mathrm{rms(noise)}^2\rangle} \qquad \dfrac{\sqrt{\langle x(t)^2\rangle-\mathrm{rms(noise)}^2}}{\langle\sqrt{\langle x(t)^2\rangle-\mathrm{rms(noise)}^2}\rangle}$$

带通滤波器 → 放大器 → 乘法器 → 平均器 → 除法器 → 平均器

负补偿等于 rms(noise)²

图 9 – 47　信号处理单元的原理框图

采用此系统在对指尖皮肤的测量中,信号处理单元分别对单通道和差分通道的信号进行分析,比较它们的输出信号,如图 9 – 48 所示。对单通道,模间干扰噪声为明显的周期性双峰高幅度信号。采用差分处理技术,输出信号较平坦,模间干扰噪声被抑制到可忽略的水平。差分技术抑制噪声能力不仅仅限于抑制激光器产生的噪声,其它的噪声(如光强变化对输出信号的影响)也能有效地消除。

测量皮肤微循环血流,各毛细血管网中,红细胞的速度分布和散射光之间的关系很复杂。通过上述讨论可看出,皮肤血流计具有以下特点:

1. 对激光器输出的模间干扰噪声有很强的抑制能力;

2. 抑制多模激光器宽带幅度噪声很有效,提高了信噪比;

3. 与血流有关的信号是通过总光电流的能量减去光探测器的噪声能量得到的。

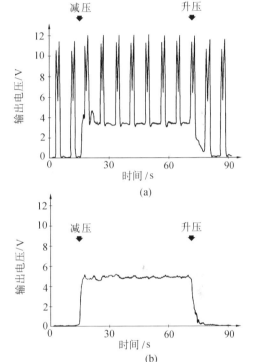

图 9 – 48　信号处理单元的输出信号

(a) 单通道工作方式;(b) 差分通道工作方式

这个系统可成功地连续测量皮肤血流,并且灵敏度高,稳定性好。系统采用多模激光器及多模光纤,易于实现。可测量各处皮肤的血流,且输出的直流信号和血流速度间有很好的线性关系,广泛地应用于药物学、皮肤学等领域。

9.5.3　双波长光纤血流计

双波长光纤血流计是基于激光波长不同,射入皮肤的深度不同,因而使用两个不同波长工作,可测量表皮或皮肤深层的血流速度的原理。

一、基本原理

不同的激光波长,透射进入皮肤的深度不同,最常用的激光源是红色的 He – Ne 激光

（$\lambda = 632.8\ nm$），在此波长上，激光的穿透能力相当强，可进入皮下，甚至射入到皮肤下的脂肪组织。皮肤中红光的穿透深度为 $600 \sim 1\ 500\ \mu m$，这个深度与细胞层的结构有关。

皮肤的结构非常复杂，不同的区域，皮肤厚度及毛细血管分布不同。皮肤的外表层一般为 $40 \sim 50\ \mu m$，在手指处外表皮厚 $200 \sim 400\ \mu m$。外表皮下布满了毛细动、静脉血管，毛细血管血流速度与血管的直径之间为线性关系。为了区别总的和表面皮肤的血流，有必要选择适当的激光波长，使其在皮肤上被很好地吸收和散射。不同波长的激光器在皮肤中的穿透力不同。例如选择工作波长 $\lambda = 543\ nm$ 的 $He - Ne$"绿色"激光器，一个标准的 $He - Ne$"红色"激光器（$\lambda = 632.8\ nm$）和一个近红外二极管（$\lambda = 780\ nm$），比较测量结果，较短波长的光在皮肤中的吸收和散射较明显，这主要由下面几个因素造成。

1. 在外表皮，由于黑色素的存在，当波长减小时，吸收大大增强；

2. 皮肤中，纤维组织对于较短波长的散射增加，这是抑制穿透深度的主要原因；

3. 血管层中吸收主要是由血细胞含量（如氧含量）决定的。

如图 9 - 49 所示为研究不同波长测皮肤血流的实验装置框图。将手放在一个特殊结构的聚氨脂膜内（目的是减少扰动）光纤探头进行测量的位置上，来自激光器的光交替照射在皮肤表面。来自皮肤的后向散射光由探头内的两个输出光纤收集，光探测器为一对灵敏的硅光电二极管，光电流的交流分量经放大，采用数字波形分析仪分析其频谱。通过收集固定平面反射镜的后向散射光，得到基线噪声频谱，如图 9 - 50 所示。三个不同的激光源，输出电压的直流信号是相同的。

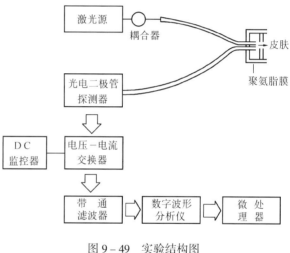

图 9 - 49　实验结构图

由同一皮肤测量点得到的光电流能量谱可知，除基线噪声信号相同外，频谱具有不同的特点。红光和近红外光探测皮肤血流可得到宽的能量谱，而用 $He - Ne$"绿色"激光器则会得到相对窄的多普勒频率变化。从图 9 - 50 频谱可看出，绿色激光频谱中高频分量较少，表明高速度红细胞的数目较少，可用于测量红细胞在微血管层即皮肤上表层的血流情况。红光和近红外光含有较多的高频分量，这是由多路散射的混合结果（由高速度红细胞在高浓度环境内的连续多普勒频移产生的），所以常用红光探测皮肤深层的血流。经计算可知，对于红光（600 nm）穿透深度约为 $1\ 000\ \mu m$，绿光小至 $150\ \mu m$。

根据上述原理，可设计一个双波长激光多普勒系统。用氩离子"蓝色"激光器代替"绿色"激光器，对应于皮肤的不同穿透深度测量表皮和皮肤深层的血流情况，光学结构如图 9 - 51 所示。

二、光学部分

选用单根光纤，两个激光器有选择地通过一个显微透镜（$\times 10$，$NA = 0.25$）进入一根玻璃光纤（$\phi = 200\ \mu m$）传输光到皮肤。部分散射光沿同一根光纤返回。部分入射光经 BS

分束后,直接射入光电二极管。虽然采用单模光纤比多模光纤简单,但是考虑到在 BS、显微透镜和光纤入射端面存在的反射,还是选用多模光纤。光纤末端面反射的非偏振光通过将末端面切磨成 20° 角可以消除。此时,非偏振反射光沿光纤侧壁传出。为了得到最佳的结构,所有的光学器件均安装上微定器设备。

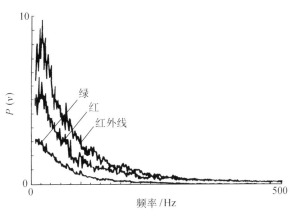

图 9 - 50 在 0~500 Hz 频率范围内三种激光系统在食指上获得的频率与光电流功率谱关系曲线(测试温度 27.3℃)

三、激光器

选用 5 mW 偏振 He - Ne 激光器作红色光源($\lambda = 632.8$ nm),蓝色

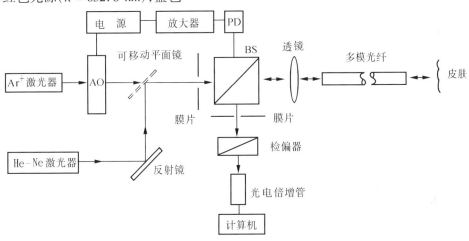

图 9 - 51 双波长皮肤血流检测系统
BS—分束器;AO—调制器;PD—光电探测器

光源选用氩离子激光器(3 mW,$\lambda = 457.9$ nm)。红光和蓝光在皮肤中的照射深度由前述实验得出,如图 9 - 52 所示。

激光照射到皮肤,与静态组织细胞相比,红细胞散射光的光强很弱,小于全部散射光的 10%(与微血管的状态有关)。由于信号幅度低,所以需要考虑噪声,特别是激光器本身的噪声——即模间干扰噪声和宽带热噪声。宽带热噪声通过略微减小管子的移动可减小到总输出均方根值的 0.1%。光路中包括一个光学反馈系统用来提高光源的稳定性,减小光源的噪声。光环路由三部分组成:参考光电二极管,用来测量 BS 分束得到的光强,并在光调制处理器中提供一个与稳定的参考光束成正比的信号;控制部分输出一个控制信号给声 - 光(AO)调制器;AO 用来保持光信号的稳定。

四、信号处理

研究皮肤不同深度处红细胞的运动速度,通过频谱分析计算红细胞的浓度和速度(分别对应于频谱的幅度和频率分布）。使用一个高灵敏度的宽带光电倍增管（PMT），对多普勒信号进行外差探测，PMT输出光电流经高通滤波器（3 dB 点在 7 Hz），滤除直流分量和由于杂散运动产生的低频杂散信号，再经 A/D 变换，用微机对信号进行分析并显示。

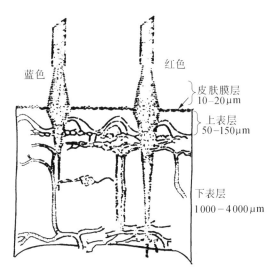

为了获得理想的信噪比，在频域采用平均的方法，256 个采样点的时间间隔由最高频率决定。采用硬件结构的自相关函数分析仪分析输出电流亦可得到血流的信息。

图 9 - 51 中，可移动平面镜用来选择蓝色光源或红色光源，测量浅表皮层毛细血管循环中的血流或深层皮肤和整个皮肤

图 9 - 52 双波长 (450 和 650 nm) 光的皮肤穿透深度和皮肤循环系统截面原理图

的血流情况。在对人体皮肤（前臂）的测量中，系统的测量速度范围在 0.1 ~ 5 mm/s。

在皮肤的血管循环中，有许多上表皮受到疾病影响的例子；同时，药物对人体的作用和反应也常常表现在皮肤上。所以，双波长光纤血流计用于测量皮肤深层和浅层的血流，在病理、药物学的分析应用中是极为有用的。双波长光纤血流计对皮肤无任何伤害，可实时测量，在医学应用中有着很大的潜力。

§9.6 光纤血气分析传感器

在监护病人或对其进行手术过程中，经常需要进行血气分析。通常是从病人体内抽取血样后，在体外诊断实验室中进行血样分析，往往在远离病人的地方。这类方法有某些缺点，包括样品的错误来源、样品处理技术的缺陷以及样品获取的延误等所造成的医疗障碍。为了提高病人护理的质量，特别是危重病人护理和手术的质量，近年来各国科研人员在这方面进行了大量的研究工作，综合运用生物学、医学、化学、电子学等方面的知识，研制出多种血气分析光纤传感器。

光纤血气分析传感器作为连续的体内血气监测系统，可实时监测病人体内血气值的变化。在临床中，需要观测的血气值主要有氧分压（pO_2）、二氧化碳分压（pCO_2）和酸碱度（pH）。

9.6.1 光纤 pH 值传感器

光纤 pH 值传感器是以染料指示剂为基础进行工作的。酚红染料试剂是一种可逆的具有两种互变状态的指示剂。两种状态即基本状态和酸化状态，每一种状态有不同的光吸收谱线，基本状态是对绿色光谱吸收，酸化状态是对蓝色光谱吸收，pH 值是由酚红试剂对绿光（或监光）光谱的吸收量来决定。

一、基本原理

pH 值(酸碱度)可以表示为指示剂酸碱平衡常数 PK 的一个函数,若全部染料浓度为 (T),指示剂基本状态的浓度为 (A^-),则

$$pH = PK - \lg\left[\frac{(T)}{(A^-)} - 1\right] \qquad (9-40)$$

这里选择基本状态是因其光密度比酸化状态的光密度要大。这样,对 pH 值的变化就能提供一种比较好的光敏感性。

制作光纤 pH 值传感器,就是以染料指示化学原理为基础,把在染料基本状态的吸收波长峰值上的传输光强度和 pH 值之间联系起来。

Beer-Lambert 关于光密度的关系式为

$$\lg\left(\frac{I_0}{I}\right) = (A^-) \cdot L \cdot \varepsilon \qquad (9-41)$$

式中,I_0 和 I 是光在吸收波长上的传输强度,而 I_0 为没有任何染料基本状态时的强度;L 是光通过染料的有效光通路的长度;ε 表示染料基本状态的吸收系数。

将式(9-41)代入式(9-40),有

$$pH = PK - \lg\left[\frac{(T) \cdot \varepsilon \cdot L}{\lg(I_0/I)} - 1\right] \qquad (9-42)$$

由上式可见,这里的 pH 值与在 $\lambda = 558$ nm 处传输的绿光强度 I 在基本状态下的峰值以及探头的参数有关。设常数 $C = (T) \cdot \varepsilon \cdot L$,于是有

$$pH = PK - \lg\left[\frac{C}{\lg(I_0/I)} - 1\right] \qquad (9-43)$$

若定义

$$R' = \left(\frac{I}{I_0}\right)_绿 \qquad (9-44)$$

且令 $\Delta = pH - PK$,则有

$$R' = 10^{[-C/(10^{-\Delta}+1)]} \qquad (9-45)$$

在双光束光谱分析测量中,是在同一波长上测参考光强 I_0 和传输光强 I,常需要 I_0 补偿光和仪器的变化。而测 I_0 的最佳条件是它对 pH 没有依赖性。因此,在实际应用中,为了消除测量误差,采用双波长工作方式,取绿色光($\lambda = 558$ nm)作为调制检测光,红色光($\lambda = 600$ nm)作为参考光,探测器接收到的绿光与红光强度的吸收比值为 R

$$R = I_绿 / I_{0红} \qquad (9-46)$$

若设 $K = I_{0绿}/I_{0红}$ $\qquad (9-47)$

则由式(9-44)、(9-46)、(9-47)得

$$R = KR' \qquad (9-48)$$

于是有

$$R = K \cdot 10^{[-C/(10^{-\Delta}+1)]} \qquad (9-49)$$

由式(9-49)可以描绘出 $R-\Delta$ 曲线,如图 9-53 所示。从曲线可以看出,在 pH = PK 附近有一段线性相当好的区域,即在这个范围内,pH 值与接收到的两种颜色光强的比值基本

上成线性关系。

二、探头设计

以光纤和染料为基础的 pH 值传感器的探头结构如图 9 - 54(a)所示。两根直径为 0.15 mm 的塑料光纤,并排插入具有半渗透膜的套管中,套管内装有试剂,光纤与试剂接触,探头前部用胶密封,以避免染料试剂与待测物混合。试剂的成分是一种与聚丙烯酰胺微球共价结合的酚红和作为散射光用的聚苯乙烯微球的混合物。对光有吸收作用的只是酚红,颗粒状的聚

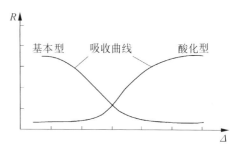

图 9 - 53　蓝绿光与红光强度的吸收比值
R 与 Δ 的关系曲线

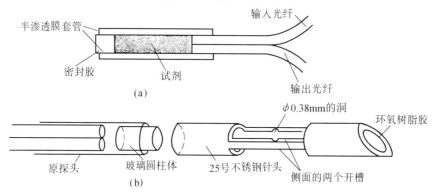

图 9 - 54　pH 值传感器探头结构图
(a) pH 值传感器的探头结构;(b) 改进后的探头结构(不锈钢针头套在原探头处)

丙烯酰胺是作为酚红的支撑物,以使酚红有固定的位置。聚苯乙烯微球能将光散射,使光与酚红试剂充分接触,产生较强的吸收作用,提高检测灵敏度。在实验中发现,这种结构的探头存在一些问题,一是探头很柔软极易损坏;二是很难无损伤地插入类似跳动的心脏的机体中;三是当试剂相对于光纤的端面产生运动时(如插入动作),会引起探头的响应速度变慢,分辨率下降。为了克服上述问题,改进了探头的结构,如图 9 - 54(b)所示。

用于生物体内测量 pH 值的改进后的探头是将原探头整体装在一个 25 号的不锈钢针头(外径 0.5 mm)内,在靠近试剂位置处的不锈钢针头上,对称地开两个槽,在槽的中心处,沿着与轴线垂直的方向,有直径为 0.38 mm 的洞,钢针的头部用环氧树脂密封。这种探头很容易安全地插入机体内,且本身不易损坏,响应速度也从原来的 90 s 提高到 30 s。还可以用一个端面起反光作用的铝蒸气镀膜的玻璃圆柱体,胶封在套管前部,这样使试剂的长度从 2 ~ 4 mm 减少到 0.12 mm,但反射回的光强也减小了一半,即降低了调制度。因此,在使用中,要合理地选择试剂的长度,以达到最佳的信噪比和分辨率。此检测装置的信噪比为 50,在 7 ~ 7.4 pH 的生理范围内,检测精度为 ± 0.01 pH 单位。

三、系统设计

图 9 - 55 是同时可测量五个点的医用 pH 检测系统的框图。光源是 100 W 的石英卤素灯。双色滤光器(滤波轮)交替地将红光和绿光选出,然后输入光探测器。接收是采用

RCA PF 1 039 型光电倍增管,采用高集成度电源供电。

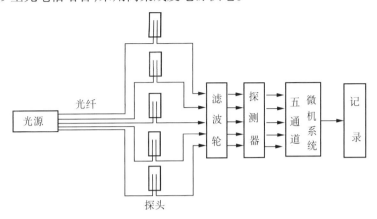

图 9 - 55   5 点 pH 值检测系统框图

信号处理由微机系统完成,有 5 个 D/A 转换通道,每个通道分别对应于一个探头。当每个通道分别经脉冲信号触发后(+ 1 V 为绿光触发信号, - 1 V 为红光触发信号),就开始采样 40 个,平均后得到一个数值。将绿光光强与红光光强相比,得到一个比值。每 10 个比值进行一次平均,获得一个数据,通过式(9 - 49)和 Δ 的定义,即可计算出 pH 值。5 个通道的信号处理过程是相同的,一组 5 个 pH 值的信号处理过程只需要 5 s,如果减少采样点,可使处理速度提高到 1 s。最后结果,可同时显示在数字表头和终端屏幕上,也可由绘图仪记录下来,并将数据存贮在软盘中。

经过实际应用证明这种 pH 值检测装置,使用方便,安全可靠,很适合于生物体内的pH 值检测。

9.6.2   光纤 pO_2 传感器

在各种临床及研究中,常需要直接测量血液和组织中的氧分压。这里介绍的光纤氧分压(pO_2)传感器是基于染料荧光的氧淬灭原理。即当传感器探头中的染料与血液中的氧充分接触时,氧分压大,则染料的荧光衰减就大。因此,测量染料荧光强度的衰减大小,就可得到 pO_2 的大小。

一、基本原理

氧淬灭使染料荧光衰减的应用原理早为人知,但实际应用不多。有人曾以激活态氧的形式解释上述原理,使能量由光激发染料分子传至氧,这种观察和解释导致了确认单谱线氧,氧形成了传输复合物,使芳香族分子传至氧。Berlman 统计了有机分子的氧淬灭的敏感性,并考虑了振动,发现最简单的芳香族分子苯对荧光的氧淬灭具有最强的敏感性。当染料被吸附在一种使分子暴露于气体的材料上时,效果最明显。

氧淬灭造成的染料荧光衰减也可称作荧光吸收,它是吸收衰减模与被激发分子的其它衰减模相竞争的结果,因而减少了被激发态的整个平均寿命,减少了荧光强度。在恒定光照时,激发态的衰减率是各种衰减模速率之和:碰撞、荧光和振动。碰撞淬灭和其它衰减模相争,正比于激发态的实际平均寿命(基本上是荧光寿命)和碰撞速率,碰撞速率正比

于气体的压力。Stern 和 Volmer 得出了荧光强度 I 和 pO_2 的关系

$$I_0/I = 1 + (pO_2/p') \qquad (9-50)$$

式中，I_0 是没有氧淬灭的强度；p' 是一个常数，等于半淬灭时的压力。根据荧光的平均寿命 T_0 和 T，可以写出类似的表达式

$$T_0/T = 1 + (pO_2/p') \qquad (9-51)$$

一个好的淬灭敏感性要求一个长的激发态寿命，具有较长寿命的磷光体对淬灭十分敏感，但强度很弱。荧光由于热衰减和碰撞衰减而具有较短的寿命，对淬灭的敏感性稍差，但由于高的量子效应而具有很高的明亮度。p' 应

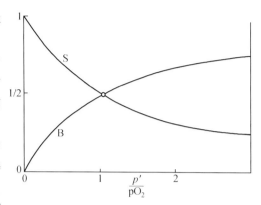

图 9-56　p'/pO_2 与灵敏度 s 和明亮度 b 的关系曲线

该是使明亮度和敏感性达到最理想状态的参数。其选择方法如图 9-56 所示。p' 的选择是综合考虑灵敏度和明亮度两个参数得到的。灵敏度 S 为

$$S = \frac{-\,\mathrm{d}(\%I)}{\mathrm{d}(\%pO_2)} = \frac{pO_2}{p' + pO_2} \qquad (9-52)$$

明亮度 B 为

$$B = I/I_0 = \frac{p'}{p' + pO_2} \qquad (9-53)$$

通常选择两条曲线交点处的压力作为 p'。

二、探头设计

探头结构如图 9-57 所示。荧光染料在吸附性支撑物上，包含在孔状聚乙烯管中。

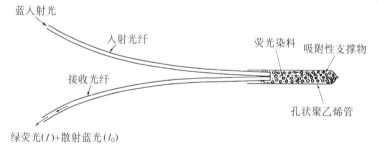

图 9-57　探头结构图

聚乙烯管提供与周围氧的迅速平衡状态，使支撑物免受污染。孔状聚乙烯管一端封闭，在轴向上形成封闭点。两根可弯曲的塑料光纤为输入和输出光纤（直径 150 μm 的塑料光纤），置于管的另一端，使光纤的末端暴露于荧光染料。包层管包括一段孔状聚合物管，长 5 mm，直径 0.6 mm。蓝光通过入射光纤传至荧光染料，激发染料至荧光态。绿色荧光伴随着散射的蓝光进入接收光纤，传输至测量仪器。蓝光强度 I_0 充当光学补偿的参考光强，绿光强度 I 则是氧淬灭的度量。

Stern-Volmer 关系式为测量氧分压提供了线性量的基础，如图 9-58 所示，可以观察

到一条曲线,需在光强比上附一个指数,方可使数据适合于方程。为了仪器设计的需要,可在强度比率上加一个指数 m,或在括号外加一个指数 n,即

$$pO_2 = p'\left[\left(\frac{I_{蓝}}{I_{绿}}\right)^m - 1\right] \quad (9-54)$$

使用简单的模拟仪器估算探头。

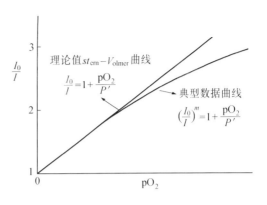

图 9-58 压力和强度关系曲线

1. 染料的选择

染料要具有如下特征:

① 能够被激发,产生能被塑料光纤传输的可见光波;

② 对光要稳定,有足够的抗衰老能力;

③ 无毒;

④ 具有足够的氧淬灭敏感性和长的激发态平均寿命。

通过对 70 种染料的鉴别和实验,考虑了所有的理想特征后得出的最佳选择是二萘嵌苯二丁酸盐。这种染料在 468 nm 具有激励高峰,在 514 nm 具有放射高峰。这种染料没有毒性问题,其稳定性在硅胶上好于大多数染料。在一个有机吸附物上,染料在 3 年的贮存期内不发生衰褪。这种染料的构造中至少有 8 种杂质,染料用硅胶色层法净化。

2. 染料支撑物

一般地,在硅胶和其它无机吸附物上可以典型地观察到氧淬灭效果。在硅胶上可以获得最高的敏感性。这里,需要一种高穿透性的支撑物以使全部染料分子暴露于氧碰撞中,在液体或固体中的染料不太敏感,原因是这类材料的氧穿透性低。无机吸附物不适合,因为无机吸附物使淬灭具有湿度敏感性,一般来说,它们的淬灭敏感性随湿度和淬灭效果的损失而变化,在 100% 湿度的生理测量条件下,荧光全部损失。

有机吸附物(孔状聚合物)是理想的染料支撑物,避免了湿度敏感性,提供了一种恐水系统,其缺点是淬灭敏感性减半(相对于硅胶支持物)。理想的有机聚合物吸附物是离子交换树脂 XAD 4。XAD 4 具有最好的吸收敏感性。在染料被处理之前,先冲洗树脂,用水漂洗二至三次,然后用乙醇和丙酮漂洗,最后是干燥。

3. 可透性外套

pO_2 探头需要一种不透液体和水,具有高透气性的外套,防止包在探头终端的显示器因置于血液或组织液而受污染。固体材料没有足够的透氧性,所以需要一种微孔材料。金属呈现出生理相容的问题,而可获得的荧光碳材料又缺少机械硬度和强度。合适的材料是孔状聚丙烯,这种材料具有恐水性,高的气体穿透性,可提供最好的强度。用热封技术制造管子,可使管子的大小达到理想的尺寸。

当上述三部分,即染料、支撑物、外套选定之后,就具备了组成探头的必要条件。如图 9-57,吸附支撑物上的染料装在一段孔状聚丙烯管中,可提供与周围氧的快速平衡状态,使染料外套隔绝污染。蓝光通过一根光纤,把染料激发至荧光态,绿光与杂散的蓝光一起经过另一根光纤传输到测量仪器。

实验探头由直径 0.15 mm 的塑料光纤装配而成,用一个合适的分光系统可以分开激励光和辐射光,因此也可用单根光纤。现在已经研究出了制造分叉光纤的方法,所以引至光源和测量系统的分叉光纤在传感器尾部连结成一根纤维。更普遍使用的是双束光纤结构,为了减小相对变大的体积,必须在结构上下功夫。

三、光学系统设计

探头所需激励光由氙灯提供,氙灯工作在 60 W 的条件下,在一个特别设计的铝壳内工作,铝壳带有风扇致冷装置。虽然氙灯输出的可见光较少,但由于它具有较长的寿命和较好的稳定性,位置和强度都很稳定,具有一个直径 1 mm 的光点,所以氙灯被选作光源。这种小而稳定的光点可使光线有效地耦合进光纤。灯房中包括一个透镜系统,由两个非球面的透镜组成。安排这些透镜的位置,使灯的光点到达透镜的光点上,让光在两透镜间行进一段较短的距离,以便灯的影像再次聚集在探头光纤的尾部,另一个透镜的光点上。

两个滤光片置于透镜间的平行光路上,第一个滤光片是一个热反射滤片,阻止来自于灯的红光,第二个滤片是一个短道干涉滤片,具有标准的 480 nm 的界限。灯房提供了一种调节灯的位置和纤维终端位置的方法。光纤的简单连接器包括一个 5 cm 长的皮下管子,能使光纤紧

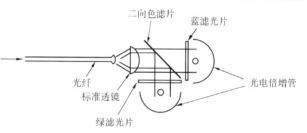

图 9 - 59　光路系统图

紧插入其内径。管子被轻微地缩紧,以便紧紧地承住探头的前端。管子的另一端也被轻微地缩紧,置于灯影像的光点上,以便当探头前端插入时,光纤扩张了的终端位于管子的终端,也位于灯的影像位置上。管子的另一端被轻微地扩张,以使光纤被包裹的前端能够插入管子。

光路系统如图 9 - 59 所示。被包裹的光纤插入连接器内,尖端位于一个小的校准透镜的光点上。来自于光纤终端的蓝光和绿光被透镜校直成一束平行光,再被一个二向色性的滤片分成两束正交的光线。波长小于 500 nm 的光无反射地直接通过,波长大于 500 nm 的光被 90° 反射。两个额外的滤光片用来净化光。蓝光和绿光由光电倍增管(PF 1039,RCA)接收。这些光电倍增管具有内部能量供应和增益控制。

四、模拟系统设计

模拟系统用于对 pO_2 探头测得信号进行处理计算。图 9 - 60 是模拟系统的框图。电路按如下关系处理蓝光和绿光的光信号

$$pO_2 = p'\left[\left(\frac{I_{蓝}}{I_{绿}}\right)^m - 1\right] \tag{9-55}$$

此式是由 Stern - Volmer 关系式加上一个指数 m 重新安排得到的。Stern - Volmer 方程提供了 pO_2 和荧光强度之间的线性关系,但实际观察到的是曲线关系,附加指数后使数据与方程相符。蓝光信号是杂散的反射激励光,正比于未淬灭时的强度 I_0,绿光信号是荧光

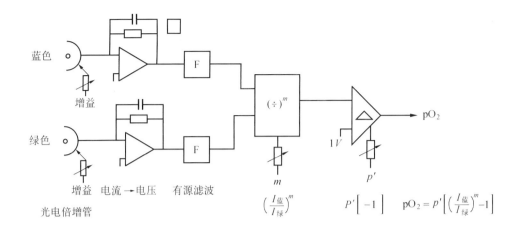

图 9 - 60　模拟系统信号处理框图

正比于淬灭时的强度 I_0,当仪器在无氧气情况下读出 pO_2 零值时,调整比例系数,使 I 等于 I_0,仪器在 0 ~ 20 kPa 的范围内提供 pO_2 的数字显示,达到最准确的压力值。这要求在强度测量中的误差小于 0.1% 。由图 9 - 60 可知,光电倍增管的增益控制可以调节,以平衡光电倍增管上的蓝光信号和绿光信号。运算放大器将光电倍增管的电流转换成电压,调整每个光电倍增管的增益以便使放大器输出端产生 1 V 电压,1 V 电压与探头相连接,由一个选择开关控制,可以在 pO_2 显示器上观察到这一输出。在此阶段,电容器提供一个时间为 1 s 的恒定的过滤过程。在此之后,信号通过活动过滤器(1 s)传输至除法器,从而获得蓝光与绿光的比值,即 I_0/I 。放大器将这一比值减 1,再将结果乘上一个可变增益或换算系数,所得信号通过另一个除法器,进行指数调整,调整后的信号传送到数字显示器,进行 pO_2 值的观察,然后进行记录。

为了校准仪器,需调整每个光电倍增管的增益。探头插入氮中,将一个光电倍增管的增益旋至 pO_2 显示为零的程度,再把探头置于已知的 pO_2 压力中,将换算系数调至读数与 pO_2 相当的程度,周围空气压力大约是 20 kPa。指数调整必须由实验决定。在实验中使用第三个 pO_2 值(第三个 pO_2 值为 10 kPa),指数发生着变化,直到 pO_2 值在中值和终值处的显示值都准确时为止。指数值为 1.11 可使传感器达到线性响应,如果不使用指数,那么传感器在 0 ~ 20 kPa 时显示准确的值,在中值范围的显示值要高出大约 10% 。对不同的传感器来说,指数都是一样的,在 0 ~ 50℃ 范围内不随温度变化。对于典型的探头,读数的噪声在 0.13 kPa 之内。

9.6.3　光纤血气监测传感器

血液中 pO_2 值、pCO_2 值和 pH 值在诊断及治疗肺疾病过程中是基本的测量参数。特别对于危急病人,此方法十分重要。利用光学荧光和光纤技术可以制成体积小、成本低、无污染、对血流无干扰、综合监测内血管血气压力的光纤传感器。

一、基本原理

发光技术是体外诊断实验中广泛采用的一项分析技术。发光现象是由某些分子释放光能产生的,是被激发的电子回到原状态时产生的,根据发光分子被激发至高能量状态的方式,可将发光现象分为不同类型,包括光学发光、化学发光和热发光。荧光是一种光学发光,能量的释放来自于单谱线状态,在荧光分子进入激发状态(10^{-9}级)的时间内,高于最低能量标准的某些分子损失了,以至当被激发分子返回初态时,其释放出的能量比吸收的激发能量具有更长的波长。

荧光物质对氧和离子浓度的敏感性早为人知。在9.6.2部分所介绍的测量pO_2的光纤传感器就是其应用的实例。此外,还可测pH值和pCO_2值。pH传感器上的荧光依赖于弱电解质染料,存在于酸和溶液的基质中。当以质子化形式和非质子化形式存在的染料的某些部分随氢离子浓度漂移时,由数量变化导致的强度变化与溶液的pH值有关。荧光二氧化碳传感器的原理是基于一个装有对pH敏感的染料探头,可以探测碳酸氢盐溶液中氢离子浓度的变化。根据物质运动法则,氢离子浓度随二氧化碳的浓度而变化。

这里介绍的光学荧光内血管血气监测系统可用于在紧急护理和手术中连续监测动脉pH值、pO_2值和pCO_2值,将血液气体探头插入病人的动脉血管中,可测定血液气体的动脉压力。

内血管血气监测系统包括血液气体探头、光学辅助系统、电子辅助系统和校准设备等。

二、血气探头设计

理想的血液气体探头必须满足15~42℃的温度范围要求,pH值在0.9~1 kPa范围内,pCO_2值在1.3~13 kPa范围内,pO_2在2.6~39 kPa范围内。这种血气探头必须由无菌的与生物相容的材料制成,不能有致癌性、致毒性,血液接触表面不能产生血栓,不能产生溶血现象。传感器的工作不能受血液中自然产生的物质和手术、治疗过程中引入物质的影响。血液是一种复杂的生物液体,会在传感器表面形成沉积和吸附,传感器不能受这种污染。理想的探头必须具有足够小的直径以便不干扰动脉管的正常功能,同时必须保持机械完整性和探头的坚固耐用性,使探头在正常操作过程中以及从管中抽出、插入的过程中不会损坏。

内血管血气探头如图9-61所示。包括三个单光纤传感器和一个完整的热电耦。热电耦在聚合物结构中获得所需长度。三个光纤传感器提供pH、pCO_2和pO_2的测量,热电耦直接读探头和探头尖端的血液温度。

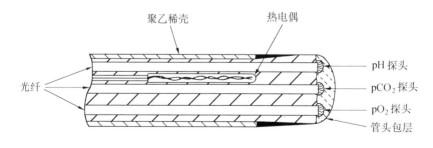

图9-61 内血管血气探头结构图

使用温度测量的基本原因在于O_2和CO_2在血液中的溶解性是依赖于温度的。此外,荧光强度和传感器的化学响应随温度轻微变化,需要补偿,诊断实验中的血气分析过程应在正常体温37℃下进行。在内血管血气系统中,pH 值、pCO$_2$ 值和 pO$_2$ 值是在病人的实际体温下测得的,因此必须知道这个温度以便计算在标准温度 37℃时的血气值。

血气探头要能够插入一个其大小和参数与实际临床相等的动脉管中,可以不具有测量血压和通过管子用探头抽取血样的能力。整个血气探头直径限制在 0.61 mm,探头包括三根光纤和一个热电耦器,光纤直径限制在 0.13 mm。

在设计组合部件时应考虑血栓的形成,因此使元件露于血液的表面尽量光滑,呈现较小的血纤朊形成的可能。此外,探头上应用肝素连接,肝素与整个的裸露表面共价结合。实验结果表明,血液裸露表面与肝素表层的结合不仅有效而且在 72 小时的使用期内,对保证探头的正确操作起了十分重要的作用。

三、荧光传感器设计

荧光染料以非激发能量的波长释放光能量,因此可用一根单光纤传送和接收来自传感器染料的光能。选择染料要使其具有适当的吸收和辐射波长特性,无毒,附着在一根光纤上(或合适的基质上)。染料要具有高荧光强度(信号强度)以及在生理测量范围内要具有足够的强度变化(敏感性)。

染料的荧光不能受药物或血液成分的影响,必须足够稳定,以维持三天内的准确度。染料还要有足够的自动的时间响应,正确地追踪血气参数的生理变化。

由于荧光传感器把被测对象的分析密度和荧光强度联系在一起,所以因其它因素如光的错误调整和光纤弯曲造成的信号衰减所引起的强度变化会被错认为是密度的变化。一个解决办法是设计一个系统,用两种不同波长的正比于参数密度且独立于系统增益因素的光束定义染料激励及其散射。选择具有两个吸收和散射峰值的染料或在传感器尖端提供一种染料混合物,一个对测量参数敏感,提供一个信号波长,另一个提供参考波长。

1. pH 值传感器

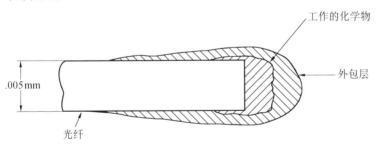

图 9 - 62 内血管血气系统传感原理图

测 pH 化学物——pH 敏感的吸湿体染料

测 pCO$_2$ 化学物——包含有 pH 敏感的硅铜染料的碳酸氢盐缓冲剂

测 pO$_2$ 化学物——敏感于硅铜染料的氧

pH 敏感染料是羟基芘三硫化物酸,这是一种具有反应平衡系数 0.7 PKa 的水溶荧光染料,它与附着在光纤尖端的纤维素基质共价。这种基质由一种乳状纤维外壳覆盖,具有机械完整性和对外界环境影响的光学绝缘性,如图 9 - 62 所示。在基本状态中,染料有一个 460 nm 的最大激励;在酸化状态中,染料有一个 410 nm 的最大激励。这两种情况下,散射频率峰值是 520 nm,如图 9 - 63 所示。因此,用 460 nm 激励测得的 520 nm 的荧光强度与用 410 nm 激励测得的荧光强度的比率是基本状态染料和酸化状态染料的相对密度。

2. pCO₂ 传感器

基本的 pCO_2 传感器使用与 pH 传感器相同的敏感荧光染料测量具有变化的 pCO_2 值的碳酸氢盐缓冲剂中的 pH 值变化。缓冲剂被封在一个恐水、透气的硅树脂中,这种基质使缓冲剂对血液机械隔离且离子隔离。类似的乳状纤维素外壳使传感器在化学上对环境隔离。血液中 CO_2 浓度的变化迅速平衡地通过硅树脂,引起相应的 pH 值的变化。选择缓冲剂的密度,使在整个生理 CO_2 范围 1.3 ~ 13 kPa内产生足够的 pH 值的变化,以保证在此范围的准确度和敏感性。

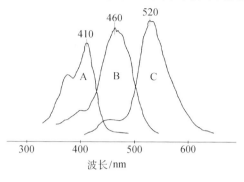

图 9 - 63 pH 感染料的荧光谱

3. pO₂ 传感器

具有长激励状态时间的荧光染料能够以一种非辐射方式受到氧的影响,由现存氧的浓度与荧光损失间的关系进行 pO_2 值的测量,因此,血氧浓度与辐射光强度之间的关系互为反作用。血气探头的氧敏感材料是合成的荧光染料。这种荧光染料有一个 385 nm 的最大激励和一个 515 nm 的辐射峰值,如图 9 - 64 所示。为了提供一个参考信号,在传感器上再加上第二染料,这种染料不受氧的影响,与测氧染料相容。一个乳状纤维素外壳用于传感器中,以使染料基质与外界环境相隔离。

每个 pH、pCO_2、pO_2 传感器在单光纤上制造。具有可接收功能特性的传感器用来组装完整的血气探头。光纤的微小形状和封闭在尖端的传感器染料的微小体积将产生低幅度的光信号。因此,在设计能够获取和处理传感器信号的仪器时,必须对背景光条件下的光信号探测和控制确定最优化条件。

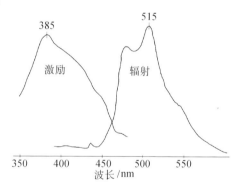

图 9 - 64 氧敏感染料的荧光谱

四、仪器设计

用于维持生命的监测仪器已渗透在手术和危急护理环境中,光纤血气分析仪也需要这类监测器。通常的设计方法是把监测器分成三部分:① 分析模件(分析器),包括处理器、能量供应和发光系统;② 小型控制和显示模件(显示器);③病人的接口模件(PIM)。PIM 在血气探头的分析器间提供接口,PIM 要足够小以便接近病人,不对病人造成障碍。显示器可与分析器连接,如图 9 - 65 所示。显示器除显示所有的数据外,还提供所有的控制作用。分析器提供主要动力、光源和信号处理功能,可被置于远处。有关系统完成了把激励能量发送到传感器的任务;完成了恢复辐射能量的任务(辐射能量来自于传感器);还可以进行光探测、模拟信号处理、A/D 转换、数字信号处理和数据显示。这些任务由分布于分析器、PIM和显示器之间的光学辅助系统和电子辅助系统完成。

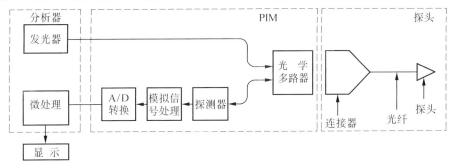

图 9 - 65 内血管血气系统仪器框图

五、光学辅助系统

光学辅助系统为三个传感器中的每个传感器提供所需波长的激励能量。通过使波长隔离于光探测器的方法,处理来自于传感器的辐射能量。光学辅助系统包括一个发光单元和一个光学多路传输单元,如图 9 - 65 所示。发光单元在分析器内,并通过光纤缆连接于 PIM 中的光学多路器,血气探头连接于 PIM 的系统。光学辅助系统必须完成许多特定任务,它必须为 pH、pCO_2、pO_2 传感器传输信号波长和参考波长提供所需的激励能量,需经过一个由光源至血气探头的光纤。完成这些任务时需使用高辐射频率,以便把最大的能量传递至每个传感器。同样,它必须将来自于传感器的位于病人动脉中的荧光辐射返传输到探测器,完成这一点也必须用很高的频率,以便使来自于传感信号和参考信号的最大荧光能量被探测器接收到。需特别注意的是要使光学连接部件的数量减至最少,光纤的长度减至最小,特别是把来自于传感器的荧光能量返传至探测器的光纤的长度要尽量减小。辅助系统要尽量靠近病人,因此,光学多路器和联合电子驱动电路要位于 PIM 内,远离分析器,在血气探头的接口上。

由于大小、能量和热量的要求,发光器要位于分析器内,包括一个稳定的、高输出带宽(350～750 nm)的氙弧灯源,一个准直光束的透镜系统,一个过滤器。一个快速聚光透镜元件,把辐射能量传输到光纤,氙弧灯脉冲定时传至过滤器,产生 20 Hz 的闪烁率,选择发射能量脉冲以获得一个比稳态方法更稳定的输出。来自于发光器特定波长的能量沿光纤传输到 PIM,在 PIM 处,光纤与一个开口透镜相耦合,将光束扩展至准直光路,如图 9 - 66所示。准直光束通过一个 50/50 分光器,偏转的能量射到参考探测器上,探测器的输出用于监测和控制灯的能量。其余的能量继续通过分光器,射到包含在探头连接器内的第二个开口透镜上,再被聚至传感器光纤,送到传感器。由传感器辐射的能量沿同样路线返回到 PIM。辐射能量被扩至开口透镜,被耦合进入分光器。偏转能量经过滤光器传至信号探测器,合成电子信号进一步被电子辅助系统接收,用于血气值的最终显示。

六、电子辅助系统

电子辅助系统如图 9 - 65 所示,它解决了光信号至模拟信号的传输,提供模拟放大和过滤,再把模拟信号转换成数字信号,经过数据处理后显示血气值。电子辅助系统包括模拟前端、多路信号通道和 PIM 内部转换。利用微机在分析器中进行数字信号处理,在显示器上显示数据。

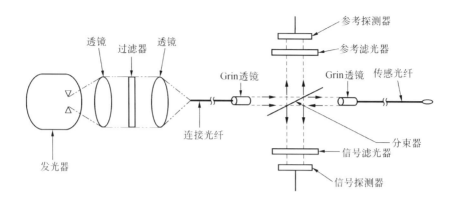

图 9 – 66　光学辅助系统图

电子辅助系统设计的最重要部分是模拟前端。模拟前端包括一个固态、低噪声、宽频带的探测器，其输出传至一级电流 – 电压转换器。在输入第二级放大器之前要进行放大和噪声过滤，以便获得可用于 A/D 转换的信号。被放大的信号输入到一个特定通道的取样保持电路，再将 6 个通道多路地传输到一个 12 位 A/D 转换器。

七、数据处理

三个传感信号和三个参考信号相对于灯强度（发射至传感器的光强度）进行校准。灯强度由灯光照进一个乳状激励过滤器中进行测定。用一个可变的起伏平均值将每个信号进行数字过滤，再计算传感器传感波长对参考波长的比率，以便用于以后的血气计算中。

氧的测量用 Stern – Volmer 公式

$$I_0/I = 1 + k(pO_2) \tag{9 – 56}$$

式中，I 是相对荧光强度；pO_2 是以 0.13 kPa 为单位的氧分压；I_0 和 k 是两个定标参数，代表截距和标准斜率，分别以荧光强度单位和 $(0.13kPa)^{-1}$ 为单位。对 pO_2 作出的强度倒数 $1/I$ 的实验，曲线连续地呈现直线，截距为 $1/I_o$，斜率为 k/I_o。

CO_2 传感器以一种类似于 O_2 传感器的方式进行响应。

pH 测量用 Herderson – Hasselbalch 方程

$$I_0/I = 1 + k(H^+) \tag{9 – 57}$$

式中，I 是相对荧光强度；(H^+) 是氢离子浓度；I_0 和 k 是两个定标参数，代表截距和标准斜率。应说明的是 $\lg(k)$ 是荧光 pH 显示器的视在反应平衡系数值，当 pH 值与反应平衡系数值相同时，荧光强度正好处于半峰值。

八、校准设备

血气探头和仪器在使用前的独立校准由校准设备完成。校准设备与一个液体填充电池相连，使用张力测定法进行校准。校准设备包括两个气瓶，每个气瓶标有不同的且控制精确的氧和二氧化碳刻度值，还包括管子、压力调节器、流量限制器和能够在要求的范围内选择理想的气体混合物并控制流量的电磁阀。系统使用时，在仪器的控制下，校准设备自动完成校准任务。

第十章 监测大气污染光纤传感器

§10.1 引言

大气,就是大气层内的空气,对大气污染来说,它所指的是占空气质量 95% 左右的地面上 12 km 的空气层,即人们常说的对流层。

大气层是人类赖以生存的重要外界环境因素之一。在通常情况下,每人每日平均吸入 $10 \sim 12 \text{ m}^3$ 的空气,在肺泡上进行气体交换与吸收,以维持人体正常生理活动。因此,大气的正常化学组成是保证人体生理机能和健康的必要条件。

大气正常组分是:含氮气 78.06%,氧气 20.95%,氩气 0.93%。这三种气体的总和约占 99.94%,而其它气体的总和不到 0.1%。但是,随着工业及交通运输业的不断发展,产生的大量有害物质逸散到空气中,使大气增加了许多新成分,当其达到一定浓度并持续一定时间,破坏了大气正常组成的物理、化学和生态平衡体系时,就会影响工农业生产,对人体、动植物以及物品、材料等也会产生不利的影响,即称为大气污染。

大气污染的污染源可分为自然和人为造成的两类。自然造成的污染源包括火山爆发和森林着火等。人为造成的污染源又可分为固定的和流动的,固定污染源如烟囱、工业排气筒、核反应堆或核电站等;流动污染源如汽车、火车、飞机、轮船等。

污染物可分为一次污染物和二次污染物,二次污染物的毒性一般比一次污染物大 $4 \sim 5$ 倍。按照污染物在大气中存在的状态,可分为气态和气溶胶两大类。

在大气中有碍人体健康、有害生物和环境的代表物有:氮氧化物、二氧化碳、二氧化硫、光化学氧化剂、漂尘、氰化物、有机磷化物等等。

为了有效控制大气污染,必须对有害物质的来源、分布、数量、动向、转化及消失规律等进行观察、分析,这就是大气污染监测的任务。大气污染监测一般分为三类:一是污染源的监测;二是环境污染的监测;三是特定目的地监测。为了能取得反映实际情况且具有代表性的测定结果,需要对采样点、采样时间、采样频率、气象条件、地理特点、工业布局以及采样方法、监测方法、监测仪器等进行综合考虑。

随着对光纤传感器的广泛研究,已出现了多种用于大气污染监测的光纤传感器。由于光纤传感器能够在各种恶劣环境条件下工作,因此,与传统传感器相比,它具有极强的竞争力。光纤传感技术在环境科学领域已崭露头角,其显著特点是体积小,易挠曲,可对有害有毒、易燃易爆环境进行多点实时遥测。事实上,任何需要监测的污染物质,只要其自身能直接或与其它物质相互作用后间接地使光的特性发生变化,原则上都可以通过光纤传感器进行检测。

监测大气污染光纤传感器,按光纤在其中所起的作用可以分为传光型和传感型两类,大多属于传光型。传光型又包括吸收光谱型、反射光型和荧光光谱型。传感型主要是利用弹光效应进行检测的弹光型。

§10.2　光纤二氧化氮(NO₂)传感器

NO_2 是污染大气的主要气体之一,是一种红褐色有特殊刺激性臭味的气体,它对深部呼吸道具有强烈的刺激作用,可引起肺损害甚至造成肺水肿。采用弹光型和吸收光谱型的光纤声传感器均可检测 NO_2 的浓度。

10.2.1　弹光型光纤 NO_2 传感器

弹光型光纤 NO_2 传感器的工作原理是 NO_2 气体吸收一定的光谱能量,使分子(原子)能级增加,经生热过程使能级下降,根据理想气体的压力与温度的相互关系产生声压波。借助于声传感原理来测该热感应声场的振幅,即吸收光能量的大小。因此,此传感器的核心是光声光谱仪。声传感器可以有电容、压电等多种形式,但利用弹光效应的光纤声传感器具有较高的灵敏度。

一、传感器结构及原理

根据上述原理所构成的光纤 NO_2 传感器结构如图 10-1 所示。它是一个马赫–泽德

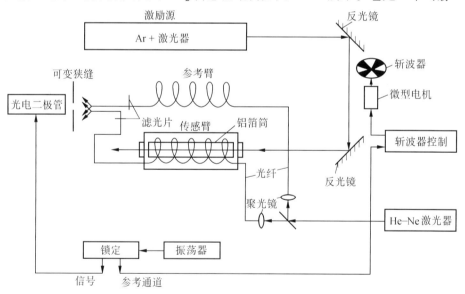

图 10-1　光声气体光纤传感器实验装置

尔干涉仪,传感臂是由 10 m 长的单模光纤,绕在固定于圆柱形光声元件外的铝箔筒上构成,光声元件长 200 mm,直径 8.75 mm,铝箔筒长 50 mm,直径 82 mm。参考臂是同样长度及缠绕形状的单模光纤。声波激励源是机械斩波的 Ar^+ 离子激光器,波长为 496.5 nm。检测对象是 NO_2 气体的浓度,选用 Ar 或 Kr 气体作为缓冲介质,与 NO_2 气体混合后,通入

有激励源通过的光声元件中,NO_2 对该谱线(496.5 nm)有最大的吸收量,当被测气体吸收了经斩波器调制后的激励源光谱时,光声元件开始发射周期性声波信号,这种谐振波以压力的形式推动圆筒形铝箔元件,使绕在其上的单模光纤产生周期性弹性形变,这样传感臂与参考臂之间的光程差,将出现周期性的变化,通过干涉仪就能检测出这个变化。变化的程度是由 NO_2 气体的浓度大小决定。

如图 10－1 所示,He－Ne 激光器发出的光束经分光器后,分别输入传感臂和参考臂的光纤中,光纤的两个输出端平行放置。从两根光纤出射的光,将形成一个干涉条纹区,通过一个可变宽度的狭缝,由光电二极管接收,经锁相放大器,监测干涉图形的强度调制,这个调制是由声波引起的两段光纤间光程差的变化引起的。用这种方法作成的 NO_2 检测装置,由于 NO_2 气体对波长在可见光范围内有强吸收能带,故选用 A_r^+ 离子激光器作为声波的激励源,其发射光谱刚好位于 NO_2 气体吸收能带峰值处。适当选择斩波频率,可以获得最强的信号。

二、测量结果的讨论

这种装置可检测 NO_2 气体的最低浓度为 0.5×10^{-6}。图 10－2 和图 10－3 是由实验得出的曲线,表明了光声元件产生的信号与被测气体的压力以及激励源功率是线性关系。

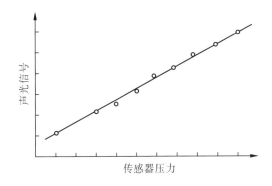

图 10－2　声波信号随气体压力的变化情况
　　　　　（激励源功率恒定）

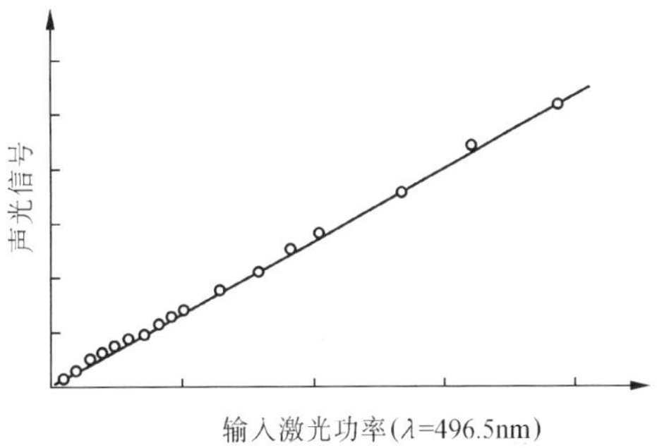

图 10－3　声波信号随激励源功率的变化情况（被测气体压力恒定）

现在来讨论影响此装置灵敏度的几个因素:

1. 铝箔厚度是对检测灵敏度影响最大的一个因素。实验证明,厚度越薄,灵敏度越高。这是因为用厚铝箔制成的圆筒刚性好,反射的入射声动量较大,结果声压力使它们产生的径向振荡就较小。实验中分别用 20 μm 和 100 μm 厚的铝箔筒,得出了两者信号强度之比为 12∶1。

2. 适当增加铝箔筒和光纤的长度,可以提高检测灵敏度。

3. 采取一定的消除噪声的措施,能够进一步提高检测灵敏度。

4. 利用高质量的光纤耦合器作光的输入和输出器件,并使干涉仪工作在正交状态下,能够大大提高信号的质量,进而提高检测灵敏度。

10.2.2　差分吸收式光纤 NO₂ 传感器

此传感器测 NO_2 气体浓度的原理也是基于气体分子的吸收特性。它的特点是,由于系统采用了双波长工作,可以消除由光源、光纤和传感探头的不稳定和变化所引起的检测误差,大大提高检测灵敏度和准确度。

一、基本原理

由介质的吸收性质可知,当光波(单色光或复色光)通过介质时,部分光被介质吸收,部分光被介质散射,余下的部分按原传播方向继续前进。由 Beer 定律可知,光的吸收系数与物质的浓度、通过吸收介质的长度与透射光强满足以下关系

$$I = I_0 \exp[-(\alpha c l + \beta l + \gamma l + \delta)] \tag{10-1}$$

式中,I、I_0 分别是透射和入射光强;α 是一定波长下的单位浓度、单位长度介质的吸收系数;β 是瑞利散射系数;γ 是米氏散射系数;δ 是气体密度波动造成的吸收系数;l 是待测气体与光相互作用的长度;c 是待测气体浓度。

仅从式(10-1)来确定待测气体的浓度 c 是很困难的。因为 δ 仅是一个平均数,它随时间变化,且是随机量。如果用两个波长(λ_1、λ_2)相隔极近(但在吸收系数上有很大差别)的单色光同时或相差很短时间内通过待测气体,则待测气体的浓度为

$$c = \frac{1}{(\alpha_1 - \alpha_2)l}\left[\ln\left(\frac{I_{01}}{I_{02}}\right) - \ln\left(\frac{I_1}{I_2}\right) - (\beta_1 - \beta_2)l - (\gamma_1 - \gamma_2)l - (\delta_1 - \delta_2)\right] \tag{10-2}$$

式中,下角标 1、2 分别是与 λ_1、λ_2 对应的参数。但由于 λ_1、λ_2 相差很小,并且光是同时接近、同时通过待测气体的,因此,可以认为 $\beta_1 \approx \beta_2$,$\gamma_1 \approx \gamma_2$,$\delta_1 \approx \delta_2$。这样,式(10-2)就可以简化为

$$c = \frac{1}{(\alpha_1 - \alpha_2)l}\left[\ln\left(\frac{I_{01}}{I_{02}}\right) - \ln\left(\frac{I_1}{I_2}\right)\right] \tag{10-3}$$

在波长 λ_1、λ_2 下,若气体的吸收系数 α_1、α_2 可以测量,则气体浓度 c 可以从 λ_1、λ_2 光的输入输出光强的变化量来求出,这种方式就称为差分吸收式。

二、监测系统

采用差分吸收式的光纤监测系统如图 10-4 所示。系统使用了产生两个单色光的光源。此光源实际上是一台氩离子激光器。这种激光器的输出包含 $\lambda_1 = 488.0$ nm 和 $\lambda_2 = 514.5$ nm 两种单色光波。这两种波长的光一部分通过一个耦合器耦合到光纤中,另一部分进入校准盒,然后进入到监测器,这样可以得到输入光强 I_{01} 和 I_{02}。沿光纤传输的一部分光到达待测地点的传感头中。在传感头中 λ_1、λ_2 波长的光与待测气体相互作用,气体对 λ_1、λ_2 波长的光有不同的吸收,经过吸收后的光经输出光纤送到处理中心,由此输出待测气体浓度信号。

传感头由多次反射的腔体构成,其两端均有反射镜,使光在反射镜之间来回反射,以增加光和吸收气体的互相作用长度,提高灵敏度。

这种监测系统的精度及灵敏度很高,因为差分吸收法不仅能补偿或校准光源强度不稳定性,以及透镜反射、透镜损耗等对测量的影响,而且还能消除背景吸收干扰。这种监

测方法采用光纤作为传光通道,因此它不受电磁干扰影响,能在各种特殊环境下经济、实时和安全地实现遥测。

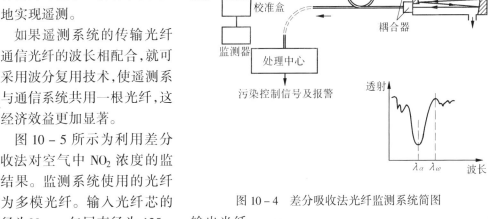

如果遥测系统的传输光纤与通信光纤的波长相配合,就可以采用波分复用技术,使遥测系统与通信系统共用一根光纤,这样经济效益更加显著。

图 10 - 5 所示为利用差分吸收法对空气中 NO_2 浓度的监测结果。监测系统使用的光纤均为多模光纤。输入光纤芯的直径为39 μm,包层直径为 125 μm,输出光纤芯的直径为 150 μm,包层直径为 350 μm。采用的单色光波长 λ_1 = 496.5 nm(最大吸收线),λ_2 = 514.5 nm(最小吸收线),两线的吸收系数差

$$\alpha_1 - \alpha_2 = 529 \times 10^{-4}(\frac{1}{10^{-6}m})$$

光纤损耗约为 50 dB/km,传输光纤长度为 20 m,吸光厚度为 1 m。

图 10 - 4　差分吸收法光纤监测系统简图

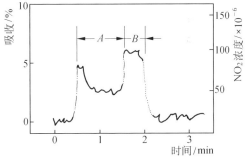

图 10 - 5　空气中 NO_2 浓度的监测结果

§10.3　光纤氨气(NH_3)传感器

化肥工业及大型冷冻厂(库)是氨气存在的场所,高浓度氨刺激性较强,损害人体健康甚至危及生命。以往对气态或液态 NH_3 的连续测量几乎都是用氨电位差电极法,但此方法不易小型化,不易清零复位,参数受表面电热影响会产生信号漂移,且有参考电极液 – 液连接的困难。而光纤传感器则可以解决这些问题。

10.3.1　荧光光纤 NH_3 传感器

荧光光纤 NH_3 传感器是以对多孔硅橡胶中滞留溶液进行隔离指示的荧光强度变化为基础对 NH_3 的浓度进行测量的。

该系统的光学结构如图 10 - 6 所示。光由 250 W 氙光源(LS)发出,传至单色光镜(M_1),经透镜(L_1)将光汇聚到荧光计的敏感层或双分支光纤(F)中,每束光纤中有 70 根纤维,在公共端,其内直径约为 6 mm,纤维末端用灵敏膜(S)包敷。将探头插入无逆流小室,小室中用压缩泵以大约 15 ml/min 的速率通入含氨的样品溶液。荧光被第二束光纤收集,

经透镜(L_2)和单色光镜(M_2)传到光电倍增管（PMT），信号在电路（E）中放大，经 A/D 数字化后，存入台式计算机（DC:HP 9 815 A），最后送入 x-y 显示器（R:HP 7 225 A），大部分元件是 Aminco SPF - 500 荧光光谱仪的组成部件。

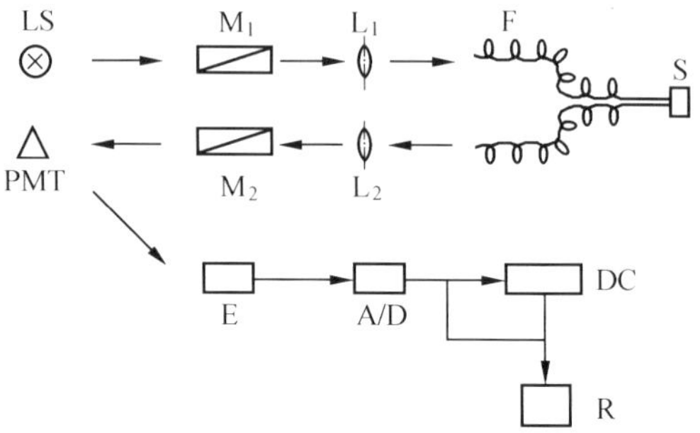

图 10-6 传感器光结构

LS—氙光源；M_1~M_2—单色光镜；L_1~L_2—透镜；F—光纤；S—光纤末端灵敏膜；PMT—光电倍增管；E—放大器；A/D—模-数转换器；DC—计算机；R—显示器

1. 典型响应时间

典型响应时间通常是 2~5 分钟。它受很多因素的影响，首先是硅树酯敏感层中水滴大小，定性地看，当水滴尺寸变大时，响应时间变长；其次是敏感层的厚度，100 μm 厚膜响应时间是 50 μm 厚膜的三分之一；第三是增加隔离剂浓度，可减少响应时间。

2. 可逆性

指示剂 pH 值小于 7.0 时，传感器不可逆；pH 值高过 8.0 后，传感器有很好的可逆性。但是高 pH 值同时也使 CO_2 干扰增加（使 pH 值降低），于是 pH 值的选择必须权衡于可逆性与酸性气体干扰之间。

3. 灵敏度与探测范围

以 pH = 5 的 NH_4Cl 作隔离剂的填充溶液有很好的灵敏度，可测 10^{-6} mol/L 或更低浓度氨，但不可逆。经过改进，完全可逆性传感器的测量值达到 10^{-5} mol/L，此时信噪比约为 30。灵敏度受隔离剂容量限制，其容量大，pH 值相对变化小，动态响应范围大。

4. 干扰

最大的干扰来自 SO_2 和 N_2O_3。随着填充溶液 pH 值升高，CO_2 的影响增大。在内部隔离剂 pH = 8.2~8.4 时，氮饱和水溶液与氧饱和水溶液不影响传感信号。这时，26.7 Pa CO_2 的影响却不能忽略。醋酸（0.1%）对所有填充溶液 pH≥6 的传感器干扰都很大。

10.3.2 比色分析光纤 NH_3 传感器

这种光纤 NH_4 传感器使用了一种对氨气极敏感的染料——耐尔兰 A 高氯酸盐染料。这种染料在常温下比较稳定，且在可见光谱区不会化学退化；在室温下接触氨气时，它马上从蓝色变成红色，当没有氨气时，其颜色可以从红色回复到蓝色。氨与薄膜中少量缔合水及染料分子的反应为

$$NH_3 + H_2O \rightleftharpoons NH_4^+ OH^- \tag{10-4}$$

$$NH_4^+ OH^- + H^+ D_{ye}^- \rightleftharpoons NH_4^+ D_{ye}^- + H_2O \tag{10-5}$$

$$NH_4^+ D_{ye}^- \rightleftharpoons H^+ D_{ye}^- + NH_3 \tag{10-6}$$

该传感器是利用一根入射光纤把 He - Ne 激光的 632.8 nm 光束传到染料的薄膜处，经过薄膜出来的光，再由另一根出射光纤传到探测器上。当没有 NH_3 与染料薄膜作用时，染料呈蓝色，此时，He - Ne 激光输出的 632.8 nm 红光经过染料薄膜后，光透过率很小，探测器接收到的光强也小。而当有氨气作用时，探测器接收到的光强增强（染料变为红色，其颜色变化

的深浅随 NH_3 浓度而变),即光透过率变大。探测器输出光电流的大小是 NH_3 浓度的函数。染料薄膜的吸收光谱如图 10-7 所示。

实验装置如图 10-8 所示,功率 1.8 mW 的 He-Ne 激光经过透镜聚焦后进入入射光纤,经过耐尔兰高氯酸盐染料薄膜后,由出射光纤把光传输到光电倍增管 GDB-423,经放大后输出。

当 NH_3 进入管中时,输出光强不是马上升到最大值,而是要经过一段时间(延迟时间)才能达到最大值。相反,当 NH_3 气流停止,且只允许大气中的空气进入管内时,输出

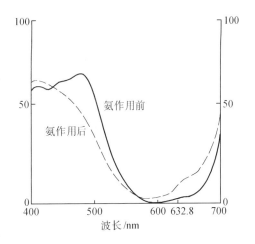

图 10-7 染料薄膜的吸收光谱

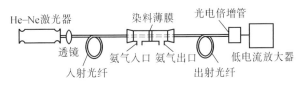

图 10-8 测氨气浓度的实验装置

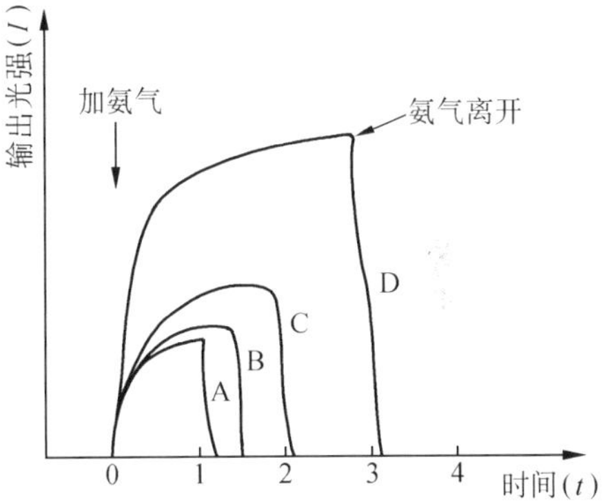

光强急剧下降,返回到 NH_4 进入管子之前的基线上,如图 10-9 所示,显示出染料薄膜 NH_3 传感器的可逆性,不依赖于 NH_3 的浓度。传感器工作多次后,这些响应曲线仍可重复,显示了染料薄膜有良好的稳定性。

该处所用的染料薄膜是把染料涂敷在绕纶薄膜上,比涂在滤纸上的效果要好,因为绕纶膜透光性好,重复性好,灵敏度高。如果使用波长为 490 nm 的光,如图 10-7,NH_3 浓度变化所引起的输出光强的变化更大,效果会更好。

10.3.3 pH 试剂光纤 NH_3 传感器

应用 pH 试剂的光纤氨传感器,不但适用于测气态 NH_3,还能测含氨水样。该传感器是利用对一硝基苯酚试剂在弱碱条件下的光谱吸收特性,通过测其吸收率来计算 NH_3 浓度,测量下限达 5 μm。

一、原理与装置

1. 传感器装置

传感器装置如图 10-10 所示。发自钨丝灯的光经阻红外滤波器、透镜聚焦至光纤的一端,而后用光纤传光至传感器探头,到达探头的光被膜片分散,第二根光纤收集部分分散

图 10-9 传感器的时间响应曲线
A、B、C、D 表示氨浓度依次增加

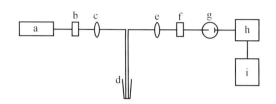

图 10-10　传感器装置

a—光源;b—阻红滤波器;c—聚光透镜;d—氨探头;e－准直透镜;f-404.7 nm 窄带通滤波器;g—光电倍增管;

h—信号处理电路;i-曲线记录仪

射光,并将光传至探测系统,经一个准直透镜,一个 404.7 nm 窄带通滤波器,进入光电倍增管,从而实现对该信号的探测。探头结构如图 10-11 所示。

用套管将发光光纤与探测光纤胶合,光纤直径约为 5 mm。该套管是经机械加工的胶体玻璃棒,其直径与光纤在探测、发光口的横截面径吻合(约 11 mm),截 1.5 cm 的一段,顺纵轴打一孔。将塑料光纤穿入孔中,用环氧树脂固定到位,待树脂干后,将光纤与套管口切齐,插入内层玻璃管中,用普通环氧固定到位。用剃刀将多余玻璃吸管切断、刮平。用薄膜包在外层玻璃管端头,用密封环固定。内部电解液含 0.01 mol/L NH_4Cl 和 0.01 mol/L 对-硝基苯酚,装在外层玻璃管端部。内层玻璃吸管头插入外层玻璃吸管头,光纤与薄膜几乎接触。为增大收集光光强,两光纤近乎彼此相邻。

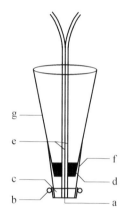

图 10-11　探头结构

a—薄膜;b—密封环;c—内部电解液;d—环氧;e—塑料光纤;f—外部玻璃管头;g—内部玻璃管头

测量时,将套管与一恒温器相连,使套管温度保持在 25.0±0.2 ℃,以利电解液中染料试剂浓度稳定。

2. 基本原理

图 10-12 所示为 NH_3 探测器各部分响应。根据试样溶液中 NH_3 浓度,气态 NH_3 通过气体渗透膜扩散,直到两侧 NH_3 压力平衡。电解液中,NH_3 浓度的变化会引起溶液 pH 值的变化,这会使 pH 指示染料对-硝基苯酚的两种状态(质子化与非质子化)的相对比率发生变化。当试样 NH_3 浓度变大时,内部电解液中的 NH_3 增加,使内部电解液 pH 值升高,这又会使更多的指示染料进入非质子化状态。对-硝基苯酚在非质子化状态大量吸收 404.7 nm 处的辐射。这可由光系统监测。因此,试样中

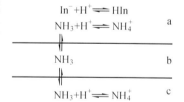

图 10-12　NH_3 探测器各部分响应

a—内部电解液;b—选择性渗透膜;c—样品溶液

NH_3 浓度增加产生大量发色团。该发色团的多少,即对-硝基苯酚进入非质子化状态的多少,可由辐射量的减少或对辐射吸收的增加来测出。

NH_3 试样浓度与 404.7 nm 处光吸收率的关系可由对-硝基苯酚酸分解常数导出。由反应式

$$NH_3 + H^+ \rightleftharpoons NH_4^+ \tag{10 – 7}$$

铵/氨酸分离值与其分离产生的 H^+ 浓度是一致的,可用 $[H^+]$ 来代替铵/氨酸分离常数,于是可得关系式

$$K_a^{In} = K_a^{amm}[NH_4^+]_{ie}[I_n^-]_{ie}/[NH_3]_{ie}[HI_n]_{ie} \tag{10 – 8}$$

式中 K_a^{In} 和 K_a^{amm} 分别是指示剂对 – 硝基苯酚和 NH_3 的酸分解常数;$[NH_4^+]_{ie}$、$[NH_3]_{ie}$、$[I_n^-]_{ie}$ 和 $[HI_n]_{ie}$ 分别是铵离子、氨非质子化和质子化形成及 pH 指示染料的浓度。

氨与对-硝基苯酚团达到平衡后,即内部电解液中氨的含量与试样氨的含量平衡,和在氨平衡基础上建立起来的指示染料两种状态的平衡,可得到

$$K_a^{In} = K_a^{amm}(C_{amm} - [NH_3]_{ie})[I_n^-]_{ie}/[NH_3]_{ie}([(C_{In} - [I_n^-]_{ie}) \tag{10 – 9}$$

式中,C_{amm},C_{In} 分别是氮氢化合物(NH_4^+,NH_3)和指示剂在内部电解液中的总浓度,即

$$C_{amm} = [NH_4^+] + [NH_3] \tag{10 – 10}$$

$$C_{In} = [I_n^-]_{ie} + [HI_n]_{ie} \tag{10 – 11}$$

在试样 NH_3 的测量范围内,C_{amm} 为常数,则可由式(10 – 9)得

$$K_a^{In}[NH_3]_{ie} \cdot C_{In} - K_a^{In}[NH_3]_{ie} \cdot [I_e^-]ie = K_a^{amm}(C_{amm} - [NH_3]_{ie})[I_n^-] \tag{10 – 12}$$

$$[I_n^-]ie = K_a^{In}[NH_3]_{ie} \cdot C_{In}/(K_a^{In}[NH_3]_{ie} + K_a^{amm}C_{amm} - K_a^{amm}[NH_3]_{ie} \tag{10 – 13}$$

由 Henry 定律,试样中 HN_3 分压(P_s)与内部电解液分压(P_{ie})各自与溶液中 NH_3 浓度关系为

$$P_s = K_s[NH_3]_s \tag{10 – 14}$$

$$P_{ie} = K_{ie}[NH_3]_{ie} \tag{10 – 15}$$

式中,$[NH_3]_s$ 是试样 NH_3 浓度;K_s,K_{ie} 分别是试样与内部电解液 Henry 定律常数。在平衡状态下,气体渗透膜两侧 NH_3 分压相等,则 $K_s = K_{ie}$;同样,电解液中 NH_3 浓度与试样中 NH_3 浓度相等,即

$$[NH_3]_s = [NH_3]_{ie} \tag{10 – 16}$$

式(10 – 13)可表示为

$$[I_n^-]ie = K_a^{In}[NH_3]_s \cdot C_{In}/(K_a^{amm}C_{amm} - K_a^{amm}[NH_3]_s + K_a^{In}[NH_3]_s) \tag{10 – 17}$$

用 Beer – Lambert 定律对上式进行调整,可得到非质子化状态对-硝基苯酚的光吸收率

$$A = al[I_n^-]ie =$$
$$al + K_a^{In}[NH_3]_s C_{In}/(K_a^{amm}C_{amm} - K_a^{amm}[NH_3]_s + K_a^{In}[NH_3]_s) \tag{10 – 18}$$

式中,a 是非质子化状态对-硝基苯酚在 404.7 nm 处的质量吸收率;l 是传感器探测通路平均长度。

当 NH_3 试样浓度很低时,即 $[NH_3]_s \ll C_{amm}$,可得到

$$A = alK_a^{In}[NH_3]_s C_{In}/(K_a^{amm}C_{amm} + K_a^{In}[NH_3]_s) \tag{10 – 19}$$

通常情况下，$K_a^{amm} > K_a^{In}$，可得到 $K_a^{In} (NH_3)_s < K_a^{amm}, C_{amm}$，于是

$$A = \frac{alK_a^{In} C_{In}}{K_a^{amm} \cdot C_{amm}} (NH_3)_s \qquad (10-20)$$

式中，a、l、K_a^{In}、C_{In}、K_a^{amm}、C_{amm}、$(NH_3)_s$ 的单位分别为：$(mol/L \cdot cm)^{-1}$、cm、mol/L^2、mol/L、mol/L^2、mol/L、mol/L。于是，$A' = \frac{(mol/L \cdot cm)^{-1} \cdot cm \cdot mol/L^2 \cdot M}{mol/L^2 \cdot mol/L} \cdot mol/L$，则吸收率为一比值，无量纲。

用 Berr – Lambert 定律可知

$$A = -lg(I/I_0) \qquad (10-21)$$

式中，I_0 为在试样中无 NH_3 时的初始光强；I 是稳态光强，是对一定 NH_3 浓度的响应。

由式（10-22）可知，试样 NH_3 浓度 $(NH_3)_s$ 与同样情况下光吸收率成线性关系，这只是在试样中 NH_3 浓度较低的情况下。当 NH_3 浓度很高时，则吸收率 A 和 $(NH_3)_s$ 将不是线性关系。

由式（10-22）还可看出，若提高 C_{In}，可提高 A 值，但 C_{In} 过高，会降低反应速度；若增长测量光程，会减小射入出射光纤的光强，影响测量准确度；K_a^{In} 随指示剂的不同而不同，K_a^{amm}、C_{amm} 随测量条件而定。

二、器件与试剂的选择

1. 光源、光纤

此系统选用钨丝灯做光源。这种光源的优点是价廉，容易获得，使用方便，波段宽，从可见光到近红外波段。但辐射密度小，稳定性较差。针对钨丝灯辐射密度小，系统采用大芯径，大 NA，在 404.7 nm 波长处损耗较小的塑料光纤。

2. 阻红外滤波器

钨丝灯的光谱波段很宽，可见光至近红外波段，而系统使用试剂对-硝基苯酚在近红外波段有一特征吸收峰，为消除该吸收峰对测量值的影响，用阻红外滤波器消除光源发出光线中的近红外波段。

3. 光电倍增管

光电倍增管的优点在于其本身具有比光电管较大的增益，可提高系统的灵敏度。其响应波长在近红外到近紫外波段。其增益也补偿了光源光辐射密度小的问题。

4. 试剂的选择

本系统中选择对-硝基苯酚作指示剂。对–硝基苯酚是一种有机物，分子结构为

，相对分子质量为 139.11，是常用的的酸碱指示剂，不易溶于水，易溶于氢氧化钠、碳酸钠水溶液。在弱酸性溶液中，对-硝基苯酚无色，对任何光均不吸收；当溶液 pH 值变

大,出现碱性时,即 NH_3 溶于含有对-硝基苯酚电解液时,发生如下反应

$$NH_3 + H^+ \rightleftharpoons NH_4^+ \qquad (10-22)$$

使得电解液中 H^+ 减少,则反应

$$I_n^- + H^+ \rightleftharpoons HI_n \qquad (10-23)$$

向左进行,使得对-硝基苯酚失去质子(非质子化),于是随着对-硝基苯酚分子非质子化数目增多,即 $[NH_3]_s$ 增大,对 404.7 nm 波长光的吸收逐步增强。测量 404.7 nm 处光的吸收率,即可推算出 NH_3 浓度。

若测量含 NH_3 水样中 NH_3 浓度,随着进入内部电解液中的 NH_3 浓度增大,反应式

$$H^+ \ OH^- \rightleftharpoons H_2O \qquad (10-24)$$

向右进行,电解液中 H^+ 减少,非质子化指示剂分子增多,引起 404.7 nm 处光吸收增强,据此可测得试样中 NH_3 浓度。

由于对-硝基苯酚的碱性测量范围有限,要扩大测量范围,可以选择其它大碱性范围指示剂,或改进对-硝基苯酚电解液。

本系统是在对-硝基苯酚电解液中增添 NH_4Cl 进行改进的。NH_4Cl 遇水分解出 NH_4^+,会提高电解液中 NH_4^+ 浓度,这会使反应式(10-24)向左进行,影响 NH_3 的吸收。NH_3 气体是极易溶于水的,NH_4Cl 分解所产生的 NH_4^+ 影响很小,可以忽略。

NH_4Cl 的作用是,NH_3 为弱碱,氯化氢酸为强酸,两者结合生成的 NH_4Cl 水溶液呈酸性。这一作用,使得未与 NH_3 接触的对-硝基苯酚呈酸性,使该状态下的电解液对任何波段的光均不吸收,增大了 I_0 的值;由于 NH_3 溶于水呈碱性,酸碱中和,会抵消一部分碱性,这样,要达到同样碱性,必须吸收更多的不含 NH_4Cl 的 NH_3 才能达到,这就可提高测量的上限,但测量下限也会同样提高。此外,由于 NH_4Cl 在水溶液中生成的 NH_4^+,可以提高 NH_3 的测量基线,使一些杂质的影响处于基线以下,从而提高测量准确度。

本系统选用的渗透膜为选择吸收性渗透膜,可以消除由于其它气体进入电解液而引入的干扰。

5. 探头

图 10-11 所示为探头结构。探头中薄膜一方面起 NH_3 选择渗透膜的作用,一方面使入射光纤发出的光产生散射,散射光有一部分进入出射光纤。通常在图 10-10 所示的 c-d 段设一单向耦合器,滤除探头对光源等造成的干扰光。

探头中内部电解液层的体积选择是很重要的。电解液体积过大,会使测量时间过长,降低系统灵敏度;电解液体积过小,也会降低系统灵敏度。此探头电解液体积选为 5 μl。

在探头进行测量时,必然存在背景光的影响,为避免背景光给系统带入测量误差,可以对探头用不透光物质包敷,进行光隔离。

三、数据处理

原系统采用曲线记录仪记录数据,然后进行数据处理,这种方式费时费力,且不准确。可以采用微处理机进行数据的采样和处理,这就需对原装置的信号处理系统进行改进,如

图 10 - 13 所示。

利用图 10 - 13 装置不仅方便、实用,而且精度高。为计算吸收率 A,不但需测量 I 值,而且也必须测量 I_0 值。每当更换探头电解液,每当测量温度、湿度等条件发生变化时,I_0 值也会发生变化,必须重新测量 I_0 值,这是不方便的。实际上,可预先设定一些变化条件,将各种条件下 I_0 的不同值存入微处理机。对不同的测量条件,再调用不同的 I_0 值进行数据处理。

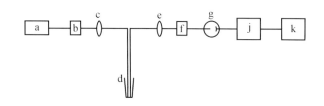

图 10 - 13　装置的测量

a—光源;b—阻红外滤波器;c—聚焦透镜;d—探头;e—准直透镜;f—404.7mm 窄带通滤器;g—光电倍增管;j—A/D 转换;k—微处理机

四、实验结果

图 10 - 14 是光纤 NH_3 传感器探头的响应曲线。此时电解液中含 10^{-5} mol/L 对-硝基苯酚和 0.01 mol/L NH_4Cl,NH_3 试样浓度在 0.25 ～ 1.0 mmol/L 范围。由图 10 - 14 可看出,此范围内吸收率和 NH_3 试样浓度近乎直线。当 NH_3 试样中 NH_3 浓度大于 1.0 mmol/L 时,曲线弯曲。

图 10 - 15 是关于指示剂浓度从 1.0 至 10 mmol/L 变化时与响应时间的关系图。此时内部电解液中 NH_3 浓度为 0.01 mol/L,仪器检测时,0.1 mol/L 的 NaOH 溶液中 NH_3 的浓度为 0～0.6 mmol/L,图 10 - 15 给出了 5 个阶梯浓度的 NH_3 试样 (NaOH 溶液可增大电解液中对-硝基苯酚的浓度)。结果表明,响应时间与指示剂浓度有很强的依赖关系,增大指示剂浓度会延长响应时间。于是,指示剂最优浓度的选择必须权衡传感器响应时间和吸收率的大小。在任何情况下,传感器响应时间都比最高指示剂浓度时的最长响应时间(4 分钟)要快。

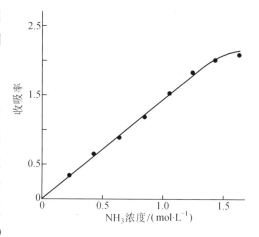

图 10 - 14　光纤 NH_3 传感器探头的响应曲线

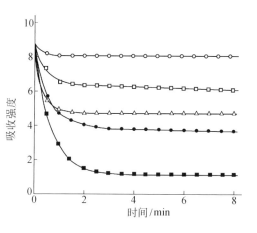

图 10 - 15　指示剂浓度在 0.1 ～ 10 mol/L 区间变化时,响应时间与吸收强度关系图

图 10 – 16 为试样 NH_3 浓度为 1 ~ 100 μm 时,探测器的稳态响应。此时,电解液中含 0.01 mol/L NH_4Cl 与 0.01 mol/L对-硝基苯酚。图中同时画出由式(10 – 20)得到的期望曲线,取 $a = 19\,050\ mol^{-1}/L^{-1}cm^{-1}$, $l = 0.003$ cm, $K_a^{In} = 1.7 \times 10^{-8}\ mol^2/L^2$, $C_{In} = 0.01\ mol^2/L$, $K_a^{amm} = 1.5 \times 10^{-5}\ mol^2/L^2$, $C_{amm} = 0.01\ mol/L$。由图可知,实验数据与理论模拟曲线很符合。

在本实验条件下,可重复吸收率为 0.030 ± 0.007(NH₃ 浓度为最低测量浓度 5 μmol/L)。适当选择 pH 指示剂可进一步提高测量灵敏度。

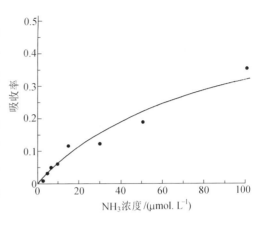

图 10 – 16　试样 NH_3 浓度为 1 ~ 100 μmol/L 时探测器的稳态响应

§10.4　光纤二氧化碳(CO_2)传感器

CO_2 是大气组成成分之一,但其含量过高会引起温室效应等多种不良影响,这一现象已得到普遍重视,各种测量 CO_2 含量的方法相继出现。这里介绍的光纤 CO_2 传感器是利用荧光 pH 试剂对溶有 CO_2 溶液的 pH 值作出荧光反应,测得 CO_2 浓度的。由于 CO_2 溶于水生成的溶液 pH = 4 ~ 5,酸性很弱,测量效果不好。而碳酸氢的酸性比碳酸强,测量效果较好。现在就来讨论关于利用 HCO_3^- 来测 CO_2 气体浓度的光纤荧光传感器。

一、基本原理

光纤 CO_2 传感器是以具有 CO_2 可渗透膜和与碳酸氢小室相连接的 pH 敏感薄膜的荧光变化为基础研制的。CO_2 透入薄膜,就会引起 pH 值的变化,这一变化可按 pH 荧光敏感染料的荧光变化测定,响应范围与薄膜相连的碳酸氢浓度有关。

图 10 – 17 所示为 CO_2 传感器的结构图。CO_2 渗透膜与 pH 敏感薄膜相连,当传感器进入样品中时,CO_2 将透过渗透膜进入 pH 敏感膜和 HCO_3^- 容器。在平衡状态下,样品中的 CO_2 压强与传感器中的 CO_2 压强相同。实际上,尽管 CO_2 仍不断透入 HCO_3^- 容器中,但是在薄膜达到平衡的瞬间就可得到稳态响应。因而,此方法可用于相当大的 HCO_3^- 容器中,而对传感器的响应无不利影响。

此传感器具有一个特有激励波长,理论上 CO_2 浓度与在 470 nm 处激励产生的荧光光强有关。在这一波长下,只有基态的 HOPSA 可产生荧光。

CO_2 与 H^+ 浓度的关系式为

$$[H^+]^3 + N[H^+]^2 - (K_{a1}C_{H_2CO_3} + K_{a2})[H^+] - K_{a1}K_{a2}C_{H_2CO_3} = 0 \qquad (10 – 25)$$

式中，N 是固有 CO_2 浓度；K_{al}、K_{a2} 分别是 H_2CO_3 和 $C_{H_2CO_3}$ 的酸度常数；$C_{H_2CO_3}$ 是可分解的 H_2CO_3 浓度，包括氢和 CO_2。

当 $C_{H_2CO_3}$ 的浓度在 $200(K_{a2}/K_{al})N < C_{H_2CO_3} < 0.01N^2/K_{al}$ 范围内，上式可简化为 $[H^+] = K_{al}/C_{H_2CO_3}/N$。对内部 pH 求解，HOPSA 在基质中的比率

$$\alpha_{OPSA^-} = K_a/([H^+] + K_a) \qquad (10-26)$$

式中，K_a 是固定的 HOPSA 酸度。求解 $OPSA^-$ 荧光强度

$$I_F = K_F R(1 - 10_F^\alpha R)/\alpha_F R \qquad (10-27)$$

式中，K_F 是荧光强度与 $OPSA^-$ 在薄膜中数量的比例常数；R 是 $\alpha_{OPSA^-} \cdot C_{HOPSA}$，$C_{HOPSA}$ 是薄膜中 HOPSA 总量；α_F 是 $OPSA^-$ 的吸收率。

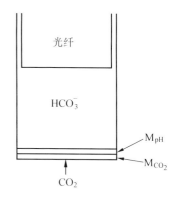

图 10-17　传感器结构

二、探头结构

1. 探头

图 10-18 所示为测 CO_2 的小室。pH 敏感膜和 CO_2 可渗透硅橡胶膜密封在一个玻璃试管的一端，试管中装满已知浓度的碳酸氢溶液，两分支光纤插入一个橡皮塞中，被密封在试管里。试管是气密的，只允许反应物注入。小室在测荧光时，由铝进行光密封，以防止背景光的影响。

2. 试剂

将 8.3996 g 化学纯试剂放入无 CO_2 水中，稀释至 1 L，制成标准碳酸氢钠溶液。将标准溶液再用无 CO_2 水稀释为 10，20，30，40，50 mmol/L 的标准溶液，最后制成

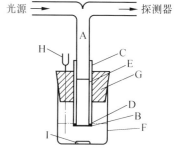

图 10-18　CO_2 测量小室结构图
A—两分支光纤；B—CO_2 渗透膜；C—玻璃试管；D—pH 灵敏膜；E—HCO_3^-；F—样品室；G—橡皮塞；H—注入样品处；I—搅拌器

$NaHCO_3$ 溶液，浓度为 $10^{-4} \sim 10^{-1}$ mol/L。用 0.1 mol/L NaH_1SO_4 或 0.2 mol/L H_2SO_4 从 HCO_3^- 中置换出 CO_2，用氮饱和水溶液使 CO_2 从溶液中溢出。

三、实验结果的讨论

1. 对 CO_2 的响应

图 10-19 所示是在 1.0×10^{-3} mol/L HCO_3^- 溶液中，荧光强度与 CO_2 浓度的实验曲线和一条由式(10-27)计算出的理论曲线。在理论上，K_F 值确定，在不添加 CO_2 情况下，理论曲线与实验曲线是相同的。在 CO_2 低浓度区，两条曲线是一致的，在 CO_2 高浓度区，实验曲线光强小于理论预测。

图 10-20 是对不同浓度的 HCO_3^- 的响应。它与理论值有很大出入。由于 pH 传感器测量范围的限制，CO_2 传感器可测浓度也有特定的限制。实际上，pH 传感器的最灵敏范围是 6.5~8.0，于是所测 CO_2 浓度必须与该量 CO_2 溶于水中所产生的 HCO_3^- 溶液(pH 值：6.5~8.0)相对应。

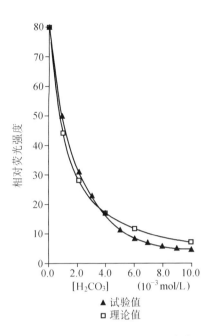

图 10 – 19　荧光强度与 CO_2 浓度
的关系曲线

△ 试验值
□ 理论值

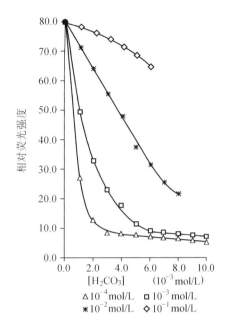

△ 10^{-4} mol/L　□ 10^{-3} mol/L
＊ 10^{-2} mol/L　◇ 10^{-1} mol/L

图 10 – 20　在不同浓度的 HCO_3^- 下荧
光强度与 CO_2 浓度的关系
曲线

2. 响应时间

图 10 – 21 所示为添加 CO_2 样品的响应时间,约 3 分钟可达到稳态响应。CO_2 通过硅橡胶膜和 pH 敏感膜的速率都会影响响应时间。CO_2 需要在 pH 敏感膜中扩散。理论上可以设想,使光纤传感器的薄膜足够薄(或用单层薄膜同时替代 CO_2 渗透膜和 pH 敏感膜),那么 CO_2 传感器的响应时间可以大大缩短。

3. 干扰

气体传感器虽不受离子成分的影响,但易受既有挥发性,又能透过气体渗透膜的物质影响。表 10 – 1 列出了 S^{2-} 和 SO_3^{2-} 对 CO_2 响应的影响。如果必要的话,可用氧化法除去 S^{2-} 和 SO_3^{2-}。在没有 CO_2 干扰的情况下,此传感器也可用于测 SO_2 或 H_2S 的浓度。

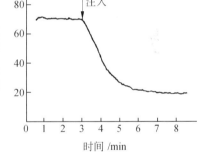

图 10 – 21　CO_2 浓度在 $2 \times 10^{-3} \sim 4 \times 10^{-3}$ mol/L 变化时相对荧光强

表 10 – 1　S^{2-} 和 SO_3^{2-} 对 CO_2 响应的影响

种　　类	浓　　度	相对强度
SO_3^{2-}	4×10^{-3}	3.2
	4×10^{-4}	83
S^{2-}	6×10^{-3}	71
	4×10^{-4}	83

§10.5　光纤瓦斯传感器

瓦斯气体的主要成分是甲烷。光纤瓦斯传感系统是利用瓦斯气体在 1.331 μm 的混合吸收带，按 Beer – Lambert 定律与双波长差分吸收法，来探测大气中瓦斯气体的含量，由微机实现数据采集与处理，显示所测瓦斯浓度，准确度可达 0.025%，即 270×10^{-6}。此系统可广泛用于石油、化工、天燃气站、管道、煤矿、环境污染等许多领域。

监测瓦斯气体浓度的原理是基于其气体分子的吸收特性。系统的波长选取是以甲烷吸收带为依据。关于气体浓度的双波长差分吸收法原理在 10.2.2 中已作过介绍，这里不再重述。由式(10 – 3)给出气体浓度与光强间的关系

$$C = \frac{1}{(\alpha_1 - \alpha_2)l} \cdot \ln \frac{I_{01} \cdot I_2}{I_{02} \cdot I_1} \qquad (10 - 28)$$

当传感器与光系统确定后，浓度 C 与式子 $x = \ln \dfrac{I_{01} \cdot I_2}{I_{02} \cdot I_1}$ 有线性关系

$$C = Ax + B \qquad (10 - 29)$$

双波长差分吸收方式，同时检测吸收谱线波长($\lambda_1 = 1.331$ μm)和不被检测甲烷气体吸收的参考波长($\lambda_2 = 1.27$ μm)信号，以两信号的相对值作为检测结果，可消除光源波动、光纤接头不稳定等造成的测量误差。

如果在监测环境中有多种气体需要监测时，则必须进行多波长测量，选择多个监测波长对，其中每个方程都具有式(10 – 28)的形式。对所得方程组求解即可得出被测污染物的浓度。

一、传感系统装置

系统装置如图 10 – 22 所示。由微机控制 D/A 转换输出，输出调制信号使光源 LED 在此信号调制下，也输出相应的光信号。发射光经过大比例的 Y 型分路器，分成两路：一是工作光路(m 端)，另一路是参考光路(n 端)。工作光路径 2 km 光缆，探头，携带信息返回到 Y 型分路器 2，再分成两路光，由滤光片分别识出 1.331 μm 与 1.27 μm 光，进行检测放大，转换成数字量，这便是 I_1、I_2 的值；参考光路由 Y 型分路器 1 分成两路，直接由滤光片分出 1.331 μm、1.27 μm 光，经同样处理，便得到 I_{01}、I_{02} 的值。由此便可实现差分吸收法检测。

二、系统元件选择

1. λ_1、λ_2 的选取

瓦斯气体的本征吸收谱在 $\lambda_1 = 3.432$ μm，$\lambda_2 = 6.78$ μm，$\lambda_3 = 3.31$ μm，$\lambda_4 = 7.66$ μm 处，但为适应光纤低损耗区所对应的波长范围(1.0 ~ 1.7 μm)，只能选取这些波长的谐波或混合带，如图 10 – 23 所示，如 $2\lambda_3^{-1}$，$\lambda_2^{-1} + 2\lambda_3^{-1}$ 等。$2\lambda_3^{-1} = 0.604$ $\mu m^{-1} \Rightarrow 1.66$ μm，$\lambda_2^{-1} + 2\lambda_3^{-1} = 0.751$ $\mu m^{-1} \Rightarrow 1.331$ μm。根据国产 LED 参数，只能选 1.331 μm，同时 λ_2 选在离 λ_1 较近的 1.27 μm 处，这是为了能从同一 LED 分出，同时又避免了大气中其它分子(C_2H_2，NH_3，H_2O 等)的吸收。

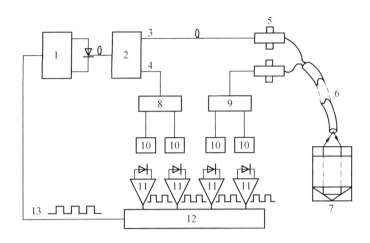

图 10-22　光纤瓦斯传感系统工作框图

1—驱动电路;2—Y 型分路器;3—m 端;4—n 端;5—活动接头;6—2 km

光缆;7—探头;8—Y 型分路器 1;9—Y 型分路器 2;10—滤光片;11—放

大电路;12—微型计算机计算、显示;13—调制电信号

2. 大比例 Y 型分路器的选择

大比例 Y 型分路器的作用是将参考光路与探测光路(即工作光路)分离,探测光路(m端)经 2 km 光缆、探头,携带信息返回到 Y 型分路器 2 处,而参考光路直接传到 Y 型分路器 1 处。经 1、2Y 型分路器后,分出的四路光强应大致相同,这样才能充分利用光源输出光功率,因此应慎重选择大比例 Y 型分路器的分路比例,使其达到最优。

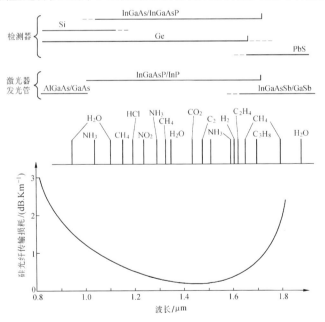

图 10-23　硅光纤低损耗区对应的发光及检测器件和存在的气
体分子的吸收谱线

大比例 Y 型分路器位于光源 LED 前,为防止来自探头的光信号对光源信号的影响,应使大比例 Y 型分路器为单向,即只能通过来自光源的信号,对来自探头的光信号呈截止状态。

也可以在 3 通路上接一单向耦合器,使来自探头的光衰减至最小,以消除其对光源的影响。但是耦合器自身也有衰减,会带来额外损耗,提高了对光源输出光功率和信号采集灵敏度的要求。

3. 光源的选择

本系统为强度调制型光纤传感器,要求光源具有大功率,高稳定度。白炽光源光输出是输入电功率的函数,稳定性差,辐射密度小;激光器光源价格昂贵。因此,选取 LED 光源是比较合适的,它具有体积小,可靠性高,亮度足够,供电电源简单等特点。

光源所含波长范围是本系统研制的关键,要求光源须满足:① 光波长在光纤中传输损耗小;② 包含瓦斯气体吸收波长;③ 纤尾输出功率大。目前因为长波长 LED 的峰值为 $1.25 \sim 1.30~\mu m$,半宽度 $\Delta\lambda$ 为 $50 \sim 100~nm$。本系统选择 $\lambda_0 = 1.30~\mu m$,$\Delta\lambda = 80~nm$。

LED 在工作过程中,由于 PN 结结温升高,导致发光不稳定,产生波谱漂移。一般按 $0.3~nm/℃$ 变化,若温度改变 $40~℃$,就有 $12~nm$ 的漂移。精选光源,可以保证信号光、参考光都存在于光路中。采用同步累积平均法和双波长差分吸收法也可排除温漂引起的光功率起伏的影响。

为了消除入射光缆光对出射光缆光的影响,须使光源所发射的光脉冲经探头传出光缆后,才允许后一个光脉冲进入光缆,其相隔时间由光系统延时决定,由微处理机控制。

4. 滤光片的选择

系统中采用的滤光片带宽为 $10~nm$,峰值透过率为 70%。由于选择的 LED 光源频带为 $0.9 \sim 1.7~\mu m$,而 $1.05~\mu m$,$1.3~\mu m$,$1.6~\mu m$ 为光纤低损耗窗口,由图 10 – 23 可知,在 $1.6~\mu m$ 附近,有 NH_3、C_2H_2、C_2H_4 的影响;在 $1.3~\mu m$ 附近,有 NH_3、H_2O、NO_2 的影响;在 $1.05~\mu m$ 附近,有 NH_3 的影响。为有效地消除这些影响,需慎重选择滤光片。为此,$1.331~\mu m$ 滤光片频带为 $1.30 \sim 1.40~\mu m$,$1.27~\mu m$ 滤光片频带为 $1.18 \sim 1.28~\mu m$,经滤光片后,只在 $1.3~\mu m$ 附近存在 NH_3,NO_2,H_2O 的影响。

对于这三种气体的影响可用探测器内的 1,2,3 层薄膜消除。1 号薄膜吸附有干燥剂,可消除 H_2O;2 号薄膜吸附有碱性物质,吸收 NO_2;3 号薄膜吸附有酸性物质,以吸收 NH_3。经以上处理,可以消除干扰气体的影响。

5. 传感探头

探头是由一对准直透镜与一棱镜(使棱镜能达到全反射)组成,整个探头的损耗为 $4 \sim 7dB$。它与传统的电催化探测器相比,有如下优点:①本身不发热,无电,无火,这种固有的安全性消除了爆炸的危险和电磁干扰问题;②观察到的气体浓度可以单值地得出,动态范围大;③反应速度快;④对气体种类有很高的选择性。

传感器探头结构如图 10 – 24 所示。棱镜为全反射棱镜,可选 $D\mathrm{II} – 180°$ 型。在探头中,棱镜的作用是实现光路光轴 180° 反向。准直透镜 1 的作用是将光缆出射光变为平行光束进入探测器,减小光线发散角;准直透镜 2 的作用是将平行光汇聚至光缆,增加入射光强。准直透镜的作用是减少测量误差,减小探测信号损耗。

在探测器外壁上有许多小孔,小孔内侧有三层有选择吸收作用的透气薄膜,其作用已在滤光片选择中作过说明。为减少器外光射入器内,而造成误差影响,可以将薄膜制成不透光型,来消除该项误差。

6. 光电转换

本系统采用 Ge PIN 光电二极管进行光电转换。一般 Ge PIN 光电管波长在 $0.4 \sim 1.6\ \mu m$,本系统选择的两种光电管的中心波长分别为 $1.331\ \mu m$,$1.27\ \mu m$。

7. 前放与滤波器

前放与滤波器要求具有低噪声、低漂移。由于甲烷浓度变化很缓慢,故光信号转化成的电压信号频率值不很大,故而选择前放和滤波器截止频率为 1 kHz。

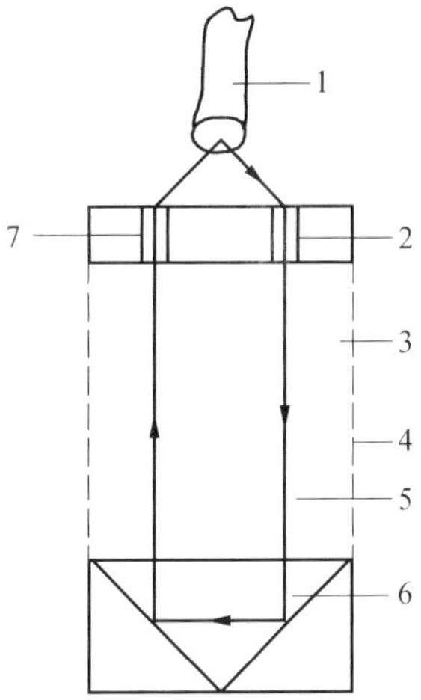

四、数据处理系统

由系统框图 10 - 22 可知,有四组光信号需要实时处理。按照 Beer - Lambert 定律有

$$I = I_0 e^{-alc} \qquad (10-30)$$

式中,I_0 是入射光强度;I 是透过长度 l 的气体后的光强度;C 是气体浓度,10^{-6};α 是吸收系数,单位是 m^{-1}。

现在来考虑光强变化量与浓度变化量的关系,对式(10-30)求导

$$\frac{\partial I}{\partial c} = -\alpha l I_0 e^{-alc} \qquad (10-31)$$

$$\frac{\partial I}{\partial c} = -\alpha l I \qquad (10-32)$$

$$\Delta I = -\alpha l I \cdot \Delta c \qquad (10-33)$$

若只考虑绝对值大小

$$\frac{\Delta I}{I} = \alpha l \cdot \Delta c \qquad (10-34)$$

假设分辨率为 0.01%,则 $\Delta I / I$ 大约为 5.4×10^{-5},这个变化比率很小,在检测中,常被噪声信号掩盖。为此,采用同步累积平均的方法进行数字处理,可以提高信噪比。

设输入信号幅度为 S_{in},噪声幅度为 N_{in},则输入信噪比 $(S/N)_{in} = S_{in}/N_{in}$。令经数据处理后信号幅度为 S_{out},噪声幅度为 N_{out}。

由于被测信号具有重复出现性,而噪声信号是随机的,经 m 次测量

$$S_{out} = m S_{in} \qquad (10-35)$$

$$N_{out} = \frac{1}{\sqrt{m}} N_{in} \qquad (10-36)$$

式(10-36)的物理意义在于,在被测量、测量条件、测量系统不变的情况下,各测量值由于随机误差的影响,分布在 $M(x)$(数字期望)附近,离散的程度可以用标准偏差 $\sigma(x)$ 来描述。对 m 次测量值取算术平均值后,$\bar{x}$ 仍分布在 $M(x)$ 附近,而噪声由于随机误差的

图 10 - 24　探头结构
1—光缆;2—准直透镜 1;3—薄膜;4—探测器外壁;5—探测器;6—棱镜;7—准直透镜 2

抵偿性,在很大程度上会相互抵消,则输出信噪比为

$$(S/N)_{\text{out}} = S_{\text{out}}/N_{\text{out}} = \sqrt{m}\,\frac{S_{\text{in}}}{N_{\text{in}}} = \sqrt{m}(S/N)_{\text{in}} \qquad (10-37)$$

五、微处理机的硬件装置

系统的接口硬件装置如图 10-25 所示。

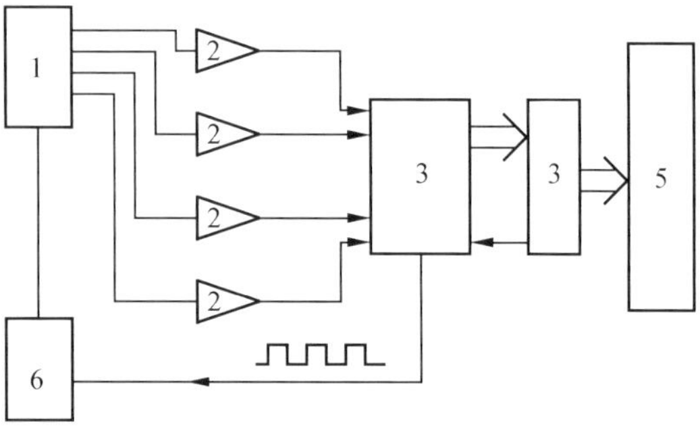

由微机编程控制 12 位 D/A,由输出端口给出一定频率与占空比的脉冲电平信号,经驱动电路调制 LED,输出光信号。通过光学系统后(延时 τ 秒),分成四组特性相同的弱光信号,经光电转换,前放及滤波,传送到 A/D 输入端口,微机进行循环采集、存贮、计算等工作。输出的主要参数就是显示四组信号的采样平均数与有关的计算值。同时,当计算值超过某一标准时,便给出报警信号(如出错信号)。

微机进行采样的关键(即同步累积平均检测技术的关键)是采样与信号严格同

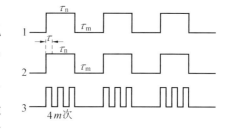

图 10-25 系统硬件装置图

1—光学系统;2—放大滤波;3—A/D, D/A;4—6502 CPU;5—显示、报警、监视、图表;6—LED 激光照

步。根据采样定理:采样频率 f_s 必须不小于待测信号最高频率 f_s 的两倍,即 $f_s \geqslant 2f_m$。

待测信号频率 f_m 指光电转换装置输出电压的频率,由于前放与滤波器的截止频率在 1 kHz,故设定待测信号频率为 1 kHz,采样频率 f_s 按采样定理应为 2 kHz 以上,本处选 4 kHz。

六、软件设计

本系统没有采用外同步信号,而是利用微机产生的可控调制信号实现同步采样,系统调制。采样信号波形如图 10-26 所示。

本系统所采用的调制及采样信号频率与占空比一致。实际上,采样脉冲 τ_n 时间可比调制脉冲 τ_n 时间短 τ,这是因为光系统有一个时间延时 τ。

采样信号脉冲 τ_m 时间内,允许 A/D 与微处

图 10-26 1—调制信号;2—采样信号;3—A/D

理机进行数据交换,在 τ_m 时间内,必须保证微处理机对四个通道各采样 m 次,即其进行 $4m$ 次数据交换。τ_n 的选择与 A/D 转换速度,微处理机进行数据交换的速度等有关系。在 τ_n 时间内,微处理机对采样数据进行累加预处理,以减少暂存单元,节约存数空间。当进行一定时间后,进行最终的计算、处理、显示等。

调制信号脉冲 τ_n 时间选择很重要。τ_m 时间的选择必须考虑使两次高电平触发 LED 发光间隔足够大,使第一个光脉冲经光系统后产生的光信号受第二个光脉冲的影响减至最小。

本系统中,选取 $\tau_n = \tau_m = 5$ ms,$\tau \leqslant 20$ μm,所得波形稳定,效果好。

12 位 A/D/A 转换卡的分辨率为($5\ V/2^{12}$),即 1.221 mV,其转换速度 $v > \tau_n/4$ m·ms,

或 $v > 4 \text{ kHz} \times 4$。

七、实验结果

在不同的确定的瓦斯浓度下,由微机对应读取数据,得出实验曲线如图 10-27。曲线保持了线性特性,可测浓度的动态范围是 20 dB。根据技术条件,系统分辨率可达 0.025%(Vol)。

响应时间:$\tau_n + \tau_m +$ 最终计算、显示时间。

本系统介绍的方法采用 $\lambda_m =$ 1.331 μm工作波长。瓦斯气体在 1.66 μm 处也有一个谐波吸收峰,其吸收系数为 9.3m^{-1},它比 1.331 μm 处的吸收系数 1.64m^{-1}大许多。这样,若有更长波长的 LED,测量瓦斯气体浓度将更为方便。

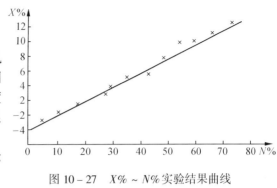

图 10-27 $X\% \sim N\%$实验结果曲线

参考文献

1 叶培大等编.光波导技术基本理论.北京:人民邮电出版社,1981

2 (日)长尾和美.光导纤维.北京:人民邮电出版社,1980

3 (日)根本俊雄.光导纤维及其应用.北京:科学出版社,1983

4 (美)马库塞.光纤测量原理.北京:人民邮电出版社,1986

5 白崇恩等.光纤测试.北京:人民邮电出版社,1988

6 张国顺等.光纤传感技术.北京:水利电力出版社,1988

7 刘瑞复等.光纤传感器及其应用.北京:机械工业出版社,1987

8 (美)高锟.光纤系统.工艺、设计与应用.北京:中国友谊出版公司,1987

9 D Gloge and E A J Marcatili. Multimode theory of graded – core fibers, Bell Syst. Tech. J.52:1563 ~ 1578,1973

10 R Clshansky and D B Keck, Pulse broadening in graded – index optical fibers, Appl. Opt, 1976,15:483 ~ 491

11 S D Personick. Time dispersion in deelectric waveguides, Bell syst. Tech.1971,J.50:843 ~ 859

12 D Marcuse. Interdependence of waveguide and material dispersion. Appl Opt.1979,18:2930 ~ 2932

13 D Marcuse. Theory of Dielectric aptical Waveguides, Academic Press, New York, 1974

14 R Olshansky and S M Oaks. Differential mode attenuation measurements in graded – index fibers, Appl.Opt.1978,12:1930

15 D Marcuse. Reduction of pulse dispersion by intentional mode coupling, Bell Syst. Tech. 1974,J.53:1795

16 D Marcuse. Mode mixing with reduced losses in parabolic – index fibers, Bell Syst, Tech. 1976,J.55:777

17 D B Keck,P C Schultz and F Zimar. Attenuation of multimode glass optical waveguides, Appl. Phys.Lett.1972,21:215

18 T Miyashita. An ultimate low loss single mode fiber at $1.55~\mu$n, Topical Meeting Opt. Fiber Yommun., Washington D.C.Paper PD 1,1979

19 W B Gardner, Microbending loss in optical fibers, Bell Syst.Tech.1975,J.54:457

20 D Marcuse. Pulse distortion in single mode fibers, Appl. Opt,1980,19:1653

21 L G Cohen and C Lin. Pulse delay measurements in the zero material dispersion wavelength region for optical fibers, Appl. Opt.1977,12:3136

22 D L Philen and F T Stone. Direct measureweut of scattering losses in single – mode and multimode Optical fibers, Am. Ceram.Soc. Conf, Phys.Opt, Fibers, Chicago, Ilinois, 1980

23 M H Reeve. Studies of radiation losses from multimode optical fibers, Opt Quantum Elec-

tr on. 1976,8:39

24. B Costa and B Sordo. Experimental study of optical fiber attenuation by a modified back scattering technique, Eur. Conf. Opt. Commun. , 3rd, Conf. Digest 69, 1977

25　M K Barnoski and M D Rourke. Qptical time domain reflectometer, Appl. Opt. 1977, 16: 2375

26　Franz Sischka, Complementary correlation Qptical Time – Domain Reflectometry. Hewlett – Packard J. Dec. , 1988

27　Y Uene and M Shimizu. Optical fiber fault location method , Appl. Opt, 1976, 15: 1385

28　J W Fleming. Material dispersion in light guide glasses, Electron. Lett. , 1978, 14: 326

29　T Tanifuji and M Ikeda. Pulse circulation measurement of transmission characteristics in long optical fibers, Appl. Opt. , 1977, 16: 2175

30　D Gloge and E I Chinnock. Fiber – dispersion measurements using a mode – locked laser, IEEE J. Quant, Electron. , 1972, 8: 852

31　T Miyashita. Wavelength dispersion in a single – mode fiber, Electron. Lett. , 1977, 13: 227

32　A D Kersey. High – sensitivoty fiber – optic accelerameter, Eloctron. Lett. , 1982, 18 (13): 559 ~ 561

33　M Gottlieb and G B Brandt. Fiber – optic temperature senser based on internally generated thermal radiation, Appl, Opt. , 1981, 20: 3408

34　C Ovren. Fiber – optic systems for temperature and vibration, measurements in industrial applicdtions, Optics and Lasers in Engr. , 1984, 5: 172

35　R Ulrich. Fiber – optical rotation sensing with low drift, Opt. Lett. , 1980, 5(5): 173 ~ 175

36　G B Hocker. Fiber – optic sensing of pressure and temperature, Appl. Opt. , 1979, 18 (9): 1445 ~ 1448

37　E J West. Optical fiber magnetic field sensors, Electron. Lett. , 1980, 16

38　N Lagakos. Multimode optical fiber displacement sensor, Appl. Opt. , 1981, 20: 167

39　K Kyuma. Fiber optic instrument for temperature measurement, IEEE J. Quant. Electron. , 1982 18: 676

40　T G Giallorenzi. Optical fiber sensor technology, IEEE J. Quant, Electron, 1982, 18: 626

41　A J Rogers. An optical temperature sensor for high voltage applications, Appl. Opt, 1982, 21: 882

42　John I. Peterson and Raphacl V. Fitzgerald, Fiber – optic probe for in vivo measurement of oxygen partial pressure, Anal. Chem. , 1984, 56: 62 ~ 67

43　A M Scheggi. Compact temperature measurement system for medical applications. SPIE 586, 1985: 110 ~ 113

44　V Highman. The measurement of retinal blood velocity with laser Doppler anemometyry, SPIE 211, 1979: 97 ~ 102

45 US Patent 4,071,753

46 US Patent 4,697,593

47 US Patent 4,444,498

48 US Patent 4,621,643

49 US Patent 4,295,470

50 Jennifer W Parker, M E Cox and Bruce S. Dunn. Chemical sensors based on oxygen detection by optical methods, SPIE 586,1985:156~162

51 Franz sischka. A high – speed optical time – dormain reflectometer with improved dynamic range, Hewlett – Packard J. Dec, 1988:6~13

52 刘德明,向清,黄德修.光纤光学.北京:国防工业出版社,1995

53 史锦珊,郑绳楦.光电子学及其应用.北京:机械工业出版社,1991

54 张志鹏,(英)W A Gambling.光纤传感器原理.北京:中国计量出版社

55 郭凤珍,于长泰.光纤传感技术与应用.杭州:浙江大学出版社,1992

56 (美)麦克斯,M戴维斯等著.光纤传感器手册.徐予生等译.北京:电子工业出版社

57 (意)G坎切刘里.U拉瓦约利著.光纤和光器件的测量.于耀明.王洪生译.北京:宇航出版社,1990

58 R Olshansky, S M Oaks. Differential mode attenuation measurements in graded index fibers. Appl. Opt. 1978,17:1830~1835

59 M Eve. Novel technique for measurement of differential mode attenuation in graded index fibers. Electron, Lett.,1977,13:744~745

60 J L Hullett, R D Jeffery. Long range optical fiber backscattering loss signatures using two – point processing. Opt. & Quant. Electoon. 1982,14:41~49

61 M K Barnoski, S M Jensen. Fiber waveguides: a novel technique for investigationg attenuation characteristics. Appl Opt.,1976,15:2112~2115

62 L Bjerkan, H Stephansen, M Eriksrud. Pulse dispersion in Concatenated fiber optic cables spliced with different tchniques. J. Opt. Comm.,1982,3,111~113

63 T Okoshi, J C Change, S Saito. Measuring the complex frequency response of multimode optical fibers. Appl. Opt.,1981,20:1414~1417

64 K F Klein, W E Heinlein, K H Withe. Excitation dependent material dispersion in graded index fibers. Elecron. Lett.,1982.18:100~102

65 P Bassi, M Zoboli. Increasing the sensitivity of time – domain techniques for measuring optical fiber transfer function. Appl. Opt.,1981,20:3~4

66 G Cancellieri. Time dispersion measurement in optical fiber by near and far field scanning technique. Electron. Lett.,1978,14:465~467

67 L Jeunhomme, P Lamouler. Intermodal dispersion measurements and interpretation ingraded index optical fibers. Opt & Quant. Electron.,1980 12:57~64

68 王廷云.干涉式光纤电流传感器的研究.哈尔滨工业大学工学博士学位论文,

1998

69   D A Jackson. Recent, progress in monomode fiber – optic sensors. Measurement Science and Technology. 1994,5:621 ~ 638

70   T Mitsui, K Hosoe, H Usami, S Miyamoto. Development of fiber – optic voltage sensors and magnetic – field sensors. IEEE Trans. Power Delivery. 1987,2(1):87 ~ 93

71   A A Boiarski, G Pilate, T Fink, N Nilssion. Temperature measurements in power plant equipment using distributed fiber optic sensing. IEEE Trans. Paver Delivery. 1995 10(4): 1771 ~ 1778

72   A Papp, H Harms. Magneto – optical current transformer 1: principles. Applied Optics. 1980,19(22):3729 ~ 3734

73   H Aulich, W Beck, N Douklias, H Harms, A Papp, H Schneider. Magnetooptical current transformer2: components. Applied Optics. 1980, 19(22):3735 ~ 3740

74   H Harms, A Papp. Magnetooptical current transformer 3: measurements. Applied Optics. 1980 19(22):3741 ~ 3745

75   P L Swart, S T Spammer, D L Theron. Multiplexed Mach – Zehnder interferometer for multiphase current measurement. Optics Engineering. 1997,36(6):1817 ~ 1820

76   Emerging Technologies Working Group, Fiber Optic Sensors Werking Group. Optical current transducers for power systems: a review. IEEE, Trans. Power Delivery, 1994,9(4): 1778 ~ 1788

77   Y N Ning, Z P Wang, A W Palmer, K T V Grattan, DA Jackson. Recent progress in optical current sensing technique. Rev. Sci. Instrum. 1995,66(5):3097 ~ 3111

78   K P Koo, G H Sigel. An electroic field sensor utilizing a piezoelectric polyviglidere fluoride (PVF_2) film in a single – mode fiber interferometer IEEE J. Quanturm Electronics. 1982, 18(4):670 ~ 675

79   S J Spammer, P. L. Swart. Differentiating fiber optic Mach – Zehnder interferometr. Applied Optics, 1995,34(13):2350 ~ 2353

80   A Kung, L Theveraz, P A Robert. Polarization analysis of Brillouin scattering in a circularly birefringent fiber ring resonator. J Lightwane Technology, 1997,15(6):977 ~ 981